CG 设计案例课堂

CorelDRAW X7
平面设计案例课堂

王　强　牟艳霞　李少勇　编著

U0230096

清华大学出版社
北 京

内 容 简 介

CorelDRAW X7是加拿大Corel公司出品的矢量图形制作工具软件，这个图形工具给设计师提供了矢量动画制作、页面设计、网站制作、位图编辑和网页动画制作等多种功能。

本书通过95个具体实例，全面系统地介绍了CorelDRAW X7的基本操作方法和平面广告的制作技巧。本书所有实例都是精心挑选和制作的，并将CorelDRAW X7的知识点融入其中，读者通过对这些实例的学习，可以起到举一反三的作用，一定能够由此掌握平面广告设计的精髓。

本书按照软件功能以及实际应用划分为15章，每一章的实例在编排上循序渐进，具体内容有CorelDRAW X7的基本操作、常用文字特效的制作与表现、手绘技法、插画设计、卡片设计、海报设计、报纸广告设计、杂志广告设计、DM单设计、画册设计、标志设计、户外广告设计、工业设计、VI设计和包装设计等。

本书可以帮助读者更好地掌握CorelDRAW X7的使用方法和常用平面广告的设计方法，提高读者的软件应用能力以及广告设计水平。

本书内容丰富、语言通俗、结构清晰，适合于初、中级读者学习使用，也可供从事平面设计、包装设计、插画设计、动画设计等的人员阅读；同时还可以作为大中专院校相关专业、相关计算机培训班的上机指导教材。

本书封面贴有清华大学出版社防伪标签，无标签者不得销售。

版权所有，侵权必究。举报：010-62782989　　beiqinquan@tup.tsinghua.edu.cn

图书在版编目(CIP)数据

CorelDRAW X7平面设计案例课堂/王强，牟艳霞等编著. --北京：清华大学出版社，2015(2021.1重印)
(CG设计案例课堂)
ISBN 978-7-302-38613-1

Ⅰ．①C… Ⅱ．①王… ②牟… Ⅲ．①图形软件 Ⅳ．①TP391.41

中国版本图书馆CIP数据核字(2014)第276786号

责任编辑：张彦青
装帧设计：杨玉兰
责任校对：马素伟
责任印制：杨 艳

出版发行：清华大学出版社
　　　　　网　　　址：http://www.tup.com.cn, http://www.wqbook.com
　　　　　地　　　址：北京清华大学学研大厦A座　　　　　邮　　编：100084
　　　　　社 总 机：010-62770175　　　　　　　　　　邮　　购：010-62786544
　　　　　投稿与读者服务：010-62776969, c-service@tup.tsinghua.edu.cn
　　　　　质量反馈：010-62772015, zhiliang@tup.tsinghua.edu.cn
　　　　　课件下载：http://www.tup.com.cn, 010-62791865
印 装 者：涿州汇美亿浓印刷有限公司
经　　销：全国新华书店
开　　本：190mm×260mm　　　　**印　　张：**33.75　　　　**字　　数：**819千字
　　　　　(附DVD1张)
版　　次：2015年1月第1版　　　　**印　　次：**2021年1月第8次印刷
定　　价：89.00元

产品编号：061593-01

CorelDRAW X7 是一款由世界顶尖软件公司之一的加拿大 Corel 公司开发的图形图像制作软件，非凡的设计能力使其广泛应用于商标设计、标志制作、模型绘制、插图描画、排版及分色输出等诸多领域。该软件界面设计友好，操作精微细致，并提供了一整套的图形精确定位和变形控制方案，这给商标、标志等需要准确尺寸的设计带来极大的便利，可以让使用者轻松应对创意图形设计项目，可以帮助使用者将创意变为专业作品。

本书通过 95 个精彩实例详细介绍了 CorelDRAW X7 强大的绘图功能和图形编辑等功能。本书注重理论与实践紧密结合，实用性和可操作性强。相对于同类 CorelDRAW X7 实例书籍，本书具有以下特色。

- 信息量大：95 个实例为读者架起了一座快速掌握 CorelDRAW X7 使用与操作的"桥梁"；95 种设计理念让从事平面设计的专业人士灵感迸发；95 种艺术效果和制作方法能使初学者融会贯通、举一反三。
- 实用性强：95 个实例经过精心设计、选择，不仅效果精美，而且非常实用。
- 注重方法的讲解与技巧的总结：本书特别注重对各实例制作方法的讲解与技巧总结，在介绍实例制作的详细操作步骤的同时，对于一些重要而常用的实例的制作方法和操作技巧作了较为精辟的总结。
- 操作步骤详细：本书中各实例的操作步骤介绍得非常详细，即使是初级入门的读者，只要一步一步按照书中介绍的步骤进行操作，就一定能做出相同的效果。
- 适用广泛：本书实用性和可操作性强，适合从事平面设计、包装设计、动画设计等的人员和广大平面设计制作爱好者阅读参考，也可供各类电脑培训班作为教材使用。

一本书的出版可以说凝结了许多人的心血，凝聚了许多人的汗水和思想。在这里衷心感谢在本书出版过程中给予我帮助的张彦青老师，以及为这本书付出辛勤劳动的编辑老师、光盘测试老师，感谢你们！

本书主要由王强、牟艳霞、刘蒙蒙、于海宝、高甲斌、任大为、刘鹏磊、白文才、徐文秀、孟智青、吕晓梦、李茹、王海峰、王玉、李娜、王海峰和弭蓬编写，刘峥录制多媒体教学视频，其他参与编写的还有陈月娟、陈月霞、刘希林、黄健、刘希望、黄永生、田冰、徐昊，北方电脑学校的温振宁、刘德生、宋明、刘景君老师，德州职业技术学院的张锋、相世强、唐琳老师为本书提供了大量图像素材以及视频素材，谢谢你们在书稿前期材料的组织、版式设计、校对、编排，以及大量图片的处理中所做的工作。

本书总结了作者从事多年影视编辑的实践经验，目的是帮助想从事影视制作行业的广大读者迅速入门并提高学习和工作效率，同时对有一定视频编辑经验的朋友也有很好的参考作用。由于时间仓促，疏漏之处在所难免，恳请读者和专家指教。如果您对书中的某些技术问题持有不同的意见，欢迎与作者联系，E-mail：Tavili@tom.com。

编　者

目录
Contents

目录
Contents

第 9 章　DM 单设计

第 10 章　画册设计

第 11 章　标志设计

目录
Contents

第 1 章
CorelDRAW X7
的基本操作

本章重点

◆ 安装 CorelDRAW X7
◆ 卸载 CorelDRAW X7
◆ 启动与退出 CorelDRAW X7
◆ 页面大小与方向设置
◆ 页面版面设置
◆ 设置辅助线及动态辅助线
◆ 设置页面背景
◆ 窗口选择显示模式
◆ 窗口的排列
◆ 视图缩放及平移

案例课堂 ◆ ■■■■

本章将学习安装、卸载、启动 CorelDRAW X7 等一些基本操作，为我们制作与设计作品奠定基础。

案例精讲 001　安装 CorelDRAW X7

 案例文件：无

 视频文件：视频教学 | Cha01 | 安装 CorelDRAW X7.avi

制作概述

本例将讲解安装 CorelDRAW X7 的操作。

学习目标

学习如何安装 CorelDRAW X7。

掌握 CorelDRAW X7 的安装方法。

操作步骤

(1) 运行 CorelDRAW X7 的安装程序。首先屏幕中会弹出"正在初始化安装程序"提示界面，如图 1-1 所示。

 提示　　　　若计算机配置不满足安装的最低系统要求，将弹出如图 1-2 所示的界面。单击【继续】按钮可以继续安装。

正在初始化安装程序

请稍候 …

不满足以下一个或多个最低系统要求。

单击继续，忽略建议的最低系统要求并安装 CorelDRAW Graphics Suite X7。单击取消，退出该安装程序。

最低系统要求：

装有最新 Service Pack 和重要更新的操作系统：
Windows 8（32 位或 64 位版本）或 Windows 7（32 位或 64 位版本）
Internet Explorer 8

CPU：
Intel Core 2 Duo 或 AMD Athlon 64（或更高）

RAM: 2 GB

屏幕分辨率: 1280 x 768

| ? | 取消 (C) | | 继续 (O) |

图 1-1　"正在初始化安装程序"提示界面　　　　　图 1-2　单击【继续】按钮

(2) 在弹出的界面中，选中【我接受该许可证协议中的条款】复选框，然后单击【下一步】

按钮，如图 1-3 所示。

（3）在弹出的"请输入您的信息"界面中输入用户名，然后选择【我有一个序列号或订阅代码】单选按钮，并输入序列号，如图 1-4 所示。

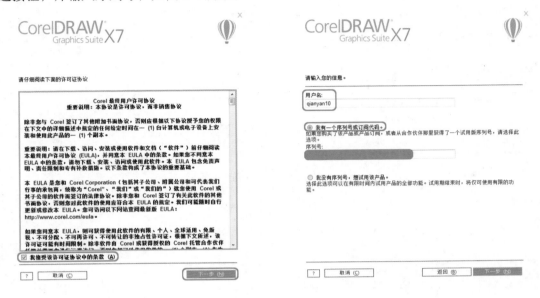

图 1-3　选中【我接受该许可证协议中的条款】复选框　　　　　图 1-4　输入序列号

（4）单击【下一步】按钮，在弹出的"请选择安装选项"界面选择【自定义安装】选项，如图 1-5 所示。

（5）在弹出的"选择您想要安装的程序"界面，选择要安装的程序并单击【下一步】按钮，如图 1-6 所示。

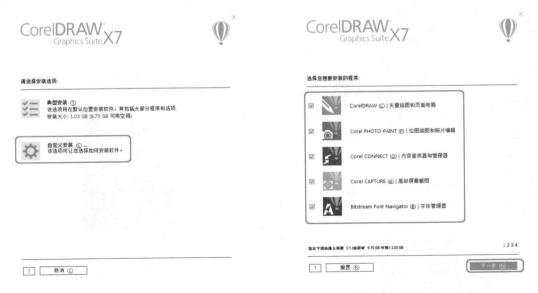

　　　　图 1-5　选择【自定义安装】选项　　　　　　　　　图 1-6　选择要安装的程序

（6）在弹出的"选择您想要安装的程序功能"界面选择要安装的程序功能，然后单击【下一步】

按钮，如图 1-7 所示。

(7) 在弹出的"选择其他选项"界面选择其他选项，然后单击【下一步】按钮，如图 1-8 所示。

图 1-7　选择要安装的程序功能 　　　　　　　　　　图 1-8　选择其他选项

(8) 在弹出的窗口中单击【更改】按钮，选择程序安装的位置，然后单击【立即安装】按钮，如图 1-9 所示。

(9) 程序进入安装画面，如图 1-10 所示。

图 1-9　选择程序安装的位置　　　　　　　　　　图 1-10　进入安装画面

(10) 安装完成后单击【完成】按钮，如图 1-11 所示。

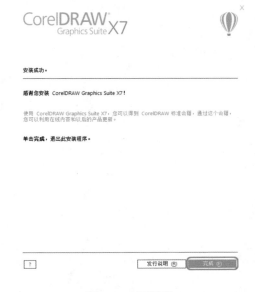

图 1-11　完成安装

案例精讲 002　卸载 CorelDRAW X7

制作概述

本例将介绍卸载 CorelDRAW X7 的操作。

学习目标

学习如何卸载 CorelDRAW X7。

掌握卸载 CorelDRAW X7 的方法。

操作步骤

(1) 在【控制面板】中依次展开【程序】|【程序和功能】窗口，选择 CorelDRAW Graphics Suite X7 (64-bit) 选项并右击，在弹出的快捷菜单中选择【卸载 / 更改】命令，如图 1-12 所示。

(2) 屏幕中会弹出【正在初始化安装程序】提示界面，如图 1-13 所示。

(3) 在稍后进入的窗口中选择【删除】单选按钮，并选中【删除用户文件】复选框，然后单击【删除】按钮，如图 1-14 所示。

图 1-12　选择【卸载 / 更改】命令

正在初始化安装程序

请稍候 ...

图 1-13 "正在初始化安装程序"提示界面

目前已安装 CorelDRAW Graphics Suite X7。从以下选项中进行选择，以便更改此程序或将其从计算机中删除。

 修改
更改安装的程序功能。此选项会显示"自定义选择"对话框，您可以在该对话框中更改安装功能的方式。

 修复
修复该程序中的安装错误。此选项可修复丢失或损坏的文件、快捷方式和注册表项。

 删除
从计算机中删除 CorelDRAW Graphics Suite X7。

☑ 删除用户文件
工作区等用户文件包含 CorelDRAW Graphics Suite X7 应用程序的个人设置。

? 取消(C)   删除(R)

图 1-14 选择【删除】单选按钮

(4) 程序进入卸载删除画面，如图 1-15 所示。卸载完成后单击【完成】按钮，如图 1-16 所示。

您在等候时，请欣赏来自 CorelDRAW 国际设计大赛的参赛作品。

WhiteFire Comics - http://www.whitefirecomics.com

已完成4% - 正在配置 CorelDRAW Graphics Suite X7

图 1-15 进入卸载删除画面

您的软件已卸载。

CorelDRAW Graphics Suite X7 已从您的计算机中删除。

单击完成，退出此安装程序。

?   完成(F)

图 1-16 单击【完成】按钮

案例精讲 003　启动与退出 CorelDRAW X7

 案例文件：无

 视频文件：视频教学｜Cha01｜启动与退出 CorelDRAW X7.avi

制作概述

本例将介绍如何启动与退出 CorelDRAW X7。

学习目标

学习启动与退出 CorelDRAW X7 的操作过程。

掌握启动与退出 CorelDRAW X7 的方法。

操作步骤

(1) 在 Windows 系统的【开始】菜单中选择【所有程序】|CorelDRAW Graphics Suite X7 (64-bit)|CorelDRAW X7 (64-Bit) 命令，如图 1-17 所示，出现启动界面，如图 1-18 所示。

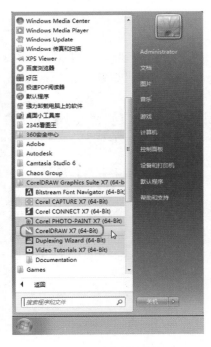

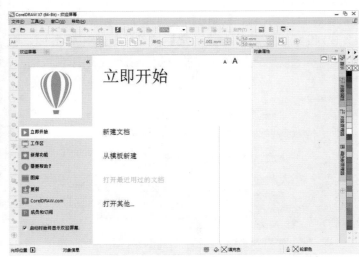

图 1-17　在程序菜单中启动　　　　　　　　　　　图 1-18　启动界面

(2) 在启动界面单击【新建文档】图标，即可新建一个文件，从而正式进入 CorelDRAW X7 程序窗口。这样，CorelDRAW X7 程序就启动完成了。

(3) 在工作界面的右上角单击【关闭】按钮 ❌，或者在菜单栏中选择【文件】|【退出】命令，即可关闭软件。

提示　　按 Alt+F4 组合键，也可以关闭软件。

案例精讲 004　页面大小与方向设置

🖊 案例文件：无

🌐 视频文件：视频教学 | Cha01| 页面大小与方向设置 .avi

制作概述

本例将介绍如何对页面的大小与方向进行设置。

学习目标

学习如何设置页面的大小与方向。

掌握对页面的大小与方向进行设置的方法。

操作步骤

(1) 启动软件后，在菜单栏中选择【文件】|【新建】命令，在打开的【创建新文档】对话框中，即可设置页面的大小和方向。在这里将【宽度】设置为 420 mm，【高度】设置为 297 mm，此时系统将自动切换至【横向】按钮▢上，如图 1-19 所示。

(2) 设置完成后单击【确定】按钮，进入工作界面，在属性栏中单击【页面大小】下拉按钮 ，在弹出的下拉列表框中选择预设的页面大小，如图 1-20 所示。

图 1-19　创建新文档

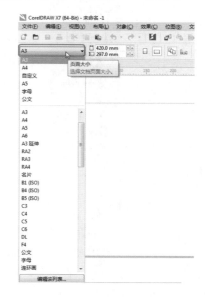

图 1-20　设置页面大小

(3) 在属性栏中通过设置页面度量的宽度和高度，也可以设置页面的大小。在这里将宽度设置为 200 mm，此时文档的方向自动切换至【纵向】按钮□上，如图 1-21 所示。

(4) 在属性栏中单击【横向】按钮□，页面度量的宽度和高度将会互换，文档变为横向文档，效果如图 1-22 所示。

图 1-21　创建矩形

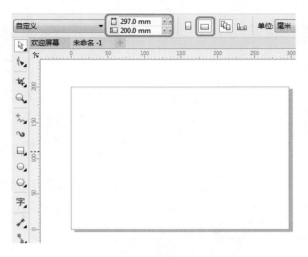

图 1-22　调整方向

案例精讲 005　页面版面设置

案例文件：无

视频文件：视频教学 | Cha01 | 页面版面设置 .avi

制作概述

本例主要介绍页面版面的设置。

学习目标

学习页面版面的设置过程。
了解页面版面的设置方法。

操作步骤

(1) 启动软件后新建文档，在菜单栏中选择【工具】|【选项】命令，如图 1-23 所示。

(2) 打开【选项】对话框，在对话框的左侧选择【文档】|【布局】选项，就会在右侧显示它的相关设置参数，如图 1-24 所示。用户可以在【布局】下拉列表框中选择所需的布局版式，如图 1-25 所示。

除了用上述方法打开【选项】对话框，还可以使用快捷键 Ctrl+J 来打开。

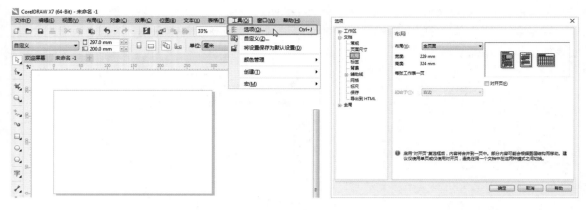

图 1-23　选择【选项】命令　　　　　　　　　　　　图 1-24　选择布局版式

(3) 在此处选择【三折小册子】选项，然后单击【确定】按钮。如果需要对开页，可以选中【对开页】复选框，效果如图 1-26 所示。

图 1-25　【布局】下拉列表　　　　　　　　　　　图 1-26　【三折小册子】版式效果

案例精讲 006　　设置辅助线及动态辅助线

案例文件：无

视频文件：视频教学 |Cha01| 使用辅助线及动态辅助线 .avit

制作概述

本例主要介绍设置辅助线及动态辅助线。

学习目标

掌握辅助线及动态辅助线的设置方法。
学习辅助线及动态辅助线的应用。

操作步骤

(1) 新建一个文档，按 Ctrl+I 组合键导入随书附带光盘中的"CDROM| 素材 |Cha01|b1-jpg"素材文件，移动鼠标指针到水平标尺上，按住鼠标左键不放，向下拖曳，如图 1-27 所示。

(2) 释放鼠标即可创建一条水平的辅助线，完成后的效果如图 1-28 所示。

(3) 在标尺上双击，即可打开【选项】对话框，在左侧选择【辅助线】选项，如图 1-29 所示。

(4) 展开【辅助线】选项，选择【水平】选项，在右侧的【水平】文本框中输入 120，单击【添加】按钮，即可将该数值添加到下方的列表框中，如图 1-30 所示。

图 1-27　向下拖曳辅助线

图 1-28　创建辅助线

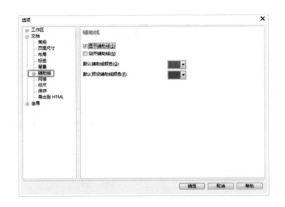

图 1-29　【选项】对话框

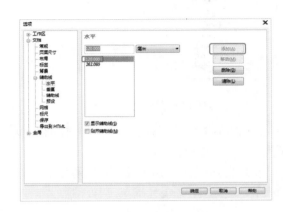

图 1-30　设置水平辅助线参数

（5）在左侧单击【垂直】选项，在右侧的【垂直】文本框中输入 120，单击【添加】按钮，即可将该数值添加到下方的列表框中，如图 1-31 所示。

（6）设置完成后单击【确定】按钮，即可在相应的位置添加辅助线，完成后的效果如图 1-32 所示。

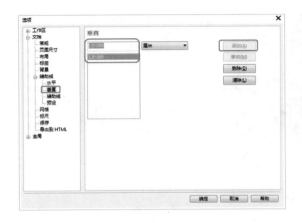

图 1-31　设置垂直辅助线参数

图 1-32　完成后的效果

(7) 随意打开一个文件 (或使用之前的文件)，然后在菜单栏中选择【视图】|【动态辅助线】命令，启用动态辅助线，如图 1-33 所示。

(8) 选择工具箱中的【艺术笔工具】 ，在属性栏中单击【喷涂】按钮 ，在喷涂列表中选择一种喷涂文件，然后在绘图页中绘制图形，如图 1-34 所示。

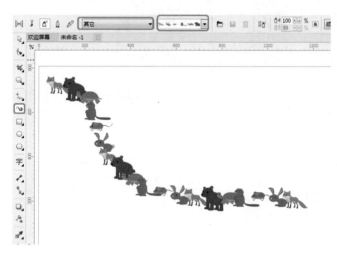

图 1-33　选择【动态辅助线】命令　　　　　　　　　图 1-34　绘制图形

(9) 选择【选择工具】 沿动态辅助线拖放对象，可以查看对象与用于创建动态辅助线的贴齐点之间的距离，如图 1-35 所示。

(10) 松开鼠标左键完成图形的移动，效果如图 1-36 所示。

图 1-35　沿动态辅助线拖放对象　　　　　　　　　图 1-36　拖放对象后的效果

案例精讲 007　设置页面背景

案例文件：无

视频文件：视频教学｜Cha01|设置页面背景 .avi

制作概述

本例将介绍页面背景的设置。

学习目标

掌握设置页面背景的方法。

操作步骤

(1) 按 Ctrl+J 组合键打开【选项】对话框，在对话框的左侧选择【文档】|【背景】选项，就会在右侧显示它的相关设置参数，如图 1-37 所示。用户可以在其中选择【纯色】或【位图】单选按钮来设置所需的背景颜色或图案，默认状态下为无背景。

(2) 选择【纯色】单选按钮，其后的按钮呈活动状态，这时可以打开调色板，在其中选择所需的背景颜色，如图 1-38 所示。选择好后在【选项】对话框中单击【确定】按钮，即可将页面背景设为所选的颜色。

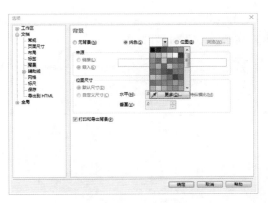

图 1-37　背景设置　　　　　　　　　　　图 1-38　设置纯色背景颜色

(3) 选择【位图】单选按钮，其后的【浏览】按钮呈活动状态，单击该按钮会弹出【导入】对话框，用户可在其中选择要作为背景的文件，然后单击【导入】按钮。返回到【选项】对话框，其中的【来源】选项组呈活动状态，并且还显示了导入位图的路径，如图 1-39 所示。单击【确定】按钮，即可将选择的文件导入到新建文件中，并自动排列为文件的背景，如图 1-40 所示。

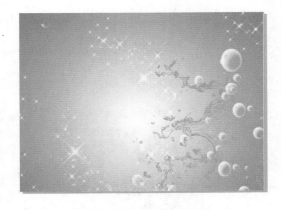

图 1-39　显示导入位图路径　　　　　　　　图 1-40　设置完背景后的效果

案例精讲 008　窗口选择显示模式

 案例文件：无

 视频文件：视频教学｜Cha01｜窗口选择显示模式 .avi

制作概述

本例将介绍如何使用窗口选择显示模式。

学习目标

了解窗口选择显示模式的功能。

掌握窗口选择显示模式的使用方法。

操作步骤

(1) 启动软件后新建一个文档，导入任意素材，然后在菜单栏中选择【窗口】|【工作区】|【经典】命令，如图 1-41 所示。

图 1-41　选择经典模式

(2) 选择该命令后，即可切换至所选的工作区中，效果如图 1-42 所示。

图 1-42　切换至经典模式

案例精讲 009 窗口的排列

 案例文件:

视频文件: 视频教学 | Cha01 | 窗口的排列 .avi

制作概述

本例将介绍如何使用窗口的排列功能。

学习目标

了解窗口的排列功能。

掌握窗口排列功能的使用方法。

操作步骤

(1) 启动软件后新建两个文档,并分别导入不同的素材,如图 1-43 和图 1-44 所示。

图 1-43 创建的第一个文档

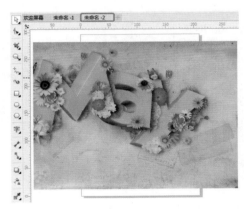

图 1-44 创建的第二个文档

(2) 在菜单栏中选择【窗口】|【垂直平铺】命令,如图 1-45 所示。

(3) 执行以上操作后的效果如图 1-46 所示。

图 1-45 选择【垂直平铺】命令

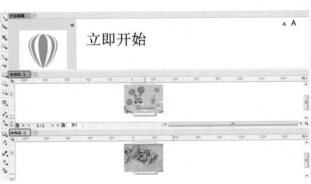

图 1-46 垂直平铺文档

第一章 CorelDRAW X7 的基本操作

案例精讲 010 视图缩放及平移

 案例文件：无

 视频文件：视频教学 | Cha01 | 视图缩放及平移 .avi

制作概述

本例将介绍如何对视图进行缩放及平移。

学习目标

学习如何将模型转换为可编辑多边形。

了解【插入】、【挤出】等选项的应用。

操作步骤

(1) 启动软件后新建文档，然后导入任意素材，如图 1-47 所示。

(2) 选择工具箱中的【缩放工具】🔍，将其移动到绘图页中的素材上，鼠标指针呈现放大状态，如图 1-48 所示。

图 1-47　导入的素材文件

图 1-48　鼠标指针呈现放大状态

 提示　　　用户除了可以在工具箱中选择【缩放工具】外，还可以使用快捷键 Z 激活【缩放工具】。

(3) 在素材上单击鼠标左键即可将素材放大，放大后的效果如图 1-49 所示。也可以单击属性栏中的【放大】按钮🔍，将素材放大显示。

(4) 按下鼠标右键，鼠标指针呈现【缩小】🔍状态，如图 1-50 所示。松开鼠标右键即可对素材进行缩放，缩放后的效果如图 1-51 所示。也可以单击属性栏中的【缩小】按钮🔍对素材进行缩放。

(5) 新建文件并导入任意素材，也可以使用之前的素材，如图 1-52 所示。

图 1-49 放大图像后的效果

图 1-50 鼠标指针呈现 🔍 状态

图 1-51 缩放图像后的效果

图 1-52 导入的素材文件

(6) 使用工具箱中的【缩放工具】🔍，将导入的素材放大显示，如图 1-53 所示。

(7) 选择工具箱中的【平移工具】✋，在绘图页移动图形并对图形进行观察，如图 1-54 所示。

图 1-53 放大图像

图 1-54 移动图像

第2章
常用文字特效的制作与表现

本章重点

◆ 立体文字——夏季购物海报
◆ 变形文字——端午节广告
◆ 海报标题——纸条文字
◆ 动感文字——广告标题
◆ 涂鸦文字——标题文字
◆ 数字文字——桌面壁纸
◆ 艺术文字——服装海报
◆ 爆炸文字——游戏海报

本章讲解如何使用 CorelDRAW 制作一些常用的字体，如立体文字、变形文字、动感文字等。通过本章的学习，读者可以对常用文字的制作技巧有一定的了解。

案例精讲 011　立体文字——夏季购物海报

 案例文件：CDROM | 场景 |Cha02| 夏季购物海报 .cdr

 视频文件：视频教学 | Cha02 | 夏季购物海报 .avi

制作概述

本例将介绍如何制作立体文字。首先输入文字，利用【立体化工具】拖曳文字形成 3D 效果，然后再为文字填充颜色，完成后的效果如图 2-1 所示。

学习目标

学习制作立体文字。

掌握【立体化工具】、【交互式工具】的使用方法。

操作步骤

(1) 启动软件后，按 Ctrl+N 组合键，在弹出的对话框中将【宽度】、【高度】分别设置为 423 mm、296 mm，将【原色模式】设置为 CMYK，单击【确定】按钮即可新建文档。按 Ctrl+I 组合键，在弹出的【导入】

图 2-1　夏季购物海报

对话框中选择随书附带光盘中的"CDROM| 素材 |Cha02| 立体文字 .jpg"素材文件，如图 2-2 所示。

(2) 单击【导入】按钮，在绘图区单击鼠标即可导入图片，然后调整图片的位置，效果如图 2-3 所示。

图 2-2　【导入】对话框

图 2-3　导入图片后的效果

(3) 在工具箱中选择【文本工具】，在绘图区输入文本"缤纷夏日欢乐购"，在属性栏中将【字体】设置为【汉仪中黑简】。将【字体大小】设置为 200 pt，选择"夏日欢乐"文字，将【字体大小】设置为 250 pt，将填充颜色的 CMYK 设置为 100、0、0、0，完成后的效果如图 2-4 所示。

（4）在工具箱中选择【立体化工具】，选择文字并向下拖曳，然后对其进行调整，完成后的效果如图2-5所示。

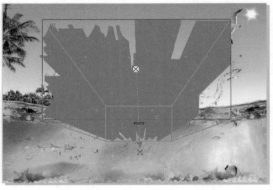

图2-4　输入并设置文字

图2-5　立体化后的效果

（5）在属性栏中单击【立体化颜色】按钮，在弹出的下拉列表中选择【使用递减的颜色】选项，单击【从】右侧的色块，在弹出的下拉列表中选择【更多】选项，弹出【选择颜色】对话框。在该对话框中将【模型】设置为CMYK，将CMYK设置为100、20、0、20，如图2-6所示。

（6）单击【确定】按钮，然后单击【到】右侧的色块，在弹出的下拉列表中选择【更多】选项，在弹出的对话框中将CMYK设置为40、0、0、0。单击【确定】按钮，完成后的效果如图2-7所示。

图2-6　设置颜色

图2-7　完成后的效果

（7）再次使用文本工具输入文字，设置文字的样式跟上述文字相同，然后将输入的文字与原有文字重合。选择刚刚输入的文字，单击【交互式填充】工具，在属性栏中先单击【渐变填充】按钮，然后再单击【编辑填充】按钮，弹出【编辑填充】对话框。在该对话框中选择左侧的节点，然后单击【节点颜色】按钮，将CMYK设置为50、0、0、0，如图2-8所示。

（8）在色条上双击即可新建一个节点，然后选择该节点，将【节点位置】设置为78%，单击【节点颜色】按钮，将CMYK设置为5、0、0、0，然后选择右侧的色标，将CMYK设置为0、0、

0、0，如图 2-9 所示。

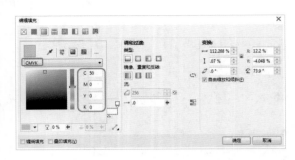

图 2-8　设置节点颜色

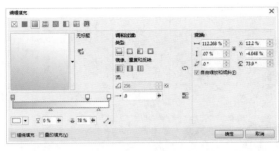

图 2-9　设置渐变

　　(9) 单击【确定】按钮，然后在绘图区中进行调整，完成后的效果如图 2-10 所示。

　　(10) 在工具箱中单击【标题形状工具】按钮，然后在属性栏中单击【完美形状】按钮，在弹出的列表中选择【完美形状】选项◙，然后在绘图区中绘制图形，效果如图 2-11 所示。

图 2-10　填充渐变后的效果

图 2-11　绘制图形

　　(11) 选择刚刚绘制的图形，将填充颜色的 CMYK 设置为 0、0、0、10，将轮廓颜色的 CMYK 设置为 100、20、0、0，效果如图 2-12 所示。

　　(12) 然后使用【文本工具】在绘图区输入文本，将【字体】设置为【方正黑体简体】，将【字体大小】设置为 36 pt，将字体颜色的 CMYK 设置为 100、0、0、0，完成后的效果如图 2-13 所示。

图 2-12　填充颜色

图 2-13　输入文字后的效果

案例精讲 012　变形文字——端午节广告

 案例文件：CDROM | 场景 |Cha02| 端午节广告 .cdr

 视频文件：视频教学 | Cha02 | 端午节广告 .avi

制作概述

本例将通过制作端午节广告来讲解如何变形文字。先将文字转换为曲线后，再使用【形状工具】调整锚点，完成后的效果如图 2-14 所示。

学习目标

学习制作变形文字。

掌握【文本工具】、【形状工具】、【钢笔工具】的使用方法。

操作步骤

(1) 按 Ctrl+N 组合键，在弹出的对话框中将【宽度】、【高度】分别设置为 267 mm、200 mm，将【原色模式】设置为 CMYK，单击【确定】按钮。

图 2-14　端午节广告

按 Ctrl+I 组合键，在弹出的【导入】对话框中选择"变形文字 .jpg"素材文件，如图 2-15 所示。

(2) 单击【确定】按钮，在绘图区单击即可导入图片，然后调整图片的大小和位置，完成后的效果如图 2-16 所示。

(3) 使用【文本工具】在绘图区输入文本，在属性栏中将【字体】设置为【方正小标宋简体】，将【字体大小】设置为 115 pt，效果如图 2-17 所示。

(4) 按 Ctrl+K 组合键将文字分离，然后将"情"字的大小设置为 75 pt，将"端"字的大小设置为 95 pt，将"午"字的大小设置为 125 pt，调整文字的位置，效果如图 2-18 所示。

 提示　　　除了可以使用上述方法拆分文字外，还可以在菜单栏中执行【对象】|【拆分美术字】命令将文字拆分。

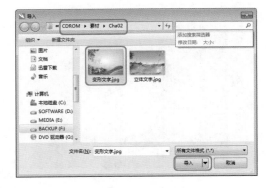

图 2-15　【导入】对话框

图 2-16　导入图片后的效果

图 2-17　输入文字　　　　　　　　　图 2-18　调整文字的大小和位置

(5) 选择所有的文字，按 Ctrl+Q 组合键将文字转换为曲线，然后使用【形状工具】选择"棕"字最后一笔的所有的锚点和"端"字第一笔的所有锚点，按 Delete 键删除，效果如图 2-19 所示。

(6) 在工具箱中选择【钢笔工具】，然后在绘图区中绘制如图 2-20 所示的图形。

图 2-19　删除后的效果　　　　　　　　图 2-20　绘制图形（1）

(7) 继续使用【钢笔工具】绘制图形，效果如图 2-21 所示。

(8) 再次使用【钢笔工具】绘制图形，效果如图 2-22 所示。

图 2-21　绘制图形（2）　　　　　　　　图 2-22　绘制图形（3）

(9) 选择最后一次绘制的图形,在工具箱中单击【交互式填充工具】按钮,在属性栏中单击【渐变填充】按钮,然后单击【编辑渐变】按钮,弹出【编辑填充】对话框,在该对话框中将左侧节点的 CMYK 设置为 93、67、97、56,将右侧节点的 CMYK 设置为 77、13、99、0,如图 2-23 所示。

 提示 除了上述方法外,按 F11 键,或者在状态栏中双击颜料桶后面的颜色按钮,都可以打开【编辑填充】对话框。

(10) 单击【确定】按钮,然后在绘图区进行调整,完成后的效果如图 2-24 所示。

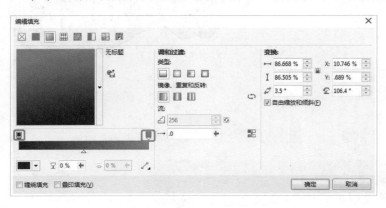

图 2-23 【编辑填充】对话框

图 2-24 填充渐变后的效果

(11) 在属性栏中单击【轮廓宽度】下拉按钮,在弹出的对话框中选择 1.5 mm 选项,完成后的效果如图 2-25 所示。

(12) 选择所有的文字和绘制的两个图形,在【对象属性】泊坞窗单击【轮廓】按钮,将【轮廓宽度】设置为 1 mm,将【轮廓颜色】设置为白色,完成后的效果如图 2-26 所示。

图 2-25 添加轮廓后的效果

图 2-26 为文字添加轮廓后的效果

(13) 选择"粽"文字,在工具箱中单击【交互式填充工具】,然后单击【渐变工具】,再单击【编辑填充】按钮,弹出【编辑填充】对话框。在该对话框中选择左侧的节点,将节点颜色 CMYK 设置为 89、52、100、20,将右侧节点颜色 CMYK 设置为 58、5、95、0,然后在

33、66 的位置处添加节点，节点颜色 CMYK 分别是 58、5、95、0，89、52、100、20，完成后的效果如图 2-27 所示。

(14) 单击【确定】按钮，然后在视图中进行调整，完成后的效果如图 2-28 所示。

(15) 使用同样的方法为文字和图形填充渐变，完成后的效果如图 2-14 所示。

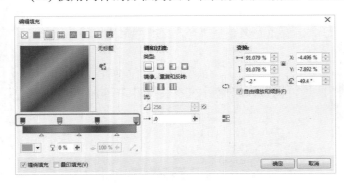

图 2-27 【编辑填充】对话框

图 2-28 调整完成后的效果

案例精讲 013 海报标题——纸条文字

案例文件： CDROM | 场景 | Cha02 |纸条文字 .cdr

视频文件： 视频教学 | Cha02 | 海报标题——纸条文字 .avi

制作概述

本例将讲解如何制作海报标题——纸条文字，主要使用【钢笔工具】绘制出对象，然后使用【编辑填充】对话框填充颜色，完成后的效果如图 2-29 所示。

学习目标

学习海报标题——纸条文字的制作过程。

掌握制作海报标题——纸条文字过程中使用的工具的功能。

操作步骤

(1) 启动软件后，新建一个宽度为 188 mm，高度为 105 mm 的文档，按 Ctrl+I 组合键，弹出【导入】对话框，打开随书附带光盘中的"CDROM| 素材 |Cha02|b1.jpg"素材文件，如图 2-30 所示。

图 2-29 制作纸条文字

(2) 在工具箱中选择【钢笔工具】，然后在绘图页的空白处绘制对象，如图 2-31 所示。

(3) 在工具箱中选择【形状工具】，选中绘制对象的所有控制点，在属性栏中单击【转换为曲线】按钮和【尖突节点】按钮，如图 2-32 所示。

(4) 使用【形状工具】调整控制柄，使用【选择工具】选中对象，在属性栏中将【对象大小】的【宽度】设置为 28.178 mm，【高度】设置为 41.143 mm，如图 2-33 所示。

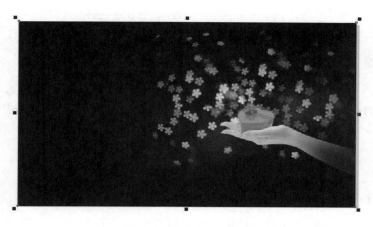

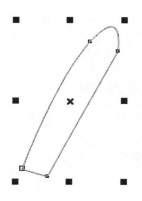

图 2-30　查看导入的文件　　　　　　　　　　　　　图 2-31　绘制对象

提示　　　　使用钢笔工具进行绘制，应根据个人情况设置对象的大小，不需严格按照内容参数设置。

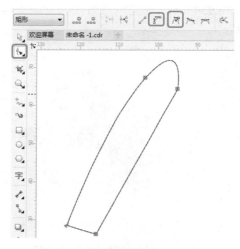

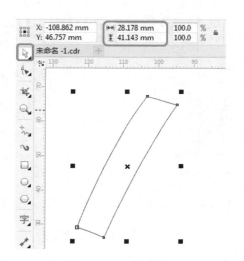

图 2-32　调出节点控制柄　　　　　　　　　　　　　图 2-33　调整对象

(5) 确认选中对象后按 F11 键打开【编辑填充】对话框，在该对话框中单击【渐变填充】按钮█，在下方选中渐变条左侧的节点，将其 CMYK 值设置为 70、0、100、20，选中渐变条右侧的节点，将 CMYK 值设置为 50、0、100、0，在【变换】选项区域，取消选中【自由缩放和倾斜】复选框，将【填充宽度】设置为 63.288%，将 X、Y 均设置为 0%，【旋转】设置为 66.3°，选中【缠绕填充】复选框，单击【确定】按钮，如图 2-34 所示，并将轮廓颜色设置为无。

(6) 继续使用【钢笔工具】█绘制对象，并使用同样的方法调整绘制的对象，在属性栏中将对象大小的【宽度】设置为 12.138 mm，【高度】设置为 39.997 mm，如图 2-35 所示。

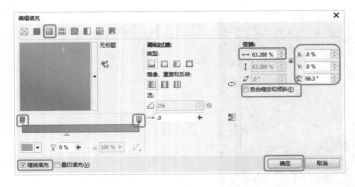

图 2-34　编辑填充颜色

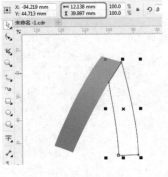

图 2-35　绘制并调整对象

(7) 按 F11 键打开【编辑填充】对话框，在该对话框中单击【渐变填充】按钮▢，在下方选中渐变条左侧的节点，将其 CMYK 值设置为 100、70、0、40，选中渐变条右侧的节点，将 CMYK 值设置为 100、0、0、0，在【变换】选项区域，取消选中【自由缩放和倾斜】复选框，将【填充宽度】设置为 36.031%，将 X、Y 均设置为 0%，【旋转】设置为 -33.4°，选中【缠绕填充】复选框，单击【确定】按钮，如图 2-36 所示，并将轮廓颜色设置为无。

(8) 再次使用【钢笔工具】绘制对象，并使用同样方法调整绘制的对象，在属性栏中将对象大小的【宽度】设置为 25.33 mm，【高度】设置为 6.934 mm，使用同样方法为它填充颜色，如图 2-37 所示。

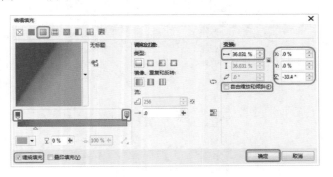

图 2-36　编辑填充

图 2-37　绘制并调整图形

(9) 综合前面介绍的方法绘制其他文字，并调整位置，完成后的效果如图 2-38 所示。

图 2-38　完成后的效果

案例精讲 014 动感文字——广告标题

案例文件：CDROM | 场景 | Cha02 | 动感文字 .cdr

视频文件：视频教学 | Cha02 | 动感文字 .avi

制作概述

本例将讲解如何制作动感文字。首先导入背景图片，然后输入文字并设置文字轮廓效果，调整文字的倾斜度，完成后的效果如图 2-39 所示。

学习目标

掌握【文本工具】的使用方法。

学习文字轮廓的设置方法。

操作步骤

(1) 启动软件后新建文档。在【创建新文档】对话框中，将【宽度】设置 570 mm，【高度】设置为 237 mm，【渲染分辨率】设置为 300 dpi，然后单击【确定】按钮，如图 2-40 所示。

图 2-39 动感文字

(2) 按 Ctrl+I 组合键打开【导入】对话框，选择随书附带光盘中的"CDROM| 素材 |Cha02| 动感背景 .jpg"素材文件，然后单击【导入】按钮，如图 2-41 所示。

图 2-40 创建文档

图 2-41 【导入】对话框

(3) 调整导入素材的其大小及位置，使其铺满绘图页，如图 2-42 所示。

(4) 选中图片并右击，在弹出的快捷菜单中选择【锁定对象】命令，如图 2-43 所示。

(5) 在工具箱中选择【文本工具】字，在绘图页中输入文本"Super Light"，然后在属性栏中将【字体】设置为 Blackoak Std，【字体大小】设置为 120 pt，如图 2-44 所示。

(6) 选中文本并在工具箱中单击【轮廓图工具】，在属性栏中单击【外部轮廓】按钮，将【轮廓图步长】设置为 2，【轮廓图偏移】设置为 10.0 mm，【填充色】设置为白色，如图 2-45 所示。

CG设计案例课堂

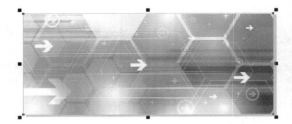

图 2-42　调整图片大小及位置　　　　　　　图 2-43　选择【锁定对象】命令

图 2-44　输入文本　　　　　　　　　　　图 2-45　设置轮廓

（7）在调色板中单击青色色块，为文字更改颜色，如图 2-46 所示。

（8）使用【选择工具】 ⬚ 调整文字的倾斜度，如图 2-47 所示。然后调整其位置，在空白位置单击完成操作。最后将场景文件进行保存并导出效果图片。

图 2-46　更改文字颜色　　　　　　　　　　图 2-47　调整文字

　　　　　　　对文字做倾斜操作时，可以使用【选择工具】选择然后再次单击文字，此时文字的四周变为旋转箭头，选择最上侧的箭头进行拖曳即可。

案例精讲 015　涂鸦文字——标题文字

案例文件：CDROM | 场景 | Cha02 | 涂鸦文字 .cdr

视频文件：视频教学 | Cha02 | 涂鸦文字 .avi

制作概述

本例将讲解如何制作涂鸦文字。输入文字后导入素材图片，然后将素材图片嵌入到文本中并进行调整，完成后的效果如图 2-48 所示。

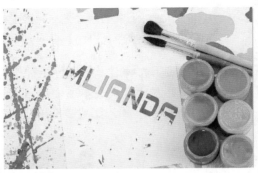

图 2-48　涂鸦文字

学习目标

掌握【置于图文框内部】命令的使用方法。

学习【艺术笔工具】的使用方法。

操作步骤

(1) 打开随书附带光盘中的"CDROM| 素材 |Cha02| 涂鸦文字 .cdr"素材文件，如图 2-49 所示。

(2) 在工具箱中选择【文本工具】**字**，在绘图页中输入文本"MLIANDA"，然后在属性栏中将【字体】设置为 Bitsumishi，并调整文字的大小及位置，如图 2-50 所示。

图 2-49　打开的素材文件

图 2-50　输入文字

(3) 按 Ctrl+I 组合键打开【导入】对话框，选择随书附带光盘中的"CDROM| 素材 |Cha02| 涂鸦素材 .jpg"素材文件，然后单击【导入】按钮，在绘图页中导入素材图片，如图 2-51 所示。

(4) 选中素材图片，然后在菜单栏中选择【对象】|【图框精确剪裁】|【置于图文框内部】命令，如图 2-52 所示。

图 2-51　导入的素材图片

图 2-52　选择【置于图文框内部】命令

提示

　　　　　　除了可以使用上述方法对文字进行精确裁剪外，还可以按住鼠标右键将其拖曳到文字上，当鼠标指针变为文字 A 时，松开鼠标在弹出的快捷菜单中选择【图框精确剪裁内部】命令，也可以将图像置于文字内部。

　　(5) 光标显示为➡时，将鼠标指针指向文本并单击，如图 2-53 所示。

　　(6) 将素材图片嵌入文本后使用【选择工具】🔖选择文本，在弹出的快捷按钮中单击【编辑 PowerClip】按钮📷，如图 2-54 所示。

图 2-53　将鼠标指向文本并单击

图 2-54　单击【编辑 PowerClip】按钮

　　(7) 进入图片编辑模式，将素材图片旋转 90°，然后调整其宽度。调整完成后单击【停止编辑内容】按钮📷，如图 2-55 所示。

　　(8) 退出编辑模式后，调整文本的高度，如图 2-56 所示。

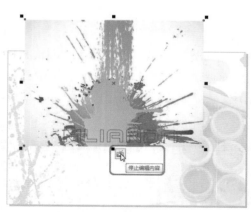

图 2-55　调整图片

图 2-56　调整文本高度

　　(9) 在属性栏中将旋转角度设置为 335°，旋转文本，如图 2-57 所示。

　　(10) 在工具箱中选择【艺术笔工具】🖌，在属性栏中单击【笔刷】按钮🖊，将【类别】设置为【飞溅】，然后将【笔刷笔触】设置为 ⌐·‥ˌ ˌ⌐ˌ，然后在绘图页的适当位置单击并向左侧拖动，如图 2-58 所示。

　　(11) 绘制完飞溅图形后将其颜色更改为青色，如图 2-59 所示。

　　(12) 使用相同的方法绘制其他飞溅图形，并更改为其他颜色，如图 2-60 所示。最后将场景文件保存并导出效果图片。

图 2-57　旋转文本

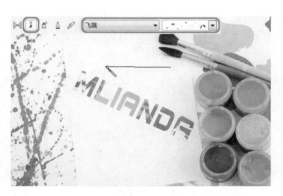

图 2-58　设置艺术笔并绘制

图 2-59　更改飞溅图形颜色

图 2-60　绘制其他飞溅图形

案例精讲 016　数字文字——桌面壁纸

案例文件：CDROM | 场景 | Cha02 | 数字文字 .cdr

视频文件：视频教学 | Cha02 | 数字文字 .avi

制作概述

本例将讲解如何制作数字文字。首先制作矩形背景，然后输入文字和数字，最后将数字嵌入文本中并进行调整，完成后的效果如图 2-61 所示。

学习目标

掌握【置于图文框内部】命令的使用方法。

操作步骤

(1) 启动软件后新建文档。在【创建新文档】对话框中，将【宽度】设置 500 mm，【高度】设置为 250 mm，【渲染分辨率】设置为 300 dpi，然后单击【确定】按钮，如图 2-62 所示。

(2) 在工具箱中双击【矩形工具】，创建一个与绘图页同样大小的矩形，如图 2-63 所示。

图 2-61　数字文字

图 2-62　创建文档

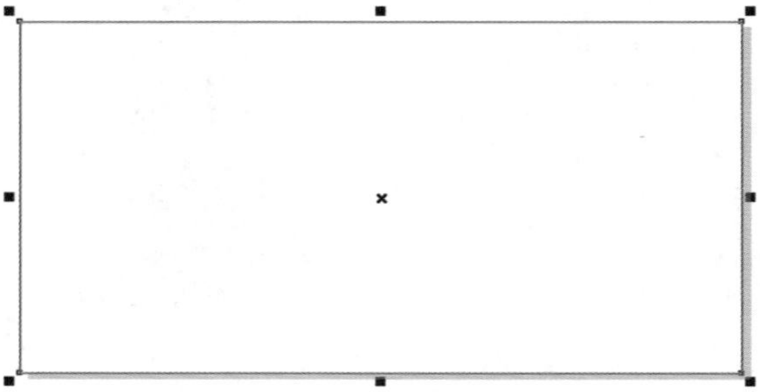

图 2-63　绘制矩形

(3) 选中矩形并按 F11 键打开【编辑填充】对话框，将【类型】设置为【椭圆形渐变填充】，将位置 0 的 CMYK 值设置为 83、58、0、0，将位置 40 的 CMYK 值设置为 84、47、0、0，将位置 100 的 CMYK 值设置为 73、36、2、0，如图 2-64 所示。

(4) 单击【确定】按钮，为矩形填充渐变，如图 2-65 所示。

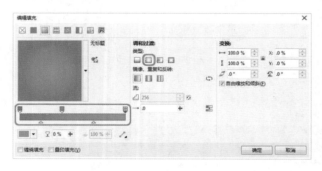

图 2-64　设置渐变填充

图 2-65　填充矩形

(5) 将矩形锁定，然后使用【文字工具】字输入"2014"，将【字体】设置为【方正水柱简体】，【字体大小】设置为 300 pt，然后调整文字位置，如图 2-66 所示。

(6) 继续使用【文字工具】字输入不规则的数字，然后将【字体】设置为 Arial，【字体大小】设置为 24 pt，【颜色】设置为白色，如图 2-67 所示。

图 2-66　输入文本

图 2-67　输入数字

(7) 选中数字，然后在菜单栏中选择【对象】|【图框精确剪裁】|【置于图文框内部】命令，光标显示为➡时，将鼠标指针指向文本并单击，如图 2-68 所示。

(8) 将数字嵌入文本后使用【选择工具】🔽选择文本，在弹出的快捷按钮中单击【编辑 PowerClip】按钮🔗，然后调整数字在数字文本中的位置，如图 2-69 所示。

图 2-68　将鼠标指向文本并单击

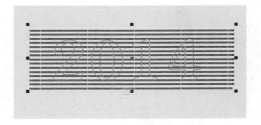

图 2-69　调整数字的位置

(9) 调整完成后单击【停止编辑内容】按钮🔗，然后单击调色板中的☒按钮，取消文本的颜色，如图 2-70 所示。最后将场景文件保存并导出效果图片。

图 2-70　取消文本颜色

案例精讲 017　艺术文字——服装海报

 案例文件：CDROM | 场景 | Cha02 | 服装海报 .cdr

 视频文件：视频教学 | Cha02 | 服装海报 .avi

制作概述

本例主要讲解如何对文字进行变形，使其具有艺术化，其中重点应用了【形状工具】。完成后的效果如图 2-71 所示。

学习目标

学习如何对文字进行变形。

掌握文字变形的技巧，熟练使用【变形工具】。

操作步骤

(1) 启动软件后，新建一个模式为 CMYK 的空白文档。按 Ctrl+I 组合键，弹出【导入】对话框，选择随书附带光盘中的"CDROM | 素材 |

图 2-71　服装海报

Cha02 | 服装背景 .jpg" 文件，单击【导入】按钮，返回到场景中，按 Enter 键，完成导入，如图 2-72 所示。

(2) 利用【矩形工具】绘制宽和高分别为 180 mm 和 15 mm 的矩形，将其"填充颜色"和"轮廓"的 CMYK 值设为 0、100、100、0，并适当对矩形进行变形，如图 2-73 所示。

图 2-72　导入的素材文件

图 2-73　创建矩形

(3) 按 F8 键激活【文本工具】输入"自然褶皱的温婉更突显女人甜美性感的味道"，在属性栏中将【字体】设为【方正宋黑简体】，将【字体大小】设为 23 pt，将【填充颜色】设为白色，【轮廓】设为无，如图 2-74 所示。

(4) 继续输入文字"时尚"，在属性栏中将【字体】设为【方正粗倩简体】，将【字体大小】设为 120 pt，将【填充颜色】和【轮廓】的 CMYK 值设为 78、99、17、0，如图 2-75 所示。

图 2-74　输入文字

图 2-75　输入文字

(5) 选择上一步创建的文字，按 Ctrl+K 组合键将其分离，然后按 Ctrl+Q 组合键将其转换为曲线，如图 2-76 所示。

(6) 按 X 键激活【橡皮擦工具】，在图中对文字进行擦除，完成后的效果如图 2-77 所示。

图 2-76　转换为曲线

图 2-77　擦除多余的部分

在绘制线条时，当线条的终点与第一个节点重合时，系统会提示是否关闭图形，单击【是】按钮即可创建一个封闭的图形；如果单击【否】按钮，则继续创建线条。在创建线条时，若按住鼠标拖动，可以创建曲线。

(7) 按 F10 键激活【形状工具】，对"时"字右侧的竖钩进行修改使其适当变细，如图 2-78 所示。

(8) 继续使用【形状工具】，在"时"字右上侧添加一个节点，如图 2-79 所示。

图 2-78 进行修改

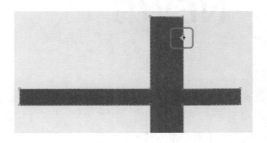

图 2-79 添加节点

(9) 选择节点进行拖动，拖动到如图 2-80 所示的形状。

(10) 使用同样的方法，给其添加节点，并进行调整，效果如图 2-81 所示。

图 2-80 进行修改

图 2-81 完成后的效果

(11) 按 Ctrl+O 组合键打开随书附带光盘中的"CDROM| 素材 |Cha02| 时尚文字素材 .cdr"素材文件，打开后的效果如图 2-82 所示。

(12) 选择打开的图标进行复制，并适当调整大小，调整到如图 2-83 所示的位置。

图 2-82 打开的素材文件

图 2-83 复制并调整图标

(13) 按 F8 键激活【文本工具】，在场景中输入"NEWS"，在属性栏中将【字体】设为【方正粗倩简体】，将【字体大小】设为 100 pt，将【填充颜色】设为黑色，完成后的效果如图 2-84 所示。

(14) 按 Ctrl+T 组合键打开【文本属性】泊坞窗，将【字符间距】设为 0，利用【选择工具】对创建的文字的高度进行适当拉长，完成后的效果如图 2-85 所示。

图 2-84　输入 NEWS

图 2-85　进行变形

(15) 继续输入文字，在属性栏中将【字体】设为【方正楷体简体】，将【字体大小】设为 24 pt，将【填充颜色】设为黑色，【轮廓】设为无，如图 2-86 所示。

(16) 设置完成后再对场景的整体进行适当调整，完成后的效果如图 2-87 所示。

图 2-86　输入文字

图 2-87　完成后的效果

案例精讲 018　爆炸文字——游戏海报

✏ 案例文件：　CDROM | 场景 | Cha02 | 爆炸文字—游戏海报 .cdr

🖇 视频文件：　视频教学 | Cha02 | 爆炸文字—游戏海报 .avi

制作概述

本例将讲解如何制作爆炸文字，重点应用的工具是【粗糙工具】，完成后的效果如图 2-88 所示。

学习目标

学习如何对文字进行变形。
掌握文字变形的技巧，熟练使用【粗糙工具】。

操作步骤

(1) 启动软件后，新建一个模式为 CMYK 的空白文档，按 Ctrl+I 组合键，弹出【导入】对话框，选择

图 2-88　服装海报

随书附带光盘中的"CDROM | 素材 | Cha02 | 游戏背景素材 .jpg"文件，单击【导入】按钮，返回到场景中，按 Enter 键，完成导入，如图 2-89 所示。

(2) 按 F8 键激活【文本工具】，在场景中输入"枪手"，在属性栏中将【字体】设为【叶根友行书繁】，将【字体大小】设为 300 pt，为了便于观察先将颜色设为黄色，如图 2-90 所示。

图 2-89 导入的素材文件

图 2-90 输入文字

(3) 在工具箱中选择【粗糙工具】，在属性栏中将【笔尖半径】设为 10 mm，将【尖突的频率】设为 10，将【干燥】设为 -10，将【笔倾斜】设为 45°，如图 2-91 所示。

(4) 利用【粗糙工具】对上一步创建的文字的边缘进行粗糙，完成后的效果如图 2-92 所示。

图 2-91 设置粗糙工具属性

图 2-92 进行粗糙化

(5) 在【粗糙工具】属性面板中将【笔倾斜】设为 90°，如图 2-93 所示。

(6) 继续使用【粗糙工具】对文字的边缘进行修改，完成后效果如图 2-94 所示。

图 2-93 修改属性

图 2-94 进行粗糙处理

(7) 在工具箱中选择【轮廓图工具】给文字添加轮廓，在属性栏中单击【外部轮廓】按钮

, 将【轮廓步长】设为 3, 将【轮廓图偏移】设为 5 mm, 将【轮廓色】设为黄色, 将【填充色】
设为红色, 完成后的效果如图 2-95 所示。

(8) 选择文字, 将其填充颜色设为黑色, 最终效果如图 2-96 所示。

图 2-95　设置外轮廓

图 2-96　最终效果

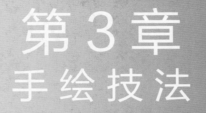

第3章
手绘技法

本章将讲解如何利用 CorelDRAW 绘制各种不同的物体。通过本章的学习，读者可以对手绘有一定的了解，对以后的设计创作非常有帮助。

案例精讲 019 饮品类——绘制茶杯

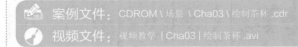

案例文件：CDROM \ 场景 \ Cha03 \ 绘制茶杯 .cdr

视频文件：视频教学 | Cha03 | 绘制茶杯 .avi

制作概述

本例将介绍如何绘制茶杯，用到的工具主要有【钢笔工具】和【椭圆工具】。完成后的效果如图 3-1 所示。

学习目标

学习绘制图形的方法。
学习填充颜色的方法。
学习导入素材的方法。

操作步骤

(1) 按 Ctrl+N 组合键，在弹出的【创建新文档】对话框中将【宽度】设置为 143 mm，【高度】设置为 150 mm，然后单击【确定】按钮，如图 3-2 所示。

(2) 在工具箱中单击【矩形工具】按钮，在绘图页中绘制一个与文档相同大小的矩形，如图 3-3 所示。

图 3-1 茶杯

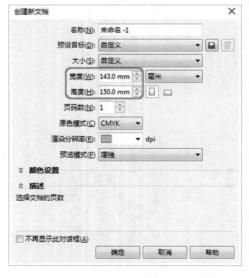

图 3-2 【创建新文档】对话框

图 3-3 绘制矩形

在绘制和文档同样大小的矩形时，除了可以使用上述方法外，在工具箱中双击【矩形工具】，也可以绘制和文档同样大小的矩形。

(3) 选中该矩形，按 Shift+F11 组合键，在弹出的对话框中将 CMYK 值设置为 40、0、100、0，如图 3-4 所示。

图 3-4　设置均匀填充

(4) 设置完成后单击【确定】按钮，在默认调色板中右击⊠按钮，取消轮廓色，效果如图 3-5 所示。

(5) 在工具箱中单击【椭圆形工具】按钮 ◯，在绘图页中绘制一个宽和高分别为 98.5 mm、44.8 mm 的椭圆，并调整其位置，效果如图 3-6 所示。

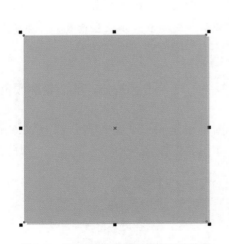

图 3-5　填充颜色并取消轮廓色后的效果

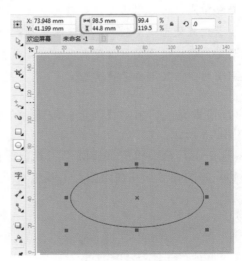

图 3-6　绘制椭圆形

(6) 按 F11 键，在弹出的【编辑填充】对话框中将左侧节点的 CMYK 值设置为 5、10、13、0，在位置 67 处添加一个节点并将其 CMYK 值设置为 8、15、22、0，在位置 85 处添加一个节点，并将其 CMYK 值设置为 4、7、10、0，将右侧节点的 CMYK 值设置为 9、17、27、0，选中【缠绕填充】复选框，如图 3-7 所示。

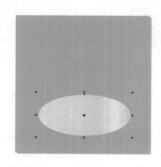

图 3-7　设置渐变填充

知识链接

　　渐变填充是指给对象添加两种或多种颜色的平滑过渡。渐变填充有 4 种类型：线性渐变、椭圆形渐变、圆锥形渐变和矩形渐变。线性渐变是沿对象作直线方向的过渡填充，椭圆形渐变填充从对象中心向外辐射，圆锥形渐变填充产生光线落在圆锥上的效果，而矩形渐变填充则以同心方形的形式从对象中心向外扩散。

　　在文档中可以为对象应用预设渐变填充、双色渐变填充和自定义渐变填充。自定义渐变填充可以包含两种或两种以上的颜色，用户可以在对象的任何位置填充渐变颜色。创建自定义渐变填充之后，可以将其保存为预设。

　　应用渐变填充时，可以指定所选填充类型的属性，如填充的颜色调和方向，填充的角度、边界和中点；还可以通过指定渐变步长来调整渐变填充时打印和显示的质量。默认情况下，渐变步长设置处于锁定状态，因此渐变填充的打印质量由打印设置中的指定值决定，而显示质量由设定的默认值决定。但是，在应用渐变填充时，可以解除锁定渐变步长值设置，并指定一个适用于打印与显示质量的填充值。

---

　　(7) 设置完成后单击【确定】按钮，在默认调色板中右键单击⊠按钮，取消轮廓颜色，效果如图 3-8 所示。

　　(8) 在工具箱中单击【椭圆形工具】按钮，在绘图页中绘制一个宽、高分别为 96.6 mm、43.5 mm 的椭圆形，并在绘图页中调整其位置，效果如图 3-9 所示。

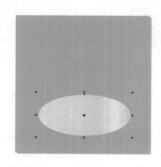

图 3-8　填充渐变并取消轮廓颜色

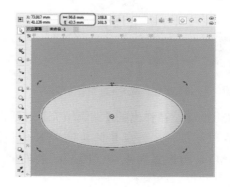

图 3-9　绘制椭圆形

(9) 继续选中该椭圆形，按 F11 键，在弹出的【编辑填充】对话框中将左侧节点的 CMYK 值设置为 16、27、36、0，右侧节点的 CMYK 值设置为 9、17、27、0，选中【缠绕填充】复选框，如图 3-10 所示。

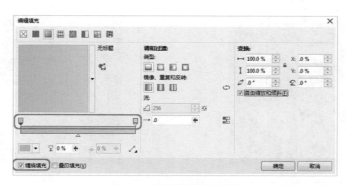

图 3-10　设置渐变填充参数

(10) 设置完成后，单击【确定】按钮，在默认调色板中右击⊠按钮，取消轮廓颜色，效果如图 3-11 所示。

(11) 在工具箱中单击【钢笔工具】按钮，在绘图页中绘制一个如图 3-12 所示的图形。

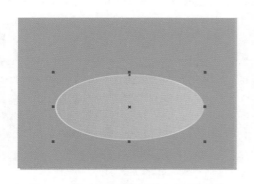

图 3-11　填充渐变并取消轮廓色后的效果

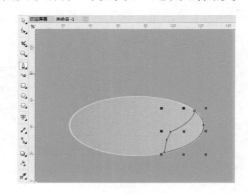

图 3-12　绘制图形

(12) 选中绘制的图形，按 F11 键，在弹出的【编辑填充】对话框中将左侧节点的 CMYK 值设置为 5、10、13、0，右侧节点的 CMYK 值设置为 9、17、27、0，选中【缠绕填充】复选框，取消选中【自由缩放和倾斜】复选框，【填充宽度】设置为 91.6%，【旋转】设置为 91°，如图 3-13 所示。

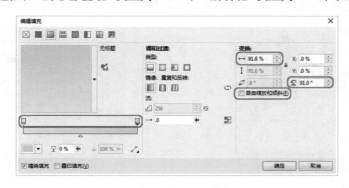

图 3-13　设置渐变填充

(13) 设置完成后单击【确定】按钮，在默认调色板中右击⊠按钮，取消轮廓颜色，效果如图 3-14 所示。

(14) 在工具箱中单击【钢笔工具】按钮，在绘图页中绘制一个如图 3-15 所示的图形。

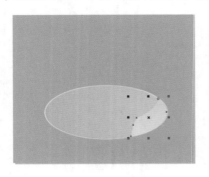
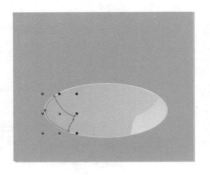

图 3-14　填充渐变并取消轮廓颜色　　　　　　　图 3-15　绘制图形

(15) 选中绘制的图形，按 F11 键，在弹出的【编辑填充】对话框中将左侧节点的 CMYK 值设置为 7、15、24、0，在位置 19 处添加一个节点，并将其 CMYK 值设置为 11、19、28、0，将右侧节点的 CMYK 值设置为 14、24、33、0，选中【缠绕填充】复选框，取消选中【自由缩放和倾斜】复选框，将【填充宽度】设置为 91.6%，将【旋转】设置为 91°，如图 3-16 所示。

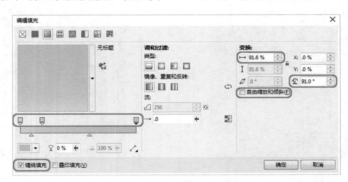

图 3-16　设置渐变填充

(16) 设置完成后单击【确定】按钮，在默认调色板中右击⊠按钮，取消轮廓颜色，效果如图 3-17 所示。

(17) 在工具箱中单击【钢笔工具】按钮，在绘图页中绘制一个如图 3-18 所示的图形。

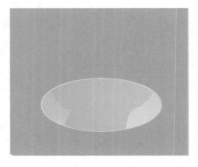

图 3-17　填充渐变并取消轮廓色后的效果　　　　　图 3-18　绘制图形

(18) 选中绘制的图形，按 F11 键，在弹出的【编辑填充】对话框中将左侧节点的 CMYK 值设置为 19、29、40、0，在位置 69 处添加一个节点并将其 CMYK 值设置为 15、23、33、0，将右侧节点的 CMYK 值设置为 9、17、27、0，选中【缠绕填充】复选框，取消选中【自由缩放和倾斜】复选框，将【填充宽度】设置为 94%，将【旋转】设置为 -92.5°，如图 3-19 所示。

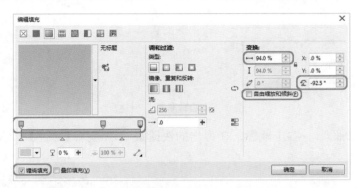

图 3-19　设置渐变填充颜色

(19) 设置完成后单击【确定】按钮，在默认调色板中右击⊠按钮，取消轮廓颜色，效果如图 3-20 所示。

(20) 在工具箱中单击【椭圆形工具】按钮，在绘图页中绘制一个宽和高分别为 67.3 mm、25.2 mm 的椭圆，如图 3-21 所示。

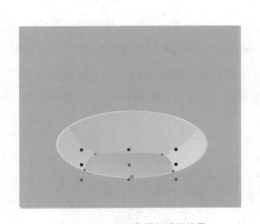

图 3-20　填充渐变颜色后的效果

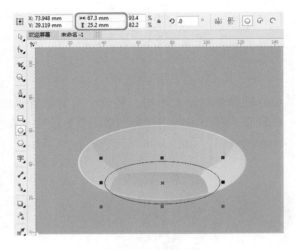

图 3-21　绘制椭圆

(21) 选中绘制的图形，按 F11 键，在弹出的【编辑填充】对话框中将左侧节点的 CMYK 值设置为 7、15、24、0，在位置 79 处添加一个节点并将其 CMYK 值设置为 25、35、48、0，在位置 89 处添加一个节点并将其 CMYK 值设置为 17、25、37、0，将右侧节点的 CMYK 值设置为 9、17、27、0，取消选中【缠绕填充】复选框，如图 3-22 所示。

(22) 设置完成后单击【确定】按钮，在默认调色板中右击⊠按钮，取消轮廓颜色，效果如图 3-23 所示。

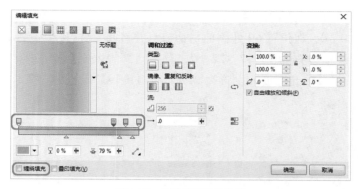

图 3-22　设置渐变填充参数

(23) 继续选中该图形，右击鼠标，在弹出的快捷菜单中选择【顺序】|【置于此对象前】命令，如图 3-24 所示。

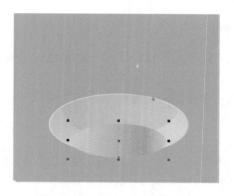

图 3-23　填充渐变并取消轮廓色

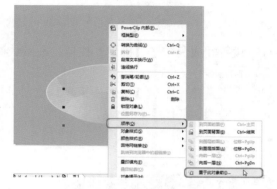

图 3-24　选择【置于此对象前】命令

(24) 在绿色矩形上单击，将选中的对象置于该对象的前面，效果如图 3-25 所示。

(25) 在工具箱中单击【椭圆形工具】按钮，在绘图页中绘制一个宽和高分别为 105.6 mm、46.6 mm 的椭圆，如图 3-26 所示。

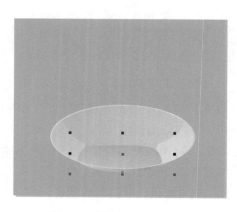

图 3-25　调整图形的排放顺序

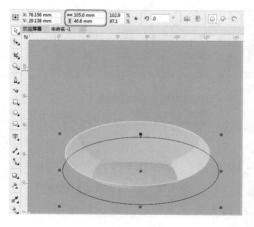

图 3-26　绘制椭圆

(26) 选中新绘制的图形，按 F11 组合键，在弹出的对话框中将 CMYK 值设置为 35、58、

100、0，如图 3-27 所示。

图 3-27　设置均匀填充参数

(27) 设置完成后单击【确定】按钮，在默认调色板中右击⊠按钮，取消轮廓颜色，效果如图 3-28 所示。

(28) 继续选中该图形，在工具箱中单击【透明度工具】按钮，在工具属性栏中单击【渐变透明度】按钮，然后再单击【椭圆形渐变透明度】按钮□，效果如图 3-29 所示。

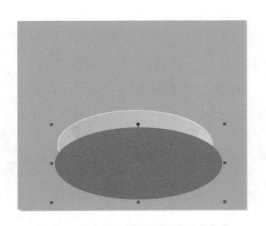

图 3-28　填充颜色并取消轮廓色后的效果

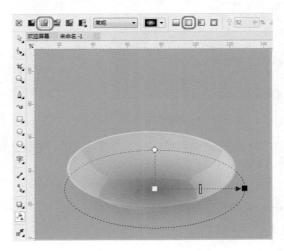

图 3-29　添加透明度效果

(29) 使用【选择工具】选中该对象，右击鼠标，在弹出的快捷菜单中选择【顺序】|【置于此对象前】命令，如图 3-30 所示。

(30) 在绿色矩形上单击，将选中的对象置于该对象的前面，效果如图 3-31 所示。

(31) 在工具箱中单击【钢笔工具】按钮，在绘图页中绘制一个如图 3-32 所示的图形。

(32) 选中绘制的图形，按 F11 键，在弹出的【编辑填充】对话框中将左侧节点的 CMYK 值设置为 7、15、24、0，在位置 16 处添加一个节点并将其 CMYK 值设置为 25、35、48、0，在位置 38 处添加一个节点并将其 CMYK 值设置为 17、25、37、0，将右侧节点的 CMYK 值设置为 9、17、27、0，选中【缠绕填充】复选框，将【旋转】设置为 180°，如图 3-33 所示。

CG 设计案例课堂

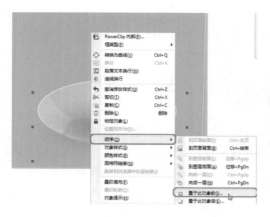

图 3-30　选择【置于此对象前】命令

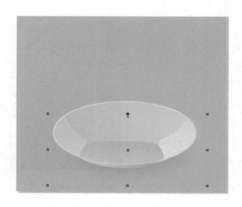

图 3-31　调整对象的排放顺序

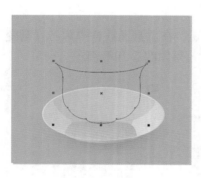

图 3-32　绘制图形

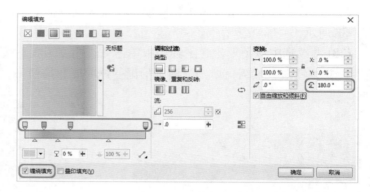

图 3-33　设置渐变颜色

(33) 设置完成后单击【确定】按钮，在默认调色板中右击⊠按钮，取消轮廓颜色，效果如图 3-34 所示。

(34) 在工具箱中单击【椭圆形工具】按钮，在绘图页中绘制一个宽和高分别为 78.5 mm、30 mm 的椭圆，如图 3-35 所示。

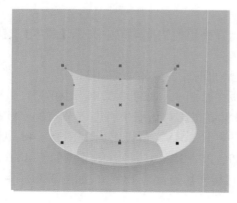

图 3-34　填充渐变并取消轮廓颜色

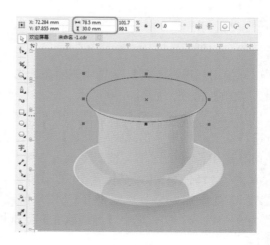

图 3-35　绘制椭圆

(35) 为绘制的图形填充与图 3-33 所示相同的渐变颜色，并将【旋转】设置为 0，取消轮廓色，填充渐变颜色后的效果如图 3-36 所示。

(36) 在工具箱中单击【钢笔工具】按钮，在绘图页中绘制如图 3-37 所示的图形。

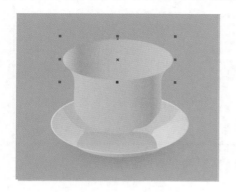

图 3-36　填充渐变颜色后的效果

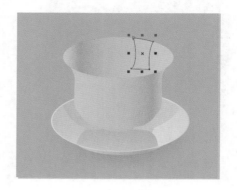

图 3-37　绘制图形

(37) 按 F11 键，在弹出的【编辑填充】对话框中将左侧节点的 CMYK 值设置为 5、10、13、0，将右侧节点的 CMYK 值设置为 9、17、27、0，选中【缠绕填充】复选框，取消选中【自由缩放和倾斜】复选框，将【填充宽度】设置为 96%，将【旋转】设置为 -1.2°，如图 3-38 所示。

(38) 设置完成后单击【确定】按钮，在默认调色板中右击⊠按钮，取消轮廓颜色，效果如图 3-39 所示。

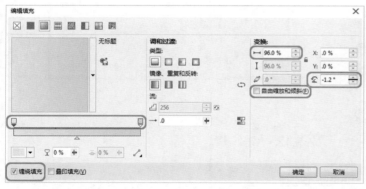

图 3-38　设置渐变填充

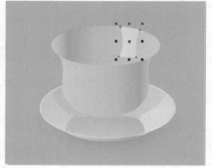

图 3-39　填充渐变并取消轮廓色后的效果

(39) 根据前面介绍的方法绘制其他图形，对其进行相应的设置，并调整其排放顺序，效果如图 3-40 所示。

(40) 在菜单栏中选择【文件】|【导入】命令，在弹出的【导入】对话框中选择"叶子 .cdr"素材文件，如图 3-41 所示。

(41) 单击【导入】按钮，在绘图页中指定素材文件的位置，效果如图 3-42 所示。

(42) 按 Ctrl+S 组合键，在弹出的【保存绘图】对话框中指定保存位置，并将名称设置为【绘制茶杯】，如图 3-43 所示，单击【保存】按钮即可。

图 3-40 绘制其他图形后的效果

图 3-41 选择素材文件

图 3-42 导入素材文件并调整其位置

图 3-43 保存绘图

案例精讲 020 图形类——绘制木板

案例文件：CDROM | 场景 | Cha03 | 绘制木板 .cdr

视频文件：视频教学 | Cha03 | 绘制木板 .avi

制作概述

本例将介绍木板的绘制。本例的制作比较简单，用到的工具主要是【钢笔工具】 ✐ ，完成后的效果如图 3-44 所示。

学习目标

掌握绘制草丛的方法。
掌握绘制木板的方法。

操作步骤

(1) 新建一个宽和高分别为 313 mm、266 mm 的新文档，按

图 3-44 木板

Ctrl+I 组合键，弹出【导入】对话框，选择"木板背景 .jpg"素材文件，如图 3-45 所示。

(2) 单击【导入】按钮，将选中的素材文件导入绘图页并调整其位置，效果如图 3-46 所示。

图 3-45　选择素材文件　　　　　　　　　　　图 3-46　导入素材文件

(3) 在工具箱中单击【钢笔工具】按钮，在绘图页中绘制一个图形，如图 3-47 所示。

(4) 选中该图形，按 Shift+F11 组合键，在弹出的【编辑填充】对话框中将 CMYK 值设置为 72、2、96、0，如图 3-48 所示。

图 3-47　绘制图形　　　　　　　　　　　图 3-48　设置均匀填充

(5) 设置完成后单击【确定】按钮。继续选中该图形，按 F12 键，在弹出的对话框中将【颜色】的 CMYK 值设置为 95、55、93、31，将【宽度】设置为 1.5 mm，选中【填充之后】复选框，如图 3-49 所示。

(6) 设置完成后单击【确定】按钮，填充颜色并调整轮廓后的效果如图 3-50 所示。

(7) 在工具箱中单击【钢笔工具】按钮，在绘图页中绘制一个图形，为其填充黑色，并取消轮廓色，效果如图 3-51 所示。

(8) 在工具箱中单击【钢笔工具】按钮，在绘图页中绘制一个图形，如图 3-52 所示。

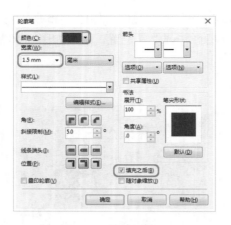

图 3-49　设置轮廓参数　　　　　　　图 3-50　填充颜色并调整轮廓后的效果

图 3-51　绘制图形并填充黑色　　　　　　　图 3-52　绘制图形

　　(9) 选中绘制的图形，按 Shift+F11 组合键，在弹出的【编辑填充】对话框中将 CMYK 值设置为 25、72、86、0，如图 3-53 所示。

　　(10) 设置完成后单击【确定】按钮，在默认调色板中右击⊠按钮，取消轮廓色，并调整其位置，效果如图 3-54 所示。

图 3-53　设置均匀填充　　　　　　　图 3-54　填充颜色并取消轮廓色后的效果

　　(11) 在工具箱中单击【钢笔工具】按钮，在绘图页中绘制如图 3-55 所示的图形，为其填充黑色并取消轮廓，效果如图 3-55 所示。

(12) 在工具箱中单击【钢笔工具】按钮，在绘图页绘制如图 3-56 所示的图形，将其填充颜色的 CMYK 值设置为 95、55、33、1，并取消其轮廓色，效果如图 3-56 所示。

图 3-55　绘制图形并填充颜色

图 3-56　绘制图形并填充颜色

(13) 在工具箱中单击【钢笔工具】按钮，在绘图页绘制一个如图 3-57 所示的图形。

(14) 选中该图形，按 Shift+F11 组合键，在弹出的【编辑填充】对话框中将 CMYK 值设置为 6、18、42、0，如图 3-58 所示。

图 3-57　绘制图形

图 3-58　设置均匀填充

(15) 设置完成后单击【确定】按钮，在默认调色板中右击⊠按钮，取消轮廓颜色，并在绘图页中调整该图形的位置，效果如图 3-59 所示。

(16) 使用【钢笔工具】在绘图页绘制一个图形，将其填充颜色的 CMYK 值设置为 2、25、53、0，取消轮廓颜色，效果如图 3-60 所示。

图 3-59　取消轮廓色并调整对象的位置

图 3-60　绘制图形并填充颜色

(17) 使用【钢笔工具】绘制一个如图 3-61 所示的图形，将其填充颜色的 CMYK 值设置为 24、45、77、0，取消轮廓颜色，效果如图 3-61 所示。

(18) 使用同样的方法绘制其他图形，并对其进行相应的设置，效果如图 3-62 所示。

图 3-61　绘制图形并填充颜色

图 3-62　绘制其他图形后的效果

案例精讲 021　天气类——绘制太阳

> 案例文件：CDROM | 场景 | Cha03 | 绘制太阳 .cdr
> 视频文件：视频教学 | Cha03 | 绘制太阳 .avi

制作概述

本例将介绍太阳的绘制。本例的制作比较烦琐，先使用【钢笔工具】和【椭圆形工具】绘制太阳轮廓，然后通过为绘制的对象添加渐变填充和均匀填充来达到所需的效果，完成后的效果如图 3-63 所示。

学习目标

绘制背景。
绘制太阳。
绘制嘴巴。

操作步骤

图 3-63　太阳

(1) 按 Ctrl+N 组合键，新建一个宽和高都为 122 mm 的新文档。在工具箱中单击【矩形工具】按钮，在绘图页绘制一个与文档大小相同的矩形，如图 3-64 所示。

(2) 选中该矩形，按 F11 键，在弹出的【编辑填充】对话框中单击【椭圆形渐变填充】按钮，将左侧节点的 CMYK 值设置为 50、0、100、55，将右侧节点的 CMYK 值设置为 50、0、100、0，选中【缠绕填充】复选框，取消选中【自由缩放和倾斜】复选框，将【填充宽度】设置为 180%，如图 3-65 所示。

(3) 单击【确定】按钮，在默认调色板中右击⊠按钮，取消轮廓颜色，效果如图 3-66 所示。

(4) 选中该矩形，按数字键盘上的 + 号键，对其进行复制。按 F11 键，在弹出的【编辑填充】对话框中将左侧节点的 CMYK 值设置为 50、0、100、80，将右侧节点的 CMYK 值设置为 50、0、

100、0，将【填充宽度】设置为 186%，如图 3-67 所示。

图 3-64　绘制矩形

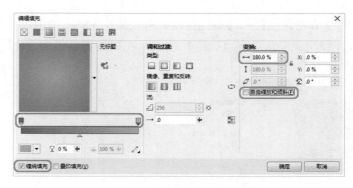

图 3-65　设置渐变填充

图 3-66　填充渐变颜色并取消轮廓色
　　　　后的效果

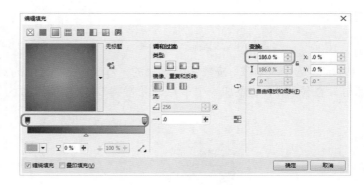

图 3-67　设置渐变颜色

(5) 设置完成后单击【确定】按钮，在工具箱中单击【透明度工具】按钮，在工具属性栏中将【合并模式】设置为【叠加】，如图 3-68 所示。

(6) 在工具箱中单击【钢笔工具】按钮，在绘图页绘制一个图形，如图 3-69 所示。

图 3-68　设置合并模式

图 3-69　绘制图形

(7) 选中该图形，按 F11 键，在弹出的【编辑填充】对话框中单击【椭圆形渐变填充】按钮，将左侧节点的 CMYK 值设置为 3、27、97、0，在位置 28 处添加一个节点并将其 CMYK 值设置为 9、52、100、0，将右侧节点的 CMYK 值设置为 9、52、100、0，选中【缠绕填充】复选框，将【填充宽度】和【填充高度】都设置为 98%，如图 3-70 所示。

(8) 设置完成后单击【确定】按钮，在默认调色板中右击⊠按钮，效果如图 3-71 所示。

图 3-70　设置渐变填充颜色

图 3-71　填充渐变颜色并取消轮廓色后的效果

(9) 继续选中该对象，按数字键盘上的＋号键，复制选中的对象。按 F11 键，弹出【编辑填充】对话框，在位置 17 处添加一个节点，并将其 CMYK 值设置为 3、27、97、0，如图 3-72 所示。

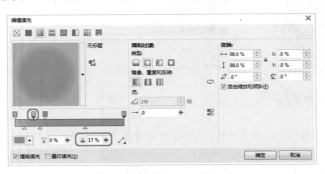

图 3-72　添加节点并进行设置

(10) 设置完成后单击【确定】按钮，继续选中该图形，在工具属性栏中将对象的宽和高分别设置为 80 mm、77.5 mm，如图 3-73 所示。

(11) 在工具箱中单击【椭圆形工具】按钮，按住 Ctrl 键在绘图页绘制一个大小为 53.5 mm 的正圆，效果如图 3-74 所示。

在绘制椭圆时，按住 Ctrl 键可以绘制正圆，按住 Shift 键可以绘制高或宽的椭圆，按住 Shift+Ctrl 组合键，可以某一点为中心绘制正圆。

(12) 选中该圆形，按 F11 键，在弹出的【编辑填充】对话框中单击【椭圆形渐变填充】按钮，将左侧节点的 CMYK 值设置为 15、60、100、2，在位置 50 处添加一个节点并将其 CMYK 值设置为 0、25、100、0，将右侧节点的 CMYK 值设置为 0、10、95、0，如图 3-75 所示。

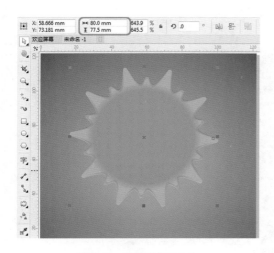

图 3-73　设置对象的大小

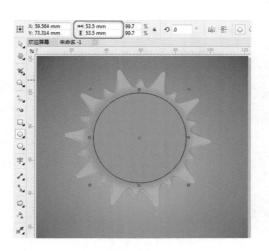

图 3-74　绘制正圆

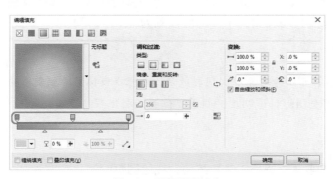

图 3-75　设置渐变填充

(13) 设置完成后单击【确定】按钮，在默认调色板中右击⊠按钮，效果如图 3-76 所示。

(14) 继续选中该图形，按＋号键复制选中的图形，按 Shift+F11 组合键，在弹出的【编辑填充】对话框中将 CMYK 值设置为 0、10、95、0，如图 3-77 所示。

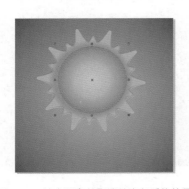

图 3-76　填充渐变并取消轮廓色后的效果

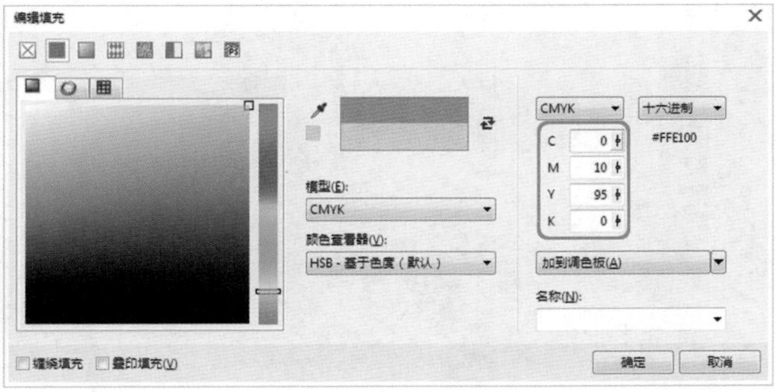

图 3-77　设置均匀填充

(15) 设置完成后单击【确定】按钮，填充颜色后的效果如图 3-78 所示。

(16) 选中该图形，在工具箱中单击【透明度工具】按钮，在工具属性栏中将【合并模式】设置为【叠加】，如图 3-79 所示。

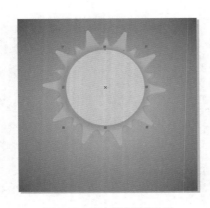

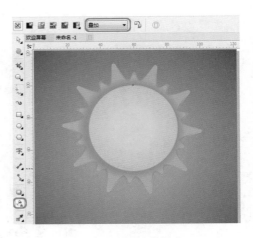

图 3-78 填充颜色后的效果 图 3-79 设置合并模式

(17) 在工具箱中单击【阴影工具】按钮 ，在工具属性栏中选择【预设】下拉列表框中的【小型辉光】选项，将阴影颜色的 CMYK 值设置为 6、39、99、0，如图 3-80 所示。

> **知识链接**
>
> 使用【阴影工具】可以为对象添加阴影效果，并可以模拟光源照射对象时产生的阴影效果。在添加阴影时可以调整阴影的透明度、颜色、位置及羽化程度；当对象外观改变时，阴影的形状也随之变化。

(18) 在工具箱中单击【椭圆形工具】按钮，在绘图页绘制一个宽和高分别为 34 mm、20 mm 的椭圆，调整其位置，为其填充白色并取消轮廓颜色，效果如图 3-81 所示。

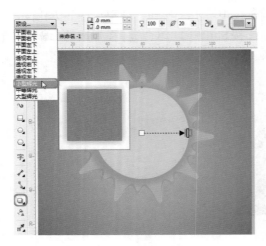

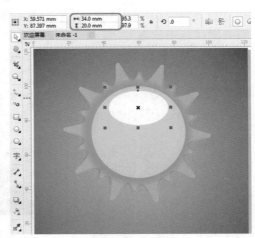

图 3-80 为选中对象添加阴影 图 3-81 绘制椭圆

(19) 继续选中该图形，在工具箱中单击【透明度工具】按钮，在工具属性栏中单击【渐变透明度】按钮，将【旋转】设置为 90°，如图 3-82 所示。

(20) 在工具箱中单击【钢笔工具】按钮，在绘图页绘制一个如图 3-83 所示的图形。

图 3-82　添加透明度

图 3-83　绘制图形

(21) 选中该图形，按 F11 键，在弹出的【编辑填充】对话框中将左侧节点的 CMYK 值设置为 11、94、100、0，将右侧节点的 CMYK 值设置为 31、100、100、45，选中【缠绕填充】复选框，取消选中【自由缩放和倾斜】复选框，将【填充宽度】设置为 58%，将【旋转】设置为 113.4°，如图 3-84 所示。

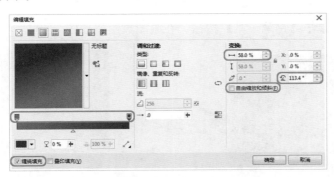

图 3-84　设置渐变填充

(22) 设置完成后单击【确定】按钮。在默认调色板中右击⊠按钮，填充渐变并取消轮廓颜色后的效果如图 3-85 所示。

(23) 在工具箱中单击【钢笔工具】，在绘图页绘制如图 3-86 所示的图形。

图 3-85　填充渐变并取消轮廓色后的效果

图 3-86　绘制图形

(24) 选中该图形, 按 Shift+F11 组合键, 在弹出的【编辑填充】对话框中将 CMYK 值设置为 6、76、100、0, 选中【缠绕填充】复选框, 如图 3-87 所示。

> **注意** 在此处进行均匀填充时, 需要选中【缠绕填充】复选框。

(25) 设置完成后单击【确定】按钮, 在默认调色板中右击⊠按钮, 填充并取消轮廓颜色后的效果如图 3-88 所示。

图 3-87　设置均匀填充参数

(26) 在工具箱中单击【钢笔工具】按钮, 在绘图页绘制如图 3-89 所示的图形。

图 3-88　填充颜色并取消轮廓色后的效果　　　　图 3-89　绘制图形

(27) 将绘制的图形的 CMYK 值设置为 7、83、100、0, 并取消轮廓颜色, 效果如图 3-90 所示。

(28) 在工具箱中单击【钢笔工具】按钮, 在绘图页绘制一个如图 3-91 所示的图形。

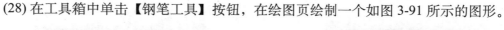

图 3-90　填充颜色并取消轮廓色后的效果　　　　图 3-91　绘制图形

(29) 选中绘制的图形，按 F11 键，在弹出的【编辑填充】对话框中将左侧节点的 CMYK 值设置为 0、0、0、0，在位置 56 处添加一个节点并将其 CMYK 值设置为 0、0、0、0，将右侧节点的 CMYK 值设置为 10、7、7、0，选中【缠绕填充】复选框，取消选中【自由缩放和倾斜】复选框，将【填充宽度】设置为 24.4%，将【旋转】设置为 28.5°，如图 3-92 所示。

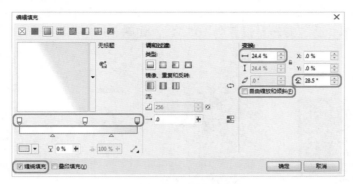

图 3-92　设置渐变填充

(30) 设置完成后单击【确定】按钮，在默认调色板中右击⊠按钮，填充渐变并取消轮廓后的效果如图 3-93 所示。

(31) 在工具箱中单击【钢笔工具】按钮，在绘图页绘制一个如图 3-94 所示的图形。

图 3-93　填充渐变并取消轮廓色后的效果　　　　　　图 3-94　绘制图形

(32) 选中该图形，按 Shift+F11 组合键，在弹出的【编辑填充】对话框中将 CMYK 值设置为 6、45、100、0，选中【缠绕填充】复选框，如图 3-95 所示。

图 3-95　设置均匀填充

（33）设置完成后单击【确定】按钮，在默认调色板中右击⊠按钮，填充并取消轮廓后的效果如图 3-96 所示。

（34）选中该图形，按＋号键，对其进行复制。选中复制后的图形，按 F11 键，在弹出的【编辑填充】对话框中将左侧节点的 CMYK 值设置为 5、10、89、0，将右侧节点的 CMYK 值设置为 3、53、98、0，选中【缠绕填充】复选框，取消选中【自由缩放和倾斜】复选框，将【填充宽度】设置为 37%，将【旋转】设置为 105.3°，如图 3-97 所示。

图 3-96　填充颜色并取消轮廓色后
　　　　　的效果

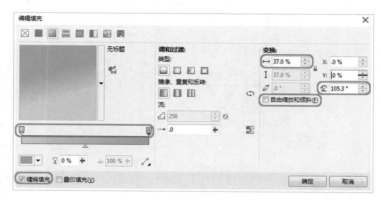

图 3-97　设置渐变填充

（35）设置完成后单击【确定】按钮，在工具属性栏中将对象的宽和高分别设置为 29.5 mm、17.5 mm，并调整其位置，效果如图 3-98 所示。

（36）使用相同的方法绘制其他图形对象，并对其进行相应的设置，效果如图 3-99 所示。

图 3-98　调整对象的大小和位置

图 3-99　绘制其他图形

（37）在工具箱中选择【椭圆形工具】，在绘图页绘制一个宽和高分别为 70 mm、19 mm 的椭圆形，为其填充黑色，取消轮廓颜色，并调整位置，效果如图 3-100 所示。

（38）继续选中该图形，在工具箱中单击【透明度工具】按钮，在工具属性栏中单击【渐变透明度】按钮，单击【椭圆形渐变透明度】按钮，效果如图 3-101 所示。最后保存完成后的文档。

图 3-100　绘制椭圆形

图 3-101　添加透明度效果

案例精讲 022　水果类——卡通水果

案例文件：CDROM | 场景 | Cha03 | 卡通水果 .cdr

视频文件：视频教学 | Cha03 | 卡通水果 .avi

制作概述

本例将介绍卡通水果的绘制。先用【钢笔工具】 绘制图形，然后为绘制的图形填充颜色，完成后的效果如图 3-102 所示。

学习目标

绘制水果。

绘制背景。

群组对象。

图 3-102　卡通水果

操作步骤

(1) 按 Ctrl+N 组合键，在弹出的【创建新文档】对话框中设置【名称】为"卡通水果"，将【宽度】设置为 115 mm，将【高度】设置为 108 mm，然后单击【确定】按钮，如图 3-103 所示。

(2) 在工具箱中选择【钢笔工具】 ，在绘图页绘制图形，如图 3-104 所示。

(3) 选择绘制的图形，按 Shift+F11 组合键弹出【编辑填充】对话框，将 CMYK 值设置为 0、20、80、0，单击【确定】按钮，如图 3-105 所示。

知识链接

CMYK 颜色模型主要用于打印，它使用了颜色成分青色(C)、品红色(M)、黄色(Y)和黑色(K)来定义颜色。这些颜色成分的值的范围是从 0 到 100，表示百分比。

在减色模型（如 CMYK）中，颜色（即油墨）会被添加到一种表面上，如白纸。颜色会减少表面的亮度。当每一种颜色成分(C，M，Y)的值都为 100 时，所得到的颜色即为黑色。当每种颜色成分的值都为 0 时，即表示表面没有添加任何颜色，因此表面本身就会显露出来——在这个例子中白纸就会显露出来。出于打印目的，颜色模型会包含黑色 (K)，因为黑色油墨比调和等量的青色、品红和黄色得到的颜色更中性，色彩更暗。黑色油墨能得到更鲜明的结果，特别是打印的文本。此外，黑色油墨比彩色油墨更便宜。

图 3-103　创建新文档

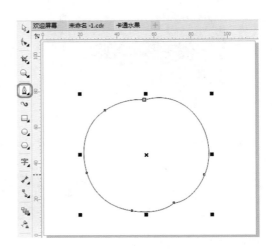

图 3-104　绘制图形

图 3-105　设置填充颜色

(4) 为绘制的图形填充颜色后，在默认 CMYK 调色板上右击⊠色块，取消轮廓线的填充，效果如图 3-106 所示。

(5) 在工具箱中选择【钢笔工具】🖊，在绘图页绘制图形，如图 3-107 所示。

(6) 选择绘制的图形，按 Shift+F11 组合键弹出【编辑填充】对话框，将 CMYK 值设置为 0、30、90、0，单击【确定】按钮，如图 3-108 所示。

(7) 为绘制的图形填充颜色后，在默认的 CMYK 调色板上右击⊠色块，取消轮廓线的填充，效果如图 3-109 所示。

(8) 在工具箱中选择【钢笔工具】🖊，在绘图页绘制图形，如图 3-110 所示。

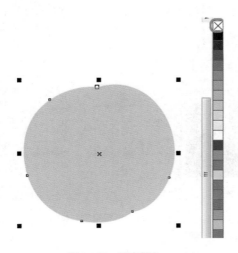

图 3-106　填充颜色

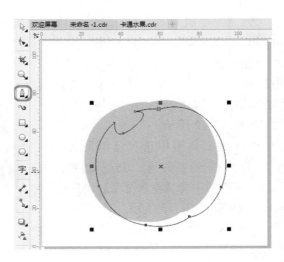

图 3-107　绘制图形

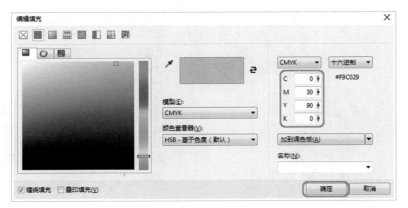

图 3-108　设置颜色

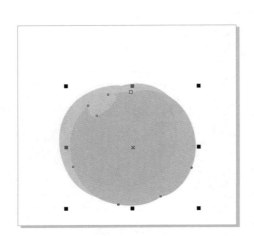

图 3-109　填充颜色

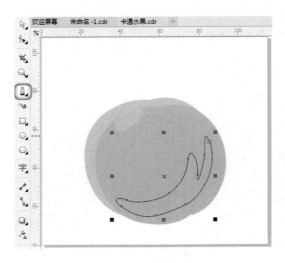

图 3-110　绘制图形

(9) 选择绘制的图形，按 Shift+F11 组合键弹出【编辑填充】对话框，将 CMYK 值设置为 0、40、100、0，单击【确定】按钮，如图 3-111 所示。

(10) 为绘制的图形填充颜色后，取消轮廓线的填充，然后使用同样的方法继续绘制图形，并为绘制的图形填充颜色，效果如图 3-112 所示。

(11) 在工具箱中选择【钢笔工具】，在绘图页绘制曲线，并选择绘制的曲线，在属性栏中将【轮廓宽度】设置为 0.5 mm，效果如图 3-113 所示。

(12) 继续使用【钢笔工具】绘制曲线，并将曲线的【轮廓宽度】设置为 0.3 mm，效果如图 3-114 所示。

图 3-111　设置颜色

(13) 在工具箱中选择【钢笔工具】，在绘图页绘制图形，如图 3-115 所示。

图 3-112　绘制图形并填充颜色

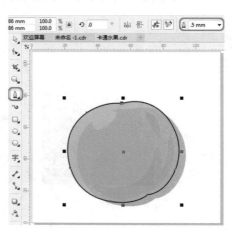

图 3-113　绘制曲线并设置宽度

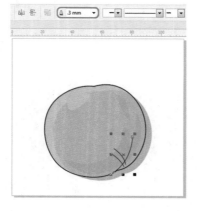

图 3-114　绘制曲线

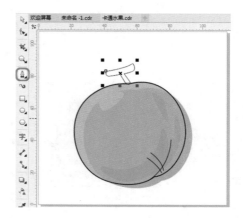

图 3-115　绘制图形

(14) 选择绘制的图形，按 Shift+F11 组合键弹出【编辑填充】对话框，将 CMYK 值设置为

40、51、68、0，单击【确定】按钮，如图 3-116 所示。

图 3-116　设置填充颜色

　　(15) 为绘制的图形填充颜色后，在属性栏中将【轮廓宽度】设置为 0.5 mm，效果如图 3-117 所示。

　　(16) 在工具箱中选择【钢笔工具】 ，在绘图页绘制图形，如图 3-118 所示。

图 3-117　设置轮廓宽度

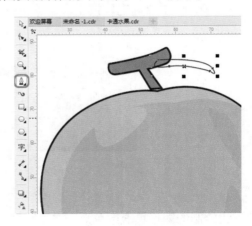

图 3-118　绘制图形

　　(17) 选择绘制的图形，按 Shift+F11 组合键弹出【编辑填充】对话框，将 CMYK 值设置为 80、0、85、0，单击【确定】按钮，如图 3-119 所示。

图 3-119　设置颜色

　　(18) 为绘制的图形填充颜色后，在属性栏中将【轮廓宽度】设置为 0.5 mm，效果如图 3-120 所示。

(19) 在工具箱中选择【钢笔工具】 ，在绘图页绘制图形，如图 3-121 所示。

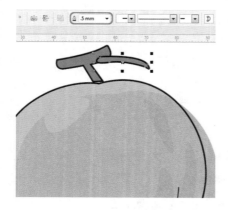

图 3-120　设置轮廓宽度

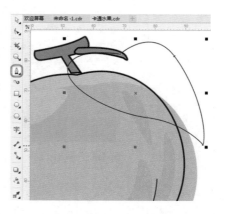

图 3-121　绘制图形

(20) 选择绘制的图形，按 Shift+F11 组合键弹出【编辑填充】对话框，将 CMYK 值设置为 80、0、95、0，单击【确定】按钮，如图 3-122 所示。

图 3-122　设置颜色

(21) 为绘制的图形填充颜色后，在属性栏中将【轮廓宽度】设置为 0.5 mm，效果如图 3-123 所示。

(22) 在工具箱中选择【钢笔工具】 ，在绘图页绘制图形，如图 3-124 所示。

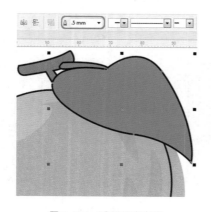

图 3-123　设置轮廓宽度

图 3-124　绘制图形

(23) 选择绘制的图形，按 Shift+F11 组合键弹出【编辑填充】对话框，将 CMYK 值设置为

70、0、85、0，单击【确定】按钮，如图3-125所示。

图 3-125　设置颜色

　　(24) 为绘制的图形填充颜色后，在默认的CMYK调色板上右击⊠按钮，取消轮廓线的填充，效果如图3-126所示。

　　(25) 在工具箱中选择【钢笔工具】，在绘图页绘制图形，如图3-127所示。

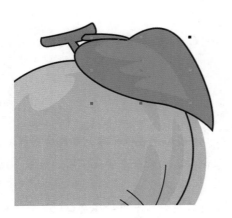

图 3-126　取消轮廓线填充

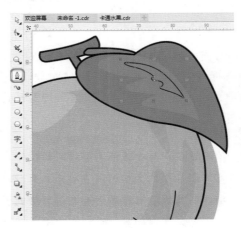

图 3-127　绘制图形

　　(26) 选择绘制的图形，按Shift+F11组合键弹出【编辑填充】对话框，将CMYK值设置为47、0、65、0，单击【确定】按钮，如图3-128所示。

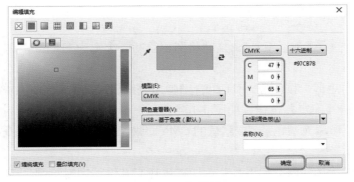

图 3-128　设置颜色

(27) 为绘制的图形填充颜色后，在默认的 CMYK 调色板上右击⊠按钮，取消轮廓线的填充，效果如图 3-129 所示。

(28) 使用同样的方法继续绘制图形，并为绘制的图形填充颜色，效果如图 3-130 所示。

(29) 使用【钢笔工具】📷在绘图页绘制曲线，并将曲线的【轮廓宽度】设置为 0.3 mm，效果如图 3-131 所示。

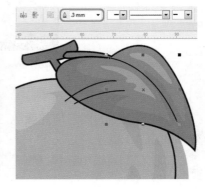

图 3-129　填充颜色　　　　图 3-130　绘制图形并填充颜色　　　　图 3-131　绘制曲线

(30) 按 Ctrl+A 组合键选择所有的对象，然后按 Ctrl+G 组合键群组选择的对象，并在菜单栏中选择【窗口】|【泊坞窗】|【对象管理器】命令，弹出【对象管理器】泊坞窗，将群组后的对象重命名为"水果"，如图 3-132 所示。

知识链接

　　泊坞窗显示与对话框类型相同的控件，如命令按钮、选项和列表框。与大多数对话框不同，泊坞窗可以在操作文档时一直处于打开状态，从而便于使用各种命令来尝试不同的效果。泊坞窗的功能与其他图形程序中调色板的功能类似。

　　泊坞窗既可以停放，也可以浮动。停放泊坞窗就是将其附加到应用程序窗口的边缘。取消停放泊坞窗会使其与工作区的其他部分分离，因此可以方便地移动泊坞窗。也可以折叠泊坞窗，以节省屏幕空间。

　　如果打开了几个泊坞窗，通常会嵌套显示，只有一个泊坞窗会完整显示。可以通过单击泊坞窗的标签快速显示隐藏的泊坞窗。

(31) 在工具箱中选择【矩形工具】▢，在绘图页绘制一个宽为 115 mm、高为 108 mm 的矩形，如图 3-133 所示。

(32) 选择绘制的矩形，按 Shift+F11 组合键弹出【编辑填充】对话框，将 CMYK 值设置为 30、0、89、0，单击【确定】按钮，如图 3-134 所示。

(33) 为绘制的矩形填充颜色后，在默认的 CMYK 调色板上右击⊠按钮，取消轮廓线的填充，效果如图 3-135 所示。

(34) 在工具箱中选择【椭圆形工具】◯，在按住 Ctrl 键的同时绘制正圆，如图 3-136 所示。

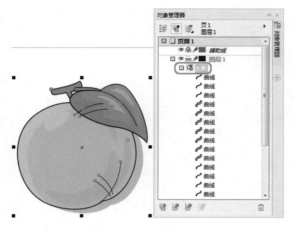

图 3-132　重命名对象

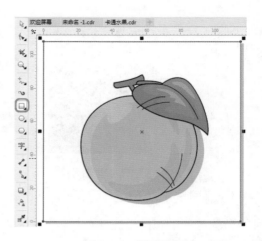

图 3-133　绘制矩形

图 3-134　设置颜色

图 3-135　填充颜色

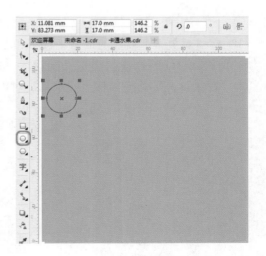

图 3-136　绘制正圆

(35) 选择绘制的正圆，按 Shift+F11 组合键弹出【编辑填充】对话框，将 CMYK 值设置为 0、15、50、0，单击【确定】按钮，如图 3-137 所示。

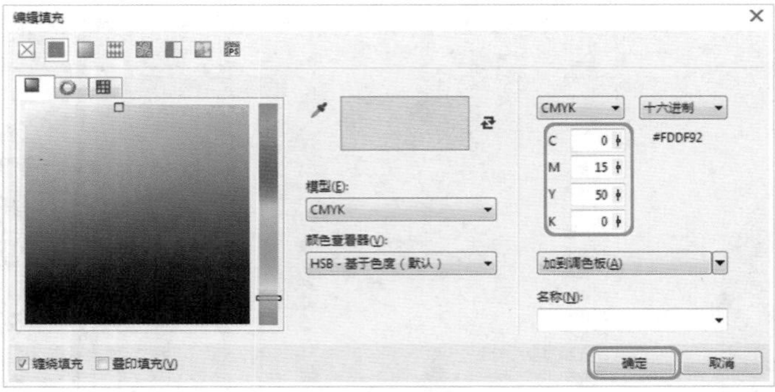

图 3-137 设置颜色

(36) 为绘制的正圆填充颜色后，在默认的 CMYK 调色板上右击⊠按钮，取消轮廓线的填充，效果如图 3-138 所示。

(37) 按小键盘上的＋号键复制多个正圆对象，并在绘图页调整其大小和位置，效果如图 3-139 所示。

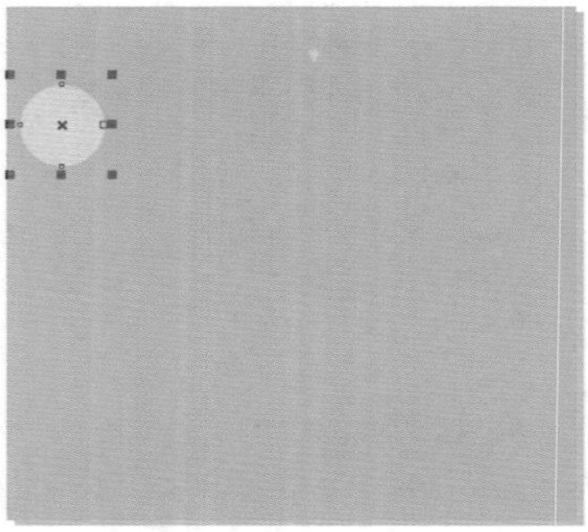

图 3-138 填充颜色

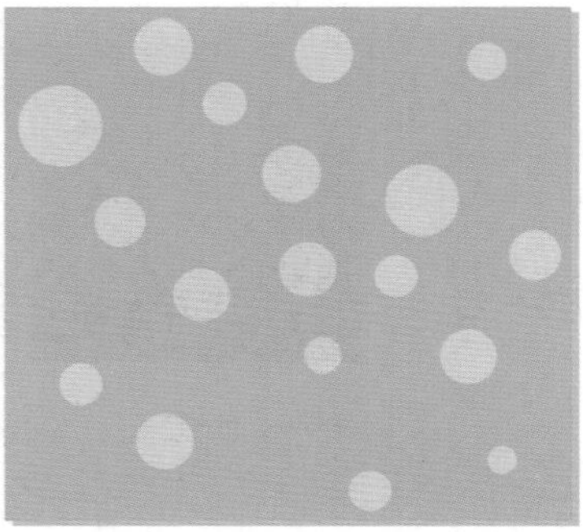

图 3-139 复制并调整正圆对象

(38) 在【对象管理器】泊坞窗中选择如图 3-140 所示的对象。

(39) 按 Ctrl+G 组合键群组选择的对象，并在【对象管理器】泊坞窗中将群组后的对象重命名为"背景"，然后将其移至【水果】对象的下方，效果如图 3-141 所示。

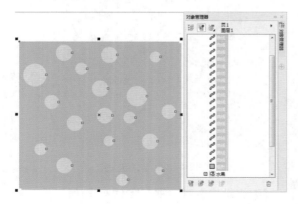

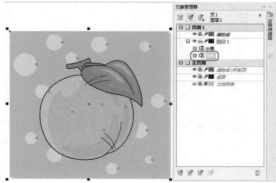

图 3-140 选择对象

图 3-141 重命名群组对象

案例精讲 023　动物类——猴子

 案例文件：CDROM | 场景 | Cha03 | 猴子 .cdr

 视频文件：视频教学 | Cha03 | 猴子 .avi

制作概述

本例将介绍猴子的绘制，先使用【钢笔工具】 和【椭圆形工具】 绘制猴子，再使用【图框精确剪裁】命令裁剪绘制的背景，完成后的效果如图 3-142 所示。

学习目标

绘制猴子。

绘制背景。

使用图框精确剪裁背景。

操作步骤

(1) 按 Ctrl+N 组合键，在弹出的【创建新文档】对话框中设置【名称】为"猴子"，将【宽度】和【高度】设置为 100 mm，然后单击【确定】按钮，如图 3-143 所示。

(2) 在工具箱中选择【钢笔工具】 ，在绘图页绘制图形，如图 3-144 所示。

图 3-142　猴子

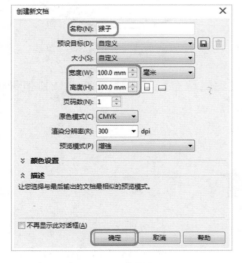

图 3-143　创建新文档

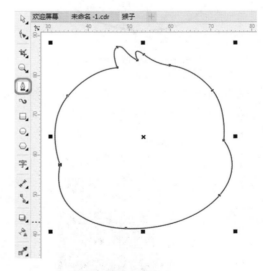

图 3-144　绘制图形

(3) 选择绘制的图形，按 Shift+F11 组合键弹出【编辑填充】对话框，将 CMYK 值设置为 0、17、30、0，单击【确定】按钮，如图 3-145 所示。

(4) 为绘制的图形填充颜色后，在属性栏中将【轮廓宽度】设置为 0.5 mm，效果如图 3-146 所示。

第 3 章　手绘技法

图 3-145　设置颜色

(5) 在工具箱中选择【钢笔工具】，在绘图页绘制图形，如图 3-147 所示。

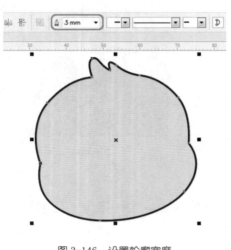

图 3-146　设置轮廓宽度

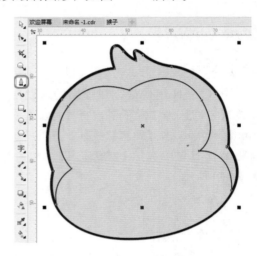

图 3-147　绘制图形

(6) 选择绘制的图形，按 Shift+F11 组合键弹出【编辑填充】对话框，将 CMYK 值设置为 50、70、80、0，单击【确定】按钮，如图 3-148 所示。

图 3-148　设置颜色

(7) 为绘制的图形填充颜色后，在默认的 CMYK 调色板上右击⊠按钮，取消轮廓线的填充，效果如图 3-149 所示。

(8) 在工具箱中选择【椭圆形工具】 ⬭，在按住 Ctrl 键的同时绘制正圆，如图 3-150 所示。

图 3-149　填充颜色

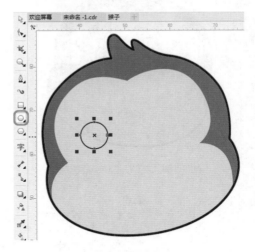

图 3-150　绘制正圆

(9) 选择绘制的正圆，然后在默认的 CMYK 调色板上单击黑色色块，为其填充黑色，并右击⊠按钮，取消轮廓线的填充，效果如图 3-151 所示。

(10) 按小键盘上的 + 号键复制正圆，将复制后的正圆填充为白色，并在绘图页中调整其大小和位置，效果如图 3-152 所示。

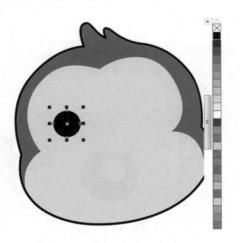

图 3-151　填充颜色

图 3-152　复制并调整正圆

(11) 选择绘制的两个正圆，然后按小键盘上的 + 号键进行复制，并调整其位置，效果如图 3-153 所示。

(12) 在工具箱中选择【钢笔工具】 ✎，在绘图页绘制图形，如图 3-154 所示。

(13) 选择绘制的图形，按 Shift+F11 组合键弹出【编辑填充】对话框，将 CMYK 值设置为 0、70、40、0，单击【确定】按钮，如图 3-155 所示。

图 3-153　复制正圆并调整位置

图 3-154　绘制图形

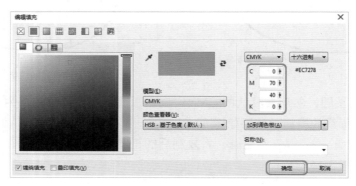

图 3-155　设置颜色

(14) 为绘制的图形填充颜色后，取消曲线轮廓线的填充。使用【钢笔工具】 在绘图页中绘制曲线，在属性栏中将【轮廓宽度】设置为 0.3 mm，效果如图 3-156 所示。

(15) 在工具箱中选择【钢笔工具】 ，在绘图页绘制图形，如图 3-157 所示。

图 3-156　绘制曲线

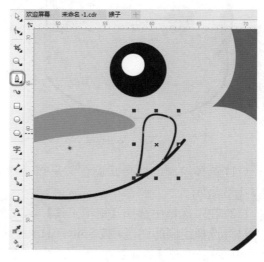

图 3-157　绘制图形

(16) 选择绘制的图形，按 Shift+F11 组合键弹出【编辑填充】对话框，将 CMYK 值设置为 0、80、50、0，单击【确定】按钮，如图 3-158 所示。

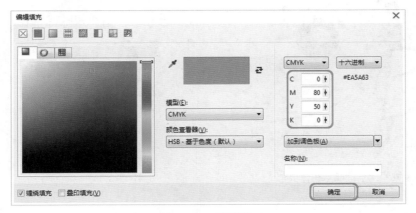

图 3-158 设置颜色

(17) 为绘制的图形填充颜色后，在属性栏中将【轮廓宽度】设置为 0.3 mm，效果如图 3-159 所示。

(18) 在工具箱中选择【钢笔工具】，在绘图页绘制图形，如图 3-160 所示。

(19) 选择绘制的图形，为其填充 CMYK 值为 0、17、30、0 的颜色，然后在属性栏中将【轮廓宽度】设置为 0.5 mm，效果如图 3-161 所示。

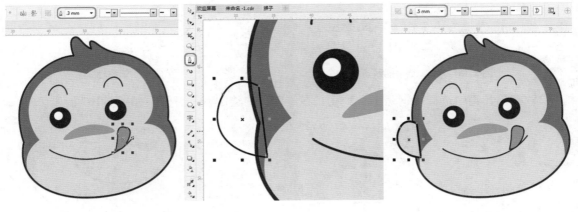

图 3-159 设置轮廓宽度   图 3-160 绘制图形   图 3-161 填充颜色

(20) 在工具箱中选择【钢笔工具】，在绘图页绘制曲线，在属性栏中将曲线的【轮廓宽度】设置为 0.3 mm，效果如图 3-162 所示。

(21) 使用同样的方法，继续绘制另一个耳朵，效果如图 3-163 所示。

(22) 选择组成耳朵的所有对象并右击，在弹出的快捷菜单中选择【顺序】|【到图层后面】命令，如图 3-164 所示。

(23) 调整选择对象的排列顺序后，效果如图 3-165 所示。

(24) 按 Ctrl+A 组合键选择所有的对象，然后按 Ctrl+G 组合键群组选择的对象，并在【对象管理器】泊坞窗中将群组后的对象重命名为"猴子头"，如图 3-166 所示。

图 3-162　绘制曲线并设置宽度

图 3-163　绘制另一个耳朵

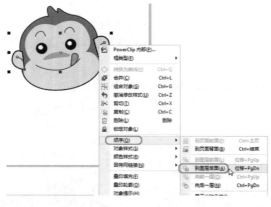

图 3-164　选择【到图层后面】命令

图 3-165　调整排列顺序

(25) 在工具箱中选择【钢笔工具】，在绘图页中绘制猴子身子，如图 3-167 所示。

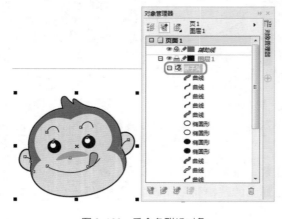

图 3-166　重命名群组对象

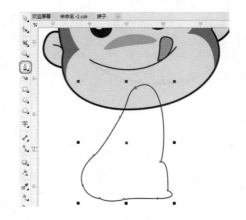

图 3-167　绘制猴子身子

　　(26) 选择绘制的图形，为其填充 CMYK 值为 50、70、80、0 的颜色，然后在属性栏中将【轮廓宽度】设置为 0.5 mm，效果如图 3-168 所示。

　　(27) 在工具箱中选择【钢笔工具】，在绘图页中绘制猴子的尾巴，如图 3-169 所示。

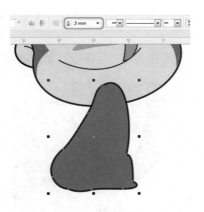

图 3-168　填充颜色

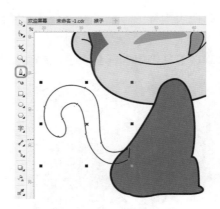

图 3-169　绘制尾巴

(28) 选择绘制的尾巴，为其填充 CMYK 值为 50、70、80、0 的颜色，并取消轮廓线的填充，效果如图 3-170 所示。

(29) 选择绘制的尾巴，按小键盘上的 + 号键进行复制，并在属性栏中将【轮廓宽度】设置为 0.5 mm，效果如图 3-171 所示。

图 3-170　为尾巴填充颜色

图 3-171　复制并调整对象

(30) 在工具箱中选择【形状工具】，然后在如图 3-172 所示的曲线上单击。

(31) 按 Delete 键即可将曲线删除，效果如图 3-173 所示。

图 3-172　选择曲线

图 3-173　删除曲线

(32) 使用同样的方法绘制其他图形和曲线，并设置其填充颜色和轮廓宽度，效果如图 3-174
所示。

(33) 在工具箱中选择【钢笔工具】 ，在绘图页绘制图形，作为猴子的屁股，如图 3-175 所示。

图 3-174　绘制并调整对象

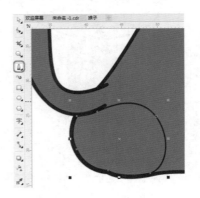

图 3-175　绘制猴子的屁股

(34) 选择绘制的图形，按 Shift+F11 组合键弹出【编辑填充】对话框，将 CMYK 值设置为 0、
49、22、0，单击【确定】按钮，如图 3-176 所示。

(35) 为选择的图形填充该颜色，并取消轮廓线的填充，使用同样的方法，绘制其他图形并
填充颜色，效果如图 3-177 所示。

图 3-176　设置颜色

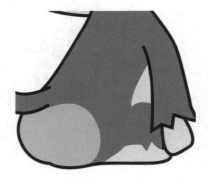

图 3-177　填充颜色

(36) 在工具箱中选择【钢笔工具】 ，在绘图页中绘制曲线，在属性栏中将曲线的【轮廓
宽度】设置为 0.3 mm，效果如图 3-178 所示。

(37) 在绘图页中选择组成猴身子的所有对象，按 Ctrl+G 组合键群组选择的对象，并在【对
象管理器】泊坞窗中将群组后的对象重命名为"猴身子"，然后将其移至【猴子头】群组对象
的下方，如图 3-179 所示。

(38) 按 Ctrl+A 组合键选择所有的对象，然后按 Ctrl+G 组合键群组选择的对象，并在【对
象管理器】泊坞窗中将群组后的对象重命名为"猴子"，如图 3-180 所示。

(39) 在工具箱中选择【矩形工具】，在绘图页中绘制一个宽为 100 mm、高为 100 mm 的矩形，
如图 3-181 所示。

图 3-178　绘制曲线

图 3-179　重命名群组对象并调整顺序

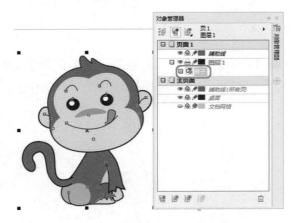

图 3-180　重命名群组对象

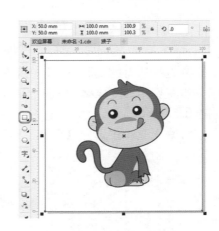

图 3-181　绘制矩形

(40) 选择绘制的矩形，按 Shift+F11 组合键弹出【编辑填充】对话框，将 CMYK 值设置为 40、0、60、0，单击【确定】按钮，如图 3-182 所示。

(41) 为绘制的矩形填充颜色后，取消轮廓线的填充，然后在工具箱中选择【椭圆形工具】☑，在按住 Ctrl 键的同时绘制正圆，如图 3-183 所示。

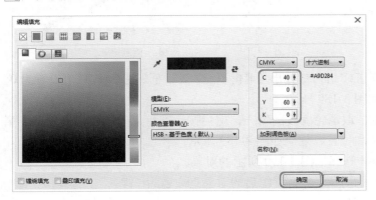

图 3-182　设置颜色

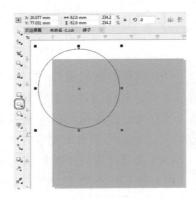

图 3-183　绘制正圆

(42) 选择绘制的正圆，按 Shift+F11 组合键弹出【编辑填充】对话框，将 CMYK 值设置为 30、0、50、0，单击【确定】按钮，如图 3-184 所示。

(43) 为绘制的正圆填充颜色后，取消轮廓线的填充，然后按小键盘上的 + 号键复制多个正圆对象，并在绘图页调整其大小和位置，效果如图 3-185 所示。

图 3-184 设置颜色

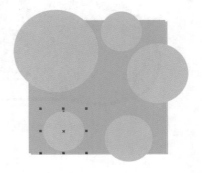

图 3-185 复制正圆

(44) 选择所有的正圆对象，在菜单栏中选择【对象】|【图框精确剪裁】|【置于图文框内部】命令，当鼠标指针变成 ➡ 样式时，在绘制的矩形上单击，即可将选择的对象置于单击的矩形内，效果如图 3-186 所示。

(45) 在工具箱中选择【钢笔工具】📝，在绘图页中绘制星形，如图 3-187 所示。

图 3-186 图框精确剪裁

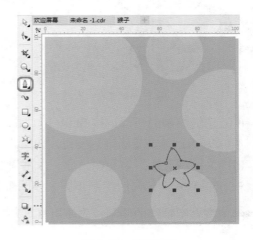

图 3-187 绘制星形

(46) 选择绘制的星形，按 Shift+F11 组合键弹出【编辑填充】对话框，将 CMYK 值设置为 0、0、50、0，单击【确定】按钮，如图 3-188 所示。

(47) 为绘制的星形填充颜色后，取消轮廓线的填充，然后按小键盘上的 + 号键复制多个星形对象，并在绘图页中调整其大小和位置，效果如图 3-189 所示。

(48) 在【对象管理器】泊坞窗中选择如图 3-190 所示的对象。

(49) 按 Ctrl+G 组合键群组选择的对象，并将群组后的对象重命名为"背景"，将其移至【猴子】群组对象的下方，效果如图 3-191 所示。

图 3-188　设置颜色

图 3-189　复制并调整星形

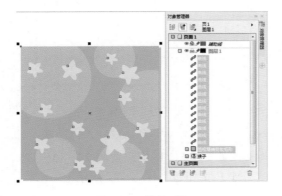

图 3-190　选择对象

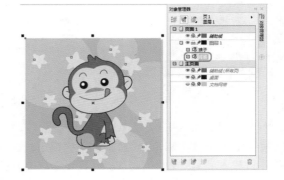

图 3-191　重命名群组对象并调整顺序

案例精讲 024　装饰类——铃铛

✏️ 案例文件：CDROM | 场景 | Cha03 | 铃铛 .cdr

💿 视频文件：视频教学 | Cha03 | 铃铛 .avi

制作概述

本例将介绍铃铛的绘制。先使用【贝塞尔工具】 和【椭圆形工具】 绘制铃铛，然后为其填充渐变颜色，最后输入文字，完成后的效果如图 3-192 所示。

学习目标

绘制铃铛。

设置并填充渐变颜色。

输入文字。

操作步骤

(1) 按 Ctrl+N 组合键，在弹出的【创建新文档】对话框中设置【名称】为 "铃铛"，将【宽度】和【高度】设置为 80 mm，

图 3-192　铃铛

然后单击【确定】按钮，如图 3-193 所示。

(2) 在工具箱中选择【矩形工具】□，在绘图页中绘制一个宽为 80 mm、高为 80 mm 的矩形，如图 3-194 所示。

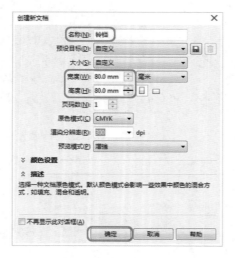

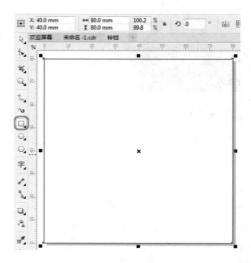

图 3-193　创建新文档　　　　　　　　　　图 3-194　绘制矩形

(3) 确认新绘制的矩形处于选中状态，按 F11 键弹出【编辑填充】对话框，在【调和过渡】选项组中单击【椭圆形渐变填充】按钮□，然后将左侧节点的 CMYK 值设置为 33、15、47、0，将右侧节点的 CMYK 值设置为 0、0、0、0，单击【确定】按钮，如图 3-195 所示。

　　　　　渐变填充是给对象增加深度感的两种或更多种颜色的平滑渐进。渐变填充
也称为倾斜度填充。

知识链接

　　渐变填充包含 4 种类型：线性、椭圆形、圆锥形和矩形。线性渐变填充沿着对象作直线流动，锥形渐变填充产生光线落在圆锥上的效果，椭圆形渐变填充从对象中心以同心椭圆的方式向外扩散，而矩形渐变填充则以同心矩形的形式从对象中心向外扩散。

---

(4) 为绘制的矩形填充颜色后，在默认的 CMYK 调色板上右击⊠按钮，取消轮廓线的填充，然后在工具箱中选择【贝塞尔工具】、，在绘图页中绘制图形，如图 3-196 所示。

(5) 选择绘制的图形，按 F11 键弹出【编辑填充】对话框，将左侧节点的 CMYK 值设置为 36、95、100、4，在 32% 位置处添加一个节点并将其 CMYK 值设置为 23、56、100、0，在 56% 位置处添加一个节点并将其 CMYK 值设置为 0、5、41、0，然后将右侧节点的 CMYK 值设置为 44、93、100、15，在【变换】选项组中将【旋转】设置为 −27°，单击【确定】按钮，如图 3-197 所示。

(6) 为绘制的图形填充颜色后，在默认的 CMYK 调色板上右击⊠按钮，取消轮廓线的填充，然后在工具箱中选择【贝塞尔工具】、，在绘图页中绘制图形，如图 3-198 所示。

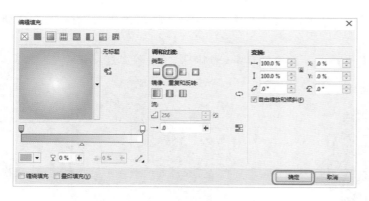

图 3-195　设置渐变颜色

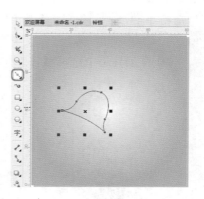

图 3-196　绘制图形

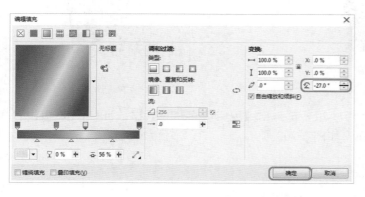

图 3-197　设置渐变颜色

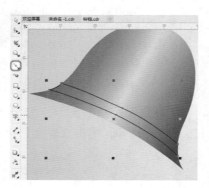

图 3-198　绘制图形

(7) 选择绘制的图形，按 F11 键弹出【编辑填充】对话框，将左侧节点的 CMYK 值设置为 36、95、100、4，在 34% 位置处添加一个节点并将其 CMYK 值设置为 23、56、100、0，在 47% 位置处添加一个节点，将其 CMYK 值设置为 0、5、32、0，在 56% 位置处添加一个节点并将其 CMYK 值设置为 0、5、41、0，在 78% 位置处添加一个节点并将其 CMYK 值设置为 44、93、100、15，然后将右侧节点的 CMYK 值设置为 44、93、100、15，在【变换】选项组中将【旋转】设置为 -27°，并选中【缠绕填充】复选框，单击【确定】按钮，如图 3-199 所示。

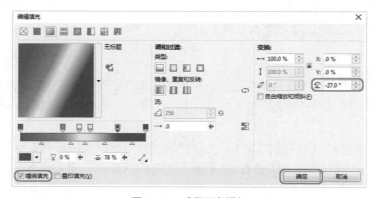

图 3-199　设置渐变颜色

(8) 为绘制的图形填充颜色后，在默认的 CMYK 调色板上右击⊠按钮，取消轮廓线的填充，然后按小键盘上的＋号键复制图形，并使用【形状工具】 ⬟ 调整复制后的图形，效果如图3-200所示。

(9) 在工具箱中选择【贝塞尔工具】 ⬟ ，在绘图页中绘制图形，如图3-201所示。

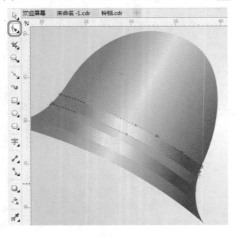
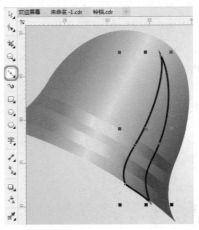

图 3-200　复制并调整图形　　　　　　　　　　　　图 3-201　绘制图形

(10) 选择绘制的图形，按 Shift+F11 组合键弹出【编辑填充】对话框，将 CMYK 值设置为 11、25、53、0，单击【确定】按钮，如图 3-202 所示。

图 3-202　设置颜色

(11) 为绘制的图形填充颜色后，取消轮廓线的填充。在工具箱中选择【透明度工具】 ⬟ ，在属性栏中单击【均匀透明度】按钮 ⬟ ，将【透明度】设置为50，添加透明度后的效果如图3-203所示。

　　　　　　　　　　　对某个对象应用透明度时，可使该对象下方的对象部分显示出来。应用透明提示　　　度时，可使用与应用于对象的填充相同的类型，即均匀、渐变、底纹和图样。

(12) 在工具箱中选择【贝塞尔工具】 ⬟ ，在绘图页中绘制图形，如图3-204所示。

(13) 选择绘制的图形，按 F11 键弹出【编辑填充】对话框，将左侧节点的 CMYK 值设置为 15、46、100、0，在 41% 位置处添加一个节点并将其 CMYK 值设置为 0、5、36、0，在 53% 位置处添加一个节点并将其 CMYK 值设置为 9、0、16、0，在 66% 位置处添加一个节点并将其 CMYK 值设置为 0、5、41、0，然后将右侧节点的 CMYK 值设置为 31、64、100、0，在【变换】选项组中将【旋转】设置为 -27°，并选中【缠绕填充】复选框，单击【确定】按钮，如图 3-205 所示。

(14) 为绘制的图形填充颜色后，取消轮廓线的填充。然后在工具箱中选择【贝塞尔工具】，在绘图页中绘制图形，如图 3-206 所示。

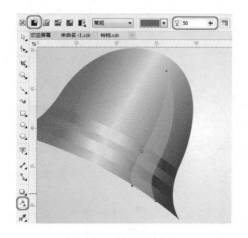

图 3-203　添加透明度

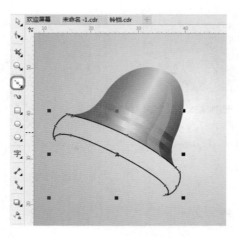

图 3-204　绘制图形

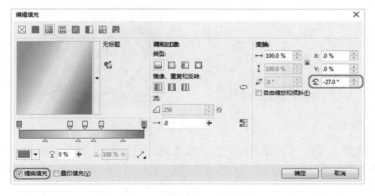

图 3-205　设置渐变颜色

图 3-206　绘制图形

(15) 选择绘制的图形，按 F11 键弹出【编辑填充】对话框，将左侧节点的 CMYK 值设置为 23、56、100、0，在 32% 位置处添加一个节点并将其 CMYK 值设置为 23、56、100、0，在 56% 位置处添加一个节点并将其 CMYK 值设置为 0、5、41、0，然后将右侧节点的 CMYK 值设置为 44、93、100、15，在【变换】选项组中将【旋转】设置为 -27°，并选中【缠绕填充】复选框，单击【确定】按钮，如图 3-207 所示。

(16) 为绘制的图形填充颜色后，取消轮廓线的填充。在工具箱中选择【贝塞尔工具】，在绘图页中绘制图形，如图 3-208 所示。

(17) 选择绘制的图形，按 F11 键弹出【编辑填充】对话框，将左侧节点的 CMYK 值设置为 36、95、100、4，在 17% 位置处添加一个节点并将其 CMYK 值设置为 29、76、100、0，在 34% 位置处添加一个节点并将其 CMYK 值设置为 23、56、100、0，然后将右侧节点的 CMYK 值设置为 44、93、100、15，在【变换】选项组中将【旋转】设置为 -27°，选中【缠绕填充】复选框，单击【确定】按钮，如图 3-209 所示。

(18) 为绘制的图形填充颜色后，取消轮廓线的填充。在工具箱中选择【贝塞尔工具】，在绘图页中绘制图形，如图 3-210 所示。

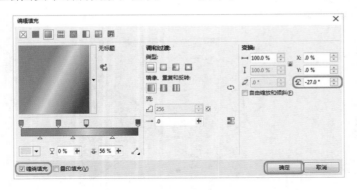

图 3-207　设置渐变颜色

图 3-208　绘制图形

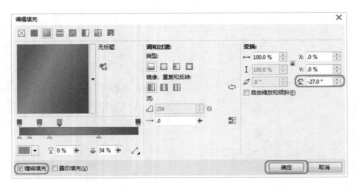

图 3-209　设置渐变颜色

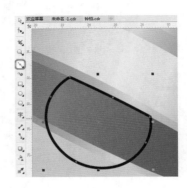

图 3-210　绘制图形

(19) 选择绘制的图形，按 F11 键弹出【编辑填充】对话框，在【调和过渡】选项组中单击【椭圆形渐变填充】按钮，然后将左侧节点的 CMYK 值设置为 31、64、100、0，在 32% 位置处添加一个节点并将其 CMYK 值设置为 31、64、100、0，在 89% 位置处添加一个节点并将其 CMYK 值设置为 0、5、36、0，将右侧节点的 CMYK 值设置为 0、5、36、0。在【变换】选项组中，将【填充宽度】设置为 181%，将【填充高度】设置为 163%，将【水平偏移】设置为 -1%，将【垂直偏移】设置为 -25%，将【旋转】设置为 153°，并选中【缠绕填充】复选框，单击【确定】按钮，如图 3-211 所示。

(20) 为绘制的图形填充颜色后，取消轮廓线的填充。在绘图页中选择除矩形以外的对象，然后按 Ctrl+G 组合键群组选择的对象，并在【对象管理器】泊坞窗中将群组后的对象重命名为【铃铛】，如图 3-212 所示。

(21) 选择铃铛对象，在菜单栏中选择【对象】|【变换】|【缩放和镜像】命令，弹出【变换】泊坞窗，单击【水平镜像】按钮，将【副本】设置为 1，单击【应用】按钮，即可镜像复制选择对象，并调整对象的位置，效果如图 3-213 所示。

(22) 在工具箱中选择【贝塞尔工具】，在绘图页中绘制图形，如图 3-214 所示。

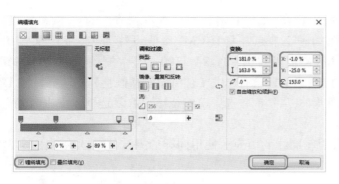

图 3-211　设置渐变颜色

图 3-212　重命名群组对象

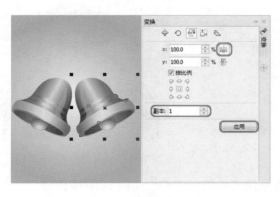

图 3-213　镜像复制对象

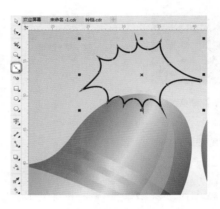

图 3-214　绘制图形

(23) 选择绘制的图形，按 F11 键弹出【编辑填充】对话框，将左侧节点的 CMYK 值设置为 15、46、100、0，在 35% 位置处添加一个节点并将其 CMYK 值设置为 0、5、36、0，在 53% 位置处添加一个节点并将其 CMYK 值设置为 9、0、16、0，在 66% 位置处添加一个节点并将其 CMYK 值设置为 0、5、41、0，将右侧节点的 CMYK 值设置为 31、64、100、0，在【变换】选项组中将【旋转】设置为 22°，并选中【缠绕填充】复选框，单击【确定】按钮，如图 3-215 所示。

(24) 为绘制的图形填充颜色后，取消轮廓线的填充。在工具箱中选择【贝塞尔工具】 ，在绘图页中绘制图形，如图 3-216 所示。

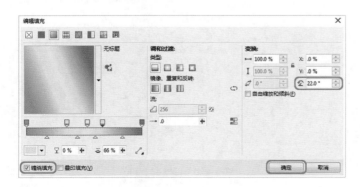

图 3-215　设置渐变颜色

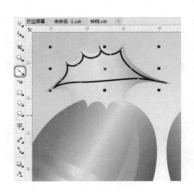

图 3-216　绘制图形

(25) 选择绘制的图形，按 F11 键弹出【编辑填充】对话框，将左侧节点的 CMYK 值设置为 97、57、100、37，在 52% 位置处添加一个节点并将其 CMYK 值设置为 72、15、99、0，在 67% 位置处添加一个节点并将其 CMYK 值设置为 82、24、100、0，将右侧节点的 CMYK 值设置为 89、36、100、0，在【变换】选项组中，取消选中【自由缩放和倾斜】复选框，将【填充宽度】设置为 55%，将【旋转】设置为 -174°，并选中【缠绕填充】复选框，单击【确定】按钮，如图 3-217 所示。

(26) 为绘制的图形填充颜色后，取消轮廓线的填充。使用同样的方法，继续绘制图形并填充渐变颜色，效果如图 3-218 所示。

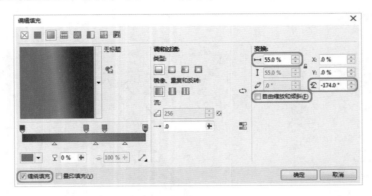

图 3-217　设置渐变颜色

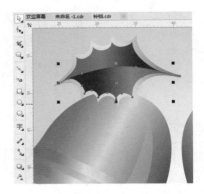

图 3-218　绘制图形并填充颜色

(27) 在工具箱中选择【贝塞尔工具】，在绘图页中绘制图形，如图 3-219 所示。

(28) 选择绘制的图形，按 F11 键弹出【编辑填充】对话框，将左侧节点的 CMYK 值设置为 0、5、36、0，在 20% 位置处添加一个节点并将其 CMYK 值设置为 0、5、36、0，在 47% 位置处添加一个节点并将其 CMYK 值设置为 23、56、100、0，在 71% 位置处添加一个节点并将其 CMYK 值设置为 0、5、41、0，将右侧节点的 CMYK 值设置为 0、5、41、0。在【变换】选项组中，取消选中【自由缩放和倾斜】复选框，将【填充宽度】设置为 88%，将【旋转】设置为 -174°，并选中【缠绕填充】复选框，单击【确定】按钮，如图 3-220 所示。

(29) 为绘制的图形填充颜色后，取消轮廓线的填充。使用同样的方法，继续绘制图形并填充渐变颜色，效果如图 3-221 所示。

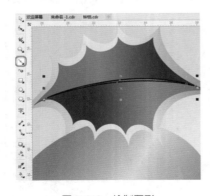

图 3-219　绘制图形

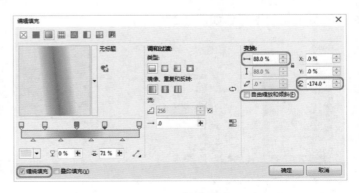

图 3-220　设置渐变颜色

(30) 选择组成叶子的对象，按 Ctrl+G 组合键群组选择的对象，按小键盘上的 + 号键复制叶子对象，然后在绘图页中调整其旋转角度和位置，效果如图 3-222 所示。

图 3-221　绘制图形并填充颜色

图 3-222　复制并调整对象

（31）在工具箱中选择【贝塞尔工具】 ，在绘图页中绘制图形，如图 3-223 所示。

（32）选择绘制的图形，按 F11 键弹出【编辑填充】对话框，将左侧节点的 CMYK 值设置为 51、71、100、16，将右侧节点的 CMYK 值设置为 20、45、100、0，在【变换】选项组中，将【旋转】设置为 -17°，并选中【缠绕填充】复选框，单击【确定】按钮，如图 3-224 所示。

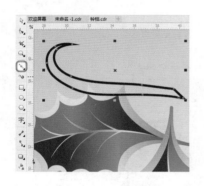

图 3-223　绘制图形

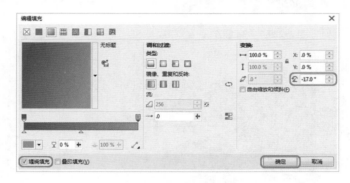

图 3-224　设置渐变颜色

（33）为绘制的图形填充颜色后，取消轮廓线的填充。在工具箱中选择【贝塞尔工具】 ，在绘图页中绘制图形，如图 3-225 所示。

（34）选择绘制的图形，按 F11 键弹出【编辑填充】对话框，将左侧节点的 CMYK 值设置为 35、59、100、0，在 27% 位置处添加一个节点并将其 CMYK 值设置为 0、5、36、0，在 51% 位置处添加一个节点并将其 CMYK 值设置为 23、56、100、0，在 75% 位置处添加一个节点并将其 CMYK 值设置为 0、5、41、0，将右侧节点的 CMYK 值设置为 35、59、100、0。在【变换】选项组中，取消选中【自由缩放和倾斜】复选框，将【填充宽度】设置为 105%，将【旋转】设置为 -17°，并选中【缠绕填充】复选框，单击【确定】按钮，如图 3-226 所示。

（35）为绘制的图形填充颜色后，取消轮廓线的填充。使用同样的方法，继续绘制图形并填充渐变颜色，效果如图 3-227 所示。

（36）在工具箱中选择【椭圆形工具】 ，然后按住 Ctrl 键的同时绘制正圆，如图 3-228 所示。

（37）选择绘制的正圆，按 F11 键弹出【编辑填充】对话框，在【调和过渡】选项组中单击【椭圆形渐变填充】按钮 ，然后将左侧节点的 CMYK 值设置为 69、96、98、67，在 25% 位置处添加一个节点并将其 CMYK 值设置为 45、100、100、20，在 50% 位置处添加一个节点并将其 CMYK 值设置为 11、100、100、0，将右侧节点的 CMYK 值设置为 11、100、100、0。在【变换】选项组中，将【填充宽度】设置为98%，将【填充高度】设置为98%，将X设置为-22%，将Y设置为20%，将【旋转】设置为-134°，并选中【缠绕填充】复选框，单击【确定】按钮，如图3-229所示。

(38) 为绘制的正圆填充颜色后，取消轮廓线的填充。继续使用【椭圆形工具】◯在绘图页中绘制椭圆，并为绘制的椭圆填充白色，然后取消轮廓线的填充，在属性栏中将【旋转角度】设置为311°，如图3-230所示。

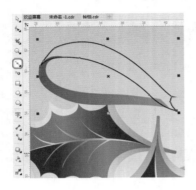

图 3-225　绘制图形

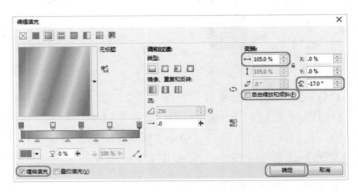

图 3-226　设置渐变颜色

图 3-227　绘制图形并填充颜色

图 3-228　绘制正圆

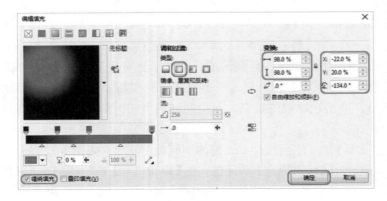

图 3-229　设置渐变颜色

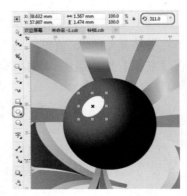

图 3-230　绘制并设置椭圆

(39) 使用同样的方法，继续绘制正圆和椭圆，并填充颜色，效果如图 3-231 所示。

(40) 在工具箱中选择【文本工具】 字 ，在绘图页中输入文字，并选择输入的文字，在属性栏中将【字体】设置为 Freestyle Script，将【字体大小】设置为 24 pt，如图 3-232 所示。

(41) 按 Shift+F11 组合键弹出【编辑填充】对话框，将 CMYK 值设置为 72、38、76、0，单击【确定】按钮，如图 3-233 所示。

(42) 为选择的文字填充该颜色后，效果如图 3-234 所示。

图 3-231　调整绘制对象

图 3-232　输入并设置文字

图 3-233　设置颜色

图 3-234　为文字填充颜色

第4章
插画设计

案例课堂 ▶ ⋯⋯

插画在中国被人们俗称为插图。如今通行于国外市场的商业插画包括出版物插图、卡通吉祥物、影视与游戏美术设计和广告插画 4 种形式。在中国，插画已经遍布于平面和电子媒体、商业场馆、公众机构、商品包装、影视演艺海报、企业广告甚至 T 恤、日记本、贺年片。本章将详细介绍如何绘制不同类的插画，通过本章的学习，读者可以提高自己的绘制能力。

案例精讲 025 风景类——海上风光

案例文件：CDROM | 场景 | Cha04 | 海上风光 .cdr

视频文件：视频教学 | Cha04 | 海上风光 .avi

制作概述

本例将介绍海上风光插画的绘制。首先绘制背景、椰子树，然后绘制波浪和海鸥，完成后的效果如图 4-1 所示。

学习目标

绘制并复制椰子树。

绘制波浪。

绘制并复制海鸥。

操作步骤

(1) 按 Ctrl+N 组合键，在弹出的【创建新文档】对话框中设置【名称】为"海上风光"，将【宽度】设置为 205 mm，将【高度】设置为 117 mm，然后单击【确定】按钮，如图 4-2 所示。

(2) 在工具箱中选择【矩形工具】▢，在绘图页中绘制一个矩形，如图 4-3 所示。

图 4-1 海上风光

图 4-2 创建新文档

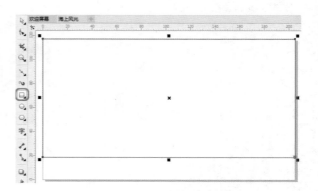

图 4-3 绘制矩形

　　(3) 选择绘制的矩形，按 F11 键弹出【编辑填充】对话框，将左侧节点的 CMYK 值设置为 8、0、1、0，将右侧节点的 CMYK 值设置为 59、0、2、0，在【变换】选项组中，取消选中【自由缩放和倾斜】复选框，将【填充宽度】设置为 36%，将【旋转】设置为 90°，单击【确定】按钮，如图 4-4 所示。

　　(4) 为绘制的矩形填充颜色后，在默认 CMYK 调色板上右击⊠按钮，取消轮廓线的填充。在工具箱中选择【钢笔工具】，在绘图页中绘制图形，如图 4-5 所示。

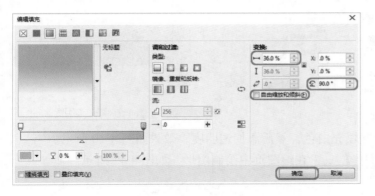

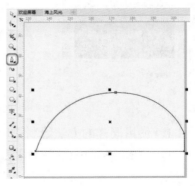

图 4-4　设置渐变颜色　　　　　　　　图 4-5　绘制图形

　　(5) 选择绘制的图形，按 F11 键弹出【编辑填充】对话框，将左侧节点的 CMYK 值设置为 34、0、65、0，将右侧节点的 CMYK 值设置为 55、0、80、0，在【变换】选项组中，取消选中【自由缩放和倾斜】复选框，将【填充宽度】设置为 40%，将【旋转】设置为 -92°，单击【确定】按钮，如图 4-6 所示。

　　(6) 为绘制的图形填充颜色后，在默认的 CMYK 调色板上右击⊠按钮，取消轮廓线的填充。在工具箱中选择【钢笔工具】，在绘图页中绘制图形，如图 4-7 所示。

　　(7) 选择绘制的图形，按 Shift+F11 组合键弹出【编辑填充】对话框，将 CMYK 值设置为 64、0、100、0，单击【确定】按钮，如图 4-8 所示。

　　(8) 为绘制的图形填充颜色后，取消轮廓线的填充。在工具箱中选择【透明度工具】，在属性栏中单击【均匀透明度】按钮，将【透明度】设置为 70，添加透明度后的效果如图 4-9 所示。

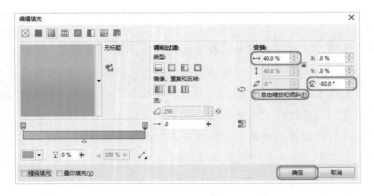

图 4-6　设置渐变颜色

图 4-7　绘制图形

图 4-8　设置颜色

图 4-9　添加透明度

(9) 使用同样的方法绘制图形并填充白色，然后添加透明度，效果如图 4-10 所示。

(10) 在工具箱中选择【钢笔工具】，在绘图页中绘制图形，如图 4-11 所示。

图 4-10　绘制图形并添加透明度

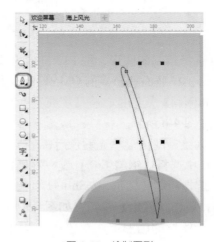

图 4-11　绘制图形

(11) 选择绘制的图形，按 F11 键弹出【编辑填充】对话框，将左侧节点的 CMYK 值设置为 0、31、74、0，将右侧节点的 CMYK 值设置为 1、1、46、0，在【变换】选项组中，取消选中【自由缩放和倾斜】复选框，将【填充宽度】设置为 78%，将【旋转】设置为 171°，单击【确定】

按钮，如图 4-12 所示。

(12) 为绘制的图形填充颜色后，取消轮廓线的填充。继续使用【钢笔工具】█绘制图形，如图 4-13 所示。

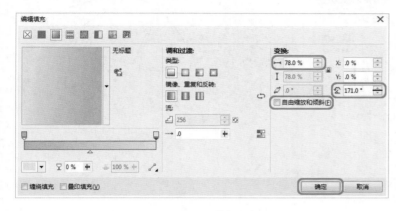

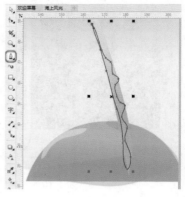

图 4-12 设置渐变颜色 　　　　　　　　　　　图 4-13 绘制图形

(13) 为绘制的图形填充 CMYK 值为 55、64、67、8 的颜色，然后在工具箱中选择【透明度工具】█，在属性栏中单击【均匀透明度】按钮█，将【透明度】设置为 80，添加透明度后的效果如图 4-14 所示。

(14) 在工具箱中选择【钢笔工具】█，在绘图页中绘制曲线，如图 4-15 所示。

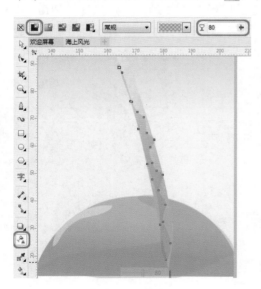

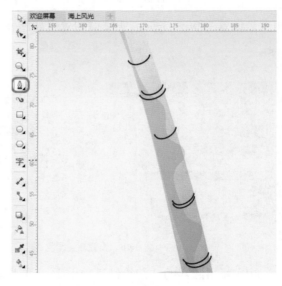

图 4-14 添加透明度 　　　　　　　　　　　图 4-15 绘制曲线

(15) 选择绘制的曲线，按 F12 键弹出【轮廓笔】对话框，单击【颜色】下拉按钮，在弹出的下拉列表中单击【更多】按钮，弹出【选择颜色】对话框，将 CMYK 值设置为 29、54、56、6，单击【确定】按钮，如图 4-16 所示。

(16) 返回到【轮廓笔】对话框，单击【确定】按钮，即可为绘制的曲线填充该颜色。在工具箱中选择【钢笔工具】█，在绘图页中绘制图形，如图 4-17 所示。

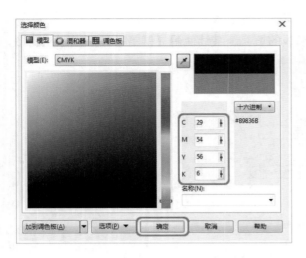

图 4-16　设置颜色

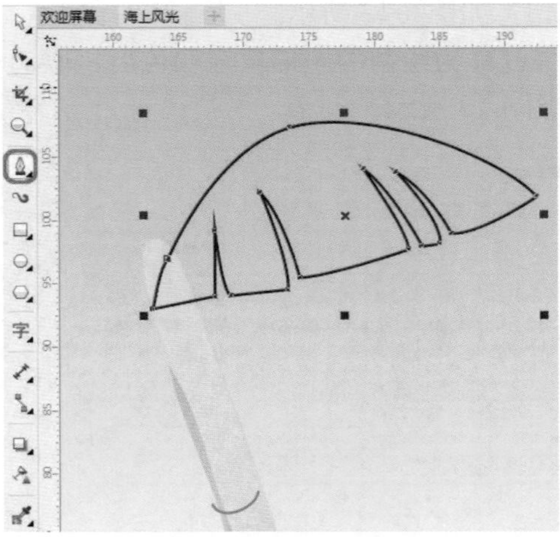

图 4-17　绘制图形

(17) 选择绘制的图形，按 F11 键弹出【编辑填充】对话框，将左侧节点的 CMYK 值设置为 20、0、66、0，将右侧节点的 CMYK 值设置为 67、0、67、0，在【变换】选项组中，取消选中【自由缩放和倾斜】复选框，将【填充宽度】设置为 71%，将【旋转】设置为 –168°，单击【确定】按钮，如图 4-18 所示。

(18) 为绘制的图形填充颜色后，取消轮廓线的填充。继续使用【钢笔工具】 绘制图形并填充白色，然后在工具箱中选择【透明度工具】 ，在属性栏中单击【均匀透明度】按钮 ，将【透明度】设置为 50，添加透明度后的效果如图 4-19 所示。

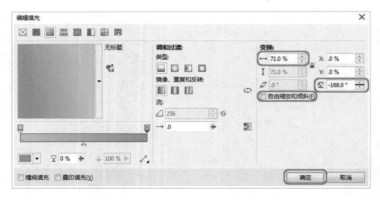

图 4-18　设置渐变颜色

图 4-19　绘制图形并添加透明度

(19) 使用同样的方法绘制其他图形，效果如图 4-20 所示。

(20) 在工具箱中选择【椭圆形工具】 ，然后按住 Ctrl 键绘制正圆作为椰子，效果如图 4-21 所示。

(21) 选择绘制的正圆，按 F11 键弹出【编辑填充】对话框，将左侧节点的 CMYK 值设置为 11、0、80、0，将右侧节点的 CMYK 值设置为 11、40、100、1，在【变换】选项组中，取消选中【自由缩放和倾斜】复选框，将【填充宽度】设置为 43%，将【旋转】设置为 92°，单击【确定】按钮，如图 4-22 所示。

(22) 为绘制的正圆填充颜色后，取消轮廓线的填充。使用同样的方法，继续绘制椰子，并调整椰子的排列顺序，效果如图4-23所示。

图4-20　绘制其他图形

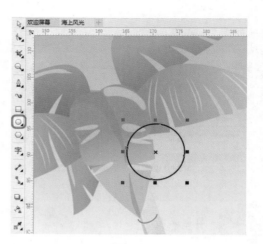

图4-21　绘制椰子

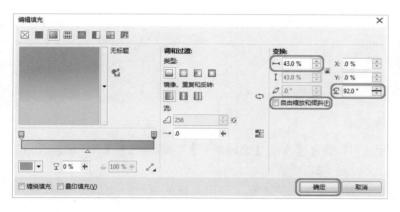

图4-22　设置渐变颜色

图4-23　绘制其他椰子

(23) 在绘图页中选择组成椰子树的所有对象，按Ctrl+G组合键群组选择的对象，并按小键盘上的＋号键复制群组后的对象，然后在绘图页中调整复制后的对象的大小和旋转角度，效果如图4-24所示。

(24) 在工具箱中选择【钢笔工具】 ，在绘图页中绘制图形，如图4-25所示。

(25) 选择绘制的图形，按F11键弹出【编辑填充】对话框，将左侧节点的CMYK值设置为53、18、0、0，将右侧节点的CMYK值设置为16、9、0、0，在【变换】选项组中，将【旋转】设置为60°，单击【确定】按钮，如图4-26所示。

(26) 为绘制的图形填充颜色后，取消轮廓线的填充。继续使用【钢笔工具】 绘制图形，如图4-27所示。

图 4-24　复制并调整选择对象

图 4-25　绘制图形

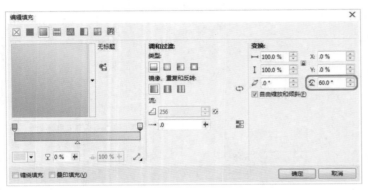

图 4-26　设置渐变颜色

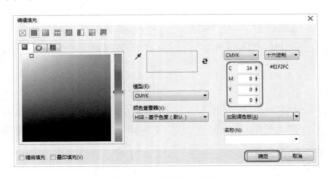

图 4-27　绘制图形

(27) 选择绘制的图形，按 Shift+F11 组合键弹出【编辑填充】对话框，将 CMYK 值设置为 14、0、0、0，单击【确定】按钮，如图 4-28 所示。

(28) 为绘制的图形填充颜色后，取消轮廓线的填充。使用同样的方法，绘制其他图形，效果如图 4-29 所示。

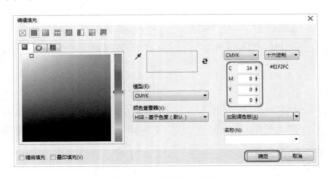

图 4-28　设置填充颜色

图 4-29　绘制其他图形

(29) 在工具箱中选择【钢笔工具】，在绘图页中绘制图形，然后为其填充白色，将笔触颜色的 CMYK 值设置为 20、23、15、16，效果如图 4-30 所示。

(30) 在工具箱中选择【钢笔工具】，在绘图页中绘制图形，如图 4-31 所示。

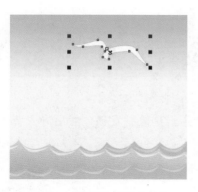

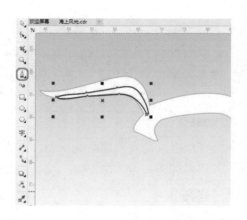

图 4-30　绘制图形并填充颜色　　　　　　　　　　　　　图 4-31　绘制图形

(31) 选择绘制的图形，按 Shift+F11 组合键弹出【编辑填充】对话框，将 CMYK 值设置为 76、35、93、24，单击【确定】按钮，如图 4-32 所示。

(32) 为绘制的图形填充颜色后，取消轮廓线的填充。在工具箱中选择【透明度工具】，在属性栏中单击【均匀透明度】按钮，将【透明度】设置为 80，添加透明度后的效果如图 4-33 所示。

图 4-32　设置颜色　　　　　　　　　　　　　　　　图 4-33　设置透明度

(33) 使用同样的方法绘制其他图形并添加透明度，效果如图 4-34 所示。

(34) 在绘图页中选择组成海鸥的所有对象，按 Ctrl+G 组合键群组选择的对象，并按小键盘上的 ＋ 号键复制群组后的对象，然后在绘图页中调整复制的对象的大小和位置，效果如图 4-35 所示。

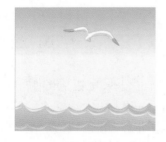

图 4-34　绘制图形并添加透明度　　　　　　　　　　　图 4-35　复制并调整选择对象

案例精讲 026　卡通类——可爱女孩

✎ 案例文件：CDROM | 场景 | Cha04 | 可爱女孩 .cdr

💿 视频文件：视频教学 | Cha04 | 可爱女孩 .avi

制作概述

本例将介绍可爱女孩插画的绘制。首先使用基本绘图工具绘制女孩，然后导入背景图片，完成后的效果如图 4-36 所示。

学习目标

绘制人像。

导入背景。

操作步骤

(1) 按 Ctrl+N 组合键，在弹出的【创建新文档】对话框中设置【名称】为"可爱女孩"，将【宽度】设置为 123 mm，将【高度】设置为 180 mm，然后单击【确定】按钮，如图 4-37 所示。

(2) 在工具箱中选择【钢笔工具】 🖊️，在绘图页中绘制图形，如图 4-38 所示。

图 4-36　可爱女孩

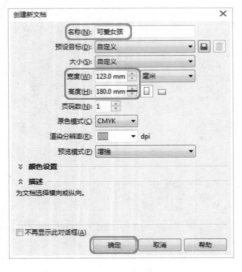

图 4-37　创建新文档

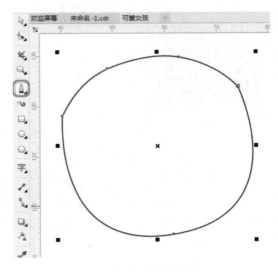

图 4-38　绘制图形

(3) 选择绘制的图形，按 Shift+F11 组合键弹出【编辑填充】对话框，将 CMYK 值设置为 0、26、31、0，单击【确定】按钮，如图 4-39 所示。

(4) 为绘制的图形填充颜色后，在默认的 CMYK 调色板上右击⊠按钮，取消轮廓线的填充，然后使用同样的方法，继续绘制图形并填充颜色，效果如图 4-40 所示。

(5) 在工具箱中选择【钢笔工具】 🖊️，在绘图页中绘制图形，如图 4-41 所示。

图 4-39　设置颜色　　　　　　　　　　　　　图 4-40　绘制图形并填充颜色

（6）选择绘制的图形，按 F11 键弹出【编辑填充】对话框，将左侧节点的 CMYK 值设置为 0、49、47、0，在 77% 位置处添加一个节点并将其 CMYK 值设置为 0、26、31、0，将右侧节点的 CMYK 值设置为 0、26、31、0，在【变换】选项组中，将【旋转】设置为 27°，单击【确定】按钮，如图 4-42 所示。

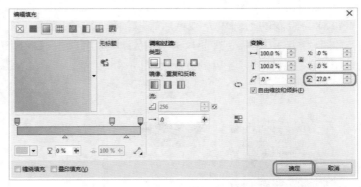

图 4-41　绘制图形　　　　　　　　　　　　　图 4-42　设置渐变颜色

（7）为绘制的图形填充颜色后，在默认的 CMYK 调色板上右击⊠按钮，取消轮廓线的填充，然后使用同样的方法，继续绘制图形并填充渐变颜色，效果如图 4-43 所示。

（8）在工具箱中选择【钢笔工具】🖊，在绘图页中绘制图形，并为绘制的图形填充黑色，然后取消轮廓线的填充，如图 4-44 所示。

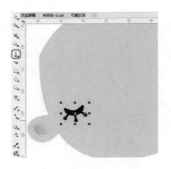

图 4-43　绘制图形并填充渐变颜色　　　　　　图 4-44　绘制图形并填充黑色

（9）在绘图页中绘制其他图形，并填充颜色，效果如图 4-45 所示。

(10) 在工具箱中选择【椭圆形工具】 ⬭ ，然后按住 Ctrl 键绘制正圆，如图 4-46 所示。

图 4-45　绘制图形并填充颜色

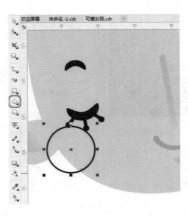
图 4-46　绘制正圆

(11) 选择绘制的正圆，按 Shift+F11 组合键弹出【编辑填充】对话框，将 CMYK 值设置为 14、87、53、0，单击【确定】按钮，如图 4-47 所示。

(12) 为绘制的正圆填充颜色后，取消轮廓线的填充。在工具箱中选择【透明度工具】 ⬭ ，在属性栏中单击【渐变透明度】按钮 ▦ ，然后单击【椭圆形渐变透明度】按钮 ◻ ，并调整节点的位置，添加透明度后的效果如图 4-48 所示。

图 4-47　设置颜色

图 4-48　添加透明度

(13) 按小键盘上的 + 号键复制添加透明度后的正圆，效果如图 4-49 所示。

(14) 继续复制一个正圆，并在绘图页中调整复制的正圆的位置，效果如图 4-50 所示。

图 4-49　复制正圆

图 4-50　复制正圆并调整位置

(15) 在工具箱中选择【钢笔工具】 ，在绘图页中绘制图形，作为头发，效果如图 4-51 所示。

(16) 选择绘制的图形，按 F11 键弹出【编辑填充】对话框，将左侧节点的 CMYK 值设置为 44、69、100、5，将右侧节点的 CMYK 值设置为 54、80、100、31，在【变换】选项组中，取消选中【自由缩放和倾斜】复选框，将【填充宽度】设置为 34%，将【旋转】设置为 65°，单击【确定】按钮，如图 4-52 所示。

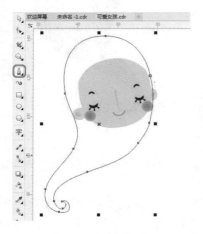

图 4-51 绘制图形

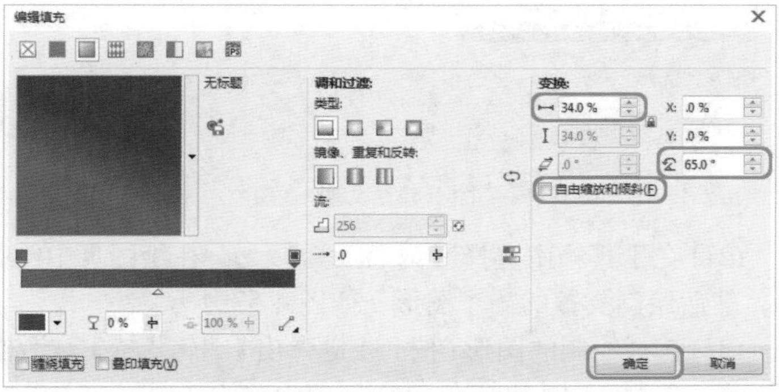

图 4-52 设置渐变颜色

(17) 为绘制的图形填充颜色后，取消轮廓线的填充。在图形上右击，在弹出的快捷菜单中选择【顺序】|【到图层后面】命令，即可调整图形的排列顺序，如图 4-53 所示。

(18) 使用同样的方法制作出前面的图形，然后在工具箱中选择【钢笔工具】 ，在绘图页中绘制图形，如图 4-54 所示。

图 4-53 选择【到图层后面】命令

图 4-54 绘制图形

(19) 选择绘制的图形，按 F11 键弹出【编辑填充】对话框，将左侧节点的 CMYK 值设置为 29、46、100、0，将右侧节点的 CMYK 值设置为 49、71、100、13，在【变换】选项组中，取消选中【自由缩放和倾斜】复选框，将【填充宽度】设置为 114%，将【旋转】设置为 86°，单击【确定】按钮，如图 4-55 所示。

(20) 为绘制的图形填充颜色后，取消轮廓线的填充。使用同样的方法，继续绘制图形并填充渐变颜色，效果如图 4-56 所示。

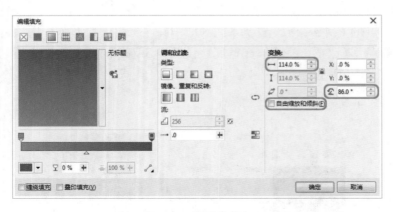

图 4-55　设置渐变颜色　　　　　　　　　　图 4-56　绘制图形并填充渐变颜色

(21) 在工具箱中选择【钢笔工具】，在绘图页中绘制出女孩的脖子，填充颜色与脸部相同，然后绘制女孩的裙子图形，如图 4-57 所示。

(22) 选择绘制的图形，按 F11 键弹出【编辑填充】对话框，将左侧节点的 CMYK 值设置为 0、44、66、0，将右侧节点的 CMYK 值设置为 2、0、16、0，在【变换】选项组中，取消选中【自由缩放和倾斜】复选框，将【填充宽度】设置为 25%，将【旋转】设置为 88°，单击【确定】按钮，如图 4-58 所示。

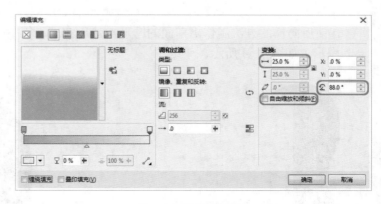

图 4-57　绘制图形　　　　　　　　　　图 4-58　设置渐变颜色

(23) 为绘制的图形填充颜色后，取消轮廓线的填充。继续使用【钢笔工具】在绘图页中绘制图形，如图 4-59 所示。

(24) 选择绘制的图形，按 F11 键弹出【编辑填充】对话框，将左侧节点的 CMYK 值设置为 0、50、96、0，将右侧节点的 CMYK 值设置为 6、11、79、0，在【变换】选项组中，取消选中【自由缩放和倾斜】复选框，将【填充宽度】设置为 52%，将【旋转】设置为 -69°，单击【确定】按钮，如图 4-60 所示。

(25) 为绘制的图形填充颜色后，取消轮廓线的填充。在图形上右击，在弹出的快捷菜单中选择【顺序】|【置于此对象后】命令，如图 4-61 所示。

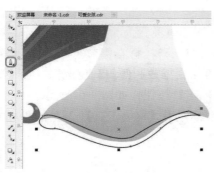

图 4-59　绘制图形

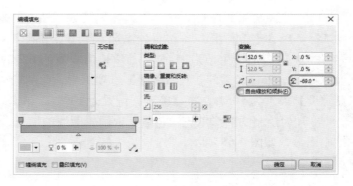

图 4-60　设置渐变颜色

(26) 当鼠标指针变成➡样式时，在绘制的裙子上单击鼠标，即可将新绘制的图形移至裙子的下方，然后在绘图页中选择新绘制的代表身子的三个图形并右击，在弹出的快捷菜单中选择【顺序】|【置于此对象后】命令，如图 4-62 所示。

(27) 当鼠标指针变成➡样式时，在女孩的脸上单击鼠标，即可调整选择对象的排列顺序，效果如图 4-63 所示。

图 4-61　选择【置于此对象后】命令

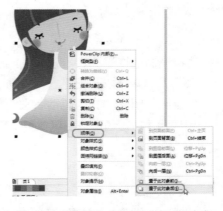

图 4-62　继续执行【置于此对象后】命令

(28) 在工具箱中选择【钢笔工具】，在绘图页中绘制图形，如图 4-64 所示。

图 4-63　调整排列顺序

图 4-64　绘制图形

(29) 选择绘制的图形，按 F11 键弹出【编辑填充】对话框，将左侧节点的 CMYK 值设置为 34、39、38、0，在 47% 位置处添加一个节点并将其 CMYK 值设置为 51、82、67、13，在 90% 位置处添加一个节点并将其 CMYK 值设置为 62、96、83、53，将右侧节点的 CMYK 值设置为 62、96、83、53，在【变换】选项组中，取消选中【自由缩放和倾斜】复选框，将【填充宽度】设置为 105%，将【旋转】设置为 109°，单击【确定】按钮，如图 4-65 所示。

(30) 为绘制的图形填充颜色后，取消轮廓线的填充。继续使用【钢笔工具】🖊在绘图页中绘制图形，如图 4-66 所示。

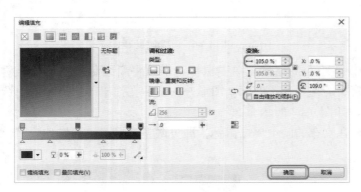

图 4-65　设置渐变颜色

图 4-66　绘制图形

(31) 选择绘制的图形，按 Shift+F11 组合键弹出【编辑填充】对话框，将 CMYK 值设置为 77、85、96、71，单击【确定】按钮，如图 4-67 所示。

(32) 为绘制的图形填充颜色后，取消轮廓线的填充。在工具箱中选择【透明度工具】🖊，在属性栏中单击【均匀透明度】按钮■，将【透明度】设置为 75，添加透明度后的效果如图 4-68 所示。

图 4-67　设置颜色

图 4-68　添加透明度

(33) 在工具箱中选择【调和工具】🖊，在小图形上单击，并拖动鼠标至大图形上，添加调和效果，然后在属性栏中将【调和对象】设置为 4，效果如图 4-69 所示。

(34) 继续使用【钢笔工具】🖊在绘图页中绘制图形，并填充渐变颜色，效果如图 4-70 所示。

(35) 在工具箱中选择【椭圆形工具】⭕，然后按住 Ctrl 键绘制正圆，如图 4-71 所示。

(36) 选择绘制的正圆，按 Shift+F11 组合键弹出【编辑填充】对话框，将 CMYK 值设置为 82、96、76、70，单击【确定】按钮，如图 4-72 所示。

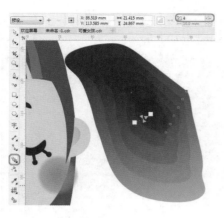

图 4-69　添加调和效果

图 4-70　绘制图形并填充渐变颜色

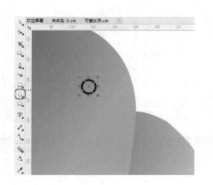

图 4-71　绘制正圆

图 4-72　设置颜色

（37）为绘制的正圆填充颜色后，取消轮廓线的填充。在工具箱中选择【透明度工具】，在属性栏中单击【均匀透明度】按钮，将【透明度】设置为 75，添加透明度后的效果如图 4-73 所示。

（38）按小键盘上的 + 号键复制多个正圆对象，并在绘图页中调整其大小和位置，效果如图 4-74 所示。

图 4-73　添加透明度

图 4-74　复制并调整正圆

（39）在绘图页中绘制女孩的四肢，并填充颜色，效果如图 4-75 所示。

(40) 按 Ctrl+O 组合键弹出【打开绘图】对话框，在该对话框中选择随书附带光盘中的素材文件"可爱女孩背景 .cdr"，单击【打开】按钮，如图 4-76 所示。

图 4-75　绘制四肢

图 4-76　选择素材文件

(41) 打开选择的素材文件后，按 Ctrl+A 组合键选择所有的对象，按 Ctrl+C 组合键复制选择的对象，然后返回到当前制作的场景中，按 Ctrl+V 组合键粘贴选择的对象，效果如图 4-77 所示。

(42) 在复制的对象上右击，在弹出的快捷菜单中选择【顺序】|【到图层后面】命令，如图 4-78 所示。

(43) 调整复制对象的排列顺序后，效果如图 4-79 所示。

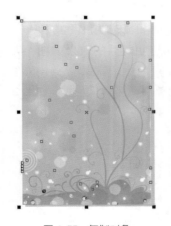

图 4-77　复制对象

图 4-78　选择【到图层后面】命令

图 4-79　调整顺序

案例精讲 027　音乐类——音乐节

案例文件：CDROM | 场景 | Cha04 | 音乐节 .cdr

视频文件：视频教学 | Cha04 | 音乐节 .avi

制作概述

本例将介绍音乐节插画的绘制。该插画的绘制比较复杂，首先绘制背景，然后绘制彩色钢琴键和话筒，最后输入并编辑路径文字，完成后的效果如图 4-80 所示。

学习目标

绘制背景。

绘制钢琴键和话筒。

输入并编辑路径文字。

操作步骤

(1) 按 Ctrl+N 组合键，在弹出的【创建新文档】对话框中设置【名称】为"音乐节"，将【宽度】设置为 280 mm，将【高度】设置为 198 mm，然后单击【确定】按钮，如图 4-81 所示。

图 4-80　音乐节

(2) 在工具箱中选择【矩形工具】，在绘图页中绘制一个宽度为 280 mm、高度为 198 mm 的矩形，如图 4-82 所示。

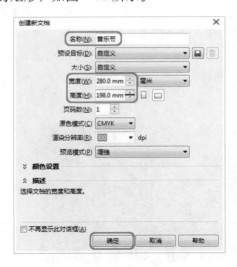

图 4-81　创建新文档

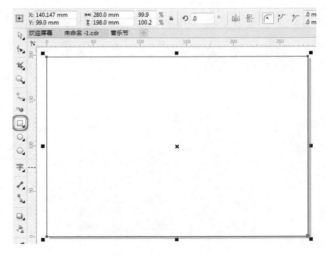

图 4-82　绘制矩形

(3) 选择绘制的矩形，按 F11 键弹出【编辑填充】对话框，将左侧节点的 CMYK 值设置为 23、0、0、0，在 17% 位置处添加一个节点并将其 CMYK 值设置为 45、2、0、0，在 50% 位置处添加一个节点并将其 CMYK 值设置为 82、36、3、0，将右侧节点的 CMYK 值设置为 100、85、1、0，在【变换】选项组中，取消选中【自由缩放和倾斜】复选框，将【填充宽度】设置为 97%，将【旋转】设置为 −57°，单击【确定】按钮，如图 4-83 所示。

(4) 为绘制的矩形填充颜色后，取消轮廓线的填充。在工具箱中选择【2 点线工具】，在绘图页中绘制直线，并选择绘制的直线，在属性栏中将【轮廓宽度】设置为 2.8 mm，如图 4-84 所示。

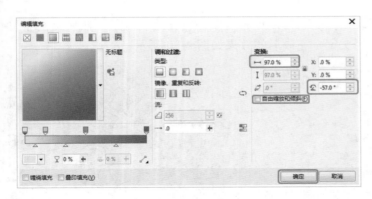

图 4-83 设置渐变颜色

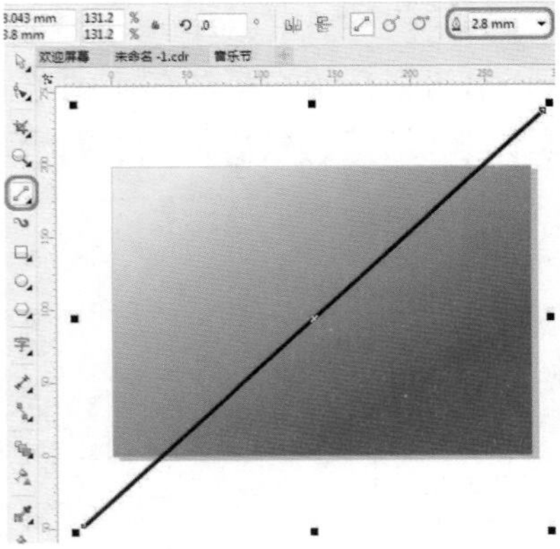

图 4-84 绘制并设置直线

(5) 在工具箱中选择【透明度工具】，在属性栏中单击【均匀透明度】按钮，将【透明度】设置为 75，并将直线的颜色设置为白色，添加透明度后的效果如图 4-85 所示。

(6) 按小键盘上的＋号键复制绘制的直线，并在绘图页中调整两条直线的位置，效果如图 4-86 所示。

(7) 在工具箱中选择【调和工具】，在直线上单击并拖动鼠标至另一条直线上，添加调和效果，然后在属性栏中将【调和对象】设置为 13，效果如图 4-87 所示。

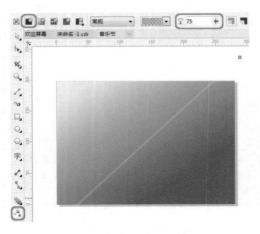

图 4-85 添加透明度

图 4-86 复制并调整直线位置

(8) 选择调和后的对象，在菜单栏中选择【对象】|【图框精确剪裁】|【置于图文框内部】命令，当鼠标指针变成➡样式时，在绘制的矩形上单击，即可将调和对象置于单击的矩形内，效果如图 4-88 所示。

(9) 在工具箱中选择【钢笔工具】，在绘图页中绘制图形，如图 4-89 所示。

(10)选择绘制的图形，按F11键弹出【编辑填充】对话框，将左侧节点的CMYK值设置为0、0、0、0，在44%位置处添加一个节点并将其CMYK值设置为24、0、2、0，在54%位置处添加一个节点并将其CMYK值设置为45、6、4、0，在80%位置处添加一个节点并将其CMYK值设置为81、43、0、0，将右侧节点的CMYK值设置为100、98、51、2，在【变换】选项组中，取消选中【自由缩放和倾斜】复选框，将【填充宽度】设置为118%，将【旋转】设置为104°，单击【确定】按钮，如图4-90所示。

图 4-87　添加调和

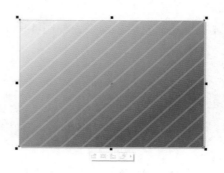

图 4-88　图框精确剪裁

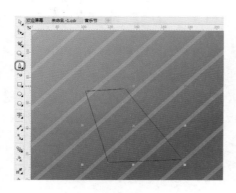

图 4-89　绘制图形

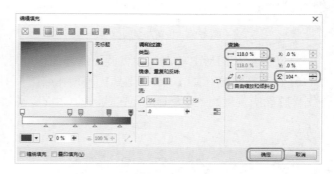

图 4-90　设置渐变颜色

(11) 为绘制的图形填充颜色后，在属性栏中将【轮廓宽度】设置为1 mm，在默认的CMYK调色板上右击白色色块，效果如图4-91所示。

(12) 在工具箱中选择【钢笔工具】 ，在绘图页中绘制图形，如图4-92所示。

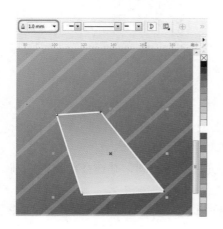

图 4-91　设置轮廓

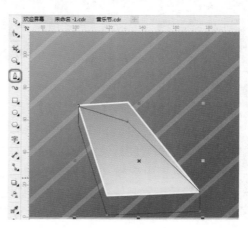

图 4-92　绘制图形

(13) 选择绘制的图形，按 F11 键弹出【编辑填充】对话框，设置与上一个图形相同的渐变颜色，然后在【变换】选项组中取消选中【自由缩放和倾斜】复选框，将【填充宽度】设置为 104%，将【旋转】设置为 88°，单击【确定】按钮，如图 4-93 所示。

(14) 为绘制的图形填充颜色后，并设置轮廓。在图形上右击，在弹出的快捷菜单中选择【顺序】|【置于此对象后】命令，如图 4-94 所示。

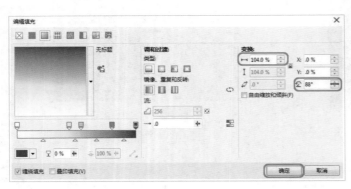
图 4-93　设置渐变颜色

图 4-94　选择【置于此对象后】命令

(15) 在第一个图形上单击，即可调整选择图形的排列顺序，效果如图 4-95 所示。

(16) 在工具箱中选择【2 点线工具】，在绘图页中绘制直线，然后选择绘制的直线，在属性栏中将【轮廓宽度】设置为 1 mm，在默认的 CMYK 调色板上单击白色色块，效果如图 4-96 所示。

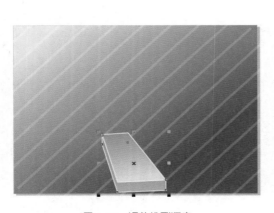
图 4-95　调整排列顺序

图 4-96　绘制并调整直线

(17) 在工具箱中选择【钢笔工具】，在绘图页中绘制图形，如图 4-97 所示。

(18) 选择绘制的图形，在默认的 CMYK 调色板上单击白色色块，为其填充白色，然后在属性栏中将【轮廓宽度】设置为 1 mm，效果如图 4-98 所示。

(19) 在工具箱中选择【椭圆形工具】，在绘图页中绘制椭圆，并选择绘制的椭圆，为其填充白色，然后设置其轮廓宽度，效果如图 4-99 所示。

(20) 再次使用【椭圆形工具】在绘图页中绘制椭圆，并设置其轮廓宽度，效果如图 4-100 所示。

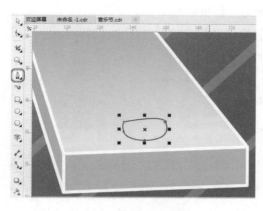

图 4-97　绘制图形

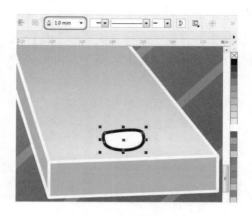

图 4-98　填充颜色

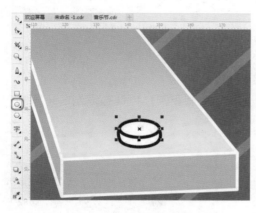

图 4-99　绘制并设置椭圆

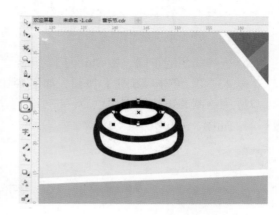

图 4-100　绘制椭圆

(21) 选择绘制的椭圆，按 F11 键弹出【编辑填充】对话框，将左侧节点的 CMYK 值设置为 0、0、0、0，在 45% 位置处添加一个节点并将其 CMYK 值设置为 28、11、10、0，在 81% 位置处添加一个节点并将其 CMYK 值设置为 62、37、16、0，将右侧节点的 CMYK 值设置为 79、64、35、0，在【变换】选项组中，将【旋转】设置为 -89°，单击【确定】按钮，如图 4-101 所示。

(22) 为绘制的椭圆填充颜色后，选择新绘制的三个对象，按小键盘上的 + 号键复制选择的对象，并在绘图页中调整复制的对象的大小和位置，效果如图 4-102 所示。

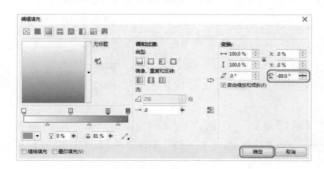

图 4-101　设置渐变颜色

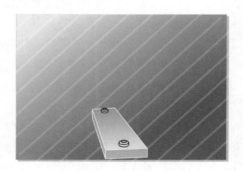

图 4-102　复制并调整对象

(23) 使用前面介绍的方法，在绘图页中绘制图形，效果如图 4-103 所示。

(24) 在工具箱中选择【椭圆形工具】◎，然后按住 Ctrl 键绘制正圆。选择绘制的正圆，在属性栏中将【轮廓宽度】设置为 1 mm，效果如图 4-104 所示。

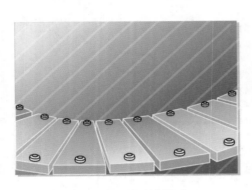

图 4-103　绘制其他图形

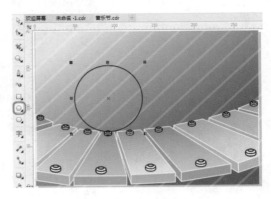

图 4-104　绘制正圆

(25) 选择绘制的正圆，按 Shift+F11 组合键弹出【编辑填充】对话框，将 CMYK 值设置为 47、25、13、0，单击【确定】按钮，如图 4-105 所示。

(26) 为绘制的正圆填充颜色后，按小键盘上的 + 号键复制正圆，再调整复制的正圆的大小和位置，如图 4-106 所示。

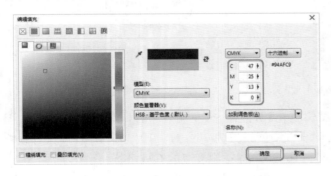

图 4-105　设置颜色

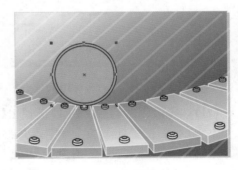

图 4-106　复制正圆

(27) 选择新复制的正圆，按 F11 键弹出【编辑填充】对话框，将左侧节点的 CMYK 值设置为 28、11、10、0，在 37% 位置处添加一个节点并将其 CMYK 值设置为 62、37、16、0，在 78% 位置处添加一个节点并将其 CMYK 值设置为 79、64、35、0，将右侧节点的 CMYK 值设置为 93、88、89、80，在【变换】选项组中，取消选中【自由缩放和倾斜】复选框，将【填充宽度】设置为 162%，将【旋转】设置为 -105°，单击【确定】按钮，如图 4-107 所示。

(28) 为复制的正圆填充颜色后，在工具箱中选择【2 点线工具】⚡，在绘图页中绘制直线，如图 4-108 所示。

(29) 选择绘制的直线，按 F12 键弹出【轮廓笔】对话框，将【颜色】的 CMYK 值设置为 75、57、30、0，将【宽度】设置为 1.5 mm，在【线条端头】选项组中单击【圆形端头】按钮, 然后单击【确定】按钮，如图 4-109 所示。

(30) 使用同样的方法继续绘制直线并设置直线，效果如图 4-110 所示。

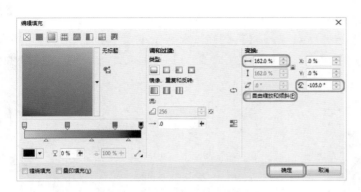

图 4-107　设置渐变颜色

图 4-108　绘制直线

(31) 选择绘制的所有直线，在菜单栏中选择【对象】|【图框精确剪裁】|【置于图文框内部】命令，当鼠标指针变成➡样式时，在填充渐变色的正圆上单击，即可将选择对象置于单击的正圆内，效果如图 4-111 所示。

图 4-109　设置轮廓

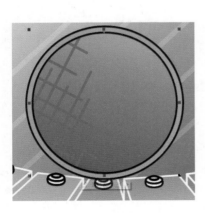

图 4-110　绘制并设置直线

(32) 在工具箱中选择【钢笔工具】 🖋，在绘图页中绘制曲线，作为文字路径，如图 4-112 所示。

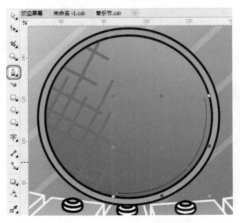

图 4-111　图框精确剪裁

图 4-112　绘制文字路径

(33) 在工具箱中选择【文本工具】 🖹，在绘制的路径上单击，然后输入文字，在属性栏中将【字体】设置为 Arial，将【字体大小】设置为 24 pt，如图 4-113 所示。

(34) 选择路径文字，在菜单栏中选择【对象】|【拆分在一路径上的文本】命令，即可拆分路径文字，然后将路径删除，并为文字填充 CMYK 值为 1、25、14、0 的颜色，效果如图 4-114 所示。

图 4-113　输入并设置文字

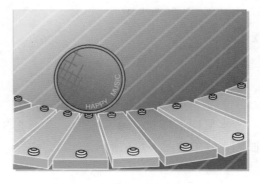

图 4-114　拆分路径文字并填充颜色

(35) 在绘图页中绘制其他图形，效果如图 4-115 所示。

(36) 在工具箱中选择【钢笔工具】，在绘图页中绘制曲线，如图 4-116 所示。

图 4-115　绘制其他图形

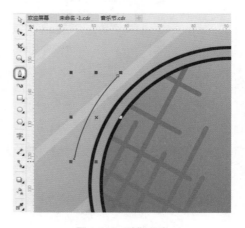

图 4-116　绘制曲线

(37) 选择绘制的曲线，按 F12 键弹出【轮廓笔】对话框，将【颜色】设置为白色，将【宽度】设置为 4 mm，在【线条端头】选项组中单击【圆形端头】按钮，然后单击【确定】按钮，如图 4-117 所示。

(38) 在工具箱中选择【透明度工具】，在属性栏中单击【均匀透明度】按钮，将【透明度】设置为 20，添加透明度后的效果如图 4-118 所示。

(39) 在工具箱中选择【椭圆形工具】，然后按住 Ctrl 键绘制正圆，并为绘制的正圆填充白色，最后取消轮廓线的填充，效果如图 4-119 所示。

(40) 选择绘制的正圆，在工具箱中选择【透明度工具】，在属性栏中单击【均匀透明度】按钮，将【透明度】设置为 20，添加透明度后的效果如图 4-120 所示。

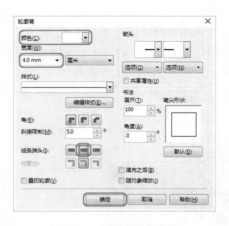

图 4-117　设置曲线的轮廓

图 4-118　添加透明度

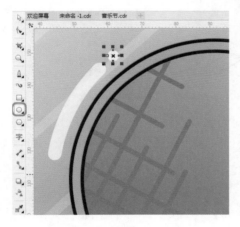

图 4-119　绘制正圆并填充颜色

图 4-120　添加透明度

(41) 使用同样的方法，继续绘制曲线和正圆，并添加透明度，效果如图 4-121 所示。

(42) 在工具箱中选择【钢笔工具】，在绘图页中绘制曲线，作为文字路径，如图 4-122 所示。

图 4-121　绘制图形并添加透明度

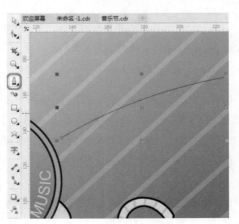

图 4-122　绘制文字路径

(43) 在工具箱中选择【文本工具】📝，在绘制的路径上单击，然后输入文字，在属性栏中将【字体】设置为 Cooper Black，将【字体大小】设置为 100 pt，如图 4-123 所示。

(44) 确认输入的路径文字处于选择状态，在菜单栏中选择【文本】|【文本属性】命令，弹出【文本属性】泊坞窗，将【字符间距】设置为 0%，效果如图 4-124 所示。

(45) 在菜单栏中选择【对象】|【拆分在一路径上的文本】命令，即可拆分路径文字，并将路径删除，效果如图 4-125 所示。

图 4-123　输入并设置文字路径

图 4-124　设置字符间距

(46) 选择文字，按 F11 键弹出【编辑填充】对话框，将左侧节点的 CMYK 值设置为 0、40、98、0，将右侧节点的 CMYK 值设置为 0、7、38、0，在【变换】选项组中，将【旋转】设置为 110°，单击【确定】按钮，如图 4-126 所示。

图 4-125　删除文字路径

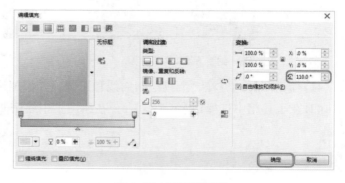

图 4-126　设置渐变颜色

(47) 按 F12 键弹出【轮廓笔】对话框，将【颜色】设置为黑色，将【宽度】设置为 3 mm，并选中【填充之后】复选框，单击【确定】按钮，如图 4-127 所示。

(48) 设置文字颜色和轮廓后的效果如图 4-128 所示。

(49) 按小键盘上的 + 号键复制文字，然后在【对象管理器】泊坞窗中选择如图 4-129 所示的文字。

(50) 按 F12 键弹出【轮廓笔】对话框，将【颜色】设置为白色，将【宽度】设置为 7 mm，单击【确定】按钮，如图 4-130 所示。

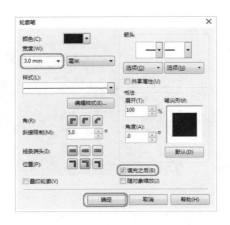

图 4-127　设置文字轮廓

图 4-128　设置文字后的效果

图 4-129　选择文字

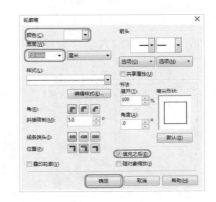

图 4-130　设置文字轮廓

(51) 设置文字轮廓后的效果如图 4-131 所示。

(52) 在工具箱中选择【星形工具】 ，在绘图页中绘制五角星，如图 4-132 所示。

图 4-131　设置文字轮廓后的效果

图 4-132　绘制五角星

(53) 选择绘制的五角星，按 Shift+F11 组合键弹出【编辑填充】对话框，将 CMYK 值设置为 0、62、100、0，单击【确定】按钮，如图 4-133 所示。

(54) 为绘制的五角星填充颜色后，取消轮廓线的填充，然后按小键盘上的＋号键复制五角星，并在绘图页中调整其大小和位置，效果如图 4-134 所示。

图 4-133　设置颜色　　　　　　　　　　图 4-134　复制并调整五角星

(55) 选择所有的五角星对象，在菜单栏中选择【对象】|【图框精确剪裁】|【置于图文框内部】命令，当鼠标指针变成 ➡ 样式时，在下面的文字上单击，即可将选择的五角星对象置于单击的文字内，效果如图 4-135 所示。

(56) 使用同样的方法，继续输入并编辑路径文字，效果如图 4-136 所示。

图 4-135　图框精确剪裁

图 4-136　输入并编辑路径文字

案例精讲 028　人物类——时尚少女

案例文件：CDROM | 场景 | Cha04 | 时尚少女 .cdr

视频文件：视频教学 | Cha04 | 时尚少女 .avi

制作概述

本例将介绍时尚少女插画的绘制，该插画的核心部分也是最难的部分是少女的头部，完成后的效果如图 4-137 所示。

学习目标

绘制少女。

添加背景。

操作步骤

(1) 按 Ctrl+N 组合键，在弹出的【创建新文档】对话框中设置【名称】为"时

图 4-137　时尚少女

尚少女"，将【宽度】设置为 77 mm，将【高度】设置为 125 mm，然后单击【确定】按钮，如图 4-138 所示。

(2) 在工具箱中选择【钢笔工具】 ，在绘图页中绘制图形，如图 4-139 所示。

图 4-138　创建新文档

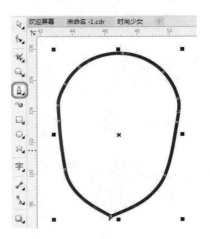

图 4-139　绘制图形

(3) 选择绘制的图形，按 Shift+F11 组合键弹出【编辑填充】对话框，将 CMYK 值设置为 0、25、30、0，单击【确定】按钮，如图 4-140 所示。

(4) 为绘制的图形填充颜色后，取消轮廓线的填充，然后继续绘制图形并为其填充颜色，效果如图 4-141 所示。

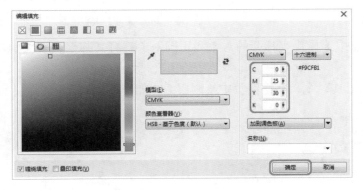

图 4-140　设置颜色

图 4-141　绘制图形并填充颜色

(5) 在工具箱中选择【椭圆形工具】 ，然后按住 Ctrl 键绘制正圆，如图 4-142 所示。

(6) 选择绘制的正圆，按 F11 键弹出【编辑填充】对话框，在【调和过渡】选项组中单击【椭圆形渐变填充】按钮 ，然后将左侧节点的 CMYK 值设置为 0、0、0、0，将右侧节点的 CMYK 值设置为 0、33、24、0，单击【确定】按钮，如图 4-143 所示。

(7) 为绘制的正圆填充颜色后，取消轮廓线的填充。在工具箱中选择【透明度工具】 ，在属性栏中单击【均匀透明度】按钮 ，将【合并模式】设置为【减少】，将【透明度】设置为 0，添加透明度后的效果如图 4-144 所示。

(8) 按小键盘上的 + 号键复制正圆，并在绘图页中调整两个正圆的位置，效果如图 4-145 所示。

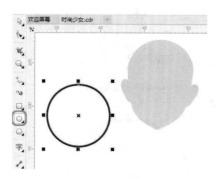

图 4-142　绘制正圆

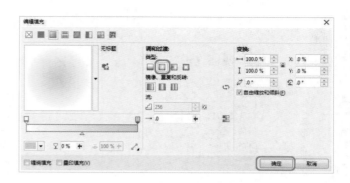

图 4-143　设置渐变颜色

图 4-144　添加透明度

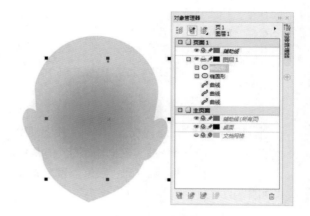

图 4-145　复制并调整正圆

（9）在【对象管理器】泊坞窗中选择代表耳朵的对象和正圆对象，将其移至代表头的对象的下方，效果如图 4-146 所示。

（10）在工具箱中选择【钢笔工具】🖋，在绘图页中绘制眉毛，如图 4-147 所示。

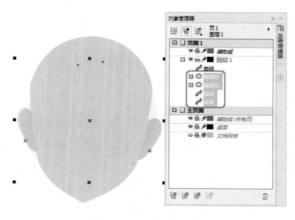

图 4-146　调整排列顺序

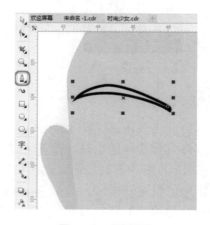

图 4-147　绘制眉毛

（11）选择绘制的图形，按 F11 键弹出【编辑填充】对话框，将左侧节点的 CMYK 值设置为 29、47、49、0，将右侧节点的 CMYK 值设置为 45、62、62、1，在【变换】选项组中，取

128

消选中【自由缩放和倾斜】复选框，将【填充宽度】设置为52%，将【旋转】设置为152°，单击【确定】按钮，如图4-148所示。

(12) 为绘制的眉毛填充颜色后，取消轮廓线的填充。在工具箱中选择【钢笔工具】 ，在绘图页中绘制图形，如图4-149所示。

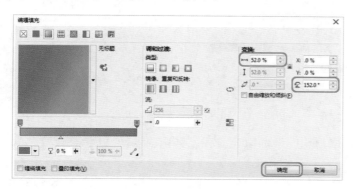

图 4-148　设置渐变颜色

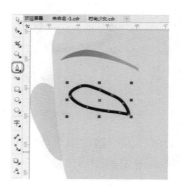

图 4-149　绘制图形

(13) 选择绘制的图形，按F11键弹出【编辑填充】对话框，在【调和过渡】选项组中单击【椭圆形渐变填充】按钮 ，然后将左侧节点的CMYK值设置为0、0、0、0，将右侧节点的CMYK值设置为40、54、54、0，在【变换】选项组中，取消选中【自由缩放和倾斜】复选框，将【填充宽度】设置为97%，将【水平偏移】设置为-1%，将【垂直偏移】设置为1.7%，单击【确定】按钮，如图4-150所示。

(14) 在工具箱中选择【钢笔工具】 ，在绘图页中绘制图形，并为其填充白色，然后取消轮廓线的填充，效果如图4-151所示。

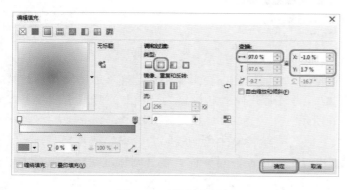

图 4-150　设置渐变颜色

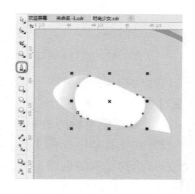

图 4-151　绘制图形并填充白色

(15) 继续使用【钢笔工具】 在绘图页中绘制图形，如图4-152所示。

(16) 选择绘制的图形，按F11键弹出【编辑填充】对话框，在【调和过渡】选项组中单击【椭圆形渐变填充】按钮 ，然后将左侧节点的CMYK值设置为82、73、45、7，将右侧节点的CMYK值设置为84、62、40、1，在【变换】选项组中，取消选中【自由缩放和倾斜】复选框，将【填充宽度】设置为99%，将【水平偏移】设置为0.6%，将【垂直偏移】设置为2.7%，单击【确定】按钮，如图4-153所示。

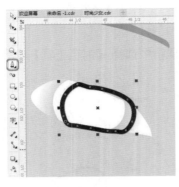

图 4-152　绘制图形

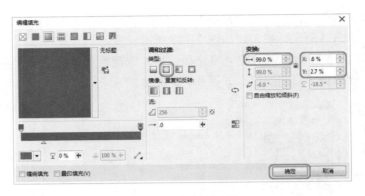

图 4-153　设置渐变颜色

(17) 为绘制的图形填充颜色后，取消轮廓线的填充。在工具箱中选择【钢笔工具】，在绘图页中绘制图形，如图 4-154 所示。

(18) 选择绘制的图形，按 Shift+F11 组合键弹出【编辑填充】对话框，将 CMYK 值设置为 55、75、85、24，单击【确定】按钮，如图 4-155 所示。

图 4-154　绘制图形

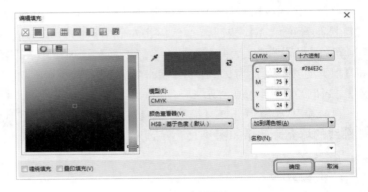

图 4-155　设置颜色

(19) 为绘制的图形填充颜色后，取消轮廓线的填充。在工具箱中选择【透明度工具】，在属性栏中单击【均匀透明度】按钮，将【合并模式】设置为【乘】，将【透明度】设置为 42，添加透明度后的效果如图 4-156 所示。

(20) 在工具箱中选择【椭圆形工具】，在绘图页中绘制椭圆，效果如图 4-157 所示。

(21) 选择绘制的椭圆，按 F11 键弹出【编辑填充】对话框，在【调和过渡】选项组中单击【椭圆形渐变填充】按钮，然后将左侧节点的 CMYK 值设置为 0、0、0、0，将右侧节点的 CMYK 值设置为 74、73、81、51，在【变换】选项组中，取消选中【自由缩放和倾斜】复选框，将【填充宽度】设置为 107%，将【水平偏移】设置为 0.04%，将【垂直偏移】设置为 0.03%，单击【确定】按钮，如图 4-158 所示。

(22) 为绘制的椭圆填充颜色后，取消轮廓线的填充。在工具箱中选择【透明度工具】，在属性栏中单击【均匀透明度】按钮，将【合并模式】设置为【减少】，将【透明度】设置为 27，添加透明度后的效果如图 4-159 所示。

图 4-156　添加透明度

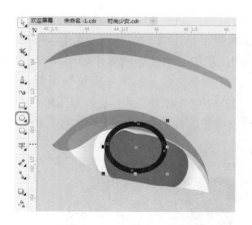

图 4-157　绘制椭圆

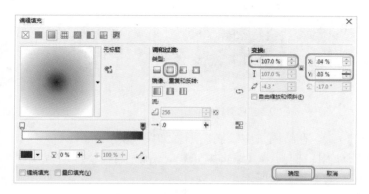

图 4-158　设置渐变颜色

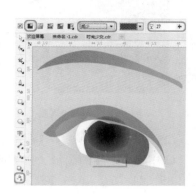

图 4-159　添加透明度

(23) 使用同样的方法继续绘制两个椭圆，并为绘制的椭圆填充渐变颜色，然后添加透明度，效果如图 4-160 所示。

(24) 继续使用【椭圆形工具】◯在绘图页中绘制一个正圆，并选择绘制的正圆，按 F11 键弹出【编辑填充】对话框，在【调和过渡】选项组中单击【椭圆形渐变填充】按钮▣，然后将左侧节点的 CMYK 值设置为 93、88、89、80，将右侧节点的 CMYK 值设置为 0、0、0、0，在【变换】选项组中，取消选中【自由缩放和倾斜】复选框，将【填充宽度】设置为 93%，单击【确定】按钮，如图 4-161 所示。

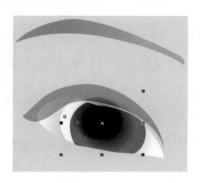

图 4-160　绘制并编辑椭圆

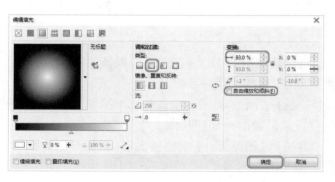

图 4-161　设置渐变颜色

(25) 为绘制的正圆填充颜色后，取消轮廓线的填充。在工具箱中选择【透明度工具】 ，在属性栏中单击【均匀透明度】按钮 ，将【合并模式】设置为【屏幕】，将【透明度】设置为 0，添加透明度后的效果如图 4-162 所示。

(26) 按小键盘上的 + 号键复制正圆，并在绘图页中调整其位置，效果如图 4-163 所示。

(27) 使用【钢笔工具】 绘制图形，并为绘制的图形填充 CMYK 值为 38、51、49、0 的颜色，然后取消轮廓线的填充，效果如图 4-164 所示。

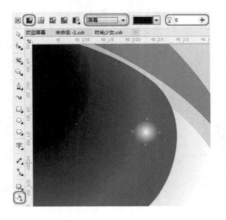
图 4-162　添加透明度

图 4-163　复制正圆并调整位置

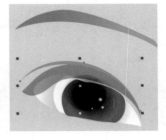
图 4-164　绘制图形并填充颜色

(28) 在工具箱中选择【钢笔工具】 ，在绘图页中绘制图形，如图 4-165 所示。

(29) 选择绘制的图形，按 Shift+F11 组合键弹出【编辑填充】对话框，将 CMYK 值设置为 73、85、84、67，单击【确定】按钮，如图 4-166 所示。

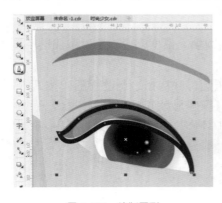
图 4-165　绘制图形

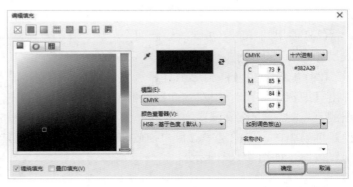
图 4-166　设置颜色

(30) 为绘制的图形填充颜色后，取消轮廓线的填充。继续使用【钢笔工具】 绘制图形，并填充颜色，效果如图 4-167 所示。

(31) 选择眉毛和眼睛对象，并水平镜像复制选择的对象，然后在绘图页中调整其位置和旋转角度，效果如图 4-168 所示。

(32) 使用【钢笔工具】 绘制图形，并为绘制的图形填充 CMYK 值为 38、53、51、0 的颜色，然后取消轮廓线的填充，效果如图 4-169 所示。

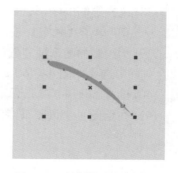

图 4-167　绘制图形并填充颜色　　　　图 4-168　水平镜像复制对象　　　　图 4-169　绘制图形并填充颜色

(33) 选择新绘制的图形，并水平镜像复制选择的对象，然后在绘图页中调整其位置和旋转角度，效果如图 4-170 所示。

(34) 使用【钢笔工具】 📷绘制图形，并为绘制的图形填充 CMYK 值为 0、40、31、0 的颜色，然后取消轮廓线的填充，效果如图 4-171 所示。

(35) 在工具箱中选择【透明度工具】 📷，在属性栏中单击【均匀透明度】按钮 📷，将【合并模式】设置为【乘】，将【透明度】设置为 68，添加透明度后的效果如图 4-172 所示。

图 4-170　水平镜像复制对象　　　　图 4-171　绘制图形并填充颜色　　　　图 4-172　添加透明度

(36) 使用前面介绍的方法，继续绘制图形并添加透明度，效果如图 4-173 所示。

(37) 在工具箱中选择【钢笔工具】 📷，在绘图页中绘制图形，如图 4-174 所示。

图 4-173　绘制图形并添加透明度　　　　　　　图 4-174　绘制图形

(38) 选择绘制的图形，按 Shift+F11 组合键弹出【编辑填充】对话框，将 CMYK 值设置为 0、60、33、0，单击【确定】按钮，如图 4-175 所示。

(39) 为绘制的图形填充颜色后，取消轮廓线的填充。在工具箱中选择【网状填充工具】，在绘图页中选择如图 4-176 所示的节点，并将该节点的 CMYK 值设置为 0、75、44、0。

(40) 选择如图 4-177 所示的节点，为其填充 CMYK 值为 0、60、33、0 的颜色。

(41) 在绘图页中调整节点的位置，效果如图 4-178 所示。

图 4-175　设置颜色

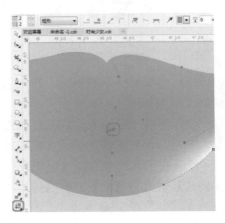

图 4-176　选择节点并填充颜色

图 4-177　为选择节点填充颜色

图 4-178　调整节点的位置

(42) 使用【钢笔工具】绘制图形，并为绘制的图形填充 CMYK 值为 38、53、51、0 的颜色，然后取消轮廓线的填充，效果如图 4-179 所示。

(43) 选择新绘制的图形，并水平镜像复制选择的对象，然后在绘图页中调整其位置和旋转角度，效果如图 4-180 所示。

(44) 使用【钢笔工具】绘制图形，并为绘制的图形填充白色，然后取消轮廓线的填充，效果如图 4-181 所示。

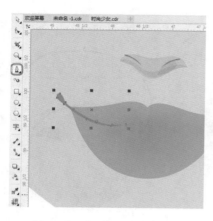

图 4-179　绘制图形并填充颜色　　　　图 4-180　水平镜像复制对象　　　图 4-181　绘制图形并填充颜色

(45) 在工具箱中选择【钢笔工具】 ，在绘图页中绘制图形，如图 4-182 所示。

(46) 选择绘制的图形，按 F11 键弹出【编辑填充】对话框，在【调和过渡】选项组中单击【椭圆形渐变填充】按钮 ，然后将左侧节点的 CMYK 值设置为 93、88、89、80，将右侧节点的 CMYK 值设置为 0、0、0、0，在【变换】选项组中，取消选中【自由缩放和倾斜】复选框，将【填充宽度】设置为 78%，单击【确定】按钮，如图 4-183 所示。

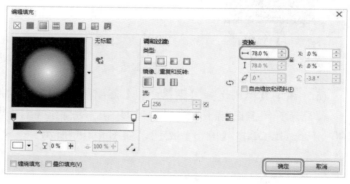

图 4-182　绘制图形　　　　　　　　　图 4-183　设置渐变颜色

(47) 为绘制的图形填充颜色后，取消轮廓线的填充。在工具箱中选择【透明度工具】 ，在属性栏中单击【均匀透明度】按钮 ，将【合并模式】设置为【屏幕】，将【透明度】设置为 0，添加透明度后的效果如图 4-184 所示。

(48) 使用同样的方法，继续绘制图形并添加透明度，效果如图 4-185 所示。

(49) 在工具箱中选择【钢笔工具】 ，在绘图页中绘制图形，如图 4-186 所示。

(50) 选择绘制的图形，按 Shift+F11 组合键弹出【编辑填充】对话框，将 CMYK 值设置为 67、97、100、65，单击【确定】按钮，如图 4-187 所示。

(51) 为绘制的图形填充颜色后，取消轮廓线的填充。使用同样的方法，继续绘制图形并填充颜色，然后将新绘制的图形移至最底层，效果如图 4-188 所示。

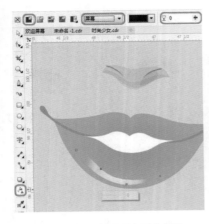

图 4-184　添加透明度后的效果

图 4-185　绘制图形并添加透明度

图 4-186　绘制图形

图 4-187　设置颜色

图 4-188　绘制新图形

(52) 在工具箱中选择【钢笔工具】，在绘图页中绘制裙子，效果如图 4-189 所示。

(53) 选择绘制的裙子，按 Shift+F11 组合键弹出【编辑填充】对话框，将 CMYK 值设置为 1、100、100、0，单击【确定】按钮，如图 4-190 所示。

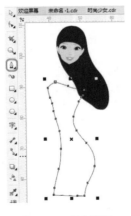

图 4-189　绘制裙子

图 4-190　设置颜色

(54) 为绘制的裙子填充颜色后，取消轮廓线的填充。然后结合前面介绍的方法绘制四肢，并调整四肢的排列顺序，效果如图 4-191 所示。

(55) 在工具箱中选择【钢笔工具】📷，在绘图页中绘制图形，效果如图 4-192 所示。

(56) 选择绘制的图形，在工具箱中选择【交互式填充工具】📷，在属性栏中单击【向量图样填充】按钮🔲，然后单击【填充挑选器】右侧的下拉按钮，在展开的列表中选择【私人】选项，接着单击右侧如图 4-193 所示的图案，在弹出的面板中单击【应用】按钮。

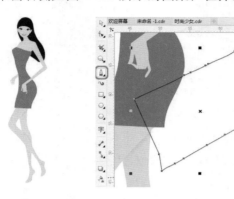

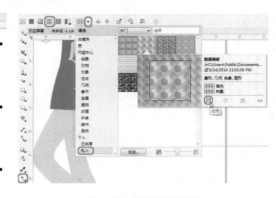

图 4-191　绘制四肢　　　　图 4-192　绘制图形　　　　　　图 4-193　选择填充图样

(57) 单击属性栏中的【编辑填充】按钮📷，弹出【编辑填充】对话框，在【变换】选项组中，将【填充宽度】和【填充高度】设置为 7mm，将【水平位置】和【垂直位置】设置为 7 mm，将【旋转】设置为 30°，单击【确定】按钮，如图 4-194 所示。

(58) 填充图案后的效果如图 4-195 所示。

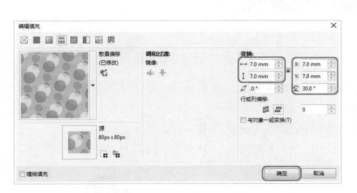

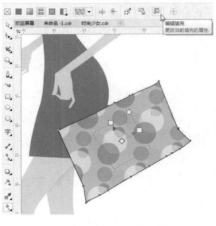

图 4-194　编辑填充效果　　　　　　　　　图 4-195　填充图案后的效果

(59) 按 F12 键弹出【轮廓笔】对话框，将【颜色】的 CMYK 值设置为 56、80、100、37，将【宽度】设置为 0.25 mm，单击【确定】按钮，如图 4-196 所示。

(60) 使用【钢笔工具】📷在绘图页中绘制图形，并为绘制的图形填充颜色，效果如图 4-197 所示。

(61) 结合前面介绍的方法，在绘图页中绘制手提包，并调整手提包的排列顺序，效果如图 4-198 所示。

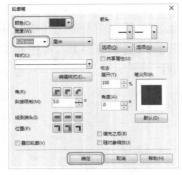

图 4-196　设置轮廓

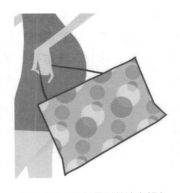

图 4-197　绘制图形并填充颜色

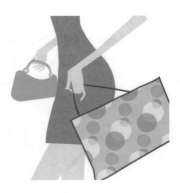

图 4-198　绘制手提包

(62) 在工具箱中选择【钢笔工具】，在绘图页中绘制鞋底，如图 4-199 所示。

(63) 选择绘制的鞋底，按 Shift+F11 组合键弹出【编辑填充】对话框，将 CMYK 值设置为 55、84、100、37，单击【确定】按钮，如图 4-200 所示。

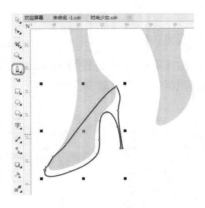

图 4-199　绘制鞋底

图 4-200　设置颜色

(64) 为绘制的鞋底填充颜色后，取消轮廓线的填充。然后在绘图页中绘制鞋面，并为绘制的鞋面填充黑色，取消轮廓线的填充，效果如图 4-201 所示。

(65) 结合前面介绍的方法，绘制另一只高跟鞋，效果如图 4-202 所示。

(66) 使用【钢笔工具】绘制一绺头发，并填充颜色，效果如图 4-203 所示。

图 4-201　绘制鞋面

图 4-202　绘制另一只高跟鞋

图 4-203　绘制一绺头发

(67) 按 Ctrl+O 组合键弹出【打开绘图】对话框，在该对话框中选择随书附带光盘中的素材文件"时尚少女背景 .cdr"，单击【打开】按钮，如图 4-204 所示，即可打开选择的素材文件。

(68) 按 Ctrl+A 组合键选择所有的对象，按 Ctrl+C 组合键复制选择的对象，然后返回到当前制作的场景中，按 Ctrl+V 组合键粘贴选择的对象，并在复制的对象上右击，在弹出的快捷菜单中选择【顺序】|【到图层后面】命令，如图 4-205 所示。

(69) 调整复制对象的排列顺序后，效果如图 4-206 所示。

  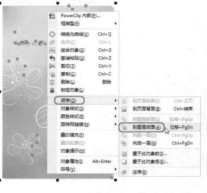 

图 4-204　选择素材文件　　　　图 4-205　选择【到图层后面】命令　　　图 4-206　调整顺序

案例精讲 029　表情类——绘制可爱表情

 案例文件：CDROM | 场景 | Cha04 | 绘制可爱表情 .cdr

视频文件：视频教学 | Cha04 | 绘制可爱表情 .avi

制作概述

本例将介绍如何绘制可爱表情。该案例主要通过【矩形工具】、【钢笔工具】等来绘制表情的轮廓，然后通过为绘制的图形填充颜色以及添加透明度效果来完成表情的制作，效果如图 4-207 所示。

学习目标

绘制背景。

绘制表情。

填充颜色。

操作步骤

(1) 新建一个宽和高都为 99 mm 的新文档，在工具箱中单击【矩形工具】，在绘图页中绘制一个与文档相同大小的矩形，如图 4-208 所示。

(2) 选中绘制的矩形，按 Shift+F11 组合键，在弹出的【编辑填充】对话框中将 CMYK 值设置为 25、0、90、0，如图 4-209 所示。

图 4-207　可爱表情

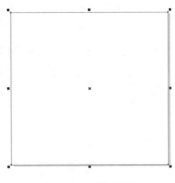

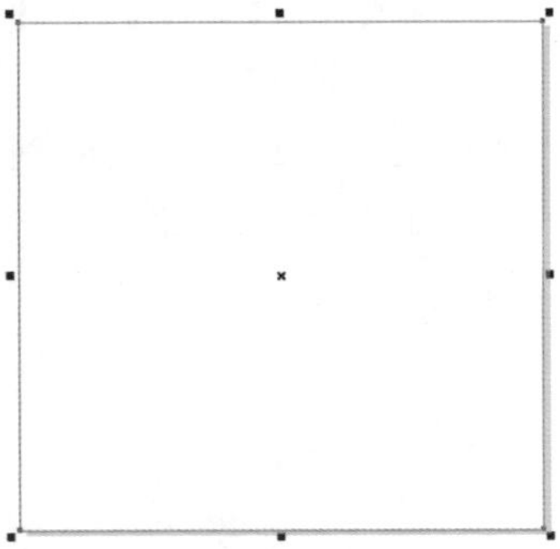

图 4-208　绘制矩形

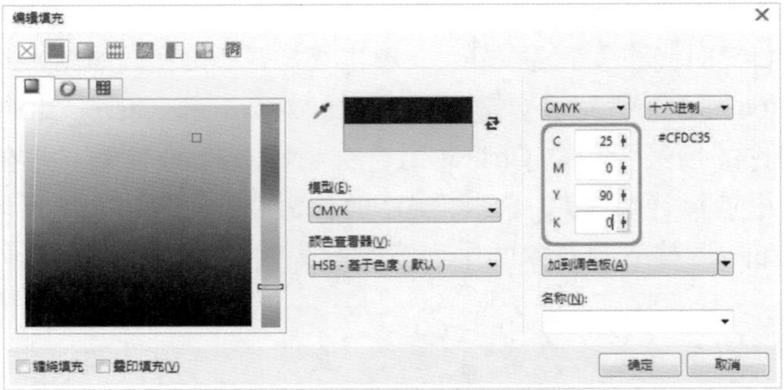

图 4-209　设置均匀填充颜色

(3) 设置完成后单击【确定】按钮，在默认调色板中右击⊠按钮，取消轮廓色，效果如图 4-210 所示。

(4) 在工具箱中单击【钢笔工具】，在绘图页中绘制一个如图 4-211 所示的图形。

图 4-210　填充颜色并取消轮廓色后的效果

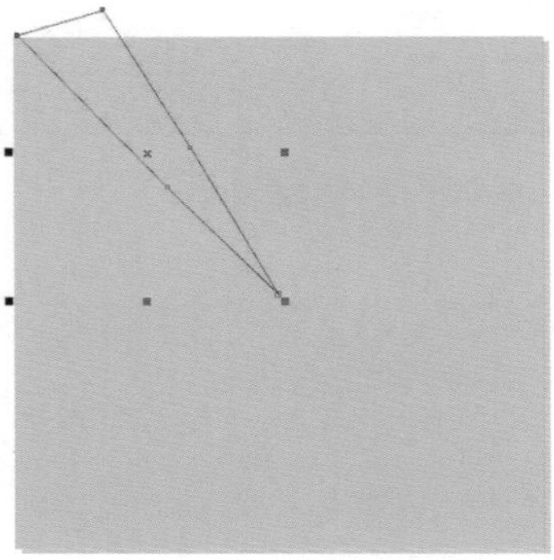

图 4-211　绘制图形

(5) 选中该图形，按 Shift+F11 组合键，在弹出的【编辑填充】对话框中将 CMYK 值设置为 10、0、80、0，选中【缠绕填充】复选框，如图 4-212 所示。

(6) 设置完成后单击【确定】按钮，在默认调色板中右击⊠按钮，取消轮廓色，效果如图 4-213 所示。

图 4-212　设置均匀填充

图 4-213　取消轮廓后的效果

(7) 使用同样的方法绘制其他图形，并为其填充颜色，效果如图 4-214 所示。

(8) 在绘图页中选择除矩形外的其他图形，右击，在弹出的快捷菜单中选择【PowerClip 内部】命令，如图 4-215 所示。

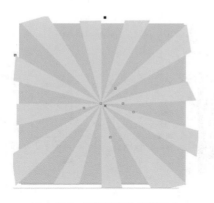

图 4-214　绘制图形并填充颜色

图 4-215　选择【PowerClip 内部】命令

(9) 在矩形上单击，将选中的对象置于矩形内，效果如图 4-216 所示。

(10) 在工具箱中单击【钢笔工具】按钮，在绘图页中绘制一个如图 4-217 所示的图形。

图 4-216　将选中矩形置于矩形内

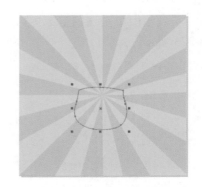

图 4-217　绘制图形

(11) 选中绘制的图形，按 Shift+F11 组合键，在弹出的对话框中将 CMYK 值设置为 0、26、54、0，选中【缠绕填充】复选框，如图 4-218 所示。

(12) 设置完成后单击【确定】按钮，在默认调色板中右击⊠按钮，取消轮廓色，效果如图 4-219 所示。

图 4-218　设置均匀填充颜色

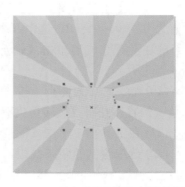

图 4-219　填充颜色并取消轮廓后的效果

(13) 在工具箱中单击【钢笔工具】按钮，在绘图页中绘制一个如图 4-220 所示的图形。

(14) 选中绘制的图形，按 Shift+F11 组合键，在弹出的【编辑填充】对话框中将 CMYK 值设置为 0、40、55、0，如图 4-221 所示。

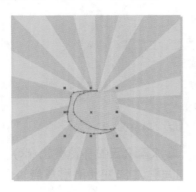

图 4-220　绘制图形　　　　　　　　　　　　　图 4-221　设置均匀填充

(15) 设置完成后单击【确定】按钮，在默认调色板中右击⊠按钮，取消轮廓色，效果如图 4-222 所示。

(16) 在工具箱中单击【钢笔工具】按钮，在绘图页中绘制一个图形，并为其填充颜色，效果如图 4-223 所示。

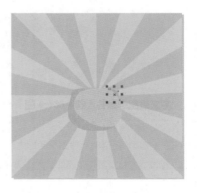

图 4-222　填充颜色并取消轮廓色后的效果　　　　　图 4-223　绘制图形并填充颜色

(17) 使用【钢笔工具】在绘图页中绘制一个如图 4-224 所示的图形。

(18) 选中绘制的图形，按 Shift+F11 组合键，在弹出的【编辑填充】对话框中将 CMYK 值设置为 0、80、95、0，选中【缠绕填充】复选框，如图 4-225 所示。

(19) 设置完成后单击【确定】按钮，在默认调色板中右击⊠按钮，取消轮廓色，效果如图 4-226 所示。

(20) 继续选中该图形，按 + 号键对其进行复制，在工具属性栏中单击【水平镜像】按钮，调整其位置，并将【旋转角度】设置为 176°，如图 4-227 所示。

(21) 在工具箱中单击【钢笔工具】按钮，在绘图页中绘制两条如图 4-228 所示的线段。

(22) 选中绘制的两条线段，按 F12 键，在弹出的【轮廓笔】对话框中将【颜色】的 CMYK 值设置为 55、60、65、78，将【宽度】设置为 1.1 mm，单击【圆角】按钮█和【圆形端头】按钮█，如图 4-229 所示。

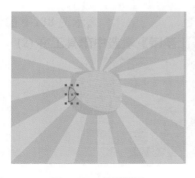

图 4-224　绘制图形

图 4-225　设置填充颜色

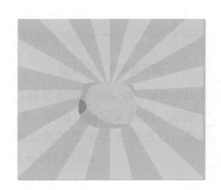

图 4-226　填充颜色后的效果

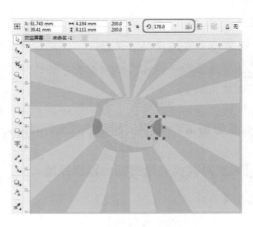

图 4-227　复制对象并对其进行调整

图 4-228　绘制线段

图 4-229　设置轮廓参数

(23) 设置完成后单击【确定】按钮，使用同样的方法再绘制四条线段，并对其进行相应的设置，效果如图 4-230 所示。

(24) 在工具箱中单击【钢笔工具】按钮，在绘图页中绘制一个如图 4-231 所示的图形。

图 4-230 绘制线段并进行设置后的效果

图 4-231 绘制图形

知识链接

面部是最有效的表情器官，面部表情的发展根本上来源于价值关系的发展，人类面部表情的丰富性来源于人类价值关系的多样性和复杂性。人的面部表情主要表现为眼、眉、嘴、鼻、面部肌肉的变化。

眼：眼睛是心灵的窗户，能够最直接、最完整、最深刻、最丰富地表现人的精神状态和内心活动，它能够冲破习俗的约束，自由地沟通彼此的心灵，能够创造无形的、适宜的情绪气氛，代替词汇贫乏的表达，促成无声的对话，使两颗心相互进行神秘的、直接的窥探。眼睛通常是情感的第一个自发表达者，透过眼睛可以看出一个人是欢乐还是忧伤，是烦恼还是悠闲，是厌恶还是喜欢。

眉：眉间的肌肉皱纹能够表达人的情感变化。柳眉倒竖表示愤怒，横眉冷对表示敌意，挤眉弄眼表示戏谑，低眉顺眼表示顺从，扬眉吐气表示畅快，眉头舒展表示宽慰，喜上眉梢表示愉悦。

嘴：嘴部表情主要体现在口形的变化上。伤心时嘴角下撇，欢快时嘴角提升，委屈时撅起嘴巴，惊讶时张口结舌，愤恨时咬牙切齿，忍耐痛苦时咬住下唇。

鼻：厌恶时耸起鼻子，轻蔑时嗤之以鼻，愤怒时鼻孔张大，鼻翼抖动，紧张时鼻腔收缩，屏息敛气。

面部肌肉：面部肌肉松弛表明心情愉快、轻松、舒畅，面部肌肉紧张表明痛苦、严峻、严肃。

一般来说，面部各个器官是一个有机整体，可以协调一致地表达出同一种情感。当人感到尴尬、有难言之隐或想有所掩饰时，其五官将出现复杂而不和谐的表情。

---

(25) 选中绘制的图形，按 Shift+F11 组合键，在弹出的【编辑填充】对话框中将 CMYK 值设置为 57、10、45、0，选中【缠绕填充】复选框，如图 4-232 所示。

(26) 设置完成后单击【确定】按钮，在默认调色板中右击⊠按钮，取消轮廓色，效果如图 4-233 所示。

(27) 使用【钢笔工具】在绘图页中绘制两个如图 4-234 所示的图形。

(28) 选中绘制的图形，按 Shift+F11 组合键，在弹出的【编辑填充】对话框中将 CMYK 值设置为 57、10、45、40，选中【缠绕填充】复选框，如图 4-235 所示。

图 4-232　设置填充颜色

图 4-233　填充颜色并取消轮廓色后的效果

图 4-234　绘制图形

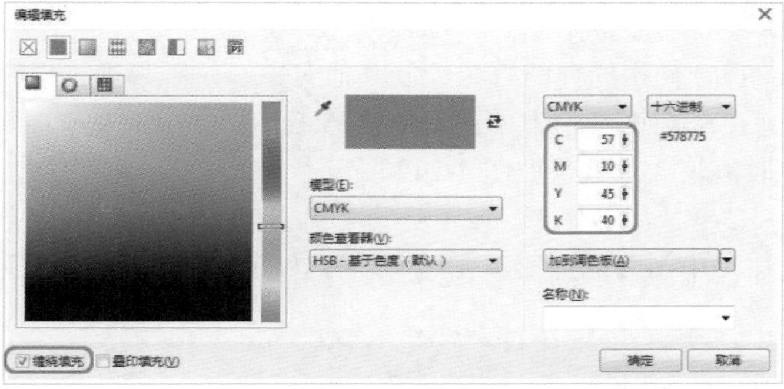

图 4-235　设置填充颜色

(29) 设置完成后单击【确定】按钮，在默认调色板中右击⊠按钮，取消轮廓色。选中前面所绘制的黑色轮廓，右击，在弹出的快捷菜单中选择【到图层前面】命令，如图 4-236 所示。

(30) 执行该操作后，即可调整对象的排放顺序，效果如图 4-237 所示。

图 4-236　选择【到图层前面】命令

图 4-237　调整对象的排放顺序

(31) 在工具箱中单击【钢笔工具】按钮，在绘图页中绘制一个如图 4-238 所示的图形。

(32) 选中绘制的图形，按 Shift+F11 组合键，在弹出的【编辑填充】对话框中将 CMYK 值设置为 87、22、45、11，选中【缠绕填充】复选框，如图 4-239 所示。

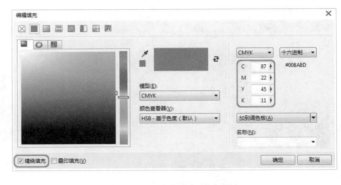

图 4-238　绘制图形　　　　　　　　　　图 4-239　设置均匀填充颜色

(33) 设置完成后单击【确定】按钮，在默认调色板中右击⊠按钮，取消轮廓色，如图 4-240 所示。

(34) 使用同样的方法绘制其他对象，并对其进行相应的设置和调整，效果如图 4-241 所示。

(35) 在工具箱中单击【椭圆形工具】按钮，在绘图页中绘制一个椭圆形，为其填充黑色，并取消轮廓，效果如图 4-242 所示。

(36) 选中该图形，在工具箱中单击【透明度工具】按钮，在工具属性栏中单击【渐变透明度】按钮，单击【椭圆形渐变透明度】按钮，然后调整该图形的排放顺序，效果如图 4-243 所示。

图 4-240　填充并取消轮廓颜色

图 4-241　绘制其他图形后的效果

图 4-242　绘制椭圆形并填充颜色

图 4-243　添加透明度并调整对象的排放顺序

案例精讲 030　风景类——绘制金色秋天

制作概述

本例将介绍如何绘制秋天的风景效果，其中包括如何绘制云彩、山坡、小路、树以及房子等，效果如图 4-244 所示。

学习目标

绘制云彩。

绘制山坡。

绘制树和房子。

操作步骤

(1) 新建一个宽和高分别为 196 mm、141 mm 的新文档，在工具箱中单击【矩形工具】按钮，在绘图页中绘制一个与文档相同大小的矩形，如图 4-245 所示。

图 4-244　金色秋天

(2) 选中该图形，按 Shift+F11 组合键，在弹出的【编辑填充】对话框中将 CMYK 值设置为 5、13、60、0，如图 4-246 所示。

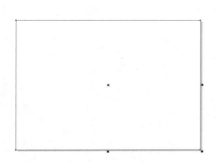

图 4-245　新建文档并绘制矩形

图 4-246　设置填充颜色

(3) 设置完成后单击【确定】按钮，在默认调色板中右击⊠按钮，取消轮廓色，如图 4-267 所示。

(4) 在工具箱中单击【钢笔工具】按钮，在绘图页中绘制一个如图 4-248 所示的图形。

(5) 在默认调色板中单击白色按钮，右击⊠按钮，取消轮廓色，如图 4-249 所示。

(6) 选中该图形，在工具箱中单击【透明度工具】按钮，在工具属性栏中单击【渐变透明度】按钮，将【旋转】设置为 90°，并在绘图页中调整渐变透明度的大小，效果如图 4-250 所示。

(7) 使用同样的方法绘制其他云彩，并对其进行相应的设置，效果如图 4-251 所示。

(8) 在工具箱中单击【钢笔工具】按钮，在绘图页中绘制一个如图 4-252 所示的图形。

图 4-247　填充颜色并取消轮廓色后的效果

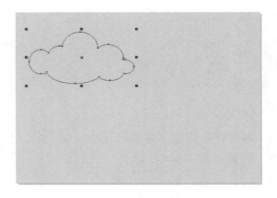

图 4-248　绘制图形

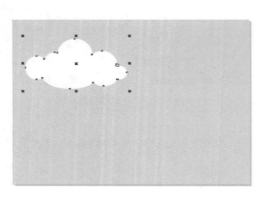

图 4-249　填充并取消轮廓色

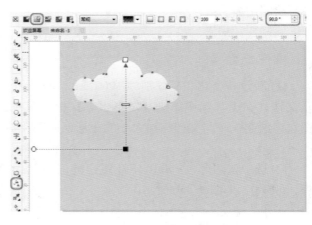

图 4-250　添加渐变透明度效果

图 4-251　绘制其他云彩后的效果

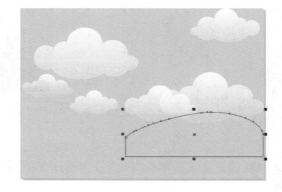

图 4-252　绘制图形

　　(9) 选中绘制的图形，按 F11 键，在弹出的【编辑填充】对话框中将左侧节点的 CMYK 值设置为 2、25、89、0，将右侧节点的 CMYK 值设置为 0、40、76、0，将【旋转】设置为 -88°，如图 4-253 所示。

　　(10) 设置完成后单击【确定】按钮，在默认调色板中右击⊠按钮，取消轮廓色，如图 4-254 所示。

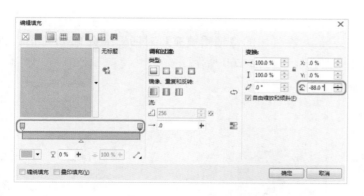

图 4-253　设置填充颜色　　　　　　　　图 4-254　填充渐变并取消轮廓色后的效果

(11) 在工具箱中单击【钢笔工具】按钮，在绘图页中绘制一个如图 4-255 所示的图形。

(12) 选中该图形，按 Shift+F11 组合键，在弹出的【编辑填充】对话框中将 CMYK 值设置为 11、4、25、0，选中【缠绕填充】复选框，如图 4-256 所示。

图 4-255　绘制图形　　　　　　　　　　图 4-256　设置均匀填充

(13) 设置完成后单击【确定】按钮，在默认调色板中右击⊠按钮，取消轮廓色，效果如图 4-257 所示。

(14) 继续选中该图形，在工具箱中单击【透明度工具】按钮，在工具属性栏中将【合并模式】设置为【乘】，如图 4-258 所示。

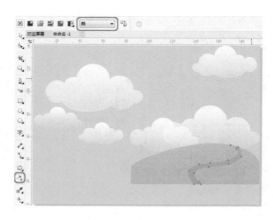

图 4-257　填充颜色并取消轮廓色后的效果　　　　图 4-258　设置合并模式

(15) 在工具箱中单击【钢笔工具】按钮，在绘图页中绘制一个如图 4-259 所示的图形。

(16) 选中该图形，按 Shift+F11 组合键，在弹出的【编辑填充】对话框中将 CMYK 值设置为 4、11、47、0，选中【缠绕填充】复选框，如图 4-260 所示。

图 4-259　绘制图形

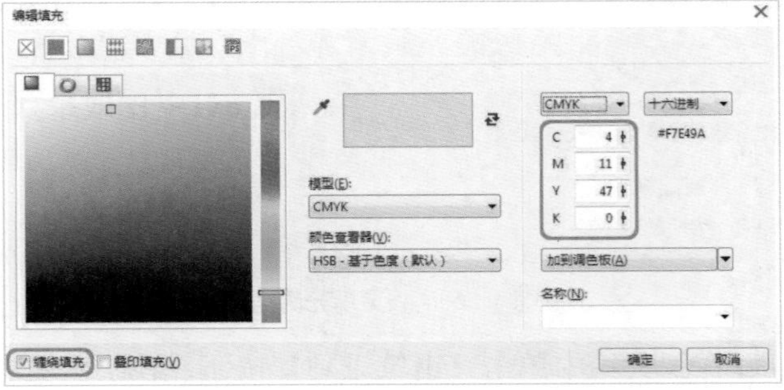

图 4-260　设置均匀填充

(17) 设置完成后单击【确定】按钮，在默认调色板中右击☒按钮，取消轮廓色，效果如图 4-261 所示。

(18) 在工具箱中单击【钢笔工具】按钮，在绘图页中绘制一个如图 4-262 所示的图形。

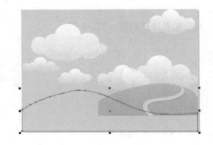

图 4-261　填充颜色并取消轮廓

图 4-262　绘制图形

(19) 选中绘制的图形，按 F11 键，在弹出的【编辑填充】对话框中将左侧节点的 CMYK 值设置为 2、24、89、0，将右侧节点的 CMYK 值设置为 13、66、98、0，取消选中【自由缩放和倾斜】复选框，将【填充宽度】设置为 110%，将【旋转】设置为 -100°，如图 4-263 所示。

(20) 设置完成后单击【确定】按钮，在默认调色板中右击☒按钮，取消轮廓色，效果如图 4-264 所示。

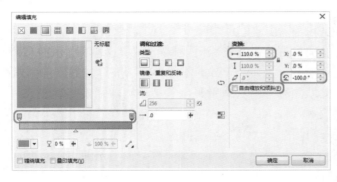

图 4-263　设置渐变填充颜色

图 4-264　填充渐变颜色并取消轮廓

(21) 在绘图页中选择前面所绘制的小路和阴影，按＋号键对其进行复制，在工具属性栏中单击【水平镜像】按钮，调整其位置、大小和排放顺序，效果如图4-265所示。

(22) 在工具箱中单击【钢笔工具】按钮，在绘图页中绘制一个如图4-266所示的图形。

图4-265　复制对象并对其进行调整

图4-266　绘制图形

(23) 选中绘制的图形，按F11键，在弹出的【编辑填充】对话框中将左侧节点的CMYK值设置为4、51、95、0，在位置45处添加一个节点并将其CMYK值设置为42、76、100、5，在位置80处添加一个节点并将其CMYK值设置为61、89、95、54，将右侧节点的CMYK值设置为58、91、98、51，选中【缠绕填充】复选框，取消选中【自由缩放和倾斜】复选框，将【填充宽度】设置为42%，将【旋转】设置为90°，如图4-267所示。

(24) 设置完成后单击【确定】按钮，在默认调色板中右击⊠按钮，取消轮廓色，效果如图4-268所示。

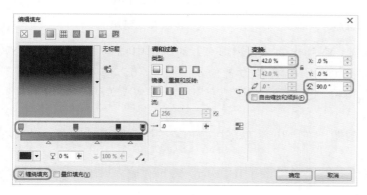

图4-267　设置渐变填充

图4-268　填充渐变并取消轮廓色后的效果

(25) 在工具箱中单击【钢笔工具】按钮，在绘图页中绘制一个如图 4-269 所示的图形。

(26) 选中绘制的图形，按 F11 键，在弹出的【编辑填充】对话框中将左侧节点的 CMYK 值设置为 3、23、85、0，在位置 10 处添加一个节点并将其 CMYK 值设置为 3、23、85、0，在位置 61 处添加一个节点并将其 CMYK 值设置为 7、51、93、0，将右侧节点的 CMYK 值设置为 16、75、92、0，选中【缠绕填充】复选框，取消选中【自由缩放和倾斜】复选框，将【填充宽度】设置为 96%，将【旋转】设置为 –175°，如图 4-270 所示。

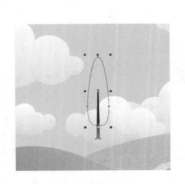

图 4-269　绘制图形

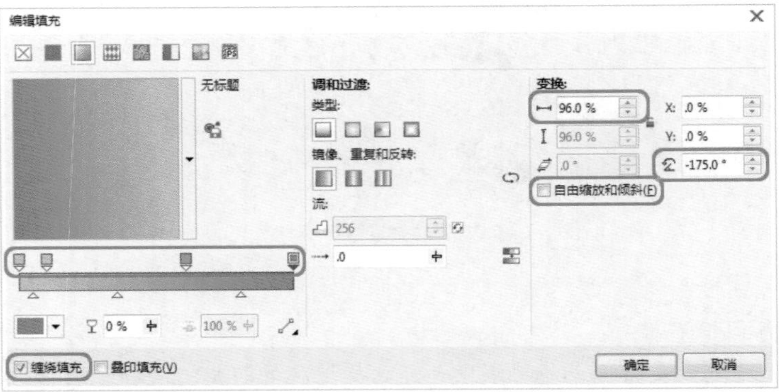

图 4-270　设置渐变填充

(27) 设置完成后单击【确定】按钮，在默认调色板中右击⊠按钮，取消轮廓色，效果如图 4-271 所示。

(28) 在工具箱中单击【钢笔工具】按钮，在绘图页中绘制一个如图 4-272 所示的图形。

图 4-271　填充渐变并取消轮廓色后的效果

图 4-272　绘制图形

(29) 选中绘制的图形，按 F11 键，在弹出的【编辑填充】对话框中将左侧节点的 CMYK 值设置为 2、24、89、0，将右侧节点的 CMYK 值设置为 0、0、0、0，选中【缠绕填充】复选框，取消选中【自由缩放和倾斜】复选框，将【填充宽度】设置为 96%，将【旋转】设置为 –74.6°，如图 4-273 所示。

(30) 设置完成后单击【确定】按钮，在默认调色板中右击⊠按钮，取消轮廓色，效果如图 4-274 所示。

(31) 继续选中该图形，在工具箱中单击【透明度工具】按钮，在工具属性栏中将【合并模式】设置为【乘】，如图 4-275 所示。

(32) 在绘图页中选中小树的三个对象，右击，在弹出的快捷菜单中选择【组合对象】命令，如图 4-276 所示。

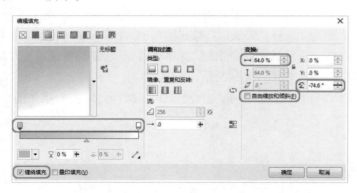

图 4-273　设置渐变填充

图 4-274　取消轮廓色

图 4-275　设置合并模式

图 4-276　选择【组合对象】命令

(33) 在绘图页中调整该对象的位置，并对其进行复制和调整，效果如图 4-277 所示。

(34) 在工具箱中单击【椭圆形工具】按钮，在绘图页中按住 Ctrl 键绘制一个大小为 5.7 mm 的正圆，如 4-278 所示。

图 4-277　调整对象位置并进行复制后的效果

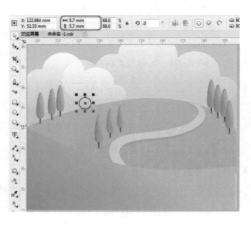

图 4-278　绘制正圆

(35)绘制完成后按F11键,在弹出的【编辑填充】对话框中将左侧节点的CMYK值设置为3、23、85、0,在位置10处添加一个节点并将其CMYK值设置为3、23、85、0,在位置61处添加一个节点并将其CMYK值设置为7、51、93、0,将右侧节点的CMYK值设置为16、75、92、0,选中【缠绕填充】复选框,取消选中【自由缩放和倾斜】复选框,将【填充宽度】设置为122%,将【旋转】设置为-63°,如图4-279所示。

(36)设置完成后单击【确定】按钮,在默认调色板中右击⊠按钮,取消轮廓色,效果如图4-280所示。

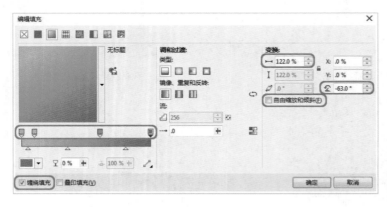

图4-279 设置渐变填充 | 图4-280 填充渐变并取消轮廓色后的效果

(37)对该图形进行复制,并调整其位置,效果如图4-281所示。

(38)在工具箱中单击【钢笔工具】按钮,在绘图页中绘制一个图形,为其填充白色,并取消轮廓色,效果如图4-282所示。

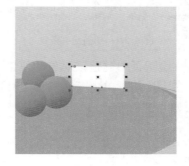

图4-281 复制图形并调整其位置 | 图4-282 绘制图形并填充白色

(39)选中该图形,在工具箱中单击【透明度工具】按钮,在工具属性栏中单击【均匀透明度】按钮,将【透明度】设置为15,如图4-283所示。

(40)在工具箱中单击【钢笔工具】按钮,在绘图页中绘制如图4-284所示的图形。

(41)选中该图形,按Shift+F11组合键,在弹出的【编辑填充】对话框中将CMYK值设置为15、11、8、0,如图4-285所示。

(42)设置完成后单击【确定】按钮,在默认调色板中右击⊠按钮,取消轮廓色。选中该图形,在工具箱中单击【透明度工具】按钮,在工具属性栏中单击【均匀透明度】按钮,将【透明度】设置为15,效果如图4-286所示。

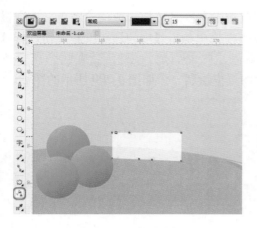

图 4-283　添加透明度

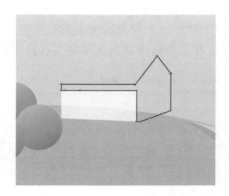

图 4-284　绘制图形

图 4-285　设置均匀填充颜色

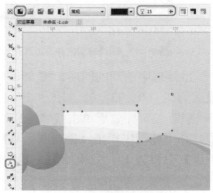

图 4-286　取消轮廓色并添加透明度

　　(43) 在工具箱中单击【矩形工具】按钮，在绘图页中绘制一个宽和高分别为 10.2 mm、0.8 mm 的矩形，如图 4-287 所示。

　　(44) 选中绘制的矩形，按 Shift+F11 组合键，在弹出的【编辑填充】对话框中将 CMYK 值设置为 0、44、97、0，如图 4-288 所示。

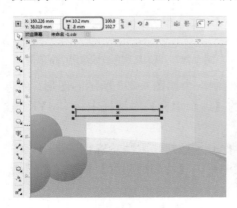

图 4-287　绘制矩形

图 4-288　设置填充颜色

(45) 设置完成后单击【确定】按钮，在默认调色板中右击⊠按钮，取消轮廓色。选中该图形，在工具箱中单击【透明度工具】按钮，在工具属性栏中单击【均匀透明度】按钮，将【透明度】设置为 15，效果如图 4-289 所示。

(46) 在工具箱中单击【钢笔工具】按钮，在绘图页中绘制一个如图 4-290 所示的图形。

图 4-289　取消轮廓色并添加透明度效果

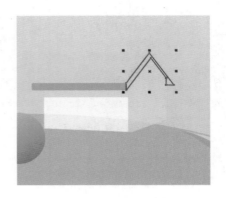

图 4-290　绘制图形

(47) 选中绘制的图形，按 Shift+F11 组合键，在弹出的【编辑填充】对话框中将 CMYK 值设置为 2、60、93、0，如图 4-291 所示。

(48) 设置完成后单击【确定】按钮，在默认调色板中右击⊠按钮，取消轮廓色。选中该图形，在工具箱中单击【透明度工具】按钮，在工具属性栏中单击【均匀透明度】按钮，将【透明度】设置为 15，效果如图 4-292 所示。

图 4-291　设置均匀填充颜色

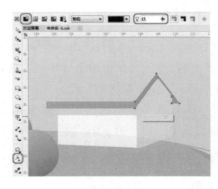

图 4-292　取消轮廓色并设置透明度效果

(49) 在工具箱中单击【钢笔工具】按钮，在绘图页中绘制一个如图 4-293 所示的图形。

(50) 选中绘制的图形，按 Shift+F11 组合键，在弹出的【编辑填充】对话框中将 CMYK 值设置为 0、79、84、0，如图 4-294 所示。

(51) 设置完成后单击【确定】按钮，在默认调色板中右击⊠按钮，取消轮廓色。选中该图形，在工具箱中单击【透明度工具】按钮，在工具属性栏中单击【均匀透明度】按钮，将【透明度】设置为 15，效果如图 4-295 所示。

(52) 使用同样的方法绘制其他图形，并为绘制的图形添加透明度，效果如图 4-296 所示。最后对完成后的场景进行保存即可。

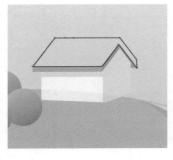

图 4-293　绘制图形

图 4-294　设置填充颜色

图 4-295　取消轮廓色并添加透明度效果

图 4-296　绘制其他图形后的效果

案例精讲 031　装饰类——时尚元素

案例文件：CDROM|场景|Cha04|时尚元素.cdr

视频文件：视频教学|Cha04|时尚元素.avi

制作概述

本例将介绍如何绘制时尚元素插画，该案例主要通过【钢笔工具】和渐变填充来实现，效果如图 4-297 所示。

学习目标

绘制图形。

填充渐变颜色。

输入文字。

操作步骤

(1) 按 Ctrl+N 组合键，在弹出的【创建新文档】对话框中将【宽度】和【高度】分别设置为 216 mm、280 mm，单击【确定】按钮，如图 4-298 所示。

图 4-297　时尚元素

(2) 在工具箱中单击【矩形工具】按钮，在绘图页中绘制一个与文档相同大小的矩形，效果如图 4-299 所示。

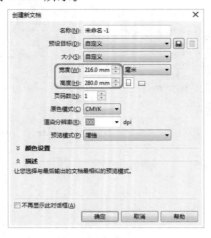

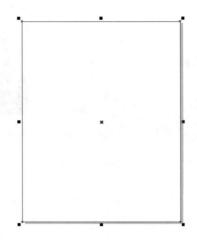

图 4-298　新建文档　　　　　　　　图 4-299　绘制矩形

(3) 选中该矩形，按 F11 键，在弹出的【编辑填充】对话框中单击【椭圆形渐变填充】按钮，将左侧节点的 CMYK 值设置为 39、25、22、0，在位置 18 处添加一个节点并将其 CMYK 值设置为 38、25、23、0，在位置 42 处添加一个节点并将其 CMYK 值设置为 20、13、11、0，在位置 64 处添加一个节点并将其 CMYK 值设置为 0、0、0、0，将右侧节点的 CMYK 值设置为 0、0、0、0，将【填充宽度】和【填充高度】分别设置为 142%、199%，如图 4-300 所示。

(4) 设置完成后单击【确定】按钮，在默认调色板中右击⊠按钮，取消轮廓色，效果如图 4-301 所示。

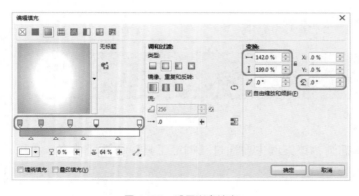

图 4-300　设置渐变填充　　　　　图 4-301　填充渐变颜色并取消轮廓色后的效果

　绘制矩形时，如果按住 Shift 键的同时进行绘制，可以以鼠标单击点为中心进行绘制；如果按住 Ctrl 键进行绘制，则可以以单击点为矩形的角点进行绘制；如果按住 Ctrl+Shift 组合键进行绘制，可以绘制出以单击点为中心的正方形。

(5) 在工具箱中单击【钢笔工具】按钮，在绘图页中绘制一个如图 4-302 所示的图形。
(6) 在工具箱中单击【钢笔工具】按钮，在绘图页中继续绘制一个如图 4-303 所示的图形。

(7) 绘制完成后，使用同样的方法绘制其他图形，如图 4-304 所示。

(8) 选中绘制的图形，右击，在弹出的快捷菜单中选择【合并】命令，如图 4-305 所示。

图 4-302　绘制图形

图 4-303　继续绘制图形

图 4-304　绘制其他图形

图 4-305　选择【合并】命令

(9) 选中该图形，按 F11 键，在弹出的【编辑填充】对话框中将左侧节点的 CMYK 值设置为 0、76、9、0，将右侧节点的 CMYK 值设置为 2、31、69、0，选中【缠绕填充】复选框，取消选中【自由缩放和倾斜】复选框，将【填充宽度】设置为 103.5%，将【旋转】设置为 111.3°，如图 4-306 所示。

(10) 设置完成后单击【确定】按钮，在默认调色板中右击⊠按钮，取消轮廓色，效果如图 4-307 所示。

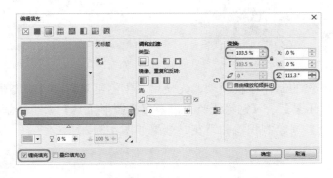

图 4-306　设置渐变填充

图 4-307　填充渐变并取消轮廓颜色

(11) 使用同样的方法绘制其他对象，并对其进行相应的设置，效果如图 4-308 所示。

(12) 在工具箱中单击【文本工具】按钮，在绘图页中单击鼠标，输入文字，选中输入的文字，在【文本属性】泊坞窗中将【字体】设置为 Bodoni Bd BT，将【字体大小】设置为 26，将颜色设置为 52、38、34、0，如图 4-309 所示。

图 4-308　绘制其他图形后的效果

图 4-309　输入文字并进行设置

(13) 使用同样的方法再输入其他文字，并对其进行相应的设置，效果如图 4-310 所示。

(14) 至此，时尚元素插画就制作完成了，效果如图 4-311 所示，最后对完成后的场景进行保存即可。

图 4-310　输入其他文字后的效果

图 4-311　完成后的效果

案例精讲 032　装饰画类——卡通装饰画

> 📝 案例文件：CDROM \ 场景 \ Cha04 \ 卡通装饰画 .cdr
>
> 💿 视频文件：视频教学 | Cha04 | 卡通装饰画 .avi

制作概述

本例将介绍卡通装饰画的绘制。本例的制作比较烦琐，先使用【钢笔工具】和【椭圆形工具】来绘制小鸭子，然后再使用【矩形工具】、【钢笔工具】以及【椭圆形工具】来绘制雨伞，最后使用【钢笔工具】和【椭圆形工具】来绘制积雪和雪花，效果如图 4-312 所示。

学习目标

绘制小鸭子。

绘制雨伞。

绘制积雪和雪花。

操作步骤

(1) 按 Ctrl+N 组合键，在弹出的【创建新文档】对话框中将【宽度】和【高度】都设置为 160 mm、160 mm，单击【确定】按钮，如图 4-313 所示。

(2) 在工具箱中单击【矩形工具】按钮，在绘图页中绘制一个与文档相同大小的矩形，效果如图 4-314 所示。

图 4-312　卡通装饰画

(3) 选中绘制的矩形，按 Shift+F11 组合键，在弹出的【编辑填充】对话框中将 CMYK 值设置为 27、0、3、2，如图 4-315 所示。

(4) 设置完成后单击【确定】按钮，在默认调色板中右击⊠按钮，取消轮廓色，效果如图 4-316 所示。

图 4-313　新建文档

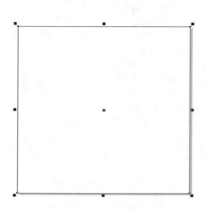

图 4-314　绘制图形

图 4-315　设置填充颜色

图 4-316　填充颜色并取消轮廓色后的效果

(5) 在工具箱中单击【钢笔工具】按钮，在绘图页中绘制一个如图 4-317 所示的图形。

(6) 选中该图形，按 Shift+F11 组合键，在弹出的【编辑填充】对话框中将 CMYK 值设置为 4、15、78、0，选中【缠绕填充】复选框，如图 4-318 所示。

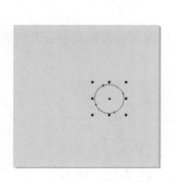

图 4-317　绘制图形

图 4-318　设置填充颜色

(7) 设置完成后单击【确定】按钮，按 F12 键，在弹出的【轮廓笔】对话框中将 CMYK 值设置为 59、77、92、38，将【宽度】设置为 0.5 mm，如图 4-319 所示。

(8) 设置完成后单击【确定】按钮，设置后的效果如图 4-320 所示。

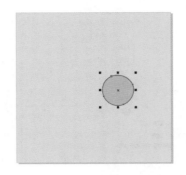

图 4-319　设置轮廓笔　　　　　　　　　　图 4-320　填充颜色并设置轮廓后的效果

（9）在工具箱中单击【椭圆形工具】按钮，在绘图页中绘制一个大小为 2 mm 的圆形，如图 4-321 所示。

（10）选中该圆形，按 Shift+F11 组合键，在弹出的【编辑填充】对话框中将 CMYK 值设置为 59、76、100、39，如图 4-322 所示。

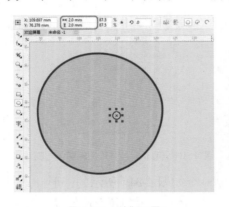

图 4-321　绘制正圆

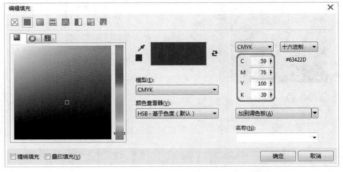

图 4-322　设置填充颜色

（11）设置完成后单击【确定】按钮，在默认调色板中右击☒按钮，取消轮廓色，效果如图 4-323 所示。

（12）选中该图形，按＋号键，对选中的图形进行复制，然后在绘图页中调整复制后的对象的位置，效果如图 4-324 所示。

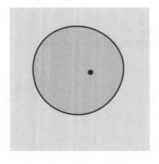

图 4-323　取消轮廓颜色

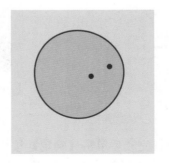

图 4-324　复制图形并调整其位置

(13) 在工具箱中单击【钢笔工具】按钮，在绘图页中绘制一个如图 4-325 所示的图形。

(14) 选中绘制的图形，按 Shift+F11 组合键，在弹出的【编辑填充】对话框中将 CMYK 值设置为 0、83、89、0，选中【缠绕填充】复选框，如图 4-326 所示。

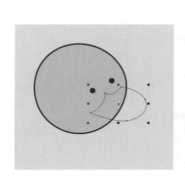

图 4-325　绘制图形

图 4-326　设置填充颜色

(15) 设置完成后单击【确定】按钮，按 F12 键，在弹出的【轮廓笔】对话框中将【颜色】的 CMYK 值设置为 55、72、98、23，将【宽度】设置为 0.5 mm，如图 4-327 所示。

(16) 设置完成后单击【确定】按钮，填充并设置轮廓后的效果如图 4-328 所示。

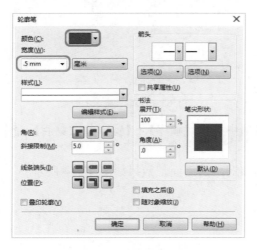

图 4-327　设置轮廓笔

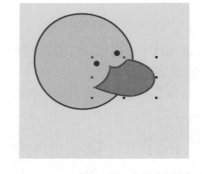

图 4-328　填充并设置轮廓色后的效果

(17) 在工具箱中单击【钢笔工具】按钮，在绘图页中绘制一个如图 4-329 所示的图形。

(18) 选中绘制的图形，按 Shift+F11 组合键，在弹出的【编辑填充】对话框中将 CMYK 值设置为 4、16、80、0，选中【缠绕填充】复选框，如图 4-330 所示。

(19) 设置完成后单击【确定】按钮，按 F12 键，在弹出的【轮廓笔】对话框中将 CMYK 值设置为 59、77、92、38，将【宽度】设置为 0.5 mm，如图 4-331 所示。

(20) 设置完成后单击【确定】按钮，设置后的效果如图 4-332 所示。

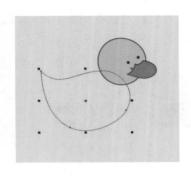

图 4-329 绘制图形

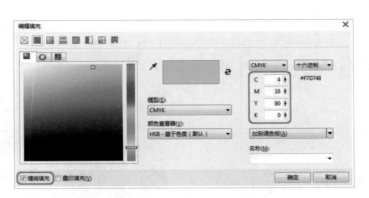

图 4-330 设置填充颜色

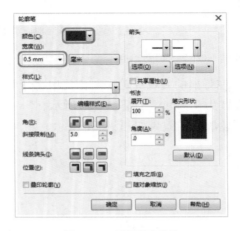

图 4-331 设置轮廓参数

图 4-332 设置轮廓后的效果

(21) 继续选中该图形，右击，在弹出的快捷菜单中选择【顺序】|【置于此对象后】命令，如图 4-333 所示。

(22) 在黄色圆形上单击鼠标，将选中对象置于该对象的后面，效果如图 4-334 所示。

图 4-333 选择【置于此对象后】命令

图 4-334 调整对象的排放顺序

(23) 在工具箱中单击【钢笔工具】按钮，在绘图页中绘制一个如图 4-335 所示的图形。

(24) 选中绘制的图形，按 Shift+F11 组合键，在弹出的【编辑填充】对话框中将 CMYK 值设置为 0、51、93、0，选中【缠绕填充】复选框，如图 4-336 所示。

图 4-335　绘制图形

图 4-336　设置填充颜色

(25) 设置完成后单击【确定】按钮，按 F12 键，在弹出的【轮廓笔】对话框中将【颜色】的 CMYK 值设置为 59、77、92、38，将【宽度】设置为 0.3 mm，如图 4-337 所示。

(26) 设置完成后单击【确定】按钮，填充颜色并设置轮廓后的效果如图 4-338 所示。

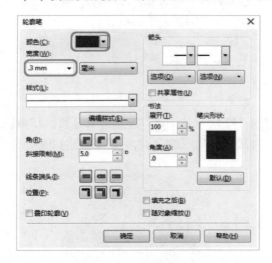

图 4-337　设置轮廓参数

图 4-338　填充颜色并设置轮廓后的效果

(27) 在工具箱中单击【钢笔工具】按钮，在绘图页中绘制一个如图 4-339 所示的图形。

(28) 选中绘制的图形，按 Shift+F11 组合键，在弹出的【编辑填充】对话框中将 CMYK 值设置为 0、51、91、0，选中【缠绕填充】复选框，如图 4-340 所示。

(29) 设置完成后单击【确定】按钮，按 F12 键，在弹出的【轮廓笔】对话框中将【颜色】的 CMYK 值设置为 60、76、95、38，将【宽度】设置为 0.3 mm，如图 4-341 所示。

(30) 设置完成后单击【确定】按钮，填充颜色并设置轮廓后的效果如图 4-342 所示。

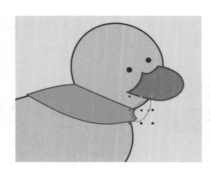

图 4-339 绘制图形

图 4-340 设置填充颜色

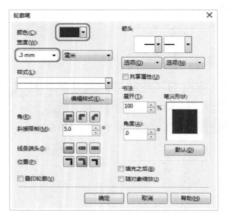

图 4-341 设置轮廓参数

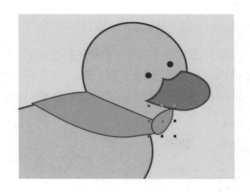

图 4-342 填充颜色并设置轮廓色后的效果

(31) 使用【钢笔工具】在绘图页中绘制一个如图 4-343 所示的图形，并为其填充颜色和描边。

(32) 使用同样的方法再绘制另外一个图形，并对其进行相应的设置，效果如图 4-344 所示。

图 4-343 绘制图形并进行设置

图 4-344 绘制图形并设置后的效果

(33) 在工具箱中单击【椭圆形工具】按钮，在绘图页中按住 Ctrl 键绘制多个正圆，为其填充白色，并取消轮廓，效果如图 4-345 所示。

(34) 在工具箱中单击【矩形工具】按钮，在绘图页中绘制一个宽和高分别为 2.4 mm、47 mm 的矩形，如图 4-346 所示。

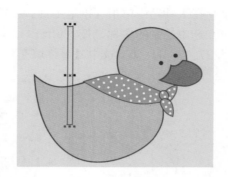

图 4-345 绘制正圆并进行设置　　　　　　　　　图 4-346 绘制矩形

(35) 选中绘制的图形，按 Shift+F11 组合键，在弹出的【编辑填充】对话框中将 CMYK 值设置为 29、42、59、0，如图 4-347 所示。

(36) 设置完成后单击【确定】按钮，按 F12 键，在弹出的【轮廓笔】对话框中将【颜色】的 CMYK 值设置为 60、76、95、38，将【宽度】设置为 0.25 mm，如图 4-348 所示。

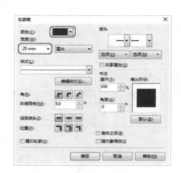

图 4-347 设置填充颜色　　　　　　　　　　　图 4-348 设置轮廓参数

(37) 设置完成后单击【确定】按钮，效果如图 4-349 所示。

(38) 继续选中该图形，在工具属性栏中将【旋转角度】设置为 36°，旋转选中的对象，效果如图 4-350 所示。

图 4-349 填充颜色并设置轮廓后的效果　　　　　图 4-350 旋转对象

(39) 在工具箱中单击【钢笔工具】按钮，在绘图页中绘制一个如图 4-351 所示的图形。

(40) 选中绘制的图形，按 Shift+F11 组合键，在弹出的【编辑填充】对话框中将 CMYK 值设置为 27、7、11、0，选中【缠绕填充】复选框，如图 4-352 所示。

图 4-351　绘制图形　　　　　　　　　　　　　　　　图 4-352　设置填充颜色

(41) 设置完成后单击【确定】按钮，按 F12 键，在弹出的【轮廓笔】对话框中将【颜色】的 CMYK 值设置为 0、0、0、60，将【宽度】设置为【细线】，如图 4-353 所示。

(42) 设置完成后单击【确定】按钮，填充颜色并设置轮廓后的效果如图 4-354 所示。

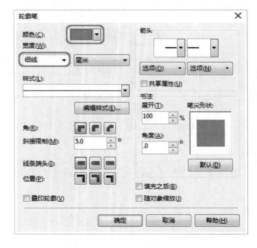

图 4-353　设置轮廓参数　　　　　　　　　　　　　图 4-354　填充颜色并设置轮廓色后的效果

(43) 使用同样的方法绘制其他对象，并对其进行相应的设置，效果如图 4-355 所示。

(44) 在工具箱中单击【椭圆形工具】按钮，在绘图页中绘制一个宽和高分别为 6.8 mm、3 mm 的椭圆形，如图 4-356 所示。

(45) 选中该图形，按 Shift+F11 组合键，在弹出的【编辑填充】对话框中将 CMYK 值设置为 60、76、98、38，如图 4-357 所示。

(46) 设置完成后单击【确定】按钮，在默认调色板中右击⊠按钮，取消轮廓色，并将其【旋转角度】设置为 39°，如图 4-358 所示。

图 4-355　绘制其他图形

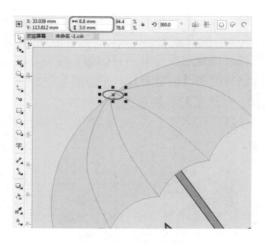

图 4-356　绘制椭圆形

图 4-357　设置填充颜色

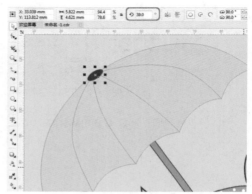

图 4-358　取消轮廓色并设置旋转角度

(47) 在工具箱中单击【钢笔工具】按钮，在绘图页中绘制如图 4-359 所示的图形。

(48) 选中该图形，按 Shift+F11 组合键，在弹出的【编辑填充】对话框中将 CMYK 值设置为 11、27、97、0，选中【缠绕填充】复选框，如图 4-360 所示。

图 4-359　绘制图形

图 4-360　设置填充颜色

(49) 设置完成后单击【确定】按钮，按 F12 键，在弹出的【轮廓笔】对话框中将【颜色】的 CMYK 值设置为 59、77、92、38，将【宽度】设置为 0.5 mm，如图 4-361 所示。

(50) 设置完成后单击【确定】按钮，填充颜色并设置轮廓后的效果如图 4-362 所示。

(51) 使用【钢笔工具】在绘图页中绘制如图 4-363 所示的图形，将其填充颜色设置为 0、3、3、0，并取消轮廓颜色。

(52) 在该对象上右击，在弹出的快捷菜单中选择【顺序】|【置于此对象前】命令，如图 4-364 所示。

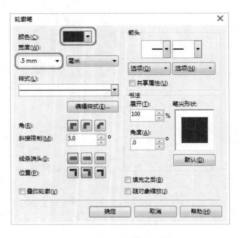

图 4-361　设置轮廓参数

图 4-362　填充颜色并设置轮廓色后的效果

图 4-363　绘制图形并进行设置

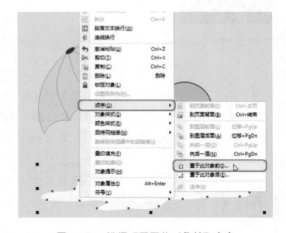

图 4-364　选择【置于此对象前】命令

(53) 执行该操作后，在矩形背景上单击，将选中对象置于矩形的前面，效果如图 4-365 所示。

(54) 使用同样的方法绘制其他图形，并对其进行相应的设置，效果如图 4-366 所示。

图 4-365　调整对象的排放顺序

图 4-366　绘制其他图形并进行设置

(55) 在工具箱中单击【椭圆形工具】按钮，在绘图页中按住 Ctrl 键绘制多个正圆，为其填充白色，并取消轮廓，效果如图 4-367 所示。

(56) 选中所绘制的正圆，在工具箱中单击【透明度工具】按钮，在工具箱中单击【渐变透明度】按钮，然后再单击【椭圆形渐变透明度】按钮，添加透明度后的效果如图 4-368 所示。最后对完成后的场景进行保存即可。

图 4-367　绘制多个正圆

图 4-368　添加透明度效果

第5章
卡片设计

在日常生活中随处可以见到卡片，如名片、会员卡、入场券等。卡片外形小巧，多为矩形，标准卡片尺寸为 86 mm×54 mm(出血稿件为 88 mm×56 mm)(有其他形状属于非标卡)，普通 PVC 卡片的厚度为 0.76 mm，IC、ID 非接触卡片的厚度为 0.84 mm，携带方便，用以承载信息，其制作材料可以是 PVC、透明塑料、金属以及纸质材料。本章精心挑选了几种大众常用的卡片作为制作素材，通过本章的学习，读者可以对卡片的制作有一定的了解。

案例精讲 033   名片——时尚名片设计

📝 **案例文件：** CDROM | 场景 | Cha05 | 时尚名片设计 .cdr

💿 **视频文件：** 视频教学 | Cha05 | 时尚名片设计 .avi

制作概述

本例将介绍如何制作名片，完成后的效果如图 5-1 所示。

学习目标

学习如何制作名片。
掌握名片的制作过程，掌握颜色的调配。

操作步骤

(1) 启动软件后，按 Ctrl+N 组合键，弹出【创建新文档】对话框，将【宽度】和【高度】分别设为 275 mm 和 170 mm，【原色模式】设为 CMYK，如图 5-2 所示。

图 5-1   名片

(2) 在工具箱中双击【矩形工具】创建与文档大小一样的矩形，并将其【填充颜色】的 CMYK 值设为 67、80、100、57，将【轮廓】设为无，如图 5-3 所示。

图 5-2   新建文档

图 5-3   创建矩形

知识链接

名片：又称卡片 (也有误写成咭片)，中国古代称名刺 (现代日语仍保留此名称)，是标示姓名及其所属组织、公司单位和联系方法的纸片。名片是新朋友互相认识、自我介绍的最快和有效的方法。交换名片是商业交往的第一个标准官方式动作。

（3）继续使用【矩形工具】绘制宽和高分别为 104.4 mm 和 58 mm 的矩形，在属性栏中单击【圆角】按钮 ，将【转角半径】都设为 4 mm，并将其【填充颜色】的 CMYK 值设为 5、9、25、0，将【轮廓】设为无，完成后的效果如图 5-4 所示。

（4）继续绘制矩形，绘制宽和高分别设 18 mm、17 mm，圆角半径为 2 mm 的矩形，并将其【填充颜色】的 CMYK 值设为 100、20、0、0，将【轮廓】设为无，完成后的效果如图 5-5 所示。

图 5-4　创建圆角矩形

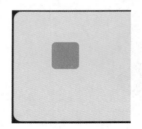

图 5-5　创建矩形

（5）选择上一步创建的矩形，将其旋转 45°，完成后的效果如图 5-6 所示。

（6）对上一步创建的矩形进行多次复制，完成后的效果如图 5-7 所示。

图 5-6　旋转矩形

图 5-7　复制矩形

（7）按 X 键，激活【橡皮擦工具】对多余的部分进行擦除，完成后的效果如图 5-8 所示。

（8）将第四个矩形的颜色的 CMYK 值设为 0、0、0、90，将第五个矩形的 CMYK 值设为 16、82、0、0，完成后的效果如图 5-9 所示。

图 5-8　擦除多余的部分

图 5-9　更换颜色

提示

在对矩形进行修剪时，可以将【视图模式】转换为【线框】，也可以在菜单栏中执行【视图】|【线框】命令，根据线条进行修剪可以提高精确率。

(9) 打开随书附带光盘中的"CDROM | 素材 | Cha05 | 名片素材 .cdr"文件,选择 Logo 进行复制,返回到制作名片的场景中进行粘贴,调整其位置和大小,完成后的效果如图 5-10 所示。

(10) 选择大矩形,对其进行复制,调整辅助矩形的位置,将其作为名片背面使用,将花纹素材进行复制,并将其填充颜色修改为白色,调整大小和方向,完成后的效果如图 5-11 所示。

图 5-10　添加 Logo

图 5-11　添加花纹素材

 在复制的过程中,可以利用 Ctrl+C 组合键进行复制;返回到场景中,按 Ctrl+V 组合键进行粘贴,适当调整大小。

(11) 按 F8 键激活【文本工具】,在舞台上输入"JACK",在属性栏中将【字体】设为 Bleeding Cowboys,将【文字大小】设为 30 pt,将字体的【填充颜色】的 CMYK 值设为 67、80、100、57,将【轮廓】设为无,完成后的效果如图 5-12 所示。

(12) 继续输入文字 Manager,在属性栏中将【字体】设为 Freesia UPC,将【字体大小】设为 24 pt,并单击【粗体】和【斜体】按钮,将字体的【填充颜色】的 CMYK 值设为 67、80、100、57,将【轮廓】设为无,字符间距设为 0,完成后的效果如图 5-13 所示。

(13) 使用同样的方法输入其他文字,完成后的效果如图 5-14 所示。

(14) 名片正面制作完成后,复制 Logo 到场景文件中,如图 5-15 所示。

图 5-12　输入文字

图 5-13　继续输入文字"Manager"

图 5-14　输入其他文字

图 5-15　复制 Logo 到场景中

(15) 按 F8 键激活【文本工具】，输入"WWW.HUNK.COM"，在属性栏中将【字体】设为"aRIAL Rounded MT Bold"，【字体大小】设为 10 pt，将字体的【填充颜色】的 CMYK 值设为 67、80、100、57，完成后的效果如图 5-16 所示。

(16) 利用【阴影工具】，对上一步创建的文字添加阴影，完成后的效果如图 5-17 所示。

图 5-16　输入文字

图 5-17　为创建的文字添加阴影

(17) 对上一步创建的名片进行复制，并对其垂直镜像，调整位置，如图 5-18 所示。

(18) 利用【透明度工具】对复制的图像设置透明度，完成后的效果如图 5-19 所示。

图 5-18　复制文件

图 5-19　完成后的效果

案例精讲 034　订餐卡——惠民饭店订餐卡

 案例文件：CDROM│场景│Cha05│订餐卡—惠民饭店订餐卡 .cdr

视频文件：视频教学│Cha05│订餐卡—惠民饭店订餐 .avi

制作概述

本例将学习如何制作订餐卡，订餐卡是日常生活中经常见到的，那么如何制作订餐卡才能突出其主题？本例中的订餐卡，主要是以黄色为背景，再配以红色作为装饰。在古代，黄色是一种尊贵的象征，对于印章式的 Logo 配以黄色，更有尊贵的象征。当拿到这张卡片时，你会感觉有一种尊贵感，仿佛是古代的圣旨，而不是普通的物品，使你订餐后，仍舍不得丢掉此卡。订餐卡制作完成后的效果如图 5-20 所示。

学习目标

学习如何制作订餐卡。

掌握订餐卡的制作过程，掌握字体、颜色之间的搭配。

操作步骤

(1) 启动软件后，按 Ctrl+N 组合键，弹出【创建新文档】对话框，将【宽度】和【高度】分别设为 130 mm 和 105 mm，【原色模式】设为 CMYK，如图 5-21 所示。

(2) 在工具箱中双击【矩形工具】创建与文档大小一样的矩形，并将其【填充颜色】的 CMYK 值设为黑色，将【轮廓】设为无，如图 5-22 所示。

图 5-20　订餐卡

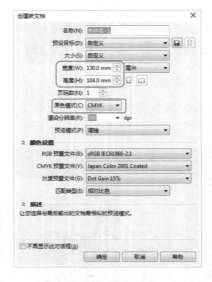

图 5-21　新建文档

图 5-22　创建矩形

(3) 继续使用【矩形工具】绘制宽和高分别为 50 mm 和 90 mm 的矩形，并将其【填充颜色】的 CMYK 值设为 0、0、100、0，将【轮廓】设为无，如图 5-23 所示。

(4) 打开随书附带光盘中的"CDROM | 素材 | Cha05 | 订餐卡素材 .cdr"文件，选择花纹进行复制，调整大小，完成后的效果如图 5-24 所示。

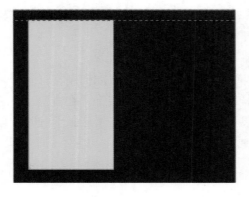

图 5-23　创建矩形

图 5-24　添加花纹

(5) 选择上一步添加的花纹进行复制，利用镜像工具进行调整，完成后的效果如图 5-25 所示。

(6) 选择上一步创建的对象进行复制，以供制作卡片背面使用，如图 5-26 所示。

图 5-25 复制创建花纹

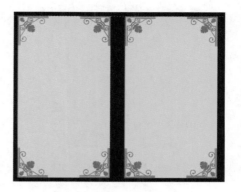

图 5-26 进行复制

(7) 在素材文件中选择 Logo，进行复制，在场景中进行粘贴，适当调整，完成后的效果如图 5-27 所示。

(8) 利用【2 点线工具】进行绘制，在属性栏中将【轮廓长度】设为 5.5 mm，将【轮廓宽度】设为 0.2 mm，将【终止箭头】设为【箭头 53】，将【轮廓颜色】的 CMYK 设置为 0、100、100、0，完成后的效果如图 5-28 所示。

图 5-27 新建文档

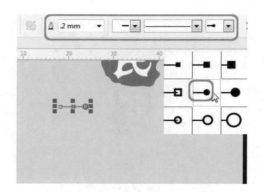

图 5-28 绘制直线

提示　　　　　【2 点线工具】不只是单纯地绘制直线的工具，可以通过【起始箭头】和【终止箭头】的调节而得到另外一种不同的效果。

(9) 按 F8 键激活【文本工具】，在场景中输入"TOP HOP POT"，在属性栏中将【字体】设为 Bodoni Bk BT，将【文字大小】设为 7 pt，将字体的【填充颜色】设为红色，并对上一步创建的直线进行复制并水平镜像，完成后的效果如图 5-29 所示。

(10) 继续输入文字"地道德州民家菜"，在属性栏中将【字体】设置为【汉仪小隶书简】，【字体大小】设为 12 pt，将字体的【填充颜色】设为红色，完成后的效果如图 5-30 所示。

案例课堂 ▶

图 5-29　输入"TOP HOP POT"　　　　　　图 5-30　输入"地道德州民家菜"

　提示　　汉仪隶书的使用是附合其主体印章 Logo 的设计，给人一种民族风的感觉。

(11) 使用同样的方法输入大小为 10 pt 的文字，如图 5-31 所示。

(12) 利用【2 点线工具】绘制长度为 42 mm、宽度为 0.2 mm 的直线，并将其修改为红色，如图 5-32 所示。

图 5-31　输入文字　　　　　　　　　　　图 5-32　绘制直线

(13) 在素材文件中选择素材花纹，进行复制，在场景中进行粘贴，调整位置，完成后的效果如图 5-33 所示。

(14) 继续输入文字"订餐卡"，在属性栏中将【字体】设为【汉仪方隶简】，将【字体大小】设为 25 pt，颜色设为红色，并利用【选择工具】对文字进行适当上下拉伸，如图 5-34 所示。

(15) 订餐卡正面制作完成后，下面制作其反面。利用【矩形工具】绘制长和宽分别为 3.5 mm 和 12.5 mm 的矩形，在属性栏中将【圆角】的【转角半径】设为 2，【填充颜色】设为红色，将【轮廓】设置为无，完成后的效果如图 5-35 所示。

(16) 按 F8 键激活【文本工具】，输入"订餐电话"，在属性栏中将【字体】设为【汉仪小隶书简】，【字体大小】设为 7 pt，并对其填充白色，将文字方向设置为垂直方向，效果如图 5-36 所示。

(17) 继续输入文字"12345678"，在属性栏中将【字体】设为【汉仪小隶书简】，将【字体大小】设为 12 pt，颜色设为红色，完成后的效果如图 5-37 所示。

图 5-33　添加素材文件

图 5-34　输入"订餐卡"

图 5-35　绘制矩形

图 5-36　输入"订餐电话"

图 5-37　输入"12345678"

(18) 使用同样的方法输入其他文字，完成后的效果如图 5-38 所示。

(19) 打开素材文件，选择花纹和地图添加到场景文件中，调整位置，完成后的效果如图 5-39 所示。

图 5-38　输入其他文字

图 5-39　添加素材

案例精讲 035　抵用券——时尚男人馆

 案例文件：CDROM | 场景 | Cha05 | 时尚男人馆 .cdr

 视频文件：视频教学 | Cha05 | 时尚男人馆 .avi

制作概述

本例将介绍如何制作抵用券。本例主要使用【文本工具】、【渐变工具】、【矩形工具】来制作抵用券，效果如图 5-40 所示。

学习目标

学习如何制作抵用券。

掌握【渐变工具】、【矩形工具】、【文本工具】的使用方法。

操作步骤

(1) 启动软件后，按 Ctrl+N 组合键，在弹出的【创建新文档】对话框中将【名称】命名为"时尚男装馆"，将【宽度】、【高度】设置为 350 mm、326 mm，将【原色模式】设置为 CMYK，单击【确定】按钮即可新建文档。在工具箱中单击【矩形工具】按钮，然后在场景中

图 5-40　时尚男人馆

绘制矩形。在属性栏中将【宽度】、【高度】设置为 350 mm、160 mm，然后调整其位置，如图 5-41 所示。

(2) 选择绘制的矩形，按 + 键对矩形进行复制，然后调整矩形的位置，完成后的效果如图 5-42 所示。

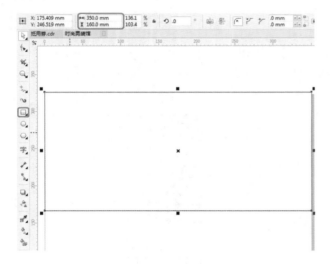

图 5-41　绘制矩形

图 5-42　复制矩形

(3) 选择上方的矩形，将其轮廓设置为无，将填充颜色的 CMYK 设置为 49、82、74、13，填充后的效果如图 5-43 所示。

(4) 选择下方的矩形，在工具箱中选择【交互式填充工具】，在属性栏中单击【渐变填充】按钮，然后单击【编辑填充】按钮，弹出【编辑填充】对话框，将 0、100 位置处的节点的 CMYK 值设置为 47、53、88、2，在位置为 50 处添加节点，将 CMYK 值设置为 12、14、46、0，如图 5-44 所示。

图 5-43　填充颜色

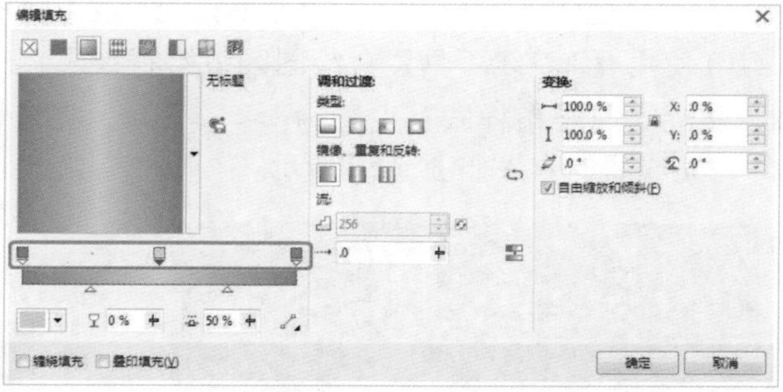

图 5-44　【编辑填充】对话框

（5）单击【确定】按钮，在绘图区中调整渐变，将轮廓设置为无，完成后的效果如图 5-45 所示。

（6）在工具箱中单击【文本工具】按钮，在绘图区中输入文本"时尚男人馆"，将【字体】设置为【汉仪中楷简】，将【字体大小】设置为 60 pt，然后调整其位置，如图 5-46 所示。

图 5-45　填充渐变后的效果

图 5-46　输入文字并进行调整

（7）使用同样的方法输入其他文字并调整文字之间的间距，效果如图 5-47 所示。

（8）选择"2014 男人魅力"、"NEW ARRIVAL"文字，在【对象属性】泊坞窗中单击【透明度】按钮，然后单击【均匀透明度】按钮，将【透明度】设置为 60，完成后的效果如图 5-48 所示。

图 5-47　输入其他文字

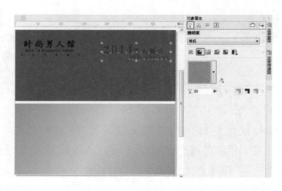

图 5-48　设置文字透明度

（9）选择"2014 男人魅力"、"NEW ARRIVAL"、"真诚为您服务"文字，将其【字体颜色】的 CMYK 值设置为 12、14、46、0，然后为"时尚男人"、"MEN'S FASHION SHOP"文字

设置渐变，渐变的颜色与上文为矩形填充的渐变颜色相同，完成后的效果如图 5-49 所示。

(10) 使用【2 点线工具】在绘图区中绘制直线，选择绘制的直线，将【轮廓宽度】设置为 4 px，然后将【样条样式】设置为- - - - - - -，将【轮廓颜色】的 CMYK 值设置为 12、14、46、0，完成后的效果如图 5-50 所示。

图 5-49 为文字填充颜色 | 图 5-50 绘制直线并进行设置

(11) 使用同样的方法绘制线段并输入文字，然后设置文字和线段的颜色。将线段颜色的 CMYK 值设置为 12、14、46、0，为文字填充渐变色，渐变色与矩形的渐变色相同，完成后的效果如图 5-51 所示。

(12) 使用【矩形工具】在绘图区中绘制矩形，将【宽度】、【高度】设置为 54 mm、34 mm，将【轮廓宽度】设置为 10 px，将【轮廓颜色】设置为白色，然后对矩形进行复制并调整复制的对象，完成后的效果如图 5-52 所示。

图 5-51 输入文字和直线 | 图 5-52 绘制矩形并进行调整

(13) 使用同样的方法再绘制一个矩形，将其圆角设置为 5，为其填充渐变色，渐变色与上文相同，完成后的效果如图 5-53 所示。

(14) 使用同样的方法输入文字，将文字的【字体】设置为【汉仪中楷简】，将【文字大小】设置为 20 pt，将【字体颜色】的 CMYK 值设置为 12、14、46、0，效果如图 5-54 所示。

(15) 使用【文本工具】，在下方矩形输入文字并进行相应的设置，完成后的效果如图 5-55 所示。

(16) 继续使用【文本工具】在绘图区中绘制文本框，然后在文本框中输入文本，将【字体】设置为"方正楷体简体"，将【字体大小】设置为 15 pt，完成后的效果如图 5-56 所示。

图 5-53　绘制圆角矩形

图 5-54　输入文字

图 5-55　输入文字

图 5-56　输入文本框

（17）使用同样的方法绘制线段并进行设置，完成后的效果如图 5-57 所示。

（18）按 Ctrl+I 组合键在弹出的对话框中选择随书附带光盘中的 "CDROM| 素材 |Cha05|L01. jpg" 素材文件，单击【导入】按钮，然后在绘图区中单击，导入图片，然后使用右键选择图片并拖曳至矩形框内，在弹出的快捷菜单中选择【图框精确剪裁内部】命令，如截图 5-58 所示。

图 5-57　绘制线段

图 5-58　选择【图框精确剪裁内部】命令

（19）单击【编辑 PowerClip】按钮，进入编辑状态，调整图片的大小，然后使用同样的方法导入其他图片并进行调整，完成后的效果如图 5-59 所示。

（20）使用同样的方法输入文字并绘制矩形，然后导入图片，将图片置入矩形框内，完成后的效果如图 5-60 所示。

图 5-59　完成后的效果　　　　　　　　　　　图 5-60　将图片置入矩形框内

(21) 按 Ctrl+I 组合键，在弹出的【导入】对话框中选择随书附带光盘中的"CDROM| 素材 | Cha05|L1.png、L1 副本 .png 素材文件，如图 5-61 所示。

(22) 调整图片的位置和大小并进行旋转，然后调整图片的顺序，完成后的效果如图 5-62 所示。

图 5-61　【导入】对话框　　　　　　　　　　图 5-62　调整完成后的效果

(23) 选择上方的图形，将【合并模式】设置为"柔光"。选择下方的图形，将【合并模式】设置为"叠加"，完成后的效果如图 5-63 所示。

(24) 使用【矩形工具】绘制宽和高分别为 350 mm、160 mm 的矩形，对矩形进行复制。使用【图框精确剪裁】命令将抵用券的反面和正面置入矩形的内部，然后调整矩形的位置，完成后的效果如图 5-64 所示。

图 5-63　设置合并模式　　　　　　　　　　　图 5-64　完成后的效果

案例精讲 036　入场券——古筝音乐会入场券

 案例文件：CDROM | 场景 |Cha05| 古筝音乐会入场券 .cdr

 视频文件：视频教学 | Cha05| 古筝音乐会入场券 .avi

制作概述

本例将介绍如何制作入场券，主要使用【矩形工具】和【渐变变形工具】来制作，完成后的效果如图 5-65 所示。

学习目标

学习制作入场券。

掌握【渐变工具】、【矩形工具】、【文本工具】的使用方法。

操作步骤

(1) 启动软件后在欢迎界面单击【新建文档】按钮，在弹出的对话框中将【名称】命名为"古筝音乐会入场券"，将【宽度】、【高度】设置为 325 mm、328 mm，单击【确定】按钮即可新建文档。使用【矩形工具】，绘制宽和高分别为 325 mm、160 mm 的矩形，然后单击【交互式填充工具】按钮，在属性栏中单击【渐变填充】按钮和【编辑填充】按钮，弹出【编辑填充】对话框，在该对话框中将左侧节点的 CMYK 设置为 4、22、60、0，将右侧节点的 CMYK 设置为 15、47、91、0，如图 5-66 所示。

图 5-65　入场券

(2) 单击【确定】按钮，然后在绘图区中调整渐变调整柄，将【轮廓宽度】设置为无，完成后的效果如图 5-67 所示。

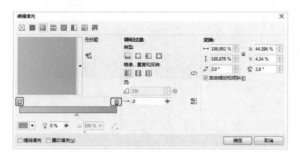

图 5-66　【编辑填充】对话框

图 5-67　填充渐变

知识链接

入场券：进入比赛、演出、会议、展览会等公共活动场所的入门凭证。一般印有时间、座次、票价或持券者应注意的事项。

(3) 继续使用【矩形工具】，在绘图区中绘制宽和高分别为 325 mm、30 mm 的矩形，然后调整其位置，将填充颜色的 CMYK 设置为 44、71、87、5，将【轮廓宽度】设置为无，调整其位置，完成后的效果如图 5-68 所示。

(4) 选择刚刚绘制的大矩形，按 + 键进行复制，然后调整其位置，将填充设置为【均匀填充】，将 CMYK 设置为 4、22、60、0，完成后的效果如图 5-69 所示。

图 5-68　绘制小矩形　　　　　　　　　　图 5-69　复制矩形并调整其位置

(5) 在工具箱中选择【文本工具】，在绘图区中输入文本"'秋韵会知音'两岸古琴、书画系列交流活动"，将【字体】设置为【方正楷体简体】，将【字体大小】设置为 15 pt，将【字体颜色】设置为黑色，完成后的效果如图 5-70 所示。

(6) 然后继续使用【文本工具】，在绘图区中输入文本，完成后的效果如图 5-71 所示。

图 5-70　输入文字并进行设置　　　　　　　图 5-71　输入文字

(7) 使用【矩形工具】，在绘图区中绘制矩形，将【宽度】、【高度】设置为 28 mm、25 mm，将【轮廓宽度】设置为 10 px，将【轮廓颜色】的 CMYK 值设置为 5、21、62、0，设置矩形的圆角，完成后的效果如图 5-72 所示。

(8) 使用【文本工具】在绘制的矩形内输入文字"抢座热线"，将【字体】设置为【经典特黑简】，将【字体大小】设置为 28 pt，将【字体颜色】设置为 5、21、62、0，完成后的效果如图 5-73 所示。

(9) 使用同样的方法输入文字，然后调整文字的位置和大小，完成后的效果如图 5-74 所示。

(10) 使用【2 点线工具】，在绘图区中绘制垂直的线段，然后将【线条样式】设置为- - - - - - - -，将【线宽】设置为 8 px，完成后的效果如图 5-75 所示。

图 5-72　绘制矩形

图 5-73　输入文字

图 5-74　输入文字后的效果

图 5-75　绘制线段

(11) 在场景中选择"清夜聆籁"、"古筝音乐会"文字，对其进行复制，然后调整其位置，完成后的效果如图 5-76 所示。

(12) 按 Ctrl+I 组合键，在弹出的【导入】对话框中选择随书附带光盘中的"CDROM|素材|Cha05|L11.png"文件，单击【导入】按钮，如图 5-77 所示。

图 5-76　复制文字并进行调整位置

图 5-77　【导入】对话框

(13) 在绘图区中单击鼠标，然后调整导入图片的大小和位置，完成后的效果如图 5-78 所示。

(14) 选择导入的图片对其进行复制，在属性栏中单击【垂直镜像】按钮，然后调整镜像对象的位置，完成后的效果如图 5-79 所示。

(15) 使用【矩形工具】绘制【宽度】、【高度】分别为 95 mm、137 mm 和【宽度】、【高度】分别为 200 mm、137 mm 的矩形，将绘制矩形的轮廓颜色的 CMYK 设置为 27、40、64、2，完成后的效果如图 5-80 所示。

(16) 按 Ctrl+I 组合键在弹出的【导入】对话框中选择 "L12.png" 素材文件，单击【导入】按钮，然后在绘图区中单击鼠标，调整图形的位置和大小，效果如图 5-81 所示。

图 5-78　导入图片

图 5-79　完成后的效果

图 5-80　绘制矩形

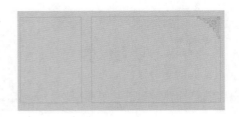

图 5-81　导入图片并进行调整

(17) 对导入的图片进行复制和旋转，旋转角度分别是 90°、180°、270°，然后调整其位置，完成后的效果如图 5-82 所示。

(18) 选择 "清夜聆籁"、"古筝音乐会" 等文字对其进行复制，然后将复制的文字旋转 270°，调整其位置，并将文字颜色的 CMYK 设置为 44、71、87、5，完成后的效果如图 5-83 所示。

图 5-82　完成后的效果

图 5-83　复制文字并旋转文本后的效果

(19) 使用同样的方法输入其他文字，完成后的效果如图 5-65 所示。

案例精讲 037　积分卡——购物商场卡片

　案例文件：CDROM | 场景 | Cha05 | 购物商场卡片 .cdr

　视频文件：视频教学 | Cha05 | 购物商场卡片 .avi

制作概述

本例将讲解如何制作积分卡。首先制作卡片的背景，然后输入文字并添加素材花纹，最后制作卡片的背面，完成后的效果如图 5-84 所示。

学习目标

掌握【椭圆形填充】的使用方法。

学习积分卡的制作方法。

操作步骤

(1) 启动软件后新建文档。在【创建新文档】对话框中，将【宽度】设置为 88.5 mm，【高度】设置为 57 mm，【渲染分辨率】设置为 300 dpi，然后单击【确定】按钮，如图 5-85 所示。

(2) 在菜单栏中选择【窗口】|【泊坞窗】|【辅助线】命令，如图 5-86 所示。

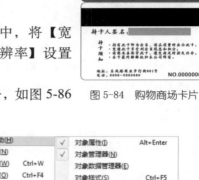

图 5-84　购物商场卡片

图 5-85　新建文档

图 5-86　选择【辅助线】命令

> **知识链接**
>
> 　　积分卡：积分卡是一种消费服务卡，采用 PVC 材质制作，常用于商场、超市、卖场、娱乐、餐饮、服务等行业。积分卡的标准规格是 85.5 mm×54 mm×0.76 mm，卡面可印刷产品图案、公司 Logo 及使用说明。积分卡常见的制作工艺有卡号、磁条、条形码、烫金、防伪标识等，其中卡号是必不可少的，可为凸码或平码，磁条跟条形码按客户需求而定。

(3) 在【辅助线】泊坞窗中，将【辅助线类型】设置为【水平】，将 Y 设置为 1.5 mm，然后单击【添加】按钮，创建水平辅助线，如图 5-87 所示。

(4) 使用相同的方法分别创建水平和垂直辅助线，如图 5-88 所示。

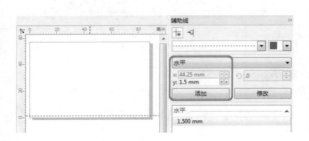

图 5-87　创建水平辅助线

图 5-88　创建水平和垂直辅助线

除了上述方法可以精确定位辅助线外，也可以拖曳出一个辅助线，利用【选择工具】选择辅助线，在属性栏中调整 X 和 Y 的位置。

(5) 在工具箱中选择【矩形工具】□，沿着辅助线的交点绘制一个 85.5 mm×54 mm 矩形，将【转角半径】设置为 3 mm，如图 5-89 所示。

(6) 选中绘制的矩形，按 F11 键打开【编辑填充】对话框，在【类型】选项组中单击【椭圆形填充】按钮□。将位置 0 的 CMYK 值设置为 36、98、91、3；将位置 50 的 CMYK 值设置为 23、100、100、0，将位置 100 的 CMYK 值设置为 0、100、100、0，如图 5-90 所示。

图 5-89 绘制矩形

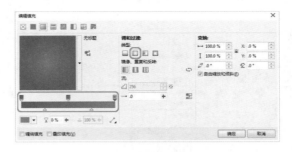
图 5-90 设置渐变颜色

 对于颜色节点的删除，可以通过双击颜色节点来实现。

(7) 单击【确定】按钮，填充矩形后的效果如图 5-91 所示。

(8) 按 Ctrl+I 组合键打开【导入】对话框，选择随书附带光盘中的"CDROM| 素材 |Cha05|积分卡花纹 .cdr"文件，然后单击【导入】按钮，在绘图页中导入素材图片，效果如图 5-92 所示。

图 5-91 填充矩形

图 5-92 导入素材

(9) 调整素材花纹的大小及位置，如图 5-93 所示。

(10) 在工具箱中选择【文本工具】字，在绘图页中输入文本，然后在属性栏中将【字体】设置为【方正水柱简体】，【字体大小】设置为 8 pt，将【字体颜色】设置为白色，然后调整文字的位置，如图 5-94 所示。

图 5-93　调整素材花纹的大小及位置

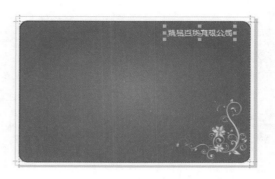

图 5-94　输入文本

(11) 在工具箱中选择【文本工具】🔲，在绘图页中输入英文文本，然后在属性栏中将【字体】设置为 Arial，【字体大小】设置为 5 pt，单击【粗体】按钮🔲和【倾体】按钮🔲，然后调整文字的位置，将字体颜色设置为白色，如图 5-95 所示。

(12) 使用相同的方法输入其他文本，并更改文本字体和字体大小，如图 5-96 所示。

图 5-95　输入英文文本

图 5-96　输入其他文本

(13) 使用【选择工具】🔲，选中"BD"文本，再次单击文本然后调整文本的倾斜，效果如图 5-97 所示。然后调整文本的位置，如图 5-98 所示。

图 5-97　倾斜文本

图 5-98　调整文本的位置

(14) 在工具箱中选择【贝塞尔工具】🔲，绘制如图 5-99 所示的曲线。

(15) 将曲线填充为白色，然后调整其位置，效果如图 5-100 所示。

第 5 章 卡 片 设 计

案例课堂 ▶

图 5-99 绘制曲线   图 5-100 调整位置

知识链接

【贝塞尔工具】：可以绘制平滑精确的曲线。使用该工具可以绘制各种精美的图形，可以通过确定节点和改变控制点的位置，来控制曲线的弯曲度。

(16) 选中导入的素材花纹，在工具箱中选择【阴影工具】 ，在属性面板中将【预设】设置为【平面左上】，效果如图 5-101 所示。

(17) 调整阴影的位置，然后在属性栏中将【阴影的不透明度】设置为 30，【阴影羽化】设置为 5，效果如图 5-102 所示。

图 5-101 添加阴影   图 5-102 调整阴影

(18) 单击 按钮新建绘图页，创建一条水平辅助线，如图 5-103 所示。

(19) 在工具箱中选择【矩形工具】 ，沿辅助线绘制一个 85.5 mm × 12.5 mm 的矩形，将其填充为黑色，如图 5-104 所示。

 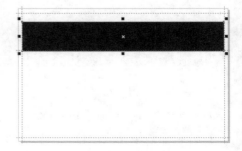

图 5-103 创建水平辅助线   图 5-104 绘制矩形

(20) 参照前面的操作步骤输入文本，如图 5-105 所示。

(21) 在工具箱中选择【矩形工具】 ，绘制一个矩形，将其填充颜色的 CMYK 值设置为 0、0、0、50，如图 5-106 所示。

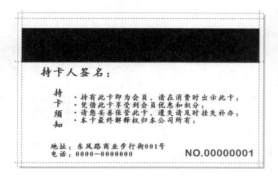

图 5-105　输入文本

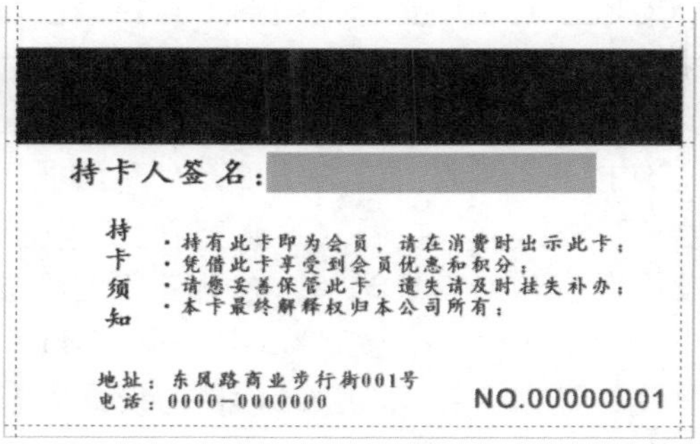

图 5-106　绘制矩形

(22) 将页面 1 中的背景矩形复制到页面 2 中，如图 5-107 所示。

(23) 将矩形填充为白色，然后将其移动至最底层，如图 5-108 所示。

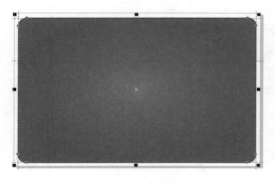

图 5-107　复制背景矩形

图 5-108　填充矩形并调整顺序

(24) 最后将场景文件进行保存并分别导出积分卡的正面和背面效果图片。

案例精讲 038　烫发卡——美发店烫发卡

案例文件：CDROM | 场景 | Cha05 | 美发店烫发卡.cdr

视频文件：视频教学 | Cha05 | 美发店烫发卡.avi

制作概述

本例将介绍如何制作烫发卡——美发店烫发卡，完成后的效果如图 5-109 所示。

学习目标

学习烫发卡的制作。

掌握烫发卡的制作流程。

操作步骤

(1)启动软件后在【创建新文档】对话框中设置【宽度】为100 mm，【高度】为120 mm，然后单击【确定】按钮，如图5-110所示。

(2)在工具箱中选择【矩形工具】▢，在绘图页中绘制矩形，在属性栏中将【对象大小】的【宽度】设置为86 mm，【高度】设置为54 mm，如图5-111所示。

(3)按F11键打开【编辑填充】对话框，在该对话框中单击【渐变填充】按钮▦，在下方的渐变条上选中左侧的节点，将其CMYK值设置为35、47、100、0，在渐变条上双击添加节点并选中，将它的【节点位置】设置为35%，并将其CMYK值设置为2、0、37、0，选中最右侧的节点，将其CMYK值设置为13、20、78、0，选中【缠绕填充】，单击【确定】按钮，如图5-112所示。

(4)在工具箱中选择【钢笔工具】✒，在绘图页中绘制图形，并使用【形状工具】调整对象的控制点，如图5-113所示。

图5-109　烫发卡

图5-110　设置文档大小

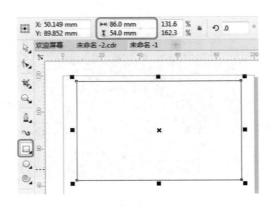

图5-111　绘制设置矩形

 按Ctrl+N组合键，或在菜单栏中选择【文件】|【新建】命令，均可打开【新建文档】对话框。

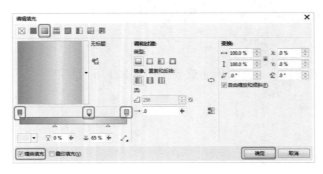

图5-112　编辑填充

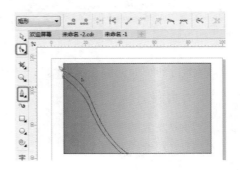

图5-113　绘制并调整对象

(5) 按 F11 键打开【编辑填充】对话框，在该对话框中单击【渐变填充】按钮█，在下方的渐变条上选中左侧的节点，将其 CMYK 值设置为 27、38、92、0，在渐变条上双击添加节点并选中，将它的【节点位置】设置为 39%，并将其 CMYK 值设置为 27、38、92、0，在 50% 的位置处添加节点，将其 CMYK 值设置为 11、0、64、0，在 62% 的位置处添加节点，将其 CMYK 值设置为 20、44、100、0，选中最右侧的节点，将其 CMYK 值设置为 20、44、100、0，将【变换】选项组中的【倾斜】设置为 45°，【旋转】设置为 263.7°，选中【缠绕填充】复选框，单击【确定】按钮，如图 5-114 所示。

(6) 确认选中绘图页中的对象，在属性栏中，将对象大小的【宽度】设置为 37.185 mm，【高度】设置为 49.513 mm，如图 5-115 所示。

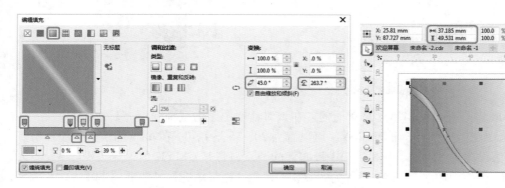

图 5-114　编辑对象的填充　　　　　　　图 5-115　设置对象大小

(7) 在默认调色板的【无】按钮上右击可将选中对象的轮廓颜色设置为无，在这里将之前绘制的所有对象轮廓均设置为无，效果如图 5-116 所示。

(8) 在工具箱中选择【钢笔工具】，在绘图页中绘制对象，绘制完成后在属性栏中将对象大小的【宽度】设置为 33.228 mm，【高度】设置为 45.322 mm，并使用同样的方法进行调整，效果如图 5-117 所示。

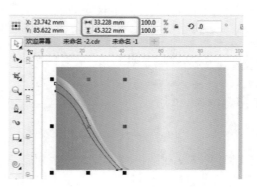

图 5-116　取消所有对象的轮廓　　　　　　图 5-117　设置对象大小

(9) 按 F11 键打开【编辑填充】对话框，在该对话框中单击【渐变填充】按钮█，在下方的渐变条上选中左侧的节点，将其 CMYK 值设置为 15、23、80、0，在 35% 的位置处添加节点，将其 CMYK 值设置为 64、94、100、61，在 57% 的位置处添加节点，将其 CMYK 值设置为 24、36、92、0，选中最右侧的节点，将其 CMYK 值设置为 7、4、65、0，将【变换】选项组中的【旋转】设置为 241.5°，选中【缠绕填充】复选框，单击【确定】按钮，如图 5-118 所示，并将其轮廓颜色设置为无。

(10) 继续使用【钢笔工具】绘制对象，并调整对象的控制点，在属性栏中将对象大小的【宽度】设置为 31.044 mm，【高度】设置为 41.055 mm，如图 5-119 所示。

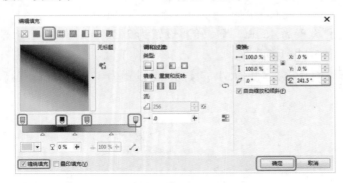

图 5-118　编辑填充颜色　　　　　　　　　　　图 5-119　再次设置对象大小

(11) 按 F11 键打开【编辑填充】对话框，在该对话框中单击【渐变填充】按钮 ▦，在下方的渐变条上选中左侧的节点，将其 CMYK 值设置为 20、35、91、0，在 68% 的位置处添加节点，将其 CMYK 值设置为 8、0、60、0，选中最右侧的节点，将其 CMYK 值设置为 19、34、89、0，将【变换】选项组中的【旋转】设置为 89.3°，选中【缠绕填充】复选框单击【确定】按钮，如图 5-120 所示，并将其轮廓颜色设置为无。

(12) 使用【钢笔工具】绘制对象，并调整对象的控制点，在属性栏中将对象大小的【宽度】设置为 26.172 mm，【高度】设置为 35.281 mm，如图 5-121 所示。

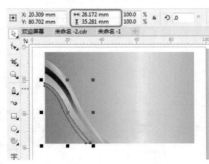

图 5-120　设置填充颜色　　　　　　　　　　　图 5-121　绘制对象并调整大小

(13) 按 F11 键打开【编辑填充】对话框，在该对话框中单击【渐变填充】按钮 ▦，在下方的渐变条上选中左侧的节点，将其 CMYK 值设置为 12、0、62、0，在 38% 的位置处添加节点，将其 CMYK 值设置为 18、7、64、0，在 43% 的位置处添加节点，将其 CMYK 值设置为 27、31、78、0，在 52% 的位置处添加节点，将其 CMYK 值设置为 36、55、99、0，在 62% 的位置处添加节点，将其 CMYK 值设置为 25、29、76、0，选中最右侧的节点，将其 CMYK 值设置为 11、0、62、0，将【变换】选项组中的【旋转】设置为 33.4°，选中【缠绕填充】复选框，单击【确定】按钮，如图 5-122 所示，并将其轮廓颜色设置为无。

(14) 继续使用【钢笔工具】绘制对象，并调整对象的控制点，在属性栏中将对象大小的【宽度】设置为 23.645 mm，【高度】设置为 33.726 mm，如图 5-123 所示。

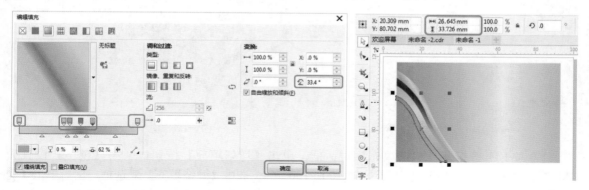

图 5-122　编辑填充　　　　　　　　　　　　图 5-123　绘制并设置对象

(15) 按 F11 键打开【编辑填充】对话框，在该对话框中单击【渐变填充】按钮，在下方的渐变条上选中左侧的节点，将其 CMYK 值设置为 13、35、89、0，选中最右侧的节点，将其 CMYK 值设置为 7、0、59、0，选中【缠绕填充】复选框，单击【确定】按钮，如图 5-124 所示，并将其轮廓颜色设置为无。

(16) 继续使用【钢笔工具】绘制对象，并调整对象的控制点，在属性栏中将对象大小的【宽度】设置为 21.82 mm，【高度】设置为 30.135 mm，如图 5-125 所示。

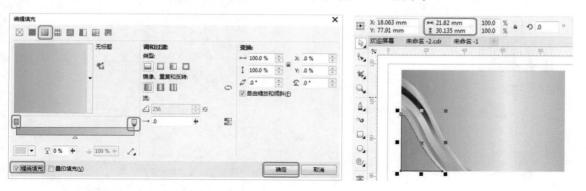

图 5-124　设置对象填充　　　　　　　　　　图 5-125　绘制对象并设置

(17) 按 F11 键打开【编辑填充】对话框，在该对话框中单击【渐变填充】按钮，在下方的渐变条上选中左侧的节点，将其 CMYK 值设置为 20、37、92、0，在 72% 的位置处添加节点，将其 CMYK 值设置为 10、4、60、0，选中最右侧的节点，将其 CMYK 值设置为 5、0、60、0，将【变换】选项组中的【旋转】设置为 315.8°，选中【缠绕填充】复选框，单击【确定】按钮，如图 5-126 所示，并将其轮廓颜色设置为无。

(18) 使用【文本工具】，在绘图页中单击并输入文字，输入文字后选中输入的文字，在属性栏中选择【字体】下拉列表框中的【时尚中黑简体】，并将【字体大小】设置为 14 pt，如图 5-127 所示。

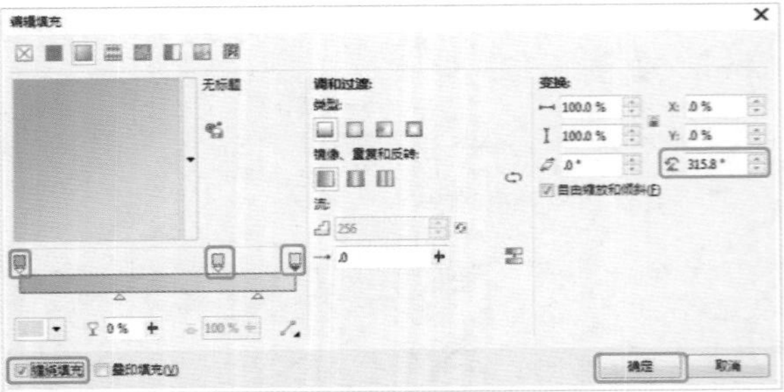

图 5-126　设置对象颜色

图 5-127　输入并设置文字

(19) 按 F11 键打开【编辑填充】对话框，单击【均匀填充】按钮■，将【模型】设置为 CMYK，在右侧将 CMYK 值设置为 0、100、100、64，选中【缠绕填充】复选框，然后单击【确定】按钮，如图 5-128 所示。

(20) 然后使用同样的方法输入其他文字，并设置不同的大小和颜色，效果如图 5-129 所示。

(21) 按 Ctrl+I 组合键打开【导入】对话框，选择随书附带光盘中的 "CDROM| 素材 |Cha05| 人像 .cdr、数字 .cdr" 文件，然后调整素材的位置，效果如图 5-130 所示。

(22) 综合前面介绍的方法制作烫发卡的背面，完成后的效果如图 5-131 所示。

图 5-128　编辑填充颜色

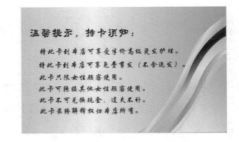

图 5-129　输入其他文字

图 5-130　调整导入对象的位置

图 5-131　完成后的效果

第6章
海报设计

本章重点

- ◆ 生活类——低碳环保海报
- ◆ 生活类——服装海报
- ◆ 食品类——冰激凌海报
- ◆ 美容类——化妆品海报
- ◆ 音乐类——交响乐海报
- ◆ 运动类——足球赛事海报

海报设计是视觉传达的表现形式之一，通过版面的构成在第一时间吸引人们的目光，激活瞬间刺激，这就要求设计者将图片、文字、色彩、空间等要素进行完美的结合，以恰当的形式向人们展示出宣传信息。本章将重点讲解不同类型海报的设计，通过本章的学习，读者可以对海报的制作有一定的了解。

案例精讲 039　生活类——低碳环保海报

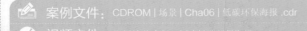

案例文件：CDROM | 场景 | Cha06 | 低碳环保海报 .cdr

视频文件：视频教学 | Cha06 | 低碳环保海报 .avi

制作概述

本例主要讲解如何制作环保海报。本例主要以绿色为背景，标题文字以绿色和黄色打底并配以立体化，突出海报的主旨；二级标题在海报的右下方配合海报的整体内容，显得更加协调；绿色建筑物代替水泥混凝土，更能突出海报的主旨，完成后的效果如图 6-1 所示。

学习目标

学习如何制作海报。
掌握海报的制作过程，掌握绿色主体背景的设置。

操作步骤

(1) 启动软件后，按 Ctrl+N 组合键，创建一个【原色模式】为 CMYK 的文档，并利用【矩形工具】绘制宽和高分别为 175 mm、250 mm，【转角半径】为 8 mm 的圆角矩形，如图 6-2 所示。

(2) 选择创建的矩形，按 F11 键弹出【编辑填充】对话框，将 0 位置处的 CMYK 值设为 35、0、88、0，将 63% 位置处的 CMYK

图 6-1　环保海报

值设为 80、19、100、0，将 87% 位置处的 CMYK 值设为 56、0、62、0，将 100% 位置处的 CMYK 值设为 53、0、96、0，【旋转】设置为 -90°，完成后的效果如图 6-3 所示。

图 6-2　创建矩形

图 6-3　设置渐变色

上一步设置的转角半径是在四个角锁定状态下设定的。

(3) 取消对象的轮廓颜色，打开随书附带光盘中的"CDROM | 素材 | Cha06 | 环保海报素材 .cdr"文件，选择树叶素材，对其进行复制，然后在场景中进行粘贴，效果如图 6-4 所示。

(4) 利用【图框精确剪裁】命令将树叶素材拖至矩形中，适当调整大小，完成后的效果如图 6-5所示。

图 6-4　复制树叶　　　　　　　　　　　　　　图 6-5　调整后的效果

提示　　　粘贴素材，可以先将素材文档打开，按 Ctrl+C 组合键将其复制，返回到场景文件中按 Ctrl+V 组合键将其粘贴。和导入素材的区别是，粘贴素材有可选择性。

(5) 使用同样的方法将房子素材拖至文档中，并对其进行修剪，完成后的效果如图 6-6 所示。

(6) 按 F8 键激活【文本工具】，在绘图页中输入"低碳环保时尚生活"，在属性栏中将【字体】设为【汉仪方隶简】，将【字体大小】设为 72 pt，按 Ctrl+T 组合键，弹出【文本属性】泊坞窗，将【字符间距】设为 0，完成后的效果如图 6-7 所示。

图 6-6　添加素材　　　　　　　　　　　　　　图 6-7　输入文字

(7) 按 Ctrl+Q 组合键将其转换为曲线，按 Ctrl+G 组合键将其成组，并将【填充颜色】设为白色，利用【选择工具】适当对其进行调整，完成后的效果如图 6-8 所示。

(8) 选择【轮廓图】按钮，对上一步创建的文字添加轮廓，在属性栏中单击【外部轮廓】按钮，将【轮廓步长】设为 1，将【轮廓图偏移】设为 4.5 mm，将【填充色】设为黑色，如图 6-9 所示。

图 6-8 修改文字 　　　　　　　　　　　　　图 6-9 添加轮廓

(9) 选择上一步添加的轮廓，右击，在弹出的快捷菜单中选择【拆分轮廓图群组】命令，如图 6-10 所示。

(10) 在图中选择白色的文字，按 Ctrl+U 组合键将其取消组合，选择上方的文字，按 F11 键，弹出【编辑填充】对话框，分别设置从黄色 (0、0、100、0) 到白色 (0、0、0、0)，将【旋转】设为 90°如图 6-11 所示。

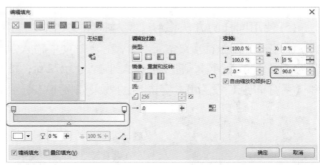

图 6-10 选择【拆分轮廓图群组】命令 　　　　　图 6-11 设置填充

(11) 使用、面的方法，对下面的文字填充同样的渐变色，完成后的效果如图 6-12 所示。

(12) 选择所有的文字，按 Ctrl+G 组合键将其组合，按 F12 键打开【轮廓笔】对话框，设置【颜色】为绿色 (100、0、100、0)，【宽度】为 2 mm，【角】为【圆角】，【线条端头】为【圆头】，选中【填充之后】和【随对象缩放】复选框，其他参数保持默认值，如图 6-13 所示。单击【确定】按钮。

图 6-12　填充渐变

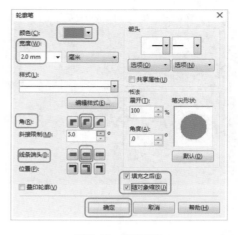

图 6-13　设置描边

(13) 将文字图形向下拖动并右击进行复制，设置填充色和轮廓色为 90% 黑 (C：0；M：0；Y：0；K：90)，右击打开快捷菜单，选择【顺序】|【置于此对象后】命令，出现黑色箭头后，单击文字图形，将图像放置到图形下方并调整位置。框选制作的图像，按 Ctrl+G 组合键进行群组，图像效果如图 6-14 所示。

(14) 选择黑色轮廓图形，填充颜色为浅绿色 (20、0、60、0)，效果如图 6-15 所示。

图 6-14　设置轮廓

图 6-15　设置轮廓颜色

(15) 选择所有的文字和轮廓图像，按 Ctrl+G 组合键进行组合，选择【立体化工具】进行拖动，如图 6-16 所示。单击属性栏的【立体化颜色】 按钮，打开快捷面板，单击【使用递减的颜色】 按钮，设置从深绿色 (100、0、100、60) 到绿色 (60、0、100、0) 渐变，完成后的效果如图 6-16 所示。

(16) 利用【矩形】工具绘制宽和高分别为 175 mm 和 28 mm 的矩形，并将其【填充颜色】和【轮廓】的 CMYK 值设为 100、0、100、50，完成后的效果如图 6-17 所示。

(17) 在场景中输入"低碳："，在属性栏中将【字体】设为【汉仪中隶书简】，将【字体大小】设为 18 pt，将文字的颜色设置为黄色。利用【轮廓图】工具，在属性栏中选择【外部轮廓】按钮，将【轮廓图步长】设为 1，将【轮廓图偏移】设为 0.5 mm，将【填充色】的 CMYK 值设为 100、0、100、30，完成后的效果如图 6-18 所示。

(18) 继续输入文字，在属性栏中将【字体】设为【微软雅黑】，将【字体大小】设为 14 pt，颜色设为白色，如图 6-19 所示。

图 6-16　设置立体化

图 6-17　绘制矩形

图 6-18　输入并设置文字

图 6-20　输入其他文字

图 6-19　输入文字

图 6-21　继续输入文字

(19) 使用同样的方法输入其他文字，完成后的效果如图 6-20 所示。

(20) 继续输入文字，将【字体】设为【汉仪中隶简】，【字体大小】设为 29 pt，颜色为白色，并对齐设置阴影，最终效果如图 6-21 所示。

对文字设置阴影时，先选择【阴影工具】，然后在所选择的对象上进行拖动，即可拖出阴影。

案例精讲 040 生活类——服装海报

✎ 案例文件：CDROM | 场景 | Cha06 | 服装海报 .cdr

🌐 视频文件：视频教学 | Cha06 | 服装海报 .avi

制作概述

本例主要讲解如何制作服装海报。本海报以浅绿色为背景，主要突出夏季清凉诱惑的感觉，海报中所用的文字也是以绿色为主，对于价格和销量却使用了另一种颜色，以起到画龙点睛的作用，使客户一眼就能看到服装的销量和价格，提升购买的欲望。本海报的具体制作过程如下，完成后的效果如图 6-22 所示。

学习目标

学习如何制作服装类海报。
掌握文字的表现技法。

操作步骤

(1) 启动软件后，按 Ctrl+N 组合键，创建一个【原色模式】为 CMYK 的文档，并利用【矩形工具】

图 6-22 服装海报

绘制宽和高分别为 417 mm 和 190 mm 的矩形，如图 6-23 所示。

(2) 选择上一步创建的矩形，按 F11 键，弹出【编辑填充】对话框，将 0 位置处的 CMYK 值设为 20、0、80、0，将 100% 位置处的 CMYK 值设为 0、0、0、0，将【类型】设为"椭圆形渐变"，在【变换】选项组中取消选中【自由缩放和倾斜】复选框，将【填充宽度】设为 155%，将 Y 设为 10%，单击【确定】按钮，如图 6-24 所示。

图 6-23 创建矩形

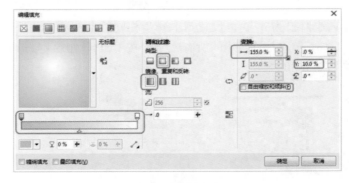

图 6-24 设置渐变色

(3) 将【轮廓】设为无，填充渐变色后的效果如图 6-25 所示。

(4) 按 F8 键激活【文本工具】，在舞台中输入"夏诱"，在属性栏中将【字体】设为【方正粗倩简体】，将【字体大小】设为 230 pt，将 0 位置处的 CMYK 值设为 83、53、100、19，将 100% 位置处的 CMYK 值设为 53、0、94、0，完成后的效果如图 6-26 所示。

第 6 章 海报设计

图 6-25　填充渐变色

图 6-26　输入文字

（5）选择上一步创建的文字，按 Ctrl+Q 组合键，将其转换为曲线，然后利用【矩形工具】在其上侧创建一个矩形，如图 6-27 所示。

注意？　文字处于文本状态时，使用【形状工具】只能改变文字的位置，对文字的形状不能进行改变，只有将文字转换为曲线，在可以改变文字的形状。

（6）选择上一步创建的矩形和文字，在属性栏中单击【移除前面对象】按钮🔳，完成后的效果如图 6-28 所示。

图 6-27　创建矩形

图 6-28　进行裁剪

（7）继续输入文字"七月夏季 衣事撩拨"，在属性栏中将【字体】设为【微软雅黑】，将【字体大小】设为 47 pt，设置与上一步相同的渐变色，调整位置，完成后的效果如图 6-29 所示。

（8）选择上面创建的所有文字，按 Ctrl+G 组合键将其组合，并将其旋转 45°，完成后的效果如图 6-30 所示。

图 6-29　输入文字

图 6-30　进行旋转

（9）选择组合的对象，在菜单栏中执行【对象】|【图框精确剪裁】|【置于文本框内部】命令，此时鼠标指针变为黑色箭头，选择矩形，此时创建的文字进入矩形内部，如图 6-31 所示。

（10）对剪切的文字位置进行调整，完成后的效果如图 6-32 所示。

图 6-31 进行剪切　　　　　　　　　　　　　　　图 6-32 进行调整

 　除了上面所描述的精确裁剪方法外，用户还可以使用【选择工具】选择需要裁剪的对象，按住鼠标右键将其拖至裁剪对象中，当鼠标发生变化时释放鼠标，在弹出的快捷菜单中选择【图框精确剪裁】命令。

　　(11) 按 Ctrl+I 组合键，弹出【导入】对话框，选择随书附带光盘中的"CDROM｜素材｜Cha06｜衣服(1)和衣服(2).png"文件，单击【导入】按钮，返回到场景中按 Enter 键，进行确认，如图 6-33 所示。

　　(12) 利用前面的方法对导入的素材文件进行精确剪裁，适当调整大小，完成后的效果如图 6-34 所示。

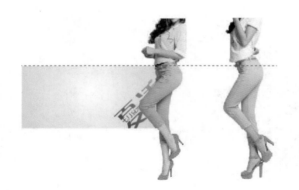

图 6-33 导入素材　　　　　　　　　　　　　　　图 6-34 裁剪后的效果

　　(13) 按 F8 键激活【文本工具】，在舞台中输入"2014新品上架"，在属性栏中将【字体】设为【微软雅黑】，将【文字大小】设为 52 pt，并将文字的【填充颜色】设为 100、0、100、40，效果如图 6-35 所示。

　　(14) 选择"新品"文字，在属性栏中将【字体大小】设为 100 pt，完成后的效果如图 6-36 所示。

图 6-35 创建文字　　　　　　　　　　　　　　　图 6-36 修改文字的大小

(15) 继续输入文字"盛夏必备七分裤",在属性栏中将【字体】设为【微软雅黑】,将【字体大小】设为 45 pt,将字体颜色的 CMYK 值设为 71、31、98、11,效果如图 6-37 所示。

(16) 使用同样的方法输入其他文字,如图 6-38 所示。

图 6-37 输入文字

图 6-38 输入其他文字

(17) 按 F6 键激活【矩形工具】,绘制宽和高分别为 88 mm 和 23 mm 的矩形,将圆角的【转角半径】设为 10 mm,并将其【填充颜色】和【轮廓】的 CMYK 值设为 66、4、0、0,完成后的效果如图 6-39 所示。

(18) 按 F8 键激活【文本工具】,输入"热销万件",在属性栏中将【字体】设为【微软雅黑】,将【字体大小】设为 48 pt,字体颜色的 CMYK 值设为 0、100、0、0,效果如图 6-40 所示。

图 6-39 创建圆角矩形

图 6-40 输入"热销万件"

(19) 按 F7 键激活【椭圆工具】,绘制椭圆,在属性栏中将【宽度】和【高度】均设为 55 mm,并将其【填充颜色】和【轮廓】的 CMYK 值设为 0、100、0、0,效果如图 6-41 所示。

(20) 按 F8 键激活【文本工具】,输入"秒杀价",在属性栏中将【字体】设为"微软雅黑",将【字体大小】设为 36 pt,字体颜色设为白色,完成后的效果如图 6-42 所示。

图 6-41 绘制正圆

图 6-42 输入"秒杀价"

(21) 选择上一步创建的文字进行复制，将复制的文字修改为“99”，将【字体大小】设为 100 pt，按 Ctrl+T 组合键，在弹出的对话框中将【字体间距】设为 0，完成后的效果如图 6-43 所示。

(22) 对场景中的对象作最后调整，最终效果如图 6-44 所示。

图 6-43　复制并修改文字

图 6-44　最终效果

案例精讲 041　食品类——冰激凌海报

案例文件：CDROM | 场景 | Cha06 | 冰激凌海报 .cdr

视频文件：视频教学 | Cha06 | 冰激凌海报 .avi

制作概述

本例将介绍如何制作食品类——冰激凌海报，完成后的效果如图 6-45 所示。

图 6-45　冰激凌海报

学习目标

学习冰激凌海报的制作。

掌握冰激凌海报的制作流程。

操作步骤

(1) 启动软件后在【创建新文档】对话框中设置【宽度】为 260 mm，【高度】为 360 mm，然后单击【确定】按钮，如图 6-46 所示。

(2) 在工具箱中选择【矩形工具】，在绘图页中绘制矩形，在属性栏中将对象大小的【宽度】设置为 260 mm，【高度】设置为 360 mm，X 设置为 130 mm，Y 设置为 180 mm，如图 6-47 所示。

(3) 按 F11 键打开【编辑填充】对话框，在该对话框中单击【渐变填充】按钮，在下方的渐变条上选中左侧的节点，将其 CMYK 值设置为 82、36、0、0，在渐变条上双击添加节点并选中，将它的【节点位置】设置为 16%，并将其 CMYK 值设置为 58、15、4、0，在 92% 的位置添加节点，将其 CMYK 值设置为 22、3、2、0，选中最右侧的节点，将其 CMYK 值设置为 0、0、0、0，在【变换】选项组中将【旋转】设置为 270°，然后单击【确定】按钮，如图 6-48 所示，并将其轮廓颜色设置为无。

(4) 按 Ctrl+I 组合键打开【导入】对话框，导入素材文件“星形装饰 .cdr”，确认选中导入的素材，在属性栏中将对象大小的【宽度】设置为 260 mm，【高度】设置为 700 mm，将 X 设置为 130 mm，Y 设置为 90mm，如图 6-49 所示。

图 6-46　设置文档大小

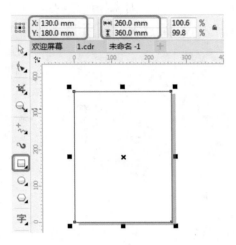

图 6-47　绘制矩形

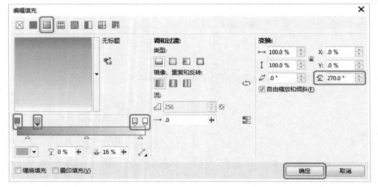

图 6-48　编辑填充

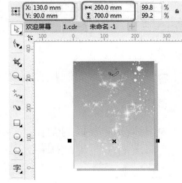

图 6-49　导入并设置素材

(5) 再次按 Ctrl+I 组合键，在打开的【导入】对话框中，将"冰块 1.cdr"和"冰块 2.cdr"素材文件导入绘图页中。选中"冰块 1.cdr"素材，在属性栏中将 X 设置为 118.219 mm，Y 设置为 49.024 mm，如图 6-50 所示。

(6) 选中导入的"冰块 2.cdr"素材，在属性栏中将对象大小的【宽度】设置为 180.45 mm，【高度】设置为 45.37 mm，X 设置为 128.75 mm，Y 设置为 37.25 mm，如图 6-51 所示。

　在设置对象位置时，应根据个人情况进行调整，不需严格按照内容进行设置。

(7) 确认选中冰块 2 素材，按 + 键复制对象，在属性栏中将对象大小的【宽度】设置为 165.89 mm，【高度】设置为 45.37 mm，X 设置为 178.23 mm，Y 设置为 37.04 mm，如图 6-52 所示。

(8) 按 Ctrl+I 组合键，将素材"冰激凌 .cdr"导入绘图页中，选中素材，在属性栏中将 X

设置为 143.57 mm，Y 设置为 113.84 mm，如图 6-53 所示。

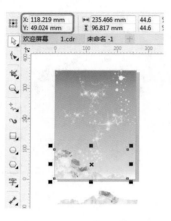

图 6-50　导入素材并调整位置

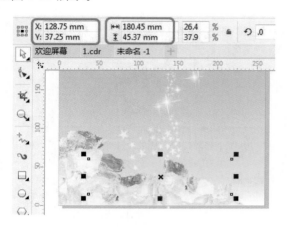

图 6-51　调整下一个素材

(9) 按 Ctrl+U 组合键取消组合对象，选中如图 6-54 所示的对象，按 Ctrl+Page Down 组合键将对象向下移动一层。

(10) 选中导入的冰块 2 素材，按 + 键进行复制，按 Ctrl+Home 组合键将对象向上移动一层，在属性栏中将对象大小的【宽度】设置为 259.821 mm，【高度】设置为 45.369 mm，X 设置为 129.934 mm，Y 设置为 22.537 mm，如图 6-55 所示。

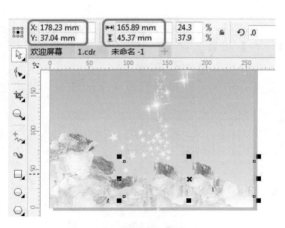

图 6-52　复制并调整素材

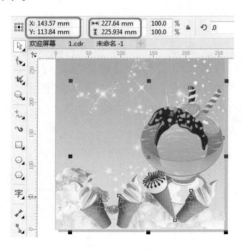

图 6-53　导入并设置素材

(11) 在工具箱中选择【文本工具】，在绘图页中单击并输入文字。选中输入的文字，在属性栏中将 X 设置为 124 mm，Y 设置为 299.54 mm，在【字体】下拉列表框中选择【华文琥珀】选项，将【字体大小】设置为 72 pt，如图 6-56 所示。

(12) 按 Shift+F11 组合键打开【编辑填充】对话框，在该对话框中，将【模型】设置为 CMYK，将 CMYK 设置为 31、100、18、0，然后单击【确定】按钮，如图 6-57 所示。

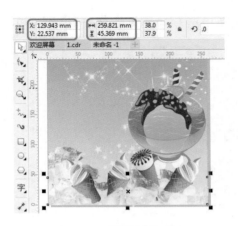

图 6-54　将对象向下移动　　　　　　　图 6-55　复制并调整对象

图 6-56　输入并调整文字　　　　　　　图 6-57　编辑填充

(13) 按 F12 键打开【轮廓笔】对话框，将【颜色】设置为白色，【宽度】设置为 1 mm，然后单击【确定】按钮，如图 6-58 所示。

(14) 使用同样的方法输入其他文字，并根据前面介绍的方法设置其他文字的填充，效果如图 6-59 所示。

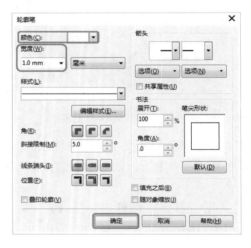

图 6-58　设置轮廓颜色　　　　　　　图 6-59　输入并设置其他文字

案例精讲 042　美容类——化妆品海报

案例文件：CDROM|场景|Cha06|化妆品海报.cdr

视频文件：视频教学 | Cha06| 化妆品海报.avi

制作概述

本例将介绍如何制作化妆品海报，主要使用【矩形工具】、【交互式填充工具】和【透明度工具】，完成后的效果如图 6-60 所示。

学习目标

学习制作化妆品海报。

掌握【交互式填充工具】、【透明度工具】的使用方法。

操作步骤

(1) 启动软件后，新建【宽度】、【高度】分别为 160 mm 和 210 mm，【原色模式】为 CMYK 的文档。使用【矩形工具】在绘图区中绘制【宽度】、【高度】分别为 160 mm 和 72 mm 的矩形，完成后的效果如图 6-61 所示。

(2) 选择绘制的矩形，然后选择【交互式填充工具】，在属性栏中单击【渐变填充】按钮，然后在绘图区中设置节点颜色，将右侧节点的 CMYK 值设置为 90、87、64、47，将左侧节点的 CMYK 设置为 96、98、47、16，如图 6-62 所示。

(3) 调整渐变调整柄，将矩形的轮廓设置为无，完成后的效果如图 6-63 所示。

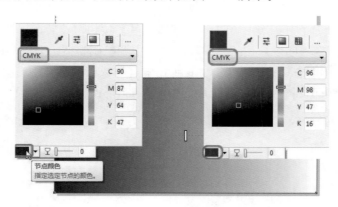

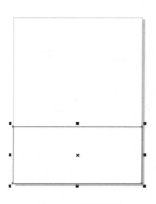

图 6-61　绘制矩形　　　　　　　　　　　图 6-62　设置渐变

(4) 在工具箱中双击【矩形工具】即可绘制一个与绘图区相同大小的矩形。在工具箱中单击【交互式填充工具】按钮，然后在属性栏中单击【渐变填充】按钮和【编辑填充】按钮，弹出【编辑填充】对话框，在该对话框中将左侧节点的 CMYK 值设置为 90、85、78、70，将右侧节点的 CMYK 值设置为 90、88、38、3，如图 6-64 所示。

第 6 章 海报设计

图 6-60　化妆品海报

215

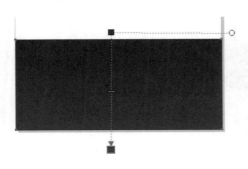

图 6-63　调整渐变

图 6-64　【编辑填充】对话框

(5) 在绘图区中调整渐变调整柄，将轮廓宽度设置为无，完成后的效果如图 6-65 所示。

(6) 继续使用【矩形工具】绘制矩形，在绘图区中两个矩形的交界处绘制宽度、高度分别为 160 mm 和 4 mm 的矩形，填充颜色为白色，轮廓为无，效果如图 6-66 所示。

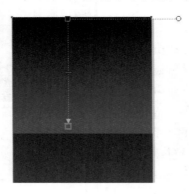

图 6-65　填充渐变

图 6-66　绘制白色矩形

(7) 在工具箱中单击【透明度工具】按钮，然后在属性栏中单击【渐变透明度】按钮和【矩形渐变透明度】按钮，并在绘图区中调整调整柄，完成后的效果如图 6-67 所示。

(8) 按 Ctrl+I 组合键，在弹出的【导入】对话框中选择随书附带光盘中的"CDROM| 素材 | Cha06|HZP.png"素材图片，如图 6-68 所示。

图 6-67　调整透明度

图 6-68　【导入】对话框

(9) 单击【导入】按钮后在绘图区中单击，即可将图片导入，然后调整图片的位置和大小，如图 6-69 所示。

(10) 使用【文本工具】在绘图区中输入文字，将【字体】设置为【华文行楷】，将【字体大小】设置为 40 pt，将字体颜色的 CMYK 设置为 0、0、100、0，如图 6-70 所示。

图 6-69　调整素材图片

图 6-70　输入并设置文字

(11) 使用同样的方法输入文字并对其进行调整，完成后的效果如图 6-71 所示。

(12) 选择导入的图片，按 Ctrl+C 组合键进行复制，按 Ctrl+V 组合键进行粘贴，然后调整图片的位置和大小，并在图片的左侧输入文字，完成后的效果如图 6-72 所示。

图 6-71　输入文字

图 6-72　复制图片并输入文字

案例精讲 043　音乐类——交响乐海报

案例文件：CDROM | 场景 | Cha06 | 交响乐海报 .cdr

视频文件：视频教学 | Cha06 | 交响乐海报 .avi

制作概述

本例将讲解如何制作交响乐海报。首先导入素材，然后输入文字并设置文本的轮廓图效果，完成后的效果如图 6-73 所示。

学习目标

掌握【轮廓图工具】的使用方法。

学习交响乐海报的制作方法。

操作步骤

(1) 启动软件后新建文档。在【创建新文档】对话框中，将【宽度】设置 168 mm，【高度】设置为 250 mm，【渲染分辨率】设置为 300 dpi，然后单击【确定】按钮，如图 6-74 所示。

(2) 按 Ctrl+I 组合键打开【导入】对话框，选择随书附带光盘中的"CDROM| 素材 |Cha06| 音乐背景 .jpg"素材图片，单击【导入】按钮，如图 6-75 所示。

图 6-73 交响乐海报

图 6-74 设置文档参数

图 6-75 【导入】对话框

知识链接

交响乐：交响乐 (symphony) 不是一种器乐体裁的名称，而是一类器乐演出体裁的总称。交响乐包括交响曲、协奏曲、乐队组曲、序曲和交响诗五种体裁，这五种体裁的共同特征是都由大型管弦乐队演奏。但其范畴也时常扩展到一些各具特色的管弦乐曲，如交响乐队演奏的幻想曲、随想曲、狂想曲、叙事曲、进行曲、变奏曲和舞曲等。此外，交响乐还包括标题管弦乐曲。

(3) 在绘图页中绘制导入图片的位置，将其与绘图页大小保持一致，如图 6-76 所示。

(4) 按 Ctrl+I 组合键打开【导入】对话框，选择随书附带光盘中的"CDROM| 素材 |Cha06| 音乐素材 1.tif"素材图片，单击【导入】按钮，导入素材图片并调整其大小及位置，如图 6-77 所示。

(5) 按 Ctrl+I 组合键打开【导入】对话框，选择随书附带光盘中的"CDROM| 素材 |Cha06| 音乐素材 2.tif"素材图片，单击【导入】按钮，导入素材图片并调整其大小及位置，如图 6-78 所示。

图 6-76　导入素材图片　　　　图 6-77　导入"音乐素材 1.tif"　　　图 6-78　导入"音乐素材 2.tif"

(6) 选中导入的"音乐素材 2.tif"，按三次数字键盘上的 + 键对其复制三次，然后调整复制对象的位置，如图 6-79 所示。

(7) 在工具箱中选择【裁剪工具】 ，对图形进行裁剪，如图 6-80 所示。

(8) 按 Enter 键完成裁剪操作，效果如图 6-81 所示。

图 6-79　复制图形　　　　　　　图 6-80　裁剪图形　　　　　　　图 6-81　完成裁剪

(9) 按 Ctrl+I 组合键打开【导入】对话框，选择随书附带光盘中的"CDROM| 素材 |Cha06| 钢琴 .png"素材图片，单击【导入】按钮，导入素材图片并调整其大小及位置，如图 6-82 所示。

(10) 选中所有对象并右击，在弹出的快捷菜单中选择【锁定对象】命令，如图 6-83 所示。

　　　　　　　当对象不需要再次编辑时，可以将该对象锁定，以免在操作过程中对其进行移动或修改等。锁定对象的方法：可以在选择对象后，右击，在弹出的快捷菜单中选择【锁定对象】命令；也可以在菜单栏中执行【对象】|【锁定】|【锁定对象】命令。

(11) 在工具箱中选择【文本工具】 ，在绘图页中输入英文文本，将【字体】设置为 Arial，【字体大小】设置为 40 pt，然后在【调色板】中，用鼠标左键和右键分别单击白色，为其填充颜色，如图 6-84 所示。

图 6-82　导入素材图片　　　图 6-83　选择【锁定对象】命令　　　图 6-84　输入英文文本

 提示　　在【调色板】中，用鼠标左键单击颜色色块可以设置对象的填充颜色，用鼠标右键单击颜色色块可以设置对象的轮廓颜色。

(12) 选中文本并在工具箱中单击【轮廓图工具】按钮，在属性栏中单击【外部轮廓】按钮，将【轮廓图步长】设置为 1，【轮廓图偏移】设置为 4.0 mm，【轮廓圆角】设置为【圆角】，【填充色】设置为黑色，然后调整文本的位置，完成后的效果如图 6-85 所示。

(13) 在工具箱中选择【文本工具】，在绘图页中输入文本，将【字体】设置为【宋体】，【字体大小】设置为 48 pt，然后在【颜色泊坞窗】中将 CMYK 的值设置为 0、29、96、0，单击【填充】和【轮廓】按钮，为其填充颜色，如图 6-86 所示。

图 6-85　设置文本轮廓　　　　　　　　　图 6-86　设置文本颜色

(14) 选中文本并在工具箱中选择【轮廓图工具】，在属性栏中单击【外部轮廓】按钮，将【轮廓图步长】设置为 1，【轮廓图偏移】设置为 3.0 mm，【轮廓圆角】设置为【圆角】，【填充色】设置为黑色，然后调整文本的位置，如图 6-87 所示。

(15) 使用相同的方法输入文字并设置文本轮廓，然后将文本旋转 10°，如图 6-88 所示。

知识链接

【轮廓图工具】：它可以使选定对象的轮廓向外、向中心、向内增加一系列同心线圈，产生一种放射层次效果。

图 6-87 设置文本轮廓

图 6-88 输入文本并设置轮廓

（16）选中倾斜的文本，按数字键盘上的＋号键对其复制，将其【轮廓图步长】设置为 2，【填充色】设置为黑色，如图 6-89 所示。

（17）然后按 Ctrl+Page Down 组合键，将文本向下层移动，如图 6-90 所示。最后将场景文件进行保存并导出效果图。

图 6-89 复制文本

图 6-90 移动文本图层

案例精讲 044 运动类——足球赛事海报

案例文件：CDROM | 场景 | Cha06 | 足球赛事海报 .cdr

视频文件：视频教学 | Cha06 | 足球赛事海报 .avi

制作概述

本例将讲解如何制作足球赛事海报。首先创建矩形并填充渐变颜色，将其作为背景，然后导入素材图片，输入文字并设置文本的效果。完成后的效果如图 6-91 所示。

学习目标

学习【双色图样填充】的设置方法。
掌握【透明度工具】的使用方法。

操作步骤

（1）启动软件后新建文档。在【创建新文档】对话框中，将【宽度】设置 180 mm，【高度】设置为 130 mm，【渲

图 6-91 足球赛事海报

染分辨率】设置为 300 dpi，然后单击【确定】按钮。在工具箱中双击【矩形工具】按钮▢，创建一个与绘图页同样大小的矩形，如图 6-92 所示。

(2) 选中矩形并按 F11 键打开【编辑填充】对话框，将位置 0 的 CMYK 值设置为 100、82、0、0。在【变换】选项组中，将【X】设置为 -50.0%，【旋转】设置为 -90.0°，如图 6-93 所示。

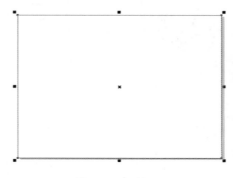

图 6-92　创建矩形

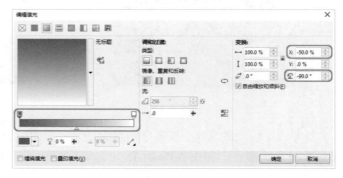

图 6-93　设置渐变颜色

(3) 单击【确定】按钮，对矩形填充渐变颜色，如图 6-94 所示。

(4) 将矩形对象锁定。然后按 Ctrl+I 组合键打开【导入】对话框，选择随书附带光盘中的 "CDROM| 素材 |Cha06| 足球场 .png" 素材图片，单击【导入】按钮，如图 6-95 所示。

(5) 在绘图页中单击并拖动鼠标，绘制插入区域，如图 6-96 所示。

(6) 插入图片后调整图片的大小及位置，如图 6-97 所示。

图 6-94　填充渐变颜色

图 6-95　选择素材图片

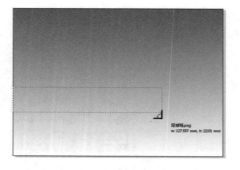

图 6-96　绘制插入区域

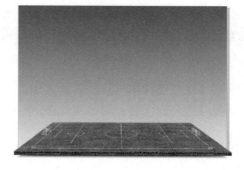

图 6-97　调整素材图片

(7) 使用相同的方法，导入随书附带光盘中的"CDROM| 素材 |Cha06| 球员 .png"素材图片，在属性栏中将图片宽度和高度的【缩放因子】都设置为 26.0%，然后调整图片的位置，效果如图 6-98 所示。

(8) 选中导入的人物素材图片，按数字键上的 + 号键对其进行复制，单击属性栏中的【水平镜像】按钮，然后调整复制图片的位置，如图 6-99 所示。

图 6-98　导入素材图片　　　　　　　　　　　　图 6-99　调整图片位置

(9) 使用相同的方法，导入随书附带光盘中的"CDROM| 素材 |Cha06| 足球 .png"素材图片，在属性栏中将图片宽度和高度的【缩放因子】都设置为 105.0%，然后调整图片的位置，效果如图 6-100 所示。

(10) 在工具箱中单击【文本工具】按钮，在绘图页中输入文本，将【字体】设置为【方正综艺简体】，【字体大小】设置为 72 pt，然后在【调色板】中单击白色，为其填充颜色，如图 6-101 所示。

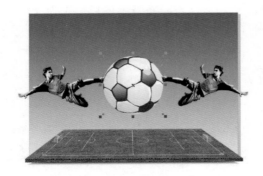

图 6-100　导入"足球 . png"素材图片　　　　　　图 6-101　输入文字

(11) 选中文本并按 F12 键打开【轮廓笔】对话框，将【宽度】设置为 5.0 mm，【角】设置为【圆角】，选中【填充之后】复选框，如图 6-102 所示。单击【确定】按钮后，文字效果如图 6-103 所示。

(12) 在工具箱中单击【交互式填充工具】按钮，在属性栏中单击【双色图样填充】按钮，将填充类型设置为如图 6-104 所示的图案。

(13) 在属性栏中单击【编辑填充】按钮，在弹出的【编辑填充】对话框中，将【前景颜色】和【背景颜色】分别设置为黑色和白色，在【变换】选项组中，将【填充宽度】和【填充高度】都设置为 12.0 mm，将 X 设置为 -0.8 mm，Y 设置为 -5.0 mm，如图 6-105 所示。

图 6-102 【轮廓笔】对话框

图 6-103 设置轮廓后的文字效果

图 6-104 设置填充图案

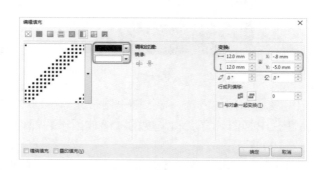

图 6-105 设置填充

(14) 单击【确定】按钮,在空白位置单击,完成文字图案填充,效果如图 6-106 所示。

(15) 在工具箱中选择【文本工具】字,在绘图页中输入文本,将【字体】设置为【微软雅黑】,【字体大小】分别设置为 14 pt 和 24 pt,然后在【调色板】中单击白色,为其填充颜色,效果如图 6-107 所示。

图 6-106 填充文字图案

图 6-107 输入文字

(16) 在工具箱中选择【贝塞尔工具】,绘制如图 6-108 所示的梯形框。

(17) 在【调色板】中单击白色,为其填充颜色,用鼠标右击⊠按钮,效果如图 6-109 所示。

图 6-108　绘制梯形框

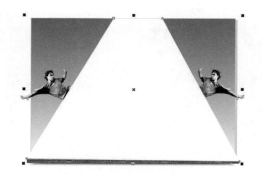

图 6-109　填充颜色

(18) 在工具箱中选择【形状工具】 ，调整梯形节点的位置，如图 6-110 所示。

(19) 在工具箱中选择【透明度工具】 ，在属性栏中单击【渐变透明度】按钮 ，然后调整渐变透明度，完成后的效果如图 6-111 所示。

图 6-110　调整节点位置

图 6-111　设置渐变透明

知识链接

【形状工具】：可以更改所有曲线的形状，它对对象形状的改变，是通过对所有曲线对象的节点和线段的编辑来实现的。

(20) 在空白位置单击鼠标，完成操作。将梯形灯光层向下移动至球员层的下面，然后调整各个图形对象的位置，完成海报的制作。最后将场景文件进行保存并输出效果图。

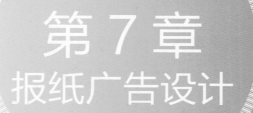

第 7 章
报纸广告设计

本章重点

◆ 地产类——高科楼盘广告
◆ 生活类——香水广告
◆ 交通工具类——汽车报纸广告
◆ 地产类——凯隆商业广场报纸广告
◆ 服装类——品牌服装广告
◆ 电子类——相机广告
◆ 生活类——瓷砖广告

报纸广告 (newspaper advertising) 是指刊登在报纸上的广告。报纸是一种印刷媒介。它的特点是发行频率高、发行量大、信息传递快，因此报纸广告可及时广泛发布。本章将讲解报纸中常用的几种广告类型，包括地产类、生活类、电子类等，通过本章节的学习，读者可以对报纸类广告的制作有所了解。

案例精讲 045　　地产类——高科楼盘广告

> 案例文件：CDROM | 场景 | Cha07 | 高科楼盘广告 .cdr
>
> 视频文件：视频教学 | Cha07 | 高科楼盘广告 .avi

制作概述

本例将介绍如何制作楼盘广告，完成后的效果如图 7-1 所示。

学习目标

学习如何制作地产类广告。

掌握地产类广告的制作过程。

操作步骤

　　(1) 启动软件后，按 Ctrl+N 组合键，打开【创建新文档】对话框，设置【宽度】、【高度】分别为 390 mm、540 mm，【原色模式】为 CMYK。然后利用【矩形工具】绘制宽和高分别为 390 mm 和 540 mm 的矩形，如图 7-2 所示。

　　(2) 选择创建的矩形，按 F11 键弹出【编辑填充】对话框，将 0 位置处的 CMYK 值设为 100、80、0、80，将 45% 位置处的 CMYK 值设为 100、80、0、1，将 100% 位置处的 CMYK 值设为 100、80、0、0，在【变换】选项组中取消选中【自由缩放和倾斜】复选框，将【旋转】设为 90°，如图 7-3 所示。

图 7-1　楼盘广告

图 7-2　创建矩形

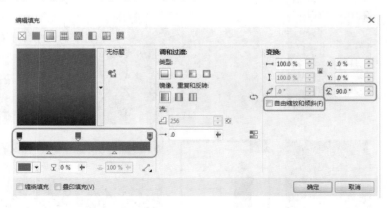

图 7-3　设置渐变色

　　(3) 打开随书附带光盘中的 "CDROM | 素材 | Cha07 | 高科楼盘广告素材 .cdr" 文件，选择

花纹和底图，进行复制，利用【图框精确剪裁】命令将其载入上一步创建的矩形中，效果如图 7-4 所示。

(4) 在素材文件中选择 Logo，进行复制，将其粘贴到文档的右上侧，完成后的效果如图 7-5 所示。

图 7-4　进行图像裁剪

图 7-5　添加 Logo

提示

复制 Logo 的具体过程是：首先打开素材文件，在素材文件中选择需要复制的图像，按 Ctrl+C 组合键进行复制，返回到文档中按 Ctrl+V 组合键进行粘贴，然后调整 Logo 的位置即可。

(5) 按 F8 键激活【文本工具】，输入"2014"，在属性栏中将【字体】设为【微软雅黑】，【文字大小】设为 27 pt，字体颜色的 CMYK 值设为 0、0、40、0，效果如图 7-6 所示。

(6) 继续输入文字"CHENGDU"，在属性栏中将【字体】设为 Bell MT，【文字大小】设为 14 pt，字体颜色的 CMYK 值设为 0、0、40、0，效果如图 7-7 所示。

图 7-6　输入"2014"

图 7-7　输入"CHENGDU"

(7) 使用同样的方法输入其他文字，完成后的效果如图 7-8 所示。

(8) 利用【矩形工具】绘制宽和高分别为 390 mm 和 140 mm 的矩形，并对其填充 CMYK 值为 0、20、100、0，调整位置，效果如图 7-9 所示。

图 7-8　输入其他文字　　　　　　　　　　　图 7-9　绘制矩形

(9) 按 F8 键激活【文本工具】，按住鼠标拖动出一个文本框，并输入文字，在属性栏中将【字体】设为【方正中等细线简】，【文字大小】设为 20 pt，文字颜色设为黑色，效果如图 7-10 所示。

(10) 利用【矩形工具】绘制宽和高分别为 90 mm 和 55 mm 的矩形，如图 7-11 所示。

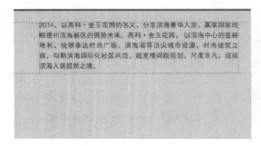

图 7-10　输入文字　　　　　　　　　　　图 7-11　绘制矩形

(11) 在素材文件中选择图片素材，将其复制到场景文件中，利用【图框精确剪裁】命令将其放置到矩形中，将【轮廓颜色】设置为无，效果如图 7-12 所示。

(12) 选择上一步添加的 Logo，进行复制，调整位置，如图 7-13 所示。

图 7-12　添加素材文件　　　　　　　　　　图 7-13　添加 Logo

(13) 按 F8 键激活【文本工具】，输入"高科·金玉花园"，在属性栏中设置【字体】为【微软雅黑】，【文字大小】为 32 pt，字体颜色设置为与背景颜色相同的渐变，完成后的效果如图 7-14 所示。

(14) 继续输入文字，在属性栏中设置【字体】为【微软雅黑】，【文字大小】大小为

22 pt，字体颜色设置为与背景颜色相同的渐变，完成后的效果如图 7-15 所示。

图 7-14　创建文字

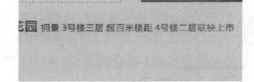

图 7-15　输入文字

提示 　　对于上一步对文字填充和背景相同的渐变色，可以使用鼠标右键选择背景并将其拖至文字上，当鼠标变为 A 时，松开鼠标，在弹出的快捷菜单中选择【复制填充】命令；也可以使用【属性滴管工具】吸取背景，然后将其填充到文字上。

(15) 继续输入文字，在属性栏中设置【字体】为 Arial，【文字大小】大小为 28 pt，字体颜色设置为黑色，利用【选择工具】对创建的文字适当拉伸，完成后的效果如图 7-16 所示。

(16) 使用相同的方法输入其他文字，可以根据自己的爱好设置不同的字体，完成后的效果如图 7-17 所示。

图 7-16　继续输入文字并拉伸

图 7-17　输入其他文字

(17) 选择【2 点线工具】绘制直线，如图 7-18 所示。

注意 　　此处在使用【2 点线工具】绘制直线时，需要按住 Shift 键进行绘制。

(18) 按 F8 键激活【文本工具】，输入文字"2014"，在属性栏中将【字体】设为【微软雅黑】，将【字体大小】设为 70 pt，将字体颜色的 CMYK 值设为 0、0、40、0，并使用【选择工具】对文字适当拉伸，完成后的效果如图 7-19 所示。

图 7-18　绘制直线

图 7-19　输入文字并拉伸

(19) 继续输入文字"跟随高科步伐"，在属性栏中将【字体】设为【微软雅黑】，将【字体大小】设为 68 pt，将字体颜色的 CMYK 值设为 0、0、40、0，效果如图 7-20 所示。

(20) 输入文字"FOLLOW THE PACE GAOKE"，在属性栏中将【字体】设为 Arial，将【字体大小】设为 29pt，将字体颜色的 CMYK 值设为 0、35、100、0，效果如图 7-21 所示。

(21) 继续输入其他文字，在属性栏中将【字体】设为【微软雅黑】，将【字体大小】设为 11pt，将字体颜色的 CMYK 值设为 0、0、40、0，效果如图 7-22 所示。

(22) 使用同样的方法输入其他文字，完成后的效果如图 7-23 所示。

图 7-20 输入"跟随高科步伐"

图 7-21 输入"FOLLOW THE PACE GAOKE"

图 7-22 输入文字

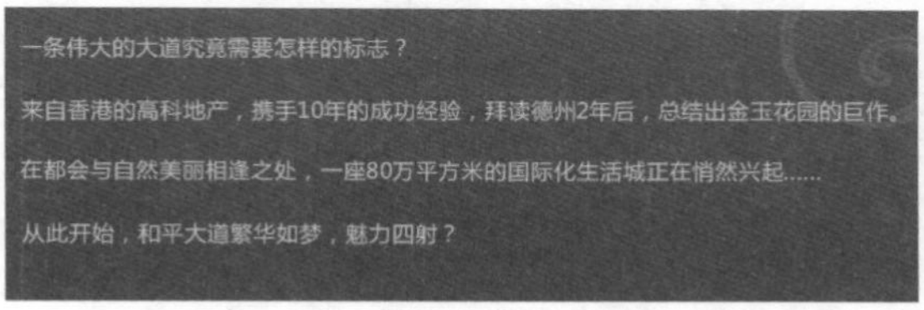

图 7-23 输入其他文字

案例精讲 046 生活类——香水广告

案例文件： CDROM | 场景 | Cha07 | 香水广告 .cdr

视频文件： 视频教学 | Cha07 | 香水广告 .avi

制作概述

本例将介绍报纸中常见的香水广告的设计。本例中的香水为女性专用香水，所以在选色的时候以暖色调为主，照片本身给人一种温暖而且活泼的感觉，配以粉红色更能突出主题。完成后的效果如图 7-24 所示。

学习目标

学习如何制作香水广告。

掌握香水广告的制作流程。

操作步骤

(1) 启动软件后,按 Ctrl+N 组合键,创建
一个【原色模式】为 CMYK,【宽度】、【高
度】分别为 691 mm、324 mm 的文档。然后利
用【矩形工具】绘制宽和高分别为 691 mm 和
324 mm 的矩形,并将其【填充颜色】和【轮廓】
的 CMYK 值设为 0、40、56、0,如图 7-25 所示。

图 7-24　香水广告

(2) 按 Ctrl+I 组合键,弹出【导入】对话框,选择随书附带光盘中的"CDROM | 素材 |
Cha07 | 香水素材 .jpg"文件,单击【导入】按钮,返回到场景中,如图 7-26 所示。

图 7-25　创建矩形

图 7-26　导入素材文件

(3) 在工具箱中选择【透明度】工具,选择上一步导入的素材文件,将其【透明度】设为
20,如图 7-27 所示。

(4) 选择上一步设置的位图,按住鼠标右键将其拖动到矩形中,当鼠标指针变为准星时,
释放鼠标,在弹出的快捷菜单中选择【图框精确剪裁内部】命令,如图 7-28 所示。

图 7-27　设置透明度

图 7-28　选择【图框精确剪裁内部】命令

(5) 对图像进行适当调整,完成后的效果如图 7-29 所示。

(6) 按 F8 键激活【文本工具】,输入"爱沫儿",在属性栏中将【字体】设为【微软雅黑】,
将【字体大小】设为 100 pt,将【字体颜色】的 CMYK 值设为 0、94、0、0,将【轮廓颜色】
设为无,效果如图 7-30 所示。

图 7-29　裁剪后的效果

图 7-30　输入"爱沫儿"

(7) 继续输入文字，在属性栏中将【字体】设为【微软雅黑】，【字体大小】设为 36 pt，将【字体颜色】设为与上一步相同的颜色，效果如图 7-31 所示。

(8) 继续输入文字"爱沫儿"，在属性栏中将【字体】设为【微软雅黑】，【字体大小】设为 150 pt，将【字体颜色】和【轮廓】的 CMYK 值设为 0、94、0、0，效果如图 7-32 所示。

图 7-31　创建文字

图 7-32　输入文字

(9) 继续输入"AI MO ER"，在属性栏中将【字体】设为 Adobe 仿宋 Std R，将【字体大小】设为 105 pt，将【字体颜色】和【轮廓颜色】的 CMYK 值设为 0、94、0、0，完成后的效果如图 7-33 所示。

(10) 利用【选择工具】选择上一步创建的对象，在属性栏中将【高度】设为 12 mm，完成后的效果如图 7-34 所示。

图 7-33　输入"AI MO ER"

图 7-34　输入文字

(11) 按 Ctrl+I 组合键打开【导入】对话框，选择随书附带光盘中的"CDROM | 素材 | Cha07 | 香水 .png"文件，单击【导入】按钮，返回到场景中按 Enter 键，调整位置，效果如图 7-35 所示。

(12) 按 F6 键激活【矩形工具】，绘制宽和高分别为 113 mm 和 34 mm 的矩形，并将【圆角】的【转角半径】设为 5 mm，将其【填充颜色】和【轮廓】的 CMYK 值设为 0、40、56、0，效果如图 7-36 所示。

图 7-35　导入素材

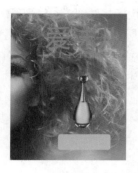

图 7-36　创建圆角矩形

(13) 按 F8 键激活【文本工具】，输入"爱沫 5 号"，在属性栏中将【字体】设为【微软雅黑】，将【字体大小】设为 69 pt，将【字体颜色】和【轮廓】的 CMYK 值设为 0、94、0、0，效果如图 7-37 所示。

(14) 对场景中的对象再次进行整体微调，完成后的效果如图 7-38 所示。

图 7-37　输入文字

图 7-38　最终效果

案例精讲 047　交通工具类——汽车报纸广告

 案例文件：CDROM | 场景 | Cha07 | 汽车报纸广告 .cdr

 视频文件：视频教学 | Cha07 | 汽车报纸广告 .avi

制作概述

本例将介绍如何制作汽车报纸广告。先使用【文本工具】在场景中输入文字，然后对文字进行设置，完成后的效果如图 7-39 所示。

学习目标

学习制作汽车报纸广告。
掌握【文本工具】的使用方法。

操作步骤

(1) 启动软件后，新建【宽度】、【高度】分别为 500 mm 和 350 mm，【原色模式】为 CMYK 的文档。然后使用【矩

图 7-39　汽车报纸广告

形工具】在绘图区中绘制【宽度】、【高度】分别为 500 mm、300 mm 的矩形，完成后的效果如图 7-40 所示。

(2) 按 Ctrl+I 组合键，在弹出的【导入】对话框中选择随书附带光盘中的"CDROM| 素材 |Cha07|L1.jpg"素材文件，如图 7-41 所示。

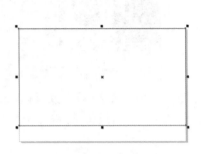

图 7-40 绘制矩形　　　　　　　　　　图 7-41 【导入】对话框

(3) 单击【导入】按钮，在绘图区中单击鼠标将图片导入，然后选择导入的图片，在属性栏中将【缩放宽度】设置为 162%，将【缩放高度】设置为 171%，如图 7-42 所示。

(4) 在菜单栏中选择【对象】|【图框精确剪裁】|【置于图文框内部】命令。选择命令后鼠标变成黑色的箭头，在矩形框内单击鼠标即可将图片置于绘制的矩形框内，完成后的效果如图 7-43 所示。

图 7-42 调整图片的大小　　　　　　　图 7-43 将图片置于图文框内部

(5) 再次按 Ctrl+I 组合键，在弹出的【导入】对话框中选择随书附带光盘中的"CDROM| 素材 |Cha07|L2.png"素材文件，单击【导入】按钮，然后在绘图区中调整图片的大小和位置，效果如图 7-44 所示。

(6) 在工具箱中选择【文本工具】，在绘图区中输入文字，将【字体】设置为【汉仪楷体简】，将【字体大小】设置为 25 pt，将【字体颜色】设置为白色，完成后的效果如图 7-45 所示。

(7) 继续使用【文本工具】，在绘图区中输入文字，将【字体】设置为【汉仪楷体简】，将【字体大小】设置为 95 pt，将【字体颜色】设置为黑色，效果如图 7-46 所示。

(8) 按 3 次 Ctrl+K 组合键将整体文字打散成单个文字，选择"零"文字，将【字体】设置为【汉仪雪君体简】，将【字体大小】设置为 125 pt，效果如图 7-47 所示。

图 7-44   导入图片并进行调整

图 7-45   输入文字

图 7-46   输入"零首付 尽享升级人生"

图 7-47   将文字打散并设置"零"字

(9) 使用同样的方法分别选择"升"、"级"文字，将【字体】设置为【汉仪雪君体简】，将【字体大小】分别设置为 175 pt、115 pt，完成后的效果如图 7-48 所示。

(10) 继续使用【文本工具】在绘图区中输入文本，将【字体】设置为【微软雅黑】，将【字体大小】设置为 27 pt，将【字体颜色】设置为黑色，效果如图 7-49 所示。

图 7-48   调整文字后的效果

图 7-49   输入文字

(11) 在菜单栏中选择【布局】|【页面背景】命令，弹出【选项】对话框，在该对话框中选择【纯色】单选按钮，然后将颜色的 CMYK 设置为 100、100、100、100，如图 7-50 所示。

(12) 单击【确定】按钮，然后使用【文本工具】输入文本，将【字体】设置为【汉仪楷体简】，将【字体大小】设置为 45 pt，将【字体颜色】的 CMYK 设置为 15、100、98、0，效果如图 7-51 所示。

图 7-50　设置页面背景

图 7-51　输入文本并进行设置

除了上述方法外，还可以使用快捷键 Ctrl+J，会弹出【选项】面板，在【文档】组中选择【背景】也可以设置背景色。另一个常用的方法是，在工具箱中对【矩形工具】进行双击，此时会新建一个同文档大小相同的矩形，并处于图层的最下方，通过对矩形填充颜色设置背景色。

(13) 使用同样的方法在绘图区的其他位置输入文本，完成后的效果如图 7-52 所示。

(14) 在工具箱中选择【2 点线工具】，在绘图区中绘制直线，在【对象属性】泊坞窗中单击【轮廓】按钮，将【轮廓宽度】设置为 3 px，将【轮廓颜色】设置为白色，效果如图 7-53 所示。

图 7-52　输入文字

图 7-53　绘制直线

案例精讲 048　地产类——凯隆商业广场报纸广告

案例文件：　CDROM | 场景 |Cha07|凯隆商业广场报纸广告 .cdr

视频文件：　视频教学 | Cha07| 凯隆商业广场报纸广告 .avi

制作概述

本例将介绍如何制作商业广场报纸广告，主要用到【矩形工具】、【交互式填充工具】、和【文本工具】，完成后的效果如图 7-54 所示。

学习目标

学习制作商业广场报纸广告。

掌握【交互式填充工具】、【矩形工具】的使用方法。

操作步骤

(1) 新建一个【宽度】、【高度】分别为 270 mm 和 390 mm 的文档，将【渲染分辨率】设置为 300dpi，将【原色模式】设置为 CMYK，单击【确定】按钮。在菜单栏中选择【布局】|【页面背景】命令，弹出【选项】对话框，在该对话框中选择【纯色】单选按钮，然后单击其右侧的色块，在弹出的下拉列表中选择【更多】选项。然后在弹出的【选择颜色】对话框中将【模型】设置为 CMYK，将 CMYK 设置为 100、86、66、50，如图 7-55 所示。

(2) 在工具箱中选择【矩形工具】，在绘图区中绘制【宽度】、【高度】分别为 255mm、375mm 的矩形，将【轮廓宽度】设置为 20 px，将【轮廓颜色】的 CMYK 值设置为 0、0、100、20，完成后的效果如图 7-56 所示。

图 7-54 凯隆商业广场报纸广告

(3) 使用【文本工具】在绘图区中输入文本"凯隆商业广场"，将【字体】设置为【方正大黑简体】，将【字体大小】设置为 50 pt，将【字体颜色】设置为白色，然后调整其位置，效果如图 7-57 所示。

(4) 使用【2点线工具】，在绘图区中绘制直线，将【轮廓宽度】设置为 8 px，将【样条样式】设置为- - - - - - - -，将【轮廓颜色】设置为白色，完成后的效果如图 7-58 所示。

图 7-55 设置颜色

图 7-56 绘制矩形

图 7-57 输入文本

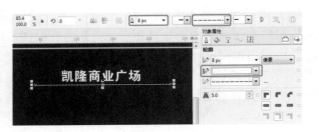
图 7-58 绘制曲线

提示 　　　设置线条的样式，可以在属性栏中单击【线条样式】右侧的下拉按钮，在其下拉列表框中进行选择即可。

(5) 对绘制的线段进行复制，并调整其位置，然后使用【文本工具】在两条线段之间输入文本，将【字体】设置为【微软雅黑】，将【字体大小】设置为 26 pt，将【字体颜色】设置为白色，效果如图 7-59 所示。

(6) 继续使用【文本工具】在绘图区中输入文本，将【字体】设置为【汉仪楷体简】，将【字体大小】设置为 16 pt，将【字体颜色】设置为白色，完成后的效果如图 7-60 所示。

图 7-59　复制线段和输入文字

图 7-60　绘制文本并进行设置

(7) 使用【2 点线工具】在绘图区中绘制两条线段，每条线段的宽度设置为 41 mm，将【轮廓宽度】设置为 10 px，【轮廓颜色】设置为白色，完成后的效果如图 7-61 所示。

(8) 使用【文本工具】在绘图区中输入文本"领跑未来商业方向"，将【字体】设置为【汉仪楷体简】，将【字体大小】设置为 24 pt，将【字体颜色】设置为白色，完成后的效果如图 7-62 所示。

图 7-61　绘制线段

图 7-62　输入文本并进行设置

(9) 按 Ctrl+I 组合键，在弹出的【导入】对话框中选择随书附带光盘中的"CDROM| 素材 | Cha07|L3.png"、"L4png"素材图片，单击【导入】按钮，如图 7-63 所示。

(10) 在绘图区中单击两次鼠标将图片导入至绘图区中，然后调整图片的大小、位置和顺序，完成后的效果如图 7-64 所示。

(11) 在工具箱中选择【矩形工具】，在绘图区中绘制矩形，将【宽度】、【高度】设置为 257 mm、10 mm，将【轮廓宽度】设置为无。确定矩形处于选择状态，在【对象属性】泊坞窗中单击【填充】按钮，然后单击【渐变填充】按钮，将填充类型设置为【矩形渐变填充】，将左侧节点颜色的 CMYK 设置为 0、0、100、0，将右侧节点颜色的 CMYK 设置为 4、0、31、0，如图 7-65 所示。

(12) 在工具箱中选择【交互式填充工具】，然后在绘图区中调整渐变，效果如图 7-66 所示。

图 7-63 【导入】对话框

图 7-64 调整完成后的效果

图 7-65 设置渐变

图 7-66 填充渐变后的效果

(13) 使用【文本工具】在绘图区中输入文本，将【字体】设置为【汉仪魏碑简】，将【字体大小】设置为 25 pt。选择输入的文本，按 F11 键打开【编辑填充】对话框，在该对话框中单击【渐变填充】按钮，然后将【类型】设置为【矩形渐变填充】，将左侧节点颜色的 CMYK 设置为 0、0、100、0，将右侧节点颜色的 CMYK 设置为 4、0、31、0，如图 7-67 所示。

(14) 单击【确定】按钮，然后使用【交互式填充工具】，在绘图区中调整渐变，效果如图 7-68 所示。

(15) 使用【文本工具】输入文字，将【字体】设置为【微软雅黑】，将【字体大小】设置为 10 pt，将【字体颜色】设置为白色，效果如图 7-69 所示。

(16) 使用同样的方法输入其他文字，将【字体】设置为【微软雅黑】，将【字体大小】设置为 8 pt，将【字体颜色】的 CMYK 设置为 0、0、100、0，效果如图 7-70 所示。

(17) 使用同样的方法输入剩余的文字，将【字体】设置为【微软雅黑】，将【字体大小】设置为 10 pt，将【字体颜色】设置为白色，效果如图 7-54 所示。

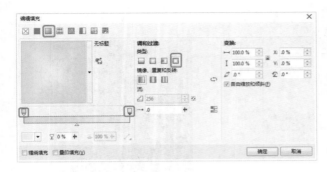

图 7-67　【编辑填充】对话框

图 7-68　设置文字渐变后的效果

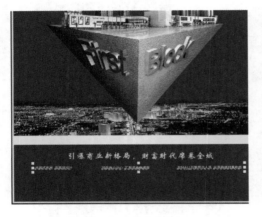

图 7-69　输入文字

图 7-70　输入其他文字并进行设置

案例精讲 049　服装类——品牌服装广告

> 案例文件：CDROM | 场景 | Cha07| 品牌服装广告 .cdr
>
> 视频文件：视频教学 | Cha07| 品牌服装广告 .avi

制作概述

本例将讲解如何制作品牌服装广告。首先制作页面的边框，然后导入素材图片。输入文字并设置文本后，绘制矩形并复制矩形框，最后输入矩形框中的文本并进行相应的设置。完成后的效果如图 7-71 所示。

学习目标

掌握【矩形工具】的使用方法。

学习文本的设置方法。

操作步骤

(1) 启动软件后新建文档。在【创建新文档】对话框中，将【宽度】设置 390 mm，【高度】设置为 540 mm，【渲染分辨率】设置为 300 dpi，然后单击【确定】按钮，如图 7-72 所示。

(2) 在工具箱中双击【矩形工具】 ▭，创建一个与绘图页同样大小的矩形，并将其填充为黑色，如图 7-73 所示。

(3) 选中创建的矩形并按数字键盘上的+号键对其进行复制，在属性栏中将宽度和高度的【缩放因子】都设置为 95.0%，将填充颜色设置为白色，效果如图 7-74 所示。

(4) 在工具箱中选择【矩形工具】 ▭，在左上角绘制一个 80.0 mm × 45.0 mm 的矩形，如图 7-75 所示。

(5) 在【调色板】中单击黑色色块，将矩形填充为黑色，如图 7-76 所示。

(6) 在工具箱中选择【文本工具】 字，在绘图页中输入文本，将【字体】设置为【Adobe 仿宋 Std R】，【字体大小】设置为 100 pt，然后在【调色板】中单击白色，为其填充颜色，效果如图 7-77 所示。

图 7-71　品牌服装广告

图 7-72　创建文档

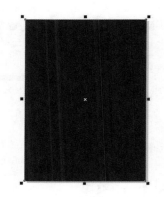

图 7-73　绘制矩形

图 7-74　复制矩形

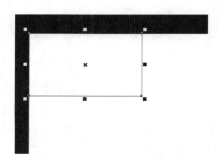

图 7-75　绘制矩形

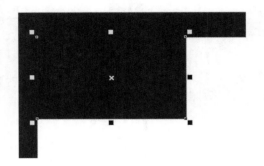

图 7-76　填充矩形

图 7-77　输入文本

(7) 按 Ctrl+A 组合键选择所有对象，并将所有对象锁定。然后按 Ctrl+I 组合键打开【导入】对话框，选择随书附带光盘中的"CDROM| 素材 |Cha07| 服装人物素材 .png"素材图片，单击【导入】按钮，将其导入到绘图页中，将宽度和高度的【缩放因子】都设置为 100.0%，然后调整其到适当位置，效果如图 7-78 所示。

(8) 在工具箱中选择【文本工具】字，在绘图页中输入文本，将【字体】设置为 Arial Unicode MS，【字体大小】设置为 48pt，然后在【调色板】中单击黑色，为其填充颜色，效果如图 7-79 所示。

图 7-78　导入素材图片

图 7-79　输入并设置文本

(9) 选中字母"S"，将其【字体大小】设置为 100 pt，在空白处单击完成操作，如图 7-80 所示。

(10) 在工具箱中选择【文本工具】字，在绘图页中输入文本，将【字体】设置为【微软雅黑】，【字体大小】设置为 36 pt，然后在【调色板】中单击黑色，为其填充颜色，并调整其位置，完成后的效果如图 7-81 所示。

(11) 在工具箱中选择【矩形工具】，在右下角的适当位置绘制一个 144.0 mm×122.0 mm 的矩形，将【转角半径】设置为 3.0 mm，【轮廓宽度】设置为 2.0 mm，然后调整其位置，效果如图 7-82 所示。

图 7-80 更改文本大小

图 7-81 输入文本

图 7-82 绘制矩形

(12) 对矩形进行复制，然后按住 Shift 键调整矩形节点，对其进行缩放，如图 7-83 所示。

(13) 按 F12 键打开【轮廓笔】对话框，将【样式】设置为如图 7-84 所示的类型，然后单击【确定】按钮。

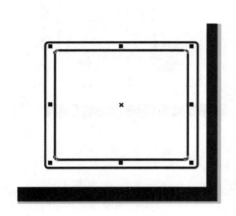

图 7-83 缩放矩形

图 7-84 设置轮廓样式

(14) 参照前面的操作步骤输入文本，如图 7-85 所示。

(15) 在工具箱中选择【矩形工具】 □，在适当位置绘制一个 30.0 mm×30.0 mm 的矩形，将其填充为黑色，如图 7-86 所示。

(16) 然后输入文字"赠"，将【字体】设置为【方正中等线简体】，【字体大小】设置为 72 pt，然后在【调色板】中单击白色，为其填充颜色，并调整其位置，效果如图 7-87 所示。

(17) 选中小矩形和矩形中的文本，将其旋转 20°，然后调整其位置，效果如图 7-88 所示。

(18) 调整各个图形对象的位置，最后将场景文件进行保存并输出效果图。

图 7-85　输入文本

图 7-86　绘制矩形

图 7-87　输入 "赠"

图 7-88　设置旋转

案例精讲 050　电子类——相机广告

✏ 案例文件：CDROM | 场景 | Cha07| 相机广告 .cdr

🎬 视频文件：视频教学 | Cha07 | 相机广告 .avi

制作概述

本例将讲解如何制作相机广告。本例的相机广告是为了突显相机的清晰度，对素材图片进行复制后，将背景图片设置为高斯模糊，然后导入其他相机和镜头素材图片，最后输入文本文字。完成后的效果如图 7-89 所示。

学习目标

掌握【钢笔工具】的使用方法。

掌握【高斯式模糊】的设置方法。

操作步骤

(1) 启动软件后新建文档。在【创建新文档】对话框中，将【宽度】设置为460 mm，【高度】设置为260 mm，【渲染分辨率】设置为300 dpi，然后单击【确定】按钮，如图7-90所示。

(2) 在工具箱中双击【矩形工具】□，创建一个与绘图页同样大小的矩形，如图7-91所示。

图 7-89　相机广告

图 7-90　设置文档参数

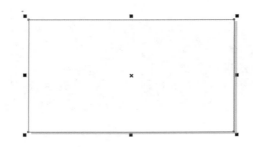

图 7-91　创建矩形

(3) 按 Ctrl+I 组合键打开【导入】对话框，选择随书附带光盘中的"CDROM| 素材 |Cha07|绿色茶园摄影图片素材 .jpg"素材图片，单击【导入】按钮，将其导入到绘图页中，将宽度和高度的【缩放因子】都设置为129.0%。选择所有对象，使用 P 键进行对齐，效果如图7-92 所示。

(4) 在工具箱中选择【矩形工具】□，绘制一个 470 mm×30 mm 的矩形，将其填充为黑色。然后，按 Shift 键选择素材图片和矩形，并分别按 C 键和 T 键进行对齐，效果如图7-93 所示。

图 7-92　导入素材图片

图 7-93　绘制矩形

知识链接

　　对齐的快捷键如下。

　　左对齐(L键)、右对齐(R键)、竖中对齐(C键)、上对齐(T键)、下对齐(B键)、横中对齐(E键)、居中对齐(P键)。

　　(5) 继续使用【矩形工具】▢，绘制一个 220 mm × 120 mm 的矩形，按 Shift 键选择素材图片，并按 P 键进行居中对齐，如图 7-94 所示。

　　(6) 选中绘制的小矩形框，按 F12 键打开【轮廓笔】对话框，将【颜色】设置为白色，【宽度】设置为 1.0 mm，如图 7-95 所示。

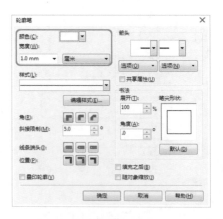

图 7-94　绘制小矩形　　　　　　　　　　　图 7-95　【轮廓笔】对话框

　　(7) 单击【确定】按钮，完成对矩形轮廓的设置，效果如图 7-96 所示。

　　(8) 在工具箱中选择【钢笔工具】✒，绘制高度为 50 mm 和长度为 50 mm 的两条线段，然后调整其位置，如图 7-97 所示。

图 7-96　设置轮廓后的效果　　　　　　　　　图 7-97　绘制线段

　　(9) 按 F12 键打开【轮廓笔】对话框，将【颜色】设置为白色，【宽度】设置为 2 mm，如图 7-98 所示。

　　(10) 单击【确定】按钮完成对线段轮廓的设置。按数字键盘上的 + 号键，对其进行复制，然后单击属性栏中的【水平镜像】按钮 ▥，对复制的对象进行镜像，效果如图 7-99 所示。

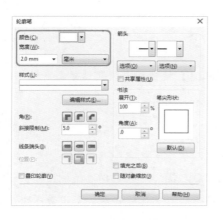

图 7-98 【轮廓笔】对话框

图 7-99 对复制的对象进行镜像

(11) 调整复制得到的线框位置，如图 7-100 所示。

(12) 选中左右两侧的线框，对其进行复制，然后单击属性栏中的【垂直镜像】按钮 ，并调整镜像对象的位置，如图 7-101 所示。

图 7-100 调整线框位置

图 7-101 复制线框

(13) 对背景素材图片进行复制，然后选中复制的素材图片，在菜单栏中选择【对象】|【图框精确剪裁】|【置于图文框内部】命令，然后将鼠标指向小矩形框内部并单击，如图 7-102 所示。

(14) 在矩形图形框底部的快捷菜单中单击 按钮并选择【内容居中】命令，如图 7-103 所示。

图 7-102 鼠标指向小矩形框内部并单击

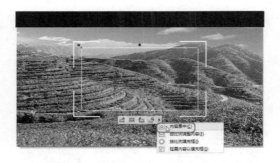

图 7-103 选择【内容居中】命令

(15) 再次选中背景素材图片，在菜单栏中选择【位图】|【模糊】|【高斯式模糊】命令，如图 7-104 所示。

(16) 在弹出的【高斯式模糊】对话框中，将【半径】设置为 3.0 像素，然后单击【确定】按钮，如图 7-105 所示。

> **提示** 在【高斯式模糊】对话框中，单击【预览】按钮可以预览设置高斯模糊后的图像效果。

知识链接

> 高斯模糊：高斯模糊的原理是根据高斯曲线调节像素色值，是有选择地模糊图像。说得直白一点，就是高斯模糊能够把某一点周围的像素色值按高斯曲线统计起来，采用数学上加权平均的计算方法得到这条曲线的色值，最后能够留下人物的轮廓。

图 7-104　选择【高斯式模糊】命令

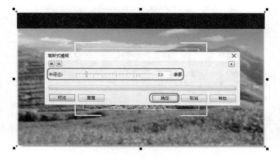

图 7-105　设置高斯式模糊

(17) 在工具箱中选择【钢笔工具】，绘制一条如图 7-106 所示的线段，在属性栏中将其【轮廓宽度】设置为 1.0 mm，【Y】设置为 26.0 mm。

(18) 按 Ctrl+I 组合键打开【导入】对话框，选择随书附带光盘中的 "CDROM| 素材 |Cha07| 01.png" 素材图片，单击【导入】按钮，将其导入到绘图页中，将宽度和高度的【缩放因子】都设置为 75.0%，然后调整其位置，效果如图 7-107 所示。

图 7-106　绘制线段

图 7-107　导入素材图片

(19) 使用相同的方法导入其他素材图片，如图 7-108 所示。

(20) 在工具箱中选择【文本工具】字，输入文本，将其【字体】设置为【方正黄草简体】，【字体大小】设置为 72 pt，然后调整文本至适当位置，如图 7-109 所示。

图 7-108　导入其他素材图片　　　　　　　　　　　图 7-109　输入文本

(21) 使用相同的方法输入其他文本，如图 7-110 所示。

图 7-110　输入其他文本

(22) 调整各个图形对象的位置，最后将场景文件进行保存并输出效果图。

案例精讲 051　生活类——瓷砖广告

案例文件：CDROM | 场景 | Cha07| 瓷砖广告 .cdr

视频文件：视频教学 | Cha07 | 瓷砖广告 .avi

制作概述

本例将讲解如何制作瓷砖广告。首先对输入的标题文本进行设置，然后使用【钢笔工具】绘制文本轮廓并为其添加轮廓图效果，最后绘制矩形并输入相应的文本信息。完成后的效果如

图 7-111 所示。

图 7-111 瓷砖广告

学习目标

掌握【轮廓图工具】的使用方法。

掌握【矩形工具】的使用方法。

操作步骤

(1) 启动软件后新建文档。在【创建新文档】对话框中，将【宽度】设置 580 mm，【高度】设置为 840 mm，【渲染分辨率】设置为 300 dpi，然后单击【确定】按钮，如图 7-112 所示。

(2) 在工具箱中选择【矩形工具】 □，在绘图页的顶部创建一个 580 mm × 645 mm 的矩形，如图 7-113 所示。

(3) 选中矩形，按 F11 键打开【编辑填充】对话框，设置【类型】为【椭圆形渐变填充】，将位置 0 的 CMYK 值设置为 9、25、69、0，如图 7-114 所示。

(4) 单击【确定】按钮，对矩形进行渐变填充，如图 7-115 所示。

图 7-112 【创建新文档】对话框

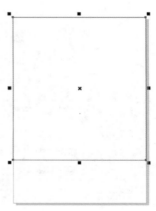

图 7-113 绘制矩形

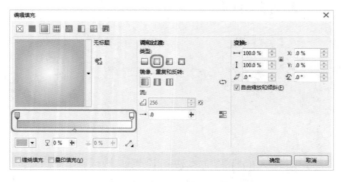

图 7-114 【编辑填充】对话框

图 7-115 填充矩形

(5) 在工具箱中选择【文本工具】字，输入文本，将【字体】设置为【汉仪中宋简】，【字体大小】设置为 150 pt，将其【填充颜色】的 CMYK 值设置为 45、60、50、40，效果如图 7-116 所示。

(6) 将"抄底"两个字的大小设置为 220 pt，然后将文本适当倾斜，效果如图 7-117 所示。

图 7-116　输入文本

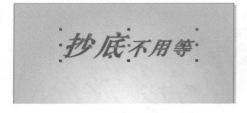

图 7-117　倾斜文本

(7) 选中所有文字并按 Ctrl+Q 组合键将其转换为曲线，然后将【轮廓宽度】设置为 2.0 mm，并将其【轮廓颜色】的 CMYK 值设置为 45、60、50、40，效果如图 7-118 所示。

(8) 按数字键盘上的＋号键复制文字，将文字的填充颜色和轮廓颜色的 CMYK 值设置为 40、70、100、50，然后向左上方调整文字的位置，效果如图 7-119 所示。

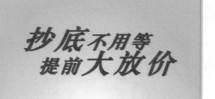

图 7-118　设置轮廓

图 7-119　复制文字

(9) 使用相同的方法输入并设置其他文字，然后调整文字之间的位置，效果如图 7-120 所示。

(10) 在工具箱中选择【折线工具】，绘制文字的外轮廓，如图 7-121 所示。

图 7-120　输入其他文字

图 7-121　绘制外轮廓

提示　　对绘制的图形，可以通过添加或删除节点调整轮廓形状。

(11) 将绘制的轮廓填充为白色，其轮廓颜色设置为无，然后将其所在图层移动至文字图层的下面，如图 7-122 所示。

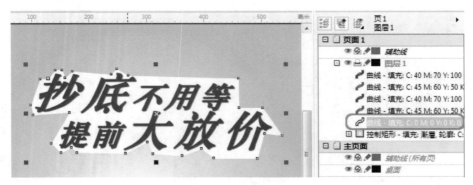

图 7-122　设置轮廓颜色

(12) 在工具箱中选择【轮廓图工具】 ，在属性栏中单击【外部轮廓】按钮 ，将【轮廓图步长】设置为 2，【轮廓图偏移】设置为 8.0 mm，【填充颜色】设置为黑色，效果如图 7-123 所示。

(13) 按 Ctrl+I 组合键打开【导入】对话框，选择随书附带光盘中的"CDROM| 素材 | Cha07|001、002、003.png"素材图片，单击【导入】按钮，将其导入到绘图页中，将宽度和高度的【缩放因子】都设置为 100.0%，然后调整素材的位置，效果如图 7-124 所示。

图 7-123　设置轮廓效果　　　　　　　　　　图 7-124　导入素材

对导入的图片需要将其缩放因子设为 100% 时，在导入时直接按 Enter 键，即可导入原图大小的图形。

(14) 在工具箱中选择【矩形工具】 ，绘制一个 258 mm × 64 mm 的矩形，将左下角和右下角的【转角半径】都设置为 12.0 mm，将其【填充颜色】的 CMYK 的值设置为 66、85、90、60，效果如图 7-125 所示。

(15) 参照前面的方法，在绘制的矩形内输入文本，如图 7-126 所示。

在属性栏中，图标显示为 🔓，可以编辑单个角的转角半径；图标显示为 🔒，可以编辑所有角的转角半径。

图 7-125 绘制矩形

图 7-126 输入文本

(16) 在工具箱中选择【矩形工具】□，绘制一个 367 mm × 135 mm 的矩形，将四个角的【转角半径】都设置为 3.0 mm，将其【填充颜色】设置为白色，【轮廓颜色】设置为无，效果如图 7-127 所示。

(17) 使用相同的方法绘制矩形并输入文本，如图 7-128 所示。

图 7-127 绘制矩形

图 7-128 绘制矩形并输入文本

(18) 在工具箱中选择【钢笔工具】♠，按住 Shift 键绘制一条水平线段，将其【轮廓宽度】设置为 1.0 mm，将其颜色的 CMYK 值设置为 45、60、50、40，效果如图 7-129 所示。

(19) 将绘制的线段进行复制，并调整其位置，如图 7-130 所示。

图 7-129 绘制线段

图 7-130 复制线段

(20) 将背景矩形的轮廓颜色设置为无，然后参照前面的操作步骤绘制不同颜色的矩形并输入文本，如图 7-131 所示。

(21) 在工具箱中选择【椭圆形工具】 ◎，按住 Ctrl 键绘制一个直径为 15 mm 的圆，将其【填充颜色】的 CMYK 值设置为 66、85、90、60，效果如图 7-132 所示。

图 7-131　绘制矩形并输入文本

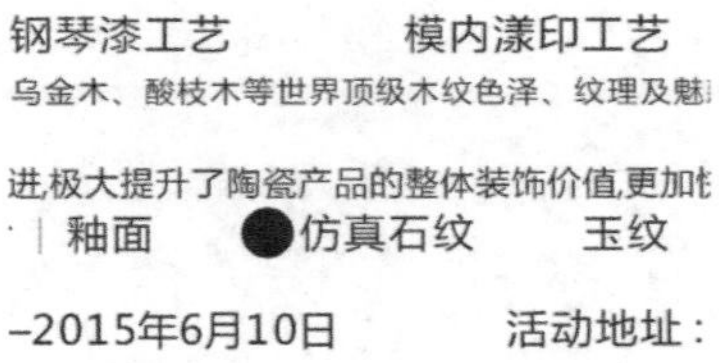

图 7-132　绘制圆

(22) 在工具箱中选择【箭头形状工具】 ☺，将【类型】设置为 ➡，绘制一个箭头并将其填充为白色，效果如图 7-133 所示。

(23) 选中箭头和圆，对其进行复制并调整位置，如图 7-134 所示。

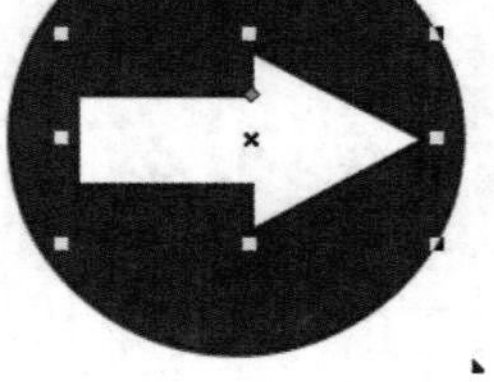

图 7-133　绘制箭头

图 7-134　复制图形

(24) 在工具箱中双击【矩形工具】 ▢，创建一个与绘图页同样大小的矩形，调整各个图形对象的位置，最后将场景文件进行保存并输出效果图。

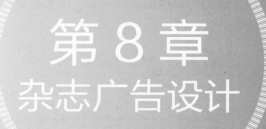

第 8 章
杂志广告设计

各类杂志是各类专业商品广告的良好媒介。刊登在封二、封三、封四和中间双面的杂志广告一般用彩色印刷，纸质也较好，因此表现力较强，是报纸广告难以比拟的。 杂志广告还可以用较多的篇幅来传递关于商品的详尽信息，既利于消费者理解和记忆，也有更高的保存价值。 本章来介绍杂志广告设计。

案例精讲 052　生活类——化妆品广告

 案例文件：CDROM | 场景 | Cha08 | 化妆品广告 .cdr

视频文件：视频教学 | Cha08 | 化妆品广告 .avi

制作概述

本例将介绍如何制作化妆品广告，完成后的效果如图 8-1 所示。

学习目标

学习如何制作化妆品广告。
掌握化妆品广告的制作过程。

操作步骤

(1) 启动软件后，按 Ctrl+N 组合键，创建一个 CMYK 模式的文档。然后利用【矩形工具】绘制宽和高分别为 658 mm 和 858 mm 的矩形，如图 8-2 所示。

(2) 打开随书附带光盘中的"CDROM | 素材 | Cha08 | 化妆品广告素材 .cdr"文件，选择黑色背景，按 Ctrl+C 组合键进行复制，返回到场景中按 Ctrl+V 组合键进行粘贴，效果如图 8-3 所示。

(3) 利用【图框精确剪裁】命令，将添加的素材放置到矩形内，完成后的效果如图 8-4 所示。

图 8-1　化妆品广告

知识链接

CorelDRAW 允许在其他对象或图文框内放置矢量对象和位图（如相片）。图文框可以是任何对象，如美术字或矩形。当对象大于图文框时，将对对象（称为内容）进行裁剪以适合图文框形状。这样就创建了 PowerClip 。

通过将一个 PowerClip 对象放置到另一个 PowerClip 对象中产生嵌套的 PowerClip 对象，可以创建更为复杂的 PowerClip 对象。也可以将一个 PowerClip 对象的内容复制到另一个 PowerClip 对象中。

可以从对象创建空 PowerClip 图文框，或将 PowerClip 图文框还原回对象。当想要在添加内容之前定义文档布局时，创建空 PowerClip 图文框或文本框会非常有用。创建空 PowerClip 图文框后，可以向其添加内容。也可以向已包含其他对象的 PowerClip 图文框添加内容。

(4) 继续复制人物素材，并将其剪裁到矩形内，效果如图 8-5 所示。

图 8-2　创建矩形

图 8-3　复制背景

图 8-4　剪裁图像

(5) 按 F8 键激活【文本工具】，在舞台中输入"丽都时尚"，在属性栏中将【字体】设为【微软雅黑（粗体）】，将【字体大小】设为 150 pt，效果如图 8-6 所示。

图 8-5　剪裁后的效果

丽都时尚

图 8-6　输入文字

(6) 选择输入的文字，按 F11 键弹出【编辑填充】对话框，将 0 位置处的 CMYK 值设为 56、40、22、0，将 50% 位置处的节点色标设为白色，将 100% 位置的 CMYK 值设为 56、40、22、0，如图 8-7 所示。

(7) 选择输入的文字，按 Ctrl+T 组合键弹出【文本属性】泊坞窗，将【字符间距】设为 0%，如图 8-8 所示。

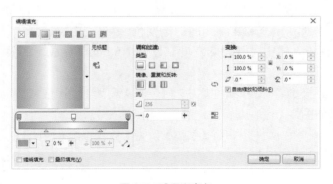

图 8-7　设置渐变色

图 8-8　设置字符间距

(8) 利用【选择工具】选择上一步输入的文字，在属性栏中取消选中【锁定比率】复选框，将【高度】设为 70 mm，完成后的效果如图 8-9 所示。

(9) 继续输入文字"LIDO FASHION"，在属性栏中将【字体】设为【Arial(粗体)】，将【字体大小】设为 78 pt，设置与上一步相同的渐变，完成后的效果如图 8-10 所示。

图 8-9　设置文字　　　　　　　　　　　　　　　　　图 8-10　输入 "LIDO FASHION"

(10) 继续输入文字"CHARM"，在属性栏中将【字体】设为 Arial Black，将【字体大小】设为 285 pt，设置与上一步相同的渐变，完成后的效果如图 8-11 所示。

(11) 选择输入的文字，在属性栏中将【宽度】设为 155 mm，完成后的效果如图 8-12 所示。

(12) 在素材文件中选择化妆品，对其进行复制，调整位置，效果如图 8-13 所示。

图 8-11　输入 "CHARM"　　　　　　　图 8-12　设置宽度　　　　　　　图 8-13　复制素材

(13) 按 F6 键，利用【矩形工具】绘制长和宽分别为 387 mm 和 129 mm 的矩形，取消转角半径的锁定，将左上角的半径设为 20 mm，并对其填充和文字相同的渐变色，效果如图 8-14 所示。

(14) 利用【2 点线工具】绘制直线，在属性栏中将【轮廓宽度】设为 1.5 mm，完成后的效果如图 8-15 所示。

(15) 按 F8 键激活【文本工具】，输入"终极推荐"，在属性栏中将【字体】设为【微软雅黑(粗体)】，将【字体大小】设为 57 pt，效果如图 8-16 所示。

(16) 继续输入文字"来自法国 演绎经典"，在属性栏中将【字体】设为【微软雅黑(粗体)】，将【字体大小】设为 50 pt，完成后的效果如图 8-17 所示。

图 8-14　绘制矩形

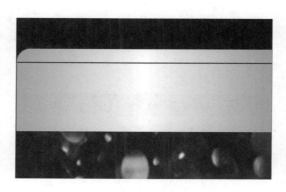

图 8-15　绘制直线

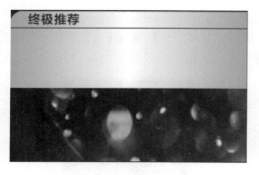

图 8-16　输入文字

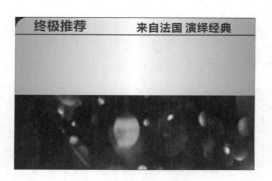

图 8-17　继续输入文字

(17) 使用同样的方法输入其他文字，完成后的效果如图 8-18 所示。

(18) 按 F6 键激活【矩形工具】，绘制长和宽分别为 387 mm 和 76 mm 的矩形，取消转角半径的锁定，将【左上角】和【左下角】的半径设为 10 mm，将其【填充颜色】的 CMYK 值设为 0、60、100、0，效果如图 8-19 所示。

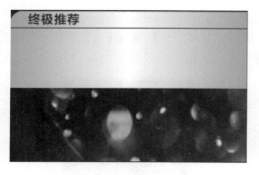

图 8-18　输入其他文字

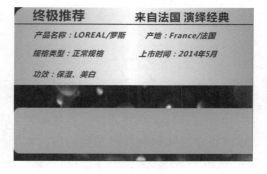

图 8-19　绘制矩形

(19) 按 F8 键激活【文本工具】，输入"网上订购："，在属性栏将【字体】设为【微软雅黑 (粗体)】，将【字体大小】设为 96 pt，完成后的效果如图 8-20 所示。

(20) 利用【选择工具】选择上一步创建的文字，在属性栏中将【高度】设为 53 mm，完成后的效果如图 8-21 所示。

图 8-20　输入"网上订购："　　　　　　　　　　　　图 8-21　拉长文字

(21) 在素材文件夹中选择二维码进行复制，在场景中进行粘贴，完成后的效果如图 8-22 所示。

(22) 按 F8 键激活【文本工具】，输入文字，在属性栏将【字体】设为【微软雅黑（粗体）】，将【字体大小】设为 134 pt，设置与上面相同的渐变色，完成后的效果如图 8-23 所示。

图 8-22　复制二维码　　　　　　　　　　　　　　图 8-23　输入文字

案例精讲 053　交通工具类——中华新车发售

案例文件：CDROM | 场景 | Cha08 | 中华新车发售 .cdr

视频文件：视频教学 | Cha08 | 中华新车发售 .avi

制作概述

本例将学习如何制作汽车类海报。本例的创作思路是围绕新车的品牌（名爵）来做出的，在古代爵属于一种官职，通过该点，将一个古代兵人和车相互融合，使其呈现一体。在广告语中，也突出了爵、兵人、男人等要素，在下面正文中，引用了常用的礼遇及一些权威部门的认可，使消费者购买感觉物超所值。本例完成后的效果如图 8-24 所示。

学习目标

学习如何制作汽车类海报。
掌握制作流程及创作思路。

图 8-24　汽车广告

操作步骤

（1）启动软件后按 Ctrl+N 组合键，弹出【创建新文档】对话框，将【宽度】和【高度】分别设为 460 mm 和 260 mm，将【原色模式】设为 CMYK，如图 8-25 所示。

（2）选择【矩形工具】，双击鼠标左键，创建与文档大小相同的矩形，如图 8-26 所示。

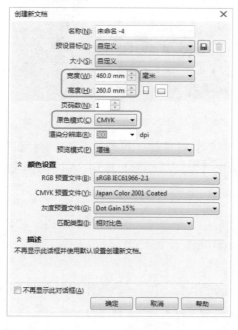

图 8-25　创建新文档

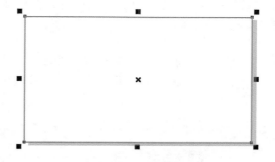

图 8-26　创建矩形

（3）按 Ctrl+I 组合键，弹出【导入】对话框，选择随书附带光盘中的"CDROM｜素材｜Cha08｜g01.jpg"文件，单击【导入】按钮，如图 8-27 所示。

（4）返回到文档中，绘制图框，将其拖至适当的大小，选择导入的文件，按住鼠标右键将其拖至矩形中，当鼠标指针变为准星时，释放鼠标，在弹出的快捷菜单中选择【图框精确剪裁内部】命令，如图 8-28 所示。

图 8-27　选择导入的素材　　　　　　图 8-28　选择【图框精确剪裁内部】命令

（5）对图形的位置进行调整，完成后的效果如图 8-29 所示。

（6）按 Ctrl+I 组合键打开【导入】对话框，选择"g02.jpg"文件导入到文档中并适当调整大小，利用【图框精确剪裁内部】将对象裁剪到内部，如图 8-30 所示。

图 8-29　调整位置　　　　　　　图 8-30　裁剪后的效果

（7）按住 Ctrl 键，使用鼠标左键单击矩形，此时裁剪的对象处于可编辑状态，利用【透明度工具】选择上一步导入的素材文件，在属性栏中单击【渐变透明度】按钮，对透明度进行调整，如图 8-31 所示。

 也可以双击 PowerClip 对象，将其启用并进行编辑；或选择 PowerClip 对象，并在 PowerClip 工具栏上单击【编辑 PowerClip】按钮。

（8）调整完成后单击【停止编辑内容】按钮，完成编辑，完成后的效果如图 8-32 所示。

图 8-31　调整透明度　　　　　　　图 8-32　调整后的效果

(9) 按 F6 键激活【矩形工具】，绘制宽和高分别为 460 mm 和 58 mm 的矩形，并将其【填充颜色】的 CMYK 值设为 9、2、0、0，放置到大矩形的下方，如图 8-33 所示。

(10) 选择上一步创建的矩形，按 F12 弹出【轮廓笔】对话框，将【颜色】设为黑色，【宽度】设为 1 mm，将【角】设置为【斜接角】，将【位置】设为【内部位置】，设置完成后单击【确定】按钮，如图 8-34 所示。

图 8-33　创建矩形

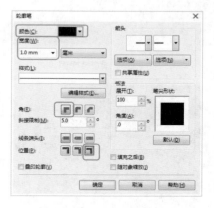

图 8-34　设置轮廓笔

(11) 继续绘制宽和高分别为 86 mm 和 15 mm 的矩形，并将其【填充颜色】和【轮廓】的 CMYK 值设为 0、0、0、90，效果如图 8-35 所示。

(12) 继续创建宽和高分别为 3 mm 和 50 mm 的矩形，并将其旋转 −30°，如图 8-36 所示。

图 8-35　创建矩形

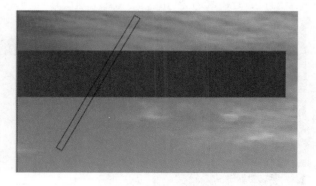

图 8-36　继续创建矩形

(13) 利用【选择工具】选择上两步绘制的矩形，在属性栏中单击【移除前面对象】按钮，完成后的效果如图 8-37 所示。

(14) 导入 "g04.png" 文件，放置到如图 8-38 所示的位置。

(15) 按 F8 键激活【文本工具】，输入 "中华·名爵"，在属性栏中将【字体】设为【微软雅黑(粗体)】，将【字体大小】设为 34 pt，将【字体颜色】设为白色，效果如图 8-39 所示。

(16) 使用上面的方法绘制矩形，并对其进行修剪，将【填充颜色】设为白色，完成后的效果如图 8-40 所示。

图 8-37　渐进性修剪

图 8-38　导入素材文件

图 8-39　输入"中华 · 名爵"

图 8-40　创建矩形

(17) 按 F8 键激活【文本工具】，输入文字，在属性栏中将【字体】设为【微软雅黑】，将【字体大小】设为 34 pt，将【字体颜色】的 CMYK 值设为 0、0、0、90，如图 8-41 所示。

(18) 对 LOGO 进行复制，并输入文字"中华 · 名爵"，在属性栏中将【字体】设为【微软雅黑】，将【字体大小】设为 24 pt，将【字体颜色】设为黑色，效果如图 8-42 所示。

图 8-41　输入文字

图 8-42　创建文字

(19) 继续输入文字，在属性栏中将【字体】设为【微软雅黑】，将【字体大小】设为 9 pt，将【字体颜色】设为黑色，效果如图 8-43 所示。

(20) 继续输入文字"中华 · 名爵尊享礼遇"，在属性栏中将【字体】设为【微软雅黑】，将【字体大小】设为 24 pt，将【字体颜色】设为黑色，效果如图 8-44 所示。

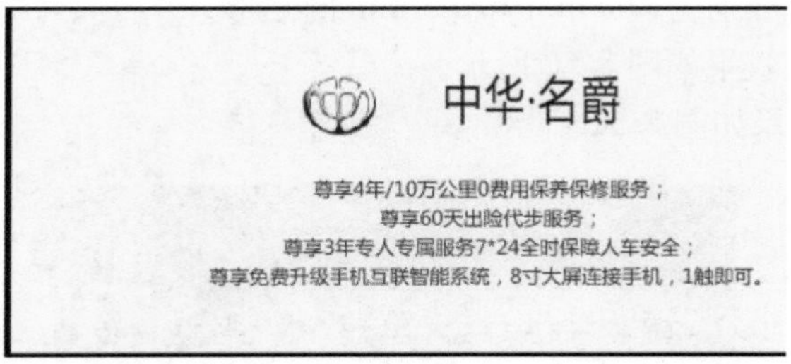

图 8-43　继续输入文字

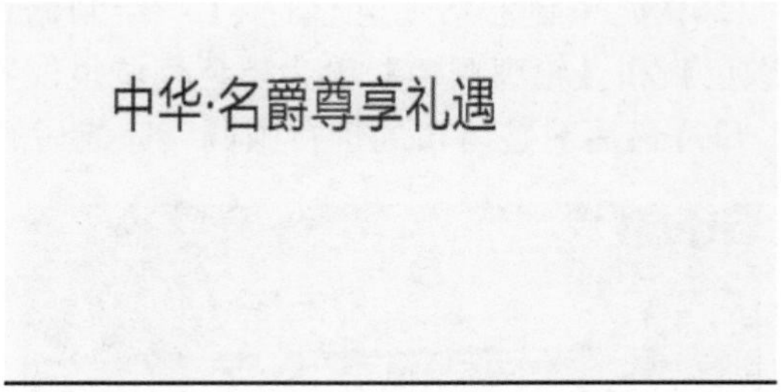

图 8-44　输入文字"中华·名爵尊享礼遇"

(21) 继续输入其他文字，在属性栏中将【字体】设为【微软雅黑】，将【字体大小】设为7 pt，将【字体颜色】设为黑色，效果如图 8-45 所示。

(22) 使用前面的方法导入素材，并输入文字，完成后的效果如图 8-46 所示。

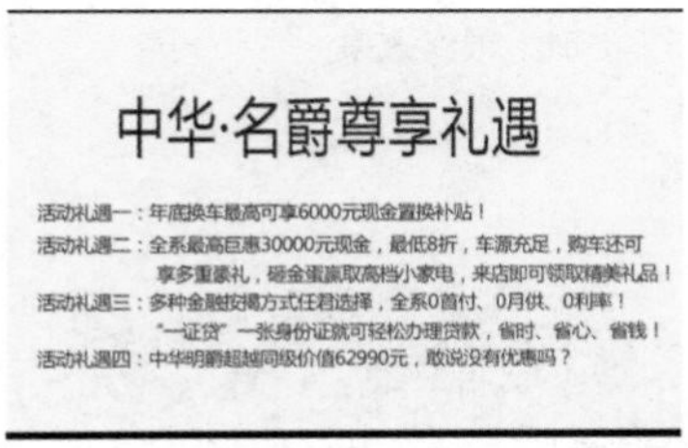

图 8-45　输入其他文字

图 8-46　完成后的效果

(23) 按 F8 键激活【文本工具】，输入"服务热线："，在属性栏中将【字体】设为【微软雅黑】，将【字体大小】设为 24 pt，将【字体颜色】的 CMYK 值设为 0、60、100、0，效果如图 8-47 所示。

(24) 继续输入文字，在属性栏中将【字体】设为【微软雅黑】，将【字体大小】设为 24 pt，将【字体颜色】的 CMYK 值设为 0、60、100、0，效果如图 8-48 所示。

图 8-47　输入"服务热线："

图 8-48　输入文字

(25) 利用【2 点线工具】绘制直线，在属性栏中将【轮廓宽度】设为 0.3 mm，【轮廓颜色】设为黑色，以分割文字，如图 8-49 所示。

图 8-49　绘制直线

(26) 按 F6 键激活【矩形工具】，绘制宽和高分别为 460 mm 和 5.5 mm 的矩形，并将其【填充颜色】和【轮廓颜色】设为黑色，调整位置，效果如图 8-50 所示。

(27) 最后对整体布局进行微调，完成后的效果如图 8-51 所示。

图 8-50　输入文字

图 8-51　最终效果

案例精讲 054　服装类——夹克衫宣传

案例文件：　CDROM | 场量 | Cha08 | 夹克衫宣传 .cdr

视频文件：　视频教学 | Cha08 | 夹克衫宣传 .avi

制作概述

本例将学习如何制作夹克衫广告。本例以土黄色为主体背景，具体操作方法如下，完成后的效果如图 8-52 所示。

图 8-52　夹克宣传

学习目标

学习服装类海报的制作。

掌握制作流程及创作思路。

操作步骤

(1) 启动软件后按 Ctrl+N 组合键，弹出【创建新文档】对话框，将【宽度】和【高度】分别设置为 368 mm 和 260 mm，将【原色模式】设置为 CMYK，如图 8-53 所示。

(2) 在菜单栏中执行【布局】|【页面背景】命令，弹出【选项】对话框，将【背景】设为【纯色】，将其 CMYK 值设为 68、68、72、28，然后单击【确定】按钮，如图 8-54 所示。

图 8-53　创建新文档

图 8-54　设置文档背景

知识链接

　　在【选项】对话框中可以选择绘图背景的颜色和类型。例如，如果要使背景均匀，可以使用纯色。如果需要更复杂的背景或者动态背景，可以使用位图。底纹式设计、相片和剪贴画等都属于位图。

　　选择位图作为背景时，默认情况下位图被嵌入绘图中。建议使用此选项。但也可以将位图链接到绘图，这样在以后编辑源图像时，所做的修改会自动反映在绘图中。如果要将带有链接图像的绘图发送给别人，还必须发送链接图像。

　　可以打印和导出背景位图，也可以不导出和打印背景位图，以节省计算机的资源。不再需要背景时可以将其移除。

---

(3) 按 F6 键激活【矩形工具】，绘制宽和高分别为 184 mm 和 260 mm 的矩形，为了便于观察可设置任意一种颜色，如图 8-55 所示。

(4) 按 Ctrl+I 组合键，弹出【导入】对话框，选择随书附带光盘中的"CDROM|素材|Cha08|y01.jpg"文件，单击【导入】按钮，如图 8-56 所示。

(5) 返回到场景中按 Enter 键，确认导入的素材文件，如图 8-57 所示。

(6) 利用前面介绍的【图框精确剪裁内部】命令，将导入的素材裁剪到创建的矩形内部，如图 8-58 所示。

图 8-55 绘制矩形

图 8-56 选择导入的素材文件

图 8-57 查看导入的素材

图 8-58 裁剪对象

(7) 按 F6 键激活【矩形工具】，绘制宽和高分别为 25 mm 和 81 mm 的矩形，并将其【填充颜色】和【轮廓颜色】的 CMYK 值设为 35、100、100、3，效果如图 8-59 所示。

(8) 按 F8 键激活【文本工具】，输入"欧斯特克"，在属性栏中将【字体】设为【微软雅黑】，将【字体大小】设为 40 pt，将【字体颜色】和【轮廓】都设为白色，效果如图 8-60 所示。

图 8-59 创建矩形

图 8-60 输入文字

(9) 以矩形的中点创建一条辅助线，根据辅助线利用【2 点线工具】绘制直线，在属性栏中将【轮廓宽度】设为 20 px，并将【轮廓颜色】的 CMYK 值设为 27、38、58、0，完成后的效果如图 8-61 所示。

(10) 利用【矩形工具】绘制矩形，将【宽度】和【高度】分别设为 50 mm 和 65 mm，将【轮廓宽度】设为 20 px，将【轮廓颜色】设置为白色，效果如图 8-62 所示。

图 8-61　创建直线

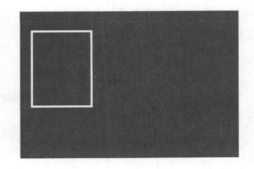

图 8-62　创建矩形

(11) 导入"y02.jpg"文件，并将其裁剪到上一步创建的矩形内部，完成后的效果如图 8-63 所示。

(12) 选择上一步创建的矩形，将其旋转 15°，完成后的效果如图 8-64 所示。

图 8-63　进行裁剪

图 8-64　进行旋转

(13) 选择上一步创建的矩形，复制两次，并将其内的照片删除，适当调整其角度，效果如图 8-65 所示。

(14) 使用前面介绍的方法，分别将"y03.jpg"和"y04.jpg"文件导入到文档中，并将其裁剪到矩形的内部，如图 8-66 所示。

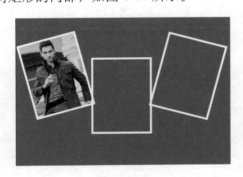

图 8-65　进行复制

图 8-66　导入文件

(15) 按 F8 键激活【文本工具】，输入"欧斯特克让男人更有魅力"，在属性栏将【字体】设为【微软雅黑】，【字体大小】设为 36 pt，将【字体颜色】设为白色，并对他们进行倾斜，效果如图 8-67 所示。

(16) 在工具箱中选择【轮廓图工具】，选择上一步创建的文字，在属性栏中单击【外部轮廓】

按钮 ，将【轮廓图偏移】设为 2.5 mm，将【填充色】的 CMYK 值设为 80、71、100、59，完成后的效果如图 8-68 所示。

知识链接

使用【轮廓图工具】可以为对象添加轮廓图，创建一系列向对象内部或外部渐变的同心线。还可以设置轮廓线的数量和距离。

除了创建有趣的三维效果之外，还可以使用轮廓图创建可剪切的轮廓以向设备（如绘图仪、雕刻机和乙烯树脂切割机）输出。

勾画了对象的轮廓线后，可以将轮廓图设置复制或克隆至另一对象。也可以更改轮廓线之间的填充和轮廓线本身的颜色。可以在轮廓图效果中设置颜色渐变，使其中一种颜色调和到另一种颜色中。颜色渐变可以在所选颜色范围内沿直线、顺时针或逆时针路径进行。

还可以选择轮廓圆角显示的方式。例如，可以使用尖角或圆角，或者可以斜切轮廓角（倒角）。

图 8-67　输入文字

图 8-68　完成后效果

(17) 输入文字"更好版型　更好夹克"，在属性栏中将【字体】设为【微软雅黑】，将【字体大小】设为 32 pt，将【字体颜色】和【轮廓】的 CMYK 值设为 0、0、0、40，效果如图 8-69 所示。

(18) 继续输入文本"Better Version Better Jacket"，在属性栏中将【字体】设为 Commercial script BT，将【字体大小】设为 23.5 pt，将【字体颜色】和【轮廓】的 CMYK 值设为 0、0、0、40，效果如图 8-70 所示。

图 8-69　输入文字"更好版型　更好夹克"

图 8-70　输入文字

(19)继续输入文字,在属性栏中将【字体】设为【微软雅黑】,将【字体大小】设为 14 pt,将【字体颜色】的 CMYK 值设为 0、0、0、40,效果如图 8-71 所示。

(20)导入"y05.jpg"文件,拖动到适当大小,在属性栏中单击【文本换行】按钮,在其下拉列表中选择【跨式文本】选项,效果如图 8-72 所示。

图 8-71　继续输入文字

图 8-72　导入素材

(21)再次输入文字"NO.123456789",在属性栏中将【字体】设为【微软雅黑】,将【字体大小】设为 16 pt,完成后的效果如图 8-73 所示。

(22)最后对整体布局进行调整,完成后的效果如图 8-74 所示。

图 8-73　输入文字"NO.123456789"

图 8-74　最终效果

案例精讲 055　生活类——家具杂志广告

 案例文件：CDROM | 场景 |Cha08| 家具杂志广告 .cdr

 视频文件：视频教学 | Cha08| 家具杂志广告 .avi

制作概述

本例将介绍如何制作家具杂志广告。首选使用【2 点线工具】在绘图区中绘制图形,然后再绘制矩形,将导入的图片置于绘制的矩形框内,最后使用【文本工具】输入文字,完成后的效果如图 8-75 所示。

学习目标

学习制作家具杂志广告。

掌握【2 点线工具】、【矩形工具】、【文本工具】的使用方法。

图 8-75　家具杂志广告

操作步骤

(1) 启动软件后，新建【宽度】、【高度】分别为 420 mm、285 mm，【原色模式】为 CMYK 的文档。在工具箱中双击【矩形工具】，将【轮廓宽度】设置为无，将【填充颜色】的 CMYK 设置为 29、0、75、0，完成后的效果如图 8-76 所示。

(2) 选择刚刚创建的矩形，右击，在弹出的快捷菜单中选择【锁定对象】命令，如图 8-77 所示。

图 8-76　创建矩形并进行填充　　　　　　图 8-77　选择【锁定对象】命令

(3) 在工具箱中选择【2 点线工具】，在绘图区中绘制图形，将【轮廓宽度】设置为 59 px，将【轮廓颜色】的 CMYK 设置为 100、100、100、100，完成后的效果如图 8-78 所示。

(4) 在工具箱中选择【矩形工具】，然后在绘图区中绘制矩形，将【宽度】、【高度】分别设置为 5 mm、43 mm，将【填充颜色】的 CMYK 值设置为 100、100、100、100，将【轮廓颜色】的 CMYK 值设置为 100、100、100、100，如图 8-79 所示。

(5) 使用同样的方法绘制其他矩形，完成后的效果如图 8-80 所示。

(6) 使用【矩形工具】在绘图区中绘制【宽度】、【高度】分别为 133 mm、108 mm 的矩形。然后按 Ctrl+I 组合键，在弹出的【导入】对话框中选择随书附带光盘中的"CDROM|素材 |Cha08|L1.jpg"素材图片，单击【导入】按钮，如图 8-81 所示。

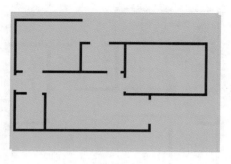

图 8-78　绘制图形

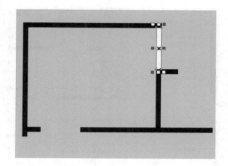

图 8-79　绘制矩形

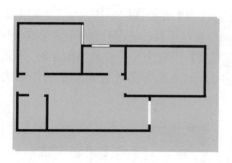

图 8-80　绘制其他矩形

图 8-81　【导入】对话框

(7) 选择导入的图片，在菜单栏中选择【对象】|【图框精确剪裁】|【置于图文框内部】命令，此时鼠标变成黑色的箭头，然后将鼠标移至绘制矩形的内侧单击，即可将素材置入矩形内部，效果如图 8-82 所示。

(8) 单击【编辑 PowerClip】按钮，进入编辑状态，然后调整图片的位置和大小，效果如图 8-83 所示。

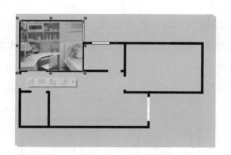

图 8-82　将图片置入图文框内部

图 8-83　进入编辑状态

(9) 单击【停止编辑内容】按钮，在导入的图片上右击，在弹出的快捷菜单中选择【顺序】|【置于此对象前】命令，如图 8-84 所示。

(10) 此时鼠标变成黑色的箭头，然后在锁定的矩形上单击，导入的图片就会自动排列在此矩形的前面，效果如图 8-85 所示。

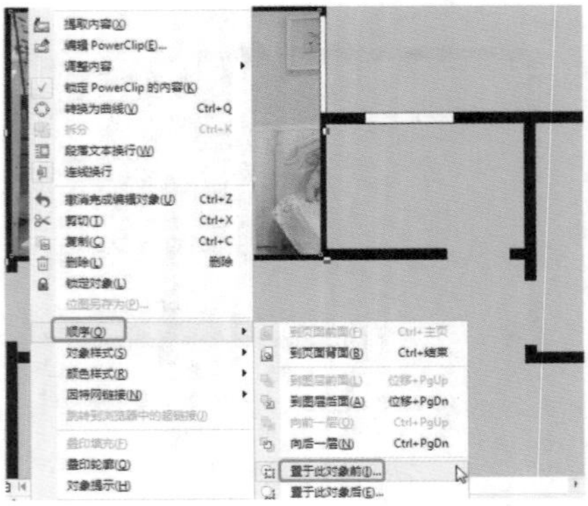

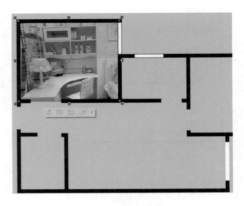

图 8-84　选择【置于此对象前】命令

图 8-85　排序后的效果

　　(11) 将矩形的【轮廓宽度】设置为无。再次使用【矩形工具】在绘图区中绘制矩形，将【宽度】、【高度】分别设置为 164 mm、106 mm，然后导入 "L2.jpg" 素材图片，将图片置于绘制的矩形内部，然后调整图片在矩形内的位置和大小，将矩形的【轮廓宽度】设置为无，效果如图 8-86 所示。

　　(12) 然后将其顺序排列在锁定矩形的前面。使用同样的方法将图片置入绘制的矩形内并调整其排列顺序，完成后的效果如图 8-87 所示。

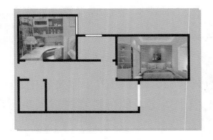

图 8-86　将图片置于图文框内部

图 8-87　设置其他图片

　　(13) 继续使用【矩形工具】，在绘图区中绘制【宽度】、【高度】分别为 5 mm、29 mm 的矩形，将【轮廓宽度】设置为无，将【填充颜色】的 CMYK 值设置为 12、30、49、0，效果如图 8-88 所示。

　　(14) 使用同样的方法绘制其他矩形，将【轮廓宽度】设置为无，将【填充颜色】的 CMYK 值设置为 12、30、49、0，效果如图 8-89 所示。

图 8-88　绘制矩形

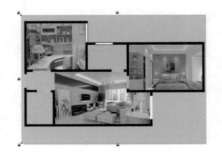

图 8-89　绘制其他矩形

　　(15) 在工具箱中选择【矩形工具】，然后使用【文本工具】在绘图区中输入英文 "KATER"，将【字体】设置为 Bitsumishi，将【字体大小】设置为 65 pt，将【字体颜色】的 CMYK 值设置为 100、100、0、0，完成后的效果如图 8-90 所示。

(16) 继续使用【文本工具】输入文本"德州卡特家具有限公司"，将【字体】设置为【方正大黑简体】，将【字体大小】设置为 25 pt，将【字体颜色】的 CMYK 值设置为 100、100、0、0，效果如图 8-91 所示。

图 8-90　输入英文

图 8-91　输入文字并进行设置

(17) 使用【文本工具】输入文本，将【字体】设置为【微软雅黑】，将【字体大小】设置为 15 pt，单击【粗体】按钮，将【字体颜色】的 CMYK 值设置为 100、100、0、0，效果如图 8-92 所示。

(18) 使用【文本工具】在绘图区中绘制文本框，在文本框中输入文本，将【字体】设置为【微软雅黑】，将【字体大小】设置为 12 pt，将【字体颜色】的 CMYK 值设置为 100、100、0、0，效果如图 8-93 所示。

图 8-92　输入文字

图 8-93　输入段落文字

(19) 使用同样的方法输入其他文字，并对文字进行设置，完成后的效果如图 8-75 所示。

案例精讲 056　生活类——创意苏菲发型屋杂志广告

案例文件：CDROM|场景|Cha08|创意苏菲发型屋杂志广告 .cdr

视频文件：视频教学|Cha08|创意苏菲发型屋杂志广告 .avi

制作概述

本例将介绍如何制作发型屋杂志广告。首先使用【钢笔工具】绘制图形，然后利用【交互式填充工具】为绘制的图形调整渐变。其次使用【矩形工具】绘制矩形，将导入的图片置入绘制的矩形内，然后使用【文本工具】输入文本，完成后的效果如图 8-94 所示。

学习目标

学习制作家具杂志广告。

掌握【2 点线工具】、【矩形工具】、【文本工具】的使用方法。

操作步骤

(1) 启动软件后新建一个【宽度】、【高度】分别为 261 mm、352 mm，【原色模式】为 CMYK，【渲染分辨率】为 300 dpi 的文档。在工具箱中双击【矩形工具】按钮，创建与文档大小相同的矩形。将【填充颜色】的 CMYK 值设置为 100、100、100、100，将【轮廓宽度】设置为无，然后在矩形上右击，在弹出的快捷菜单中选择【锁定对象】命令，如图 8-95 所示。

(2) 在工具箱中选择【钢笔工具】，然后在视图中绘制图形。选择绘制的图形，在【对象属性】泊坞窗中单击【轮廓】按钮，将【轮廓宽度】设置为 25 px，将【轮廓颜色】的 CMYK 值设置为 0、0、0、30，调整绘制图形的位置，完成后的效果如图 8-96 所示。

图 8-94　发型屋杂志广告

图 8-95　选择【锁定对象】命令

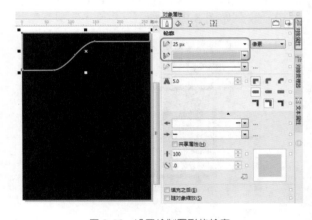

图 8-96　设置绘制图形的轮廓

(3) 单击【填充】按钮，然后单击【渐变填充】按钮，将【渐变填充】设置为【椭圆形渐变填充】，将左侧节点颜色的 CMYK 值设置为 65、57、53、2，将右侧节点颜色的 CMYK 值设置为 24、22、15、0，如图 8-97 所示。

(4) 在工具箱中单击【交互式填充工具】按钮，在绘图区中调整渐变，效果如图 8-98 所示。

(5) 使用【选择工具】选择绘制的图形，按+键对其进行复制，然后在属性栏中单击【水平镜像】和【垂直镜像】按钮，并调整图形的位置，完成后的效果如图 8-99 所示。

(6) 使用【文本工具】在绘图区中输入文字"创意苏菲"，将【字体】设置为【方正综艺体简】，将【字体大小】设置为 50 pt，将【字体颜色】的 CMYK 值设置为 0、0、100、0，效果如图 8-100 所示。

图 8-97 设置渐变颜色

图 8-98 调整渐变

图 8-99 对对象进行镜像

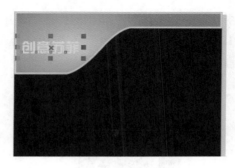

图 8-100 输入文字

(7) 按 Ctrl+K 组合键将文字打散,选择"意"和"菲"文字,将【字体颜色】的 CMYK 值设置为 0、60、100、0,然后调整其位置,效果如图 8-101 所示。

(8) 继续使用【文本工具】输入字母,将【字体】设置为【方正综艺体简】,将【字体大小】设置为 14 pt,将【字体颜色】的 CMYK 值设置为 0、0、100、0,将【字符间距】设置为 150 pt,然后将其调整至文字的下方,效果如图 8-102 所示。

图 8-101 调整文字

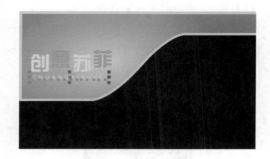

图 8-102 输入字母

(9) 使用【矩形工具】绘制矩形,将【宽度】、【高度】分别设置为 91 mm、103 mm,将【轮廓宽度】设置为 15 px,将【轮廓颜色】的 CMYK 值设置为 0、0、0、0。然后将其旋转 15°,效果如图 8-103 所示。

(10) 按 Ctrl+I 组合键,在弹出的【导入】对话框选择随书附带光盘中的"CDROM| 素材 |Cha08|L4.jpg"素材文件,如图 8-104 所示。

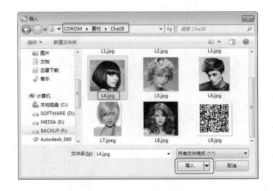

图 8-103　绘制并旋转矩形　　　　　　　　　　图 8-104　选择素材图片

(11) 单击【导入】按钮，然后在绘图区中单击鼠标即可将图片导入。右键拖曳导入的图片至刚刚绘制的矩形内，在弹出的快捷菜单中选择【图框精确剪裁】命令，如图 8-105 所示。

(12) 单击【编辑 PowerClip】按钮，进入编辑状态，调整图片的大小和位置，然后单击【停止编辑内容】按钮，完成编辑，效果如图 8-106 所示。

图 8-105　选择【图框精确剪裁】命令　　　　　图 8-106　编辑完成后的效果

(13) 使用同样的方法绘制矩形并导入图片，将导入的图片置于绘制的矩形内部，完成后的效果如图 8-107 所示。

(14) 使用【文本工具】输入文本"因为苏菲，所以美丽"和"Because SuFei, So Beautiful"，将文字的【字体】设置为【微软雅黑】，将汉字的【字体大小】设置为 26 pt，将【字体颜色】设置为白色。将英文的【字体大小】设置为 13 pt，将【字体颜色】的 CMYK 值设置为 0、100、0、0。完成后的效果如图 8-108 所示。

图 8-107　导入图片后的效果　　　　　　　　　图 8-108　输入文字

(15) 使用【矩形工具】在绘图区中绘制矩形，将【宽度】、【高度】分别设置为 100 mm、32 mm，将【圆角】设置为 3，将【轮廓宽度】设置为无，将【填充颜色】的 CMYK 值设置为50、82、9、0，如图 8-109 所示。

(16) 对绘制的矩形进行复制，将【高度】设置为 16 mm，将【填充颜色】的 CMYK 值设置为 8、96、18、0，然后调整其位置，如图 8-110 所示。

图 8-109　绘制矩形

图 8-110　对矩形进行复制并进行调整

(17) 使用【文本工具】在绘制的矩形内部输入文字，将【字体】设置为【汉仪中圆简】，将【字体大小】设置为 20 pt，将【字体颜色】设置为白色，选择输入的文字"欧美烫发"，将【字体大小】设置为 30 pt，完成后的效果如图 8-111 所示。

(18) 按 Ctrl+I 组合键，在弹出的【导入】对话框中选择随书附带光盘中的"CDROM| 素材 |Cha08|L9.jpg"素材图片，单击【导入】按钮，然后在绘图区中调整其位置和大小，最后使用【文本工具】输入，完成后的效果如图 8-112 所示。

图 8-111　输入文字

图 8-112　导入图片并进行调整

(19) 至此场景就制作完成了，将场景保存后将效果图导出即可。

案例精讲 057　生活类——购物广告

　案例文件：CDROM | 场景 | Cha08| 购物广告 .cdr

　视频文件：视频教学 | Cha08| 购物广告 .avi

制作概述

本例将讲解如何制作购物广告。首先制作页面的背景，接着输入标题文本并对文本进行变形处理，为了与背景呼应，为标题文本添加辉光阴影，将辉光的颜色设置为紫色。然后导入人物和城市剪影素材，最后输入广告的文本信息并进行设置。完成后的效果如图 8-113 所示。

学习目标

学习变形文本的调整方法。

操作步骤

(1) 启动软件后新建文档。在【创建新文档】对话框中，将【宽度】设置 230 mm，【高度】设置为 335 mm，【渲染分辨率】设置为 300 dpi，然后单击【确定】按钮，如图 8-114 所示。

(2) 在工具箱中双击【矩形工具】 ▫，创建一个与绘图页同样大小的矩形，如图 8-115 所示。

(3) 按 Ctrl+I 组合键打开【导入】对话框，选择随书附带光盘中的 "CDROM| 素材 |Cha08| 背景 .jpg" 素材图片，单击【导入】按钮，将其导入到绘图页中，将宽度和高度的【缩放因子】都设置为 100.0%，效果如图 8-116 所示。

图 8-113　购物广告

图 8-114　新建文档

图 8-115　创建矩形

(4) 选中导入的素材图片，在菜单栏中选择【对象】|【图框精确剪裁】|【置于图文框内部】命令，然后将鼠标指向矩形框内部并单击，将图片嵌入矩形中，效果如图 8-117 所示。

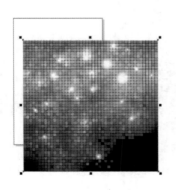

图 8-116　导入素材图片

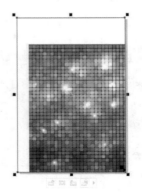

图 8-117　嵌入图片

(5) 单击【编辑 PowerClip】按钮 ，进入图片编辑模式，调整图片的位置，如图 8-118 所示。调整完成后单击【停止编辑内容】按钮 ，退出编辑模式，效果如图 8-119 所示。

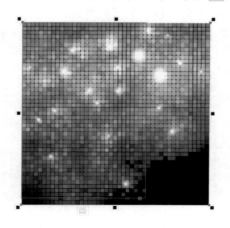

图 8-118　移动图片位置

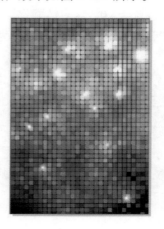

图 8-119　完成编辑

(6) 选中矩形并右击，在弹出的快捷菜单中选择【锁定对象】命令，如图 8-120 所示。

(7) 在工具箱中选择【文本工具】 字，输入文本"购物狂欢节"，将【字体】设置为【方正粗倩简体】，【字体大小】设置为 100 pt，将其颜色设置为白色，然后调整文本至适当位置，如图 8-121 所示。

图 8-120　选择【锁定对象】命令

图 8-121　输入文本

(8) 选中文本按 Ctrl+K 组合键将文本拆分，然后选择所有文本并按 Ctrl+Q 组合键将文本转换为曲线。在工具箱中选择【形状工具】 ，调整文本节点位置，对文本进行变形操作，如图 8-122 所示。

提示　　　在调整节点时，可以增加或删除节点，也可以转换节点的类型，以达到方便调整节点的目的。

(9) 选中所有文本，在属性栏中单击【合并】按钮 ，将所有文本合并在一起。然后单击工具箱中的【阴影工具】按钮 ，在属性栏中将【预设】设置为【小型辉光】，将【阴影的不透明度】设置为 90，【阴影羽化】设置为 10，【羽化方向】设置为【向外】，【羽化边缘】设置为【方形】，【阴影颜色】设置为黑色，然后将文本调整至绘图页的顶部，效果如图 8-123 所示。

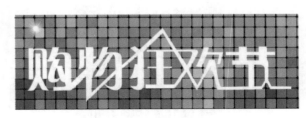 

图 8-122　变形文本　　　　　　　　　　　图 8-123　设置阴影

(10) 按 Ctrl+I 组合键打开【导入】对话框，选择随书附带光盘中的"CDROM| 素材 |Cha08| 人物剪影 .cdr"素材文件，单击【导入】按钮，将其导入到绘图页中，将宽度和高度的【缩放因子】都设置为 100.0%，然后调整其位置，效果如图 8-124 所示。

(11) 使用相同的方法，导入附带光盘中的"CDROM| 素材 |Cha08| 城市剪影 .png"素材文件，然后调整其位置，效果如图 8-125 所示。

(12) 在工具箱中选择【文本工具】 ，输入文本，将其【字体】设置为【汉仪醒示体简】，【字体大小】设置为 72 pt，将其颜色设置为白色，效果如图 8-126 所示。

图 8-124　导入 "人物剪影 .cdr" 文件　图 8-125　导入 "城市剪影 .png" 文件　　　图 8-126　输入文本

(13) 选中 "九折" 两个字，将其【字体大小】设置为 140 pt，效果如图 8-127 所示。

(14) 按 F12 键打开【轮廓笔】对话框，将【宽度】设置为 2.0 mm，【颜色】设置为紫色，然后单击【确定】按钮，如图 8-128 所示。

(15) 选中文本，在属性栏中将【旋转角度】设置为 10.0°，效果如图 8-129 所示。

(16) 使用【文本工具】 输入文本，将【字体】设置为【Adobe 仿宋 Std R】，【字体大小】设置为 24 pt，将其颜色设置为白色，将【旋转角度】设置为 10.0°，然后调整其位置，效果如图 8-130 所示。

(17) 使用相同的方法输入其他文本并调整文本的位置，如图 8-131 所示。

图 8-127　更改文本大小　　　　　　图 8-128　设置轮廓　　　　　　图 8-129　旋转文本

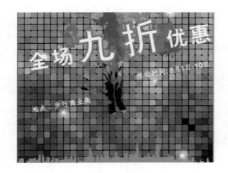

图 8-130　输入文本　　　　　　　　　　　图 8-131　输入其他文本

(18) 调整各个对象的位置，最后将场景文件进行保存并输出效果图。

第 9 章
DM 单设计

本章重点

◆ 生活类——SPA 宣传单页
◆ 生活类——苹果产品宣传折页
◆ 商业类——地板宣传单页
◆ 商业类——酒店开业宣传单
◆ 生活类——咖啡 DM 单
◆ 企业类——物流企业 DM 折页

DM 是英文 direct mail advertising 的省略表述，直译为直接邮寄广告，即通过邮寄、赠送等形式，将宣传品送到消费者手中、家里或公司所在地。本章将介绍一下企业 DM 单设计。

案例精讲 058　生活类——SPA 宣传单页

> 📝 案例文件：CDROM | 场景 | Cha09 | SPA 宣传单页 .cdr
>
> 🎬 视频文件：视频教学 | Cha09 | SPA 宣传单页 .avi

制作概述

本例将讲解如何制作 SPA 宣传单页。众所周知，SPA 会馆是现代女性经常光顾的一个地方，本例以粉红色为主体颜色，配合其他不同类型的红，进行搭配，最终完成效果如图 9-1 所示的宣传单页。

学习目标

学习如何制作 DM 宣传单页。

掌握宣传单页的制作过程。

操作步骤

(1) 启动软件后，按 Ctrl+N 组合键，弹出【创建新文档】对话框，将【名称】设为【生活类—SPA 宣传单页】，将【宽度】和【高度】分别设为 215 mm 和 291 mm，将【原色模式】设为 CMYK，如图 9-2 所示。

(2) 在工具箱中双击【矩形工具】按钮，即可新建一个与文档画布同样大小的矩形，将其【填充颜色】的 CMYK 值设为 0、80、0、0，效果如图 9-3 所示。

图 9-1　SPA 宣传单页

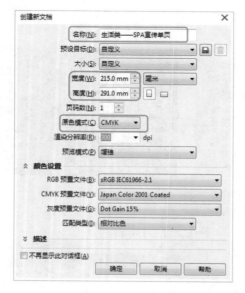

图 9-2　【创建新文档】对话框

图 9-3　创建矩形

(3) 按 Ctrl+I 组合键，弹出【导入】对话框，选择随书附带光盘中的 "CDROM | 素材 | Cha09 | g 背景 .jpg" 素材文件，单击【导入】按钮，导入素材。然后对其进行图框精确剪裁，完成后的效果如图 9-4 所示。

(4) 提取上一步裁剪的图像，利用【透明度工具】，将导入的背景的不透明度设置为 30，效果如图 9-5 所示。

图 9-4　剪裁图像

图 9-5　调整透明度

(5) 继续导入 "g 人物 .jpg" 文件，并将其裁剪到大矩形中，如图 9-6 所示。

> **知识链接**
>
> 在 CorelDRAW 中，可以导入在其他应用程序中创建的文件。例如，可以导入可移植文档格式 (PDF)、 JPEG 或 Adobe Illustrator (AI) 文件。可以导入文件并将它作为对象放置在活动应用程序窗口中。也可以在导入文件时调整文件大小并使文件居中。导入的文件即成为活动文件的一部分。还可以将位图作为外部链接的图像导入。导入链接位图时，对原始 (外部) 文件所做的编辑会自动在导入的文件中更新。
>
> 导入位图时，可以对位图重新取样以缩小文件大小，或者裁剪位图以消除图像中未使用的区域。也可以通过裁剪位图，只选择要导入的图像的准确区域和大小。

(6) 对上一步裁剪的对象进行编辑，利用【透明度工具】，选择上一步导入的图片，在属性栏中单击【渐变透明度】按钮，并对透明度的位置进行调整，如图 9-7 所示。

图 9-6　导入并裁剪图像

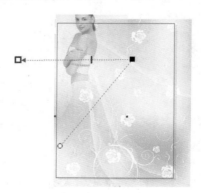

图 9-7　调整透明度

(7) 设置完成后的效果如图 9-8 所示。

(8) 按 F6 键激活【矩形工具】，绘制宽和高都为 30 mm 的矩形，将【轮廓宽度】设置为 5 px，将其【轮廓颜色】的 CMYK 值设置为 0、80、0、0，【填充颜色】设置为无，效果如图 9-9 所示。

(9) 按 Ctrl+I 组合键，弹出【导入】对话框，选择随书附带光盘中的"CDROM | 素材 | Cha09 | g01.jpg"文件，单击【导入】按钮，将素材图片的宽度和高度的【缩放因子】都设置为 10.6%，效果如图 9-10 所示。

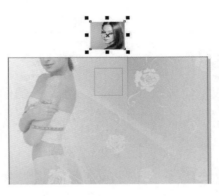

图 9-8　完成透明度的设置　　　　图 9-9　绘制矩形框　　　　图 9-10　导入素材图片

(10) 选择导入的素材图片，按住鼠标右键将其拖曳到矩形中，当鼠标指针变为准星时，释放鼠标，在弹出的快捷菜单中选择【图框精确剪裁内部】命令，然后调整图片的位置，效果如图 9-11 所示。

 也可以选择素材图片，在菜单栏中选择【对象】|【图框精确剪裁】|【置于图文框内部】命令，然后在矩形上单击鼠标左键即可。

(11) 参照前面的方法，绘制其他的矩形框并填充不同的颜色，然后导入素材图片，如图 9-12 所示。

图 9-11　嵌入图片　　　　　　　　图 9-12　绘制其他图框

(12) 按 F8 键激活【文本工具】，输入"魅力"，在属性栏中将【字体】设为【经典美黑简】，将【字体大小】设为 43 pt，将【字体颜色】设为白色，效果如图 9-13 所示。

(13) 使用相同的方法输入其他文字，效果如图 9-14 所示。

图 9-13　输入"魅力"

图 9-14　输入其他文本

(14) 继续输入文字"欧鹏专业美容 SPA 馆"，在属性栏中将【字体】设为【微软雅黑】，将【字体大小】设为 36 pt，将【字体颜色】设为红色，效果如图 9-15 所示。

(15) 选择上一步输入的文字，按 F12 键，弹出【轮廓笔】对话框，将【颜色】设为白色，将【宽度】设为 6 px，将【位置】设为【外部位置】，然后单击【确定】按钮，如图 9-16 所示。

图 9-15　输入文字

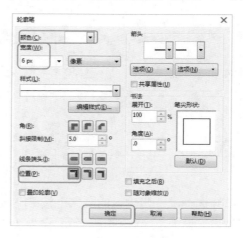

图 9-16　设置文字轮廓

知识链接

外部轮廓：将轮廓置于对象的外部。

居中轮廓：沿着对象边缘使轮廓居中。

内部轮廓：将轮廓置于对象的内部。

(16) 按 F8 键激活【文本工具】，输入文字，在属性栏中将【字体】设为【微软雅黑】，将【字体大小】设为 18 pt，将【字体颜色】设为黑色，效果如图 9-17 所示。

(17) 按 Ctrl+O 组合键，打开"gSPA.cdr"素材，选择花纹进行复制，并调整位置，效果如图 9-18 所示。

(18) 利用【2 点线工具】绘制直线，将其【轮廓颜色】的 CMYK 值设为 0、80、0、0，在属性栏中将【轮廓宽度】设为 8 px，效果如图 9-19 所示。

(19) 按 F8 键激活【文本工具】，输入"服务项目"，在属性栏中将【字体】设为【微软雅黑（粗体）】，将【字体大小】设为 24 pt，将【字体颜色】的 CMYK 值设为 0、80、0、0，效果如图 9-20 所示。

图 9-17 输入文字

图 9-18 添加素材

图 9-19 绘制直线

图 9-20 输入"服务项目"

(20) 选择上一步输入的文字，按 F12 键，弹出【轮廓笔】对话框，将【颜色】设为白色，将【宽度】设为 10 px，将【位置】设为【外部位置】，然后单击【确定】按钮，如图 9-21 所示。

(21) 设置完轮廓后的效果如图 9-22 所示。

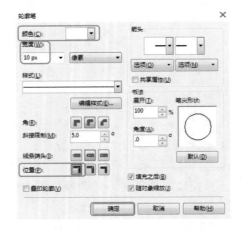

图 9-21 设置轮廓

图 9-22 完成后的效果

(22) 按 F8 键激活【文本工具】，输入"印度天眼助眠医疗"，在属性栏中将【字体】设为【微软雅黑】，将【字体大小】设为 12 pt，将【字体颜色】的 CMYK 值设为 0、80、0、0，效果如图 9-23 所示。

(23) 选择上一步输入的文字，按 F12 键，弹出【轮廓笔】对话框，将【颜色】设为白色，将【宽度】设为 10 px，将【位置】设为【外部位置】，然后单击【确定】按钮，完成后的效果如图 9-24 所示。

图 9-23　输入文字

图 9-24　完成后的效果

(24) 使用同样的方法输入其他文字，完成后的效果如图 9-25 所示。

(25) 利用【2 点线工具】绘制直线，在属性栏中将其设为虚线，【轮廓宽度】设为 2 像素，将【轮廓颜色】的 CMYK 值设置为 0、100、100、0，效果如图 9-26 所示。

图 9-25　输入其他文字

图 9-26　绘制直线

(26) 选择最上侧的横直线，进行复制并调整位置，效果如图 9-27 所示。

(27) 按 F6 键激活【矩形工具】，绘制宽和高都为 30 mm 的矩形，将其【轮廓颜色】的 CMYK 值设为 0、80、0、0，将【轮廓宽度】设为 5 px，效果如图 9-28 所示。

图 9-27　复制直线

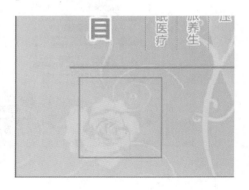
图 9-28　绘制矩形

(28) 导入 "g07.jpg" 文件,并将其裁剪到绘制的矩形中,如图 9-29 所示。

(29) 使用同样的方法制作其他矩形,完成后的效果如图 9-30 所示。

(30) 选择横线进行复制,并调整位置,如图 9-31 所示。

图 9- 29　裁剪文件

图 9-30　完成后的效果

图 9-31　对横线进行复制

案例精讲 059　生活类——苹果产品宣传折页

> 案例文件：CDROM | 场景 | Cha09 | 苹果产品宣传折页 .cdr
>
> 视频文件：视频教学 | Cha09 | 苹果产品宣传折页

制作概述

本例将讲解如何制作苹果产品宣传折页。本例以绿色为主体背景,其中配合红、紫和黄色,其中重点是对字体立体化的应用。完成后的效果如图 9-32 所示。

图 9-32　苹果产品宣传折页

学习目标

学习如何制作 DM 宣传折页。

掌握立体字的制作过程。

操作步骤

(1) 启动软件后，新建【原色模式】为 CMYK 的文档。然后利用【矩形工具】绘制宽和高分别为 176 mm 和 240 mm 的矩形，如图 9-33 所示。

(2) 选择上一步绘制的矩形，按 F11 键弹出【编辑填充】对话框，将 0 位置节点的 CMYK 值设为 15、11、11、0，将 44% 位置节点的颜色设为白色，将 100% 位置节点的 CMYK 值设为 15、11、0、0，如图 9-34 所示。

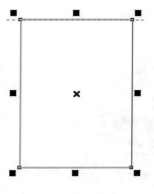
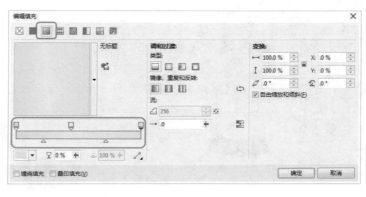

图 9-33 绘制矩形　　　　　　　　　　　图 9-34 设置渐变色

(3) 添加渐变色后的效果如图 9-35 所示。

(4) 按 Ctrl+I 组合键弹出【导入】对话框，选择随书附带光盘中的"CDROM | 素材 | Cha09 | 苹果折页素材 .cdr"文件，返回到场景中按 Enter 键确认，如图 9-36 所示。

图 9-35 填充渐变色后的效果　　　　　　　图 9-36 导入素材文件

(5) 按 F8 键激活【文本工具】，输入"Apple"，在属性栏中将【字体】设为【蒙纳简超刚黑】，将【字体大小】设为 41.5 pt，将【字体颜色】设为绿色，效果如图 9-37 所示。

(6) 在工具箱中选择【立体化工具】，对上一步添加立体化，在属性栏中单击【预设】下拉按钮，在弹出的下拉列表框中选择【立体左下】选项，将【深度】设为 2，单击【立体化颜色】按钮，在弹出的下拉列表中选择【使用纯色】选项，将其颜色的 CMYK 值设为 100、0、100、0，单击【立体化照明】按钮，将【灯光 1】的强度设为 43，将【灯光 3】的强度设为 48，取消选中【使用全色范围】复选框，如图 9-38 所示。

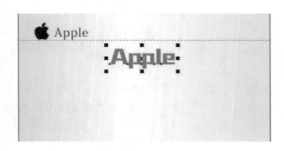

图 9-37 输入 "Apple"

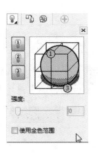

图 9-38 调整灯光

(7) 设置完成后的立体化效果如图 9-39 所示。

(8) 按 F8 键激活【文本工具】，在舞台中输入"彪悍要趁早"，在属性栏中将【字体】设为【蒙纳简超刚黑】，将【字体大小】设为 56.5 pt，将【字体颜色】设为绿色，如图 9-40 所示。

图 9-39 完成后的效果

图 9-40 输入文字

(9) 在工具箱中选择【属性滴管工具】，在属性栏中单击【效果】后的下拉按钮，在弹出的下拉列表框中选择所有对象，并单击【确定】按钮。使用滴管吸取上一步创建的立体文字，并将其填充到"彪悍要趁早"文字上，完成后的效果如图 9-41 所示。

提示

通过使用【选择工具】 ▶️ 右击某个对象，将其拖到另一个对象上，然后释放鼠标右键，在弹出的快捷菜单中选择【复制填充】、【复制轮廓】或【复制所有属性】命令，也可以复制填充或轮廓属性，或者复制这两种属性。

(10) 按 F8 键激活【文本工具】，在舞台中输入"暑假放肆玩"，在属性栏中将【字体】设为【蒙纳简超刚黑】，将【字体大小】设为 86 pt，将【字体颜色】设为绿色，如图 9-42 所示。

图 9-41 复制属性后的效果

图 9-42 输入文字

(11) 选择上一步输入的文字，将其进行复制，选择复制的文字调整到其下侧，并将其【字体大小】设为 6 pt，【不透明度】设为 92，如图 9-43 所示。

(12) 在工具箱中选择【调和工具】，首先选择小文字，然后将其拖到大文字上，在属性栏中单击【预设】下拉按钮，在其下拉列表框中选择【直接 20 步长减速】选项，将【调和度】设为 450，将调整柄向上拖动，效果如图 9-44 所示。

(13) 利用【选择工具】选择上一步调和的对象，右击，在弹出的快捷菜单中选择【顺序】|【逆序】命令，逆序后的效果如图 9-45 所示。

图 9-43　进行复制

图 9-44　调和后的效果

图 9-45　逆序后的效果

(14) 按 F8 键激活【文本工具】，在舞台中输入"暑假放肆玩"，在属性栏中将【字体】设为【蒙纳简超刚黑】，将【字体大小】设为 86 pt，将【字体颜色】设为绿色，将其放置到上一步文字的上方，效果如图 9-46 所示。

(15) 利用【属性滴管工具】选择上一步的立体文字，对其赋予属性，在属性栏中将【深度】设为 1，效果如图 9-47 所示。

图 9-46　输入文字

图 9-47　设置立体化

(16) 利用【钢笔工具】绘制如图 9-48 所示的形状，并将其【填充颜色】和【轮廓】的 CMYK 值都设为 47、0、96、0，效果如图 9-48 所示。

(17) 利用【属性滴管工具】吸取上一步创建的立体化文字，将其应用到上一步创建的图形中，在属性栏中将【立体化颜色】的 CMYK 值设为 68、0、100、0，最终效果如图 9-49 所示。

图 9-48　绘制形状

图 9-49　添加立体化后的效果

(18) 按 F8 键激活"文本工具"，在舞台中输入"加 10 元好礼大放送"，在属性栏中将【字体】设为【蒙纳简超刚黑】，将【字体大小】设为 30 pt，将【字体颜色】设为绿色，效果如图 9-50 所示。

(19) 利用【选择工具】对上一步创建的文字高度设为 12mm，使用同样的方法对其添加立体化效果，如图 9-51 所示。

图 9-50 输入文字

图 9-51 完成后的效果

(20) 按 F8 键激活【文本工具】，在舞台中输入"7 月 1 日到 8 月 31 日之间"，在属性栏中将【字体】设为【微软雅黑】，将【字体大小】设为 13 pt，将【字体颜色】设为白色，将【轮廓】的 CMYK 值设为 56、91、85、40，如图 9-52 所示。

(21) 选择上一步创建的文字，按 F12 键，弹出【轮廓笔】对话框，将【宽度】设为 10 px，将【角】设为【圆角】，将【线条端头】设为【圆形端头】，将【位置】设为【外部位置】，并选中【填充之后】和【随对象缩放】复选框，如图 9-53 所示。

图 9-52 输入文字

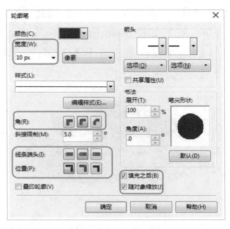
图 9-53 设置轮廓笔

知识链接

在【角】选项中可以设置角的形状。

斜接角：创建尖角。

圆角：创建圆角。

斜切角：创建斜切角。

在【线条端头】选项中可以设置开放路径的终点外观。

方形端头：创建方形端头形状。

圆形端头：创建圆形端头形状。

延伸方形端头：创建可延伸线条长度的方形端头形状。

选中【填充之后】复选框，可在对象填充的后面应用轮廓。

选中【随对象缩放】复选框，可将轮廓粗细链接至对象尺寸。

(22) 设置完成后的效果如图 9-54 所示。

(23) 使用同样的方法输入其他文字，完成后的效果如图 9-55 所示。

图 9-54　完成后的效果

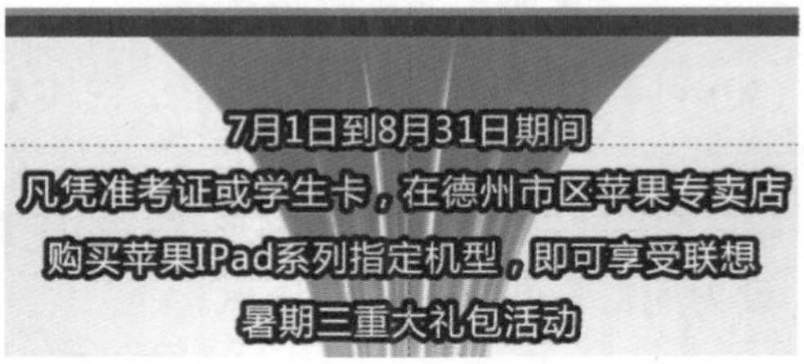

图 9-55　最终效果

(24) 按 F6 键激活【矩形工具】，绘制矩形，在属性栏中将【宽度】和【高度】分别设为 100 mm 和 12.5 mm，将【圆角】设为 2 mm，如图 9-56 所示。

(25) 选择上一步创建的矩形，按 Ctrl+Q 组合键将其转换为曲线，在属性栏中设置线条样式，效果如图 9-57 所示。

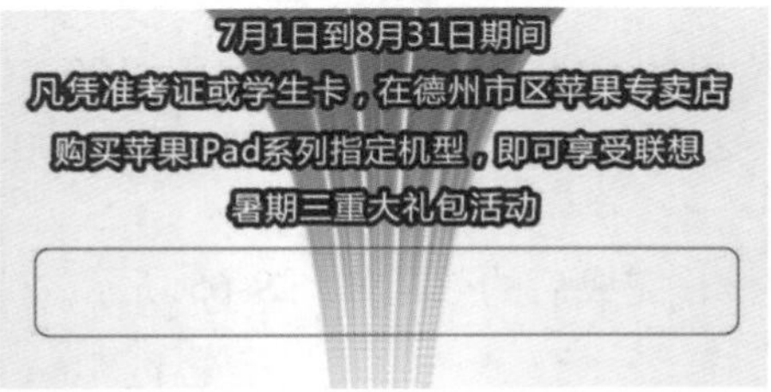

图 9-56　绘制矩形

图 9-57　转换为曲线

(26) 选择上一步创建的描边文字进行复制，并将其修改为"惊喜 1："，效果如图 9-58 所示。

(27) 继续输入文字，在属性栏中将【字体】设为【Adobe 仿宋 Std R】，将【字体大小】设为 11 pt，将【字体颜色】和【轮廓】的 CMYK 值设为 0、0、0、90，如图 9-59 所示。

图 9-58　复制并修改文字

图 9-59　输入文字

(28) 选择上一步文字中的"车载充电器"，在属性栏中将【字体】设为【微软雅黑】，将【字体大小】设为 13 pt，并对其添加下划线，将【字体颜色】和【轮廓】的 CMYK 值设为 56、91、85、40，完成后的效果如图 9-60 所示。

(29) 使用同样的方法输入其他文字，完成后的效果如图 9-61 所示。

图 9-60　修改文字属性　　　　　　　　　　　　　图 9-61　输入其他文字

(30) 利用【钢笔工具】绘制形状，将其【填充颜色】的 CMYK 值设为 40、0、100、0，将【轮廓】设为无，效果如图 9-62 所示。

(31) 利用【钢笔工具】绘制形状，将其【填充颜色】的 CMYK 值设为 64、2、73、0，将【轮廓】设为无，效果如图 9-63 所示。

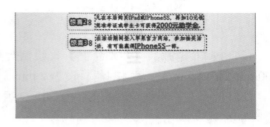

图 9-62　绘制形状　　　　　　　　　　　　　图 9-63　继续绘制形状

(32) 继续绘制形状，并对其填充渐变色，将 0 位置的 CMYK 值设为 78、0、100、0，将 50% 位置的 CMYK 值设为 62、0、71、0，将 100% 位置的 CMYK 值设为 82、17、100、0，完成后的效果如图 9-64 所示。

(33) 对上一步创建的三个图形的位置进行适当调整，完成后的效果如图 9-65 所示。

图 9-64　绘制形状并填充渐变　　　　　　　　　　　　　图 9-65　调整位置后的效果

(34) 打开随书附带光盘中的 "CDROM | 素材 | Cha09 | 苹果折页图片素材 .cdr" 素材文件，选择如图 9-66 所示的图片素材进行复制和粘贴。

(35) 按 F8 键激活【文本工具】，在舞台中输入文字，在属性栏中将【字体】设为【微软雅黑 (粗体)】，将【字体大小】设为 14 pt，将【字体颜色】设为白色，如图 9-67 所示。

图 9-66　复制素材图片　　　　　　　　　　　　图 9-67　输入文字

(36) 使用前面介绍的方法制作折页的第二页的背景，如图 9-68 所示。

(37) 使用前面介绍的方法将立体字制作出来，完成后的效果如图 9-69 所示。

图 9-68　设置背景　　　　　　　　　　　　　　图 9-69　制作立体字

(38) 按 F6 键激活【矩形工具】，绘制宽和高分别为 149 mm 和 25 mm 的矩形，并将其【圆角半径】设为 4 mm，将【轮廓宽度】设为 10 px，将其【填充颜色】设为红色，将【轮廓】设为白色，效果如图 9-70 所示。

(39) 在素材文件中选择如图 9-71 所示的素材图片进行复制。

图 9-70　绘制矩形　　　　　　　　　　　　　　图 9-71　添加素材图片

(40) 按 F8 键激活【文本工具】，在舞台中输入文字，在属性栏中将【字体】设为【文鼎霹雳体】，将【字体大小】设为 24 pt，效果如图 9-72 所示。

(41) 选择输入的文字，按 F11 键，设置渐变色，将 0 位置节点的 CMYK 值设为 17、40、100、0，将 50% 位置设为白色，将 100% 位置的 CMYK 值设为 0.47、91、0，设置渐变色后的效果如图 9-73 所示。

图 9-72　输入文字　　　　　　　　　　　　图 9-73　对文字设置渐变色

(42) 继续选择文字，按 F12 键激活【轮廓笔】对话框，将【颜色】的 CMYK 值设为 56、91、85、40，将【宽度】设为 20 px，将【角】设为【圆角】，将【线条端头】设为【圆形端头】，将【位置】设为【中间位置】，并选中【填充之后】和【随对象缩放】复选框，如图 9-74 所示。

(43) 单击【确定】按钮，完成后效果如图 9-75 所示。

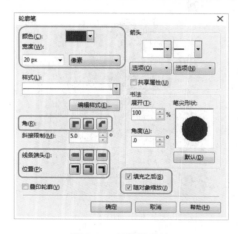

图 9-74　设置轮廓笔　　　　　　　　　　　图 9-75　完成后的效果

(44) 按 F8 键激活【文本工具】，在舞台中输入文字，在属性栏中将【字体】设为【微软雅黑】，将【字体大小】设为 24 pt，将【字体颜色】和【轮廓】设置为与上一步文字相同的属性，效果如图 9-76 所示。

(45) 选择"3787"，将【字体】设为【文鼎霹雳体】，将【字体大小】设为 30 pt，完成后的效果如图 9-77 所示。

图 9-76　输入文字　　　　　　　　　　　　图 9-77　修改文字属性

(46) 使用同样的方法制作其他文字，如图 9-78 所示。

(47) 将第一页中的"7 月 1 日到 8 月 31 日期间"复制到第 2 页中，并将其置于图层最前，修改文字为"地址：…"，将【字体】设为【微软雅黑（粗体）】，将【字体大小】设为 17 pt，完成后的效果如图 9-79 所示。

图 9-78　输入其他文字

图 9-79　输入文字

(48) 使用同样的方法输入其他文字，完成后的效果如图 9-80 所示。

(49) 最终效果如图 9-81 所示。

图 9-80　输入其他文字

图 9-81　最终效果

案例精讲 060　商业类——地板宣传单页

案例文件：CDROM | 场景 |Cha09| 地板宣传单页 .cdr

视频文件：视频教学 | Cha09| 地板宣传单页 .avi

制作概述

本例将介绍如何制作地板宣传单页。在本例中主要使用【矩形工具】绘制宣传单页的大体轮廓后再使用【文本工具】输入文字，完成后的效果如图 9-82 所示。

图 9-82　地板宣传单页

学习目标

学习制作地板宣传单页。

掌握【矩形工具】、【文本工具】的使用方法。

操作步骤

(1) 启动软件后，新建【宽度】、【高度】分别为 430 mm、285 mm，【原色模式】为 CMYK 的文档，双击标尺。弹出【选项】对话框，在该对话框中选择【辅助线】下的【垂直】选项，在文本框中输入"210"，单击【添加】按钮，然后输入"220"，单击【添加】按钮，如图 9-83 所示。

(2) 单击【确定】按钮，即可创建两条垂直的辅助线。使用【矩形工具】在绘图区中绘制矩形，将【宽度】、【高度】分别设置为 210 mm、285 mm，然后对绘制的矩形进行复制，调整复制矩形的位置，效果如图 9-84 所示。

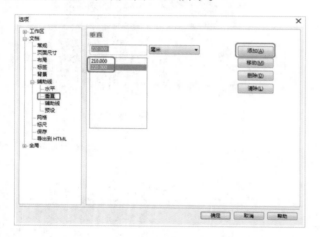

图 9-83 【选项】对话框

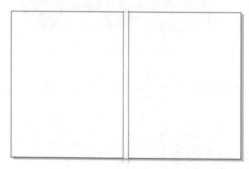

图 9-84 绘制矩形

(3) 选择左侧的矩形，将【轮廓宽度】设置为无，将【填充颜色】的 CMYK 值设置为 76、70、70、30。选择右侧的矩形，将【轮廓宽度】设置为无，将【填充颜色】的 CMYK 值设置为 49、58、76、3，完成后的效果如图 9-85 所示。

(4) 选择绘制的两个矩形并右击，在弹出的快捷菜单中选择【锁定对象】命令，将绘制的矩形进行锁定。打开【选项】对话框，选择【辅助线】下的【水平】选项，在文本框中输入"110"，单击【添加】按钮，再输入"175"，单击【添加】按钮，如图 9-86 所示。

提示　　　锁定对象可以防止无意中移动、调整大小、变换、填充或以其他方式更改对象。可以锁定单个、多个或分组的对象。要更改锁定的对象，必须先解除锁定。可以一次解除锁定一个对象，或者同时解除对所有锁定对象的锁定。

(5) 使用【矩形工具】沿着辅助线绘制【宽度】、【高度】分别为 210 mm、65 mm 的矩形，将【轮廓宽度】设置为无，将【填充颜色】的 CMYK 值设置为 76、70、70、30，效果如图 9-87 所示。

(6) 选择绘制的矩形对其进行复制，将【宽度】、【高度】设置为 48 mm、52 mm，然后调整其位置，效果如图 9-88 所示。

图 9-85　填充颜色

图 9-86　【选项】对话框

图 9-87　绘制矩形

图 9-88　复制矩形并进行调整

（7）选择绘制的矩形进行复制，将其【填充颜色】的 CMYK 值设置为 49、58、76、3，然后调整其位置，效果如图 9-89 所示。

（8）在工具箱中选择【文本工具】，输入文本，将【字体】设置为【方正准圆简体】，将【字体大小】设置为 35 pt，将【字体颜色】设置为白色，按 Ctrl+K 组合键将文字打散，然后调整文字的位置，完成后的效果如图 9-90 所示。

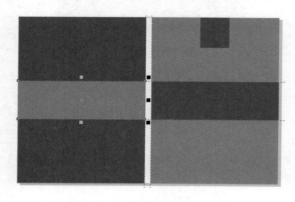

图 9-89　继续复制矩形并进行调整

图 9-90　输入文字

(9) 使用【2 点线工具】在绘图区中绘制线段，将【宽度】、【高度】均设置为 10 mm，将【轮廓宽度】设置为 6 px，将【轮廓颜色】设置为白色，完成后的效果如图 9-91 所示。

(10) 对绘制的线段进行复制，然后对其进行垂直镜像，调整镜像后的对象。然后选择所有的线段，对齐进行复制，然后对其进行水平镜像，完成后的效果如图 9-92 所示。

(11) 使用【文本工具】输入字母，将【字体】设置为 Arial，将【字体大小】设置为 10 pt，将【字体颜色】设置为白色，完成后的效果如图 9-93 所示。

图 9-91　绘制线段　　　　　　　　图 9-92　复制并镜像线段　　　　　　　图 9-93　输入字母

(12) 使用【文本工具】输入文字 "HONGLI"，将【字体】设置为 Bitsumishi，将【字体大小】设置为 137 pt，将【字符间距】设置为 20，在属性栏中将【宽度】、【高度】分别设置为 75 mm、25 mm，将【字体颜色】的 CMYK 值设置为 43、51、68、0，完成后的效果如图 9-94 所示。

(13) 使用同样的方法输入并设置文字 "DIBAN"。继续使用【文本工具】在绘图区中输入文本 "时尚潮家、宏利铺就"，将【字体】设置为【汉仪中黑简】，将【字体大小】设置为 40 pt，将【字体颜色】的 CMYK 值设置为 11、24、36、0，完成后的效果如图 9-95 所示。

图 9-94　设置文字　　　　　　　　　　　　图 9-95　输入文字并进行设置

(14) 使用【2 点线工具】绘制线段，将宽度设置为 10 mm，将【轮廓宽度】设置为 6 px，将【轮廓颜色】的 CMYK 值设置为 11、24、36、0，然后使用【文本工具】输入文本，将【字体】设置为【汉仪楷体简】，将【字体大小】设置为 15 pt，将【字体颜色】的 CMYK 值设置为 11、24、36、0，完成后的效果如图 9-96 所示。

(15) 继续使用【文本工具】在绘图区中输入文本 "同步欧美，实木地板新高度"，将【字体】设置为【方正楷体简体】，将【字体大小】设置为 15 pt，将【字体颜色】设置为白色，效果如图 9-97 所示。

(16) 使用【文本工具】输入文本，将【字体】设置为【方正楷体简体】，将【字体大小】设置为 12 pt，将【字体颜色】设置为白色，将【行间距】设置为 153%，完成后的效果如图 9-98 所示。

也可以通过单击【形状工具】 ，选择文本对象，然后拖动文本对象右下角的交互式垂直间距箭头 ，来按比例调整行间距。

图 9-96　绘制线段并输入文字

图 9-97　输入文本

(17) 按 Ctrl+I 组合键，在弹出的【导入】对话框中选择随书附带光盘中的"CDROM| 素材 | Cha09|V1.jpg"素材文件，单击【导入】按钮。将图片导入。然后在属性栏中单击【锁定比率】按钮，将【高度】设置为 65 mm，并调整图片的位置，效果如图 9-99 所示。

图 9-98　输入段落文本

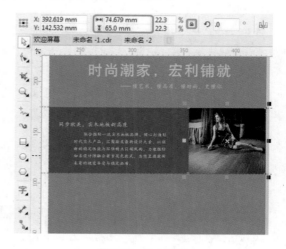

图 9-99　导入图片

(18) 继续使用【文本工具】输入文字"诚邀天下客商，共享财富盛宴"，将【字体】设置为【方正大黑简体】，将【字体大小】设置为 30 pt，将【字体颜色】设置为白色，效果如图 9-100 所示。

(19) 使用【文本工具】绘制文本框，输入文本，将【字体】设置为【方正楷体简体】，将【字体大小】设置为 15 pt，将【字体颜色】设置为白色，将【段前距】设置为 150。选择文本框，在菜单栏中选择【文本】|【项目符号】命令，弹出【项目符号】对话框，选中【使用项目符号】

复选框，将【符号】设置为 ▪ ，将【大小】设置为 20 pt，如图 9-101 所示。

(20) 单击【确定】按钮，即可为文本框中的文本添加项目符号，如图 9-102 所示。

(21) 使用同样的方法在剩余的页面中输入文本，完成后的效果如图 9-103 所示。

图 9-100　输入文本

图 9-101　【项目符号】对话框

图 9-102　添加项目符号

图 9-103　输入文本

案例精讲 061　商业类——酒店开业宣传单

案例文件：　CDROM | 场景 |Cha09| 酒店开业宣传单 .cdr

视频文件：　视频教学 | Cha09| 酒店开业宣传单 .avi

制作概述

本例将介绍如何制作酒店开业宣传单页。在本例中主要使用【矩形工具】绘制宣传单页的大体轮廓后再使用【文本工具】输入文字，完成后的效果如图 9-104 所示。

学习目标

学习制作酒店开业宣传单。

掌握【矩形工具】、【文本工具】的使用方法。

(1) 启动软件后，新建【宽度】、【高度】分别为
430 mm、285 mm，【原色模式】为 CMYK 的文档。添
加两条垂直的辅助线，位置分别是 210 mm、220 mm。
使用【矩形工具】绘制矩形，将【宽度】、【高度】
设置为 210 mm、285 mm，将【填充颜色】的 CMYK

图 9-104　酒店开业宣传单

值设置为 0、60、100、0，将【轮廓宽度】设置为无，完成后的效果如图 9-105 所示。

(2) 选择绘制的矩形，对该矩形进行复制，将其【填充颜色】的 CMYK 值设置为 51、74、
100、17，然后调整其位置，完成后的效果如图 9-106 所示。

图 9-105　绘制矩形　　　　　　　　　　　　图 9-106　复制矩形并更改其填充颜色

(3) 按 Ctrl+I 组合键，在弹出的【导入】对话框中选择随书附带光盘中的 "CDROM| 素
材 |Cha09|V2.jpg" 素材图片，单击【导入】按钮，然后在绘图区中单击鼠标，将图片导入，调
整图片的大小和位置，如图 9-107 所示。

(4) 在工具箱中选择【文本工具】，输入文字 "[一口香排骨]"，将【字体】设置为【汉
仪楷体简】，将【字体大小】设置为 18，效果如图 9-108 所示。

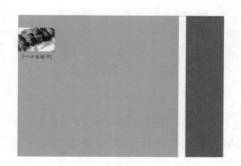

图 9-107　导入图片　　　　　　　　　　　　图 9-108　输入文字

(5) 使用同样的方法导入图片并调整图片，然后使用【文本工具】输入文字，完成后的效
果如图 9-109 所示。

(6) 选择【矩形工具】，绘制一个宽、高分别为 26 mm 和 120 mm 的矩形，将【轮廓宽度】
设置为无，将【填充颜色】的 CMYK 值设置为 51、74、100、17，完成后的效果如图 9-110 所示。

图 9-109　导入图片和输入文字

图 9-110　绘制矩形

（7）使用【文本工具】输入文本，将【字体】设置为【汉仪大黑简体】，将【字体大小】设置为 45 pt，选择"十月"文字，将【字体颜色】设置为白色；选择"盛大开业"文字，将"字体颜色"设置为黄色。选择文本，在属性栏中单击【将文本更改为垂直方向】按钮▥，完成后的效果如图 9-111 所示。

（8）在工具箱中选择【钢笔工具】，在绘图区中绘制图形，将【轮廓宽度】设置为无，将【填充颜色】的 CMYK 值设置为 5、14、28、0，完成后的效果如图 9-112 所示。

图 9-111　输入文本

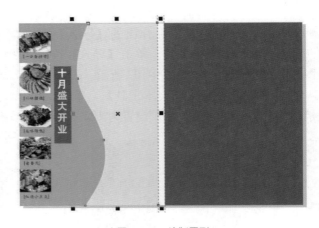
图 9-112　绘制图形

（9）在工具箱中选择【阴影工具】，在属性栏中将【预设列表】设置为【平面左下】，然后调整阴影。将阴影的 X 设置为 –2，Y 设置为 0，将【不透明度】设置为 10，将【阴影羽化】设置为 3，完成后的效果如图 9-113 所示。

注意　　不能将阴影添加到链接的群组，比如调和的对象、勾画轮廓线的对象、斜角修饰边对象、立体化对象、用艺术笔工具创建的对象或其他阴影。

（10）使用【钢笔工具】在绘图区中绘制图形，将【轮廓宽度】设置为无，将【填充颜色】

的 CMYK 值设置为 10、95、85、0，效果如图 9-114 所示。

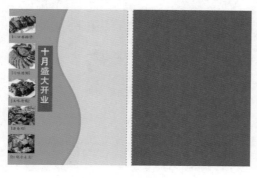

图 9-113　添加阴影后的效果

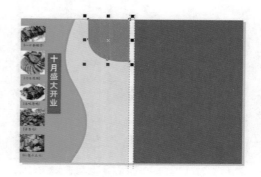

图 9-114　绘制图形

(11) 按 Ctrl+I 组合键，在弹出的【导入】对话框中选择随书附带光盘中的"CDROM| 素材 |Cha09|V14.png"素材图片，单击【导入】按钮。然后在绘图区中单击导入图片，调整图片的位置和大小，将【透明度】设置为 75，完成后的效果如图 9-115 所示。

(12) 在工具箱中选择【文本工具】，输入文本"醉香楼"，将【字体】设置为【汉仪雪君体简】，将【字体大小】设置为 45 pt，将【字体颜色】设置为黑色，将文本方向设置为垂直，完成后的效果如图 9-116 所示。

图 9-115　导入图片并调整图片

图 9-116　输入垂直文本

(13) 在工具箱中选择【钢笔工具】，绘制图形，按 Ctrl+I 组合键，在弹出的【导入】对话框中选择随书附带光盘中的"CDROM| 素材 |Cha09|V7.jpg"素材文件，单击【导入】按钮。按 Enter 键将图片导入。选择导入的图片，在菜单栏中选择【对象】|【图框精确剪裁】|【置于图文框内部】命令。然后在绘制的图形上单击鼠标，将图片置于图形内，然后进入编辑状态，调整图片的大小和位置，完成后的效果如图 9-117 所示。

(14) 使用【文本工具】在绘图区中输入文本"开业大酬宾三天"，将【字体】设置为【汉仪综艺体简】，将【字体大小】设置为 28 pt，将【字体颜色】的 CMYK 值设置为 0、60、100、0，效果如图 9-118 所示。

(15) 使用【文本工具】绘制文本框，然后在文本框中输入文字，将【字体】设置为【汉仪楷体简】，将【字体大小】设置为 15 pt。在菜单栏中选择【文本】|【项目符号】命令，弹出【项目符号】对话框，在该对话框中选中【使用项目符号】复选框，将【符号】设置为如图 9-119 所示的样式，将【大小】设置为 13 pt。

图 9-117　将图片置于图文框内部　　　　　　　图 9-118　输入文字并进行调整

(16) 单击【确定】按钮，即可为文本框中的文本添加项目符号。然后继续使用【文本工具】输入文字，将【字体】设置为【汉仪楷体简】，将【字体大小】设置为 18 pt，完成后的效果如图 9-120 所示。

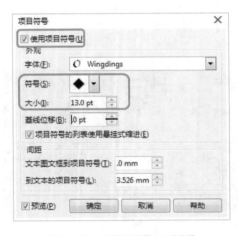

图 9-119　【项目符号】对话框　　　　　　　　　图 9-120　输入文字

(17) 按 Ctrl+I 组合键，在弹出的【导入】对话框中选择"V14.png"素材图片，单击【导入】按钮，再按 Enter 键将图片导入到场景中。然后调整图片的大小和位置，将其【透明度】设置为 80，完成后的效果如图 9-121 所示。

(18) 按 Ctrl+I 组合键，在弹出的【导入】对话框中选择"V8.jpg ～ V13.jpg"，单击【导入】按钮，再按 Enter 键将图片导入，然后调整图片的大小和位置，完成后的效果如图 9-122 所示。

(19) 使用【文本工具】在绘图区中输入文本，将文本【字体】设置为【汉仪大黑简】，将【字体大小】设置为 32 pt，将文字设置为垂直方向，并设置为白色，完成后的效果如图 9-123 所示。

(20) 使用【矩形工具】和【椭圆形工具】绘制宽和高分别为 66 mm、285 mm 的矩形以及直径为 48 mm 的正圆，然后选择绘制的矩形和正圆，在属性栏中单击【合并】按钮。将【轮廓宽度】设置为无，将【填充颜色】的 CMYK 值设置为 0、60、100、0，完成后的效果如图 9-124 所示。

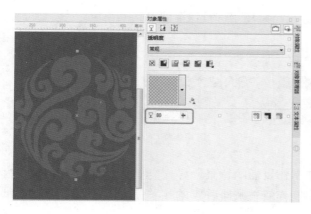

图 9-121　导入图片并调整其透明度

图 9-122　导入图片并调整其位置和大小

图 9-123　输入垂直的文字

图 9-124　绘制并合并图形

　　(21) 使用矩形工具绘制三个矩形，宽度、高度分别是 66 mm、10 mm，66 mm、44 mm，66 mm、10 mm，将【填充颜色】的 CMYK 值分别设置为 19、100、100、0，0、95、85、0，19、100、100、0，完成后的效果如图 9-125 所示。

　　(22) 将图片 "V14.png" 导入到场景中，然后调整图片的大小和位置，将其【透明度】设置为 70，然后使用【文本工具】输入文本 "醉香楼"，将【字体】设置为【汉仪雪君体简】，将【字体大小】设置为 45 pt，完成后的效果如图 9-126 所示。

图 9-125　绘制矩形

图 9-126　导入图片并输入文字

　　(23) 使用【文本工具】绘制文本框，在文本框中输入文字，将【字体】设置为【汉仪楷体简】，将【字体大小】设置为 14 pt，将【字体颜色】设置为黑色，完成后的效果如图 9-104 所示。

至此酒店开业宣传单就制作完成了，效果图导出后将场景进行保存即可。

案例精讲 062 生活类——咖啡 DM 单

案例文件：CDROM | 场景 | Cha09 | 咖啡 DM 单 .cdr

视频文件：视频教学 | Cha09 | 咖啡 DM 单 .avi

制作概述

本例将讲解如何制作咖啡 DM 单。首先制作页面的背景，导入突显页面主题的图标，然后输入相应的广告文本，最后在另一页面中制作有关咖啡种类的相关简介。完成后的效果如图 9-127 所示。

学习目标

掌握【文本工具】的使用方法。
掌握【阴影工具】的使用方法。

操作步骤

(1) 启动软件后新建文档。在【创建新文档】对话框中，将【宽度】设置为 440.0 mm，【高度】设置为 290.0 mm，【渲染分辨率】设置为 300 dpi，然后单击【确定】按钮，如图 9-128 所示。

图 9-127 咖啡 DM 单

(2) 按 Ctrl+I 组合键打开【导入】对话框，选择随书附带光盘中的 "CDROM| 素材 |Cha09|咖啡背景 .jpg" 文件，然后单击【导入】按钮，在绘图页中导入素材图片，将宽度和高度的【缩放因子】都设置为 100.0%，效果如图 9-129 所示。

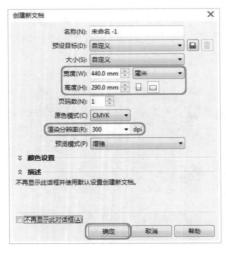

图 9-128 新建文档

图 9-129 导入素材图片

(3) 在工具箱中选择【矩形工具】▢，绘制一个与素材图片一样大小的矩形，并将其移动至绘图页的右侧，如图 9-130 所示。

(4) 对素材图片进行复制，然后单击属性栏中的【垂直镜像】按钮▣，并将宽度和高度的【缩放因子】都设置为 145.7%，效果如图 9-131 所示。

图 9-130 绘制矩形

图 9-131 复制素材图片

(5) 按住鼠标右键拖动复制得到的素材图片，将其拖到矩形中，松开鼠标在弹出的快捷菜单中选择【图框精确剪裁内部】命令，将素材图片嵌入到矩形中，如图 9-132 所示。

(6) 在矩形中调整素材图片的位置，将矩形的边框颜色设置为无，然后选中所用对象并将其锁定，如图 9-133 所示。

图 9-132 嵌入素材图片

图 9-133 调整素材图片的位置

(7) 按 Ctrl+I 组合键打开【导入】对话框，选择随书附带光盘中的 "CDROM| 素材 |Cha09| 图标 .cdr" 文件，然后单击【导入】按钮，在绘图页中导入素材图片。将宽度和高度的【缩放因子】都设置为 322.0%，然后调整其位置，效果如图 9-134 所示。

(8) 在工具箱中选择【钢笔工具】 🖊️，将【轮廓宽度】设置为 10 px，终止箭头设置为【箭头 81】 🢄️，绘制一条如图 9-135 所示的线段，并将【轮廓颜色】的 CMYK 值设置为 56、91、85、40。

　　要绘制曲线段，请在要放置第一个节点的位置单击，然后将控制手柄拖至要放置下一个节点的位置。松开鼠标，然后拖动控制手柄以创建所需的曲线。要绘制直线段，请在要开始该线段的位置单击，然后在要结束该线段的位置单击。

(9) 使用【钢笔工具】继续绘制另外一条线段，如图 9-136 所示。

图 9-134　导入素材文件

图 9-135　绘制线段

(10) 在工具箱中选择【文本工具】字，输入文本，将其【字体】设置为【微软雅黑】，【字体大小】设置为 24 pt，将其颜色的 CMYK 值设置为 56、91、85、40，然后调整文本至适当位置，如图 9-137 所示。

图 9-136　绘制另一条线段

图 9-137　输入文本

(11) 使用相同的方法输入其他文本，如图 9-138 所示。

(12) 在工具箱中选择【矩形工具】□，绘制一个 41 mm×39 mm 的矩形，将其【轮廓宽度】设置为 16 px，【转角半径】设置为 3.0 mm，【轮廓颜色】设置为白色，效果如图 9-139 所示。

图 9-138　输入其他文本

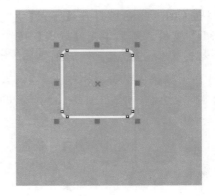

图 9-139　绘制矩形

(13) 按 Ctrl+I 组合键打开【导入】对话框，选择随书附带光盘中的"CDROM| 素材 | Cha09| 爱尔兰咖啡 .jpg"文件，单击【导入】按钮，在绘图页中导入素材图片，将宽度和高度的【缩放因子】都设置为 43.0%。然后参照前面的操作步骤，将其嵌入到矩形中并调整其位置，如图 9-140 所示。

(14) 在工具箱中选择【文本工具】 字 输入文本，将其【字体】设置为【微软雅黑】，【字体大小】设置为 16 pt，将其颜色的 CMYK 值设置为 56、91、85、40，然后调整文本至适当位置，如图 9-141 所示。

(15) 按 F12 键打开【轮廓笔】对话框，将【宽度】设置为 10 px，【颜色】设置为白色，【角】设置为【圆角】，选中【填充之后】和【随对象缩放】复选框，然后单击【确定】按钮，如图 9-142 所示。

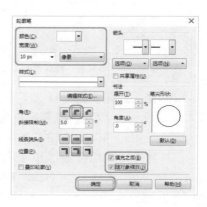

图 9-140　嵌入图片　　　　　　图 9-141　输入文本　　　　　　图 9-142　设置轮廓

(16) 选中文本并在工具箱中选择【阴影工具】 ，在属性栏中将【预设】设置为【小型辉光】，将【阴影颜色】设置为白色，效果如图 9-143 所示。

(17) 使用相同的方法创建矩形并添加素材图片，然后输入文本并进行设置，效果如图 9-144 所示。

(18) 在工具箱中选择【文本工具】 字 输入文本，将其【字体】设置为【微软雅黑】，【字体大小】分别设置为 18 pt 和 12 pt，将其颜色的 CMYK 值设置为 56、91、85、40，然后调整文本至适当位置，效果如图 9-145 所示。

图 9-143　设置阴影　　　　　　　　图 9-144　设置其他素材图片和文本

CG设计案例课堂

(19) 选中文本并在工具箱中单击【阴影工具】按钮 ，在属性栏中将【预设】设置为【小型辉光】，将阴影的【不透明度】设置为 50，【阴影羽化】设置为 15，将【阴影颜色】设置为红色，效果如图 9-146 所示。

图 9-145　输入文本　　　　　　　　　　　　　　图 9-146　设置阴影

(20) 在工具箱中选择【文本工具】 输入文本，将其【字体】设置为【微软雅黑】，【字体大小】设置为 12 pt，将其颜色设置为黑色，然后调整文本至适当位置，如图 9-147 所示。

(21) 使用相同的方法输入其他文本，如图 9-148 所示。

(22) 按 Ctrl+I 组合键打开【导入】对话框，选择随书附带光盘中的 "CDROM| 素材 |Cha09|咖啡图标 .cdr" 文件，然后单击【导入】按钮，在绘图页中导入素材图片。将宽度和高度的【缩放因子】都设置为 100.0%，然后调整其位置，效果如图 9-149 所示。

(23) 在工具箱中双击【矩形工具】 ，创建矩形，并将背景图片解锁，然后调整各个对象之间的位置，如图 9-150 所示。最后将场景文件进行保存并分别导出效果图片。

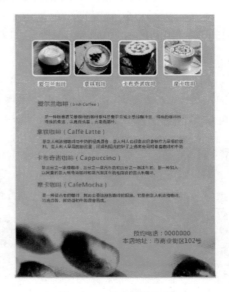

图 9-147　输入文本　　　　　　　　　　　　　　图 9-148　输入其他文本

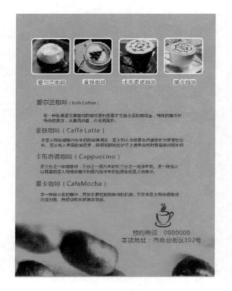

图 9-149　导入素材图片

图 9-150　创建矩形

案例精讲 063　企业类——物流企业 DM 折页

✍　案例文件：CDROM | 场景 | Cha09 | 物流企业 DM 折页 .cdr

🎬　视频文件：视频教学 | Cha09 | 物流企业 DM 折页 .avi

制作概述

本例将讲解如何制作物流企业 DM 折页。首先使用【矩形工具】制作页面的背景，然后导入页面主题的图标和素材图片，最后输入相应的公司文本信息。完成后的效果如图 9-151 所示。

图 9-151　物流企业 DM 折页

学习目标

掌握【矩形工具】的使用方法。

掌握【文本工具】的使用方法。

操作步骤

(1) 启动软件后新建文档。在【创建新文档】对话框中，将【宽度】设置 330.0 mm，【高度】设置为 210.0 mm，【渲染分辨率】设置为 300 dpi，然后单击【确定】按钮，如图 9-152 所示。

(2) 在工具箱中选择【矩形工具】🔲，绘制一个 110 mm×210 mm 的矩形，并将其移动至绘图页的最左侧，如图 9-153 所示。

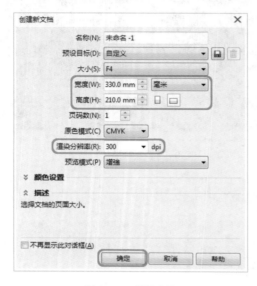

图 9-152 新建文档

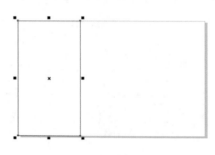

图 9-153 创建矩形

(3) 复制两个绘制的矩形，然后将复制得到的矩形向右移动，调整它们的位置关系，如图 9-154 所示。

(4) 选中所有矩形，在属性栏中将【轮廓宽度】设置为 30 px，然后将其【轮廓颜色】的 CMYK 值设置为 91、64、0、0，效果如图 9-155 所示。

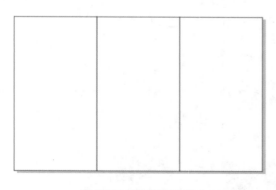

图 9-154 调整矩形位置

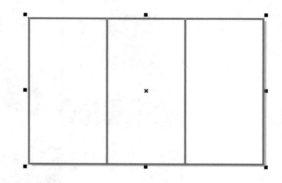

图 9-155 设置矩形轮廓

(5) 将所有矩形对象锁定，然后使用【矩形工具】🔲在最左侧的矩形内绘制一个 77 mm×50 mm 的矩形，将其【转角半径】设置为 3.0 mm，【轮廓宽度】设置为 16 px，将其【填充颜色】的 CMYK 值设置为 91、64、0、0，轮廓颜色的 CMYK 值设置为 16、25、72、0，效果如图 9-156 所示。

(6) 按 Ctrl+I 组合键打开【导入】对话框，选择随书附带光盘中的 "CDROM| 素材 |Cha09|物流 Logo.png" 文件，效果单击【导入】按钮，在绘图页中导入素材图片，将宽度和高度的【缩放因子】都设置为 34.0%，如图 9-157 所示。

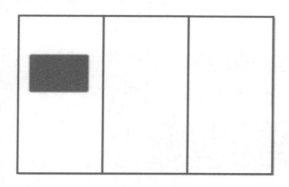

图 9-156　创建矩形

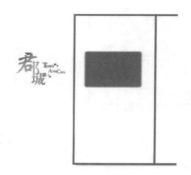

图 9-157　导入素材文件

(7) 用鼠标右键按住导入的素材图片，将其拖动至矩形中，在弹出的快捷菜单中选择【图框精确剪裁内部】命令，将其嵌入到矩形中并将其居中对齐，如图 9-158 所示。

(8) 在工具箱中选择【文本工具】字，输入文本，将其【字体】设置为【微软雅黑】，【字体大小】设置为 14 pt，将其颜色的 CMYK 值设置为 91、64、0、0。在属性栏中单击【文本属性】按钮，在【文本属性】泊坞窗中，将【字符间距】设置为 100.0%，然后调整文本的位置，如图 9-159 所示。

图 9-158　嵌入素材图片

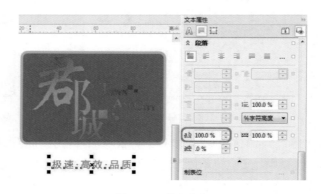

图 9-159　输入文本

(9) 使用【矩形工具】绘制一个 110 mm × 27 mm 的矩形，将其颜色的 CMYK 值设置为 91、64、0、0，然后调整其位置，如图 9-160 所示。

(10) 在工具箱中选择【文本工具】字，输入文本，将其【字体】设置为【微软雅黑】，【字体大小】设置为 6 pt，将其颜色设置为白色。在属性栏中单击【文本属性】按钮，在【文本属性】泊坞窗中，将【行间距】设置为 150.0%，然后调整文本的位置，如图 9-161 所示。

(11) 使用【矩形工具】绘制一个 77 mm × 51 mm 的矩形，将其【转角半径】设置为 3.0 mm，【轮廓宽度】设置为 20 px，将其【轮廓颜色】的 CMYK 值设置为 16、25、72、0，效果如图 9-162 所示。

(12) 按 Ctrl+I 组合键打开【导入】对话框，将随书附带光盘中的"CDROM| 素材 |Cha09| 物流 01.jpg"素材图片导入到场景中，将宽度和高度的【缩放因子】都设置为 34.0%，如图 9-163 所示。

图 9-160　绘制矩形

图 9-161　输入文本

图 9-162　创建矩形

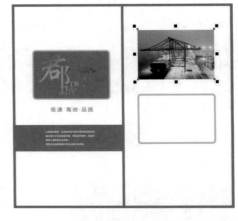

图 9-163　导入素材图片

(13) 参照前面的操作步骤，将素材图片嵌入到矩形中，并将素材图片居中对齐。选中矩形，在属性栏中将【旋转角度】设置为 10.0°，然后调整矩形的位置，完成后的效果如图 9-164 所示。

(14) 按 Ctrl+I 组合键打开【导入】对话框，将随书附带光盘中的"CDROM| 素材 |Cha09| 物流 02.jpg"素材图片导入到场景中，将宽度和高度的【缩放因子】都设置为 124.5%，然后调整其位置，效果如图 9-165 所示。

(15) 选中导入的素材图片，在工具箱中单击【透明度工具】按钮，在属性栏中单击【渐变透明度】按钮，然后调整渐变控制点，如图 9-166 所示。

(16) 在工具箱中选择【文本工具】字，输入文本，将其【字体】设置为【微软雅黑】，【字体大小】设置为 24 pt，将其颜色的 CMYK 值设置为 91、64、0、0，然后调整其位置，效果如图 9-167 所示。

(17) 继续使用【文本工具】输入英文，将其【字体】设置为【Angsana New(粗体 - 倾斜)】，【字体大小】设置为 18 pt，将其颜色的 CMYK 值设置为 91、64、0、0，然后调整其位置，效果如图 9-168 所示。

(18) 使用相同的方法输入其他文本，并调整文本位置，如图 9-169 所示。

图 9-164　旋转矩形

图 9-165　导入素材图片

图 9-166　设置渐变透明

图 9-167　输入文本

图 9-169　输入其他文本

公司简介
Company profile

图 9-168　输入英文

(19) 按 Ctrl+I 组合键打开【导入】对话框，将随书附带光盘中的"CDROM| 素材 |Cha09|物流 03.png"素材图片导入到场景中，将宽度和高度的【缩放因子】都设置为 22%，然后调整其位置，效果如图 9-170 所示。

(20) 使用相同的方法输入其他文本，并调整其位置，如图 9-171 所示。

图 9-170　导入素材图片

图 9-171　输入文本

(21) 在工具箱中选择【钢笔工具】，将【轮廓宽度】设置为 10 px，起始箭头设置为【箭头 58】，绘制一条如图 9-172 所示的线段，并将【轮廓颜色】的 CMYK 值设置为 91、64、0、0。

(22) 将箭头线段进行复制并调整其位置，如图 9-173 所示。

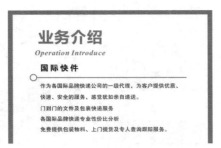

图 9-172　绘制箭头线段

图 9-173　复制箭头线段

(23) 最后将场景文件进行保存并分别导出效果图片。

第 10 章
画 册 设 计

本章重点

- ◆ 企业类——建筑公司宣传画册内页
- ◆ 商务类——商务合作画册内页
- ◆ 企业类——网络公司宣传画册内页
- ◆ 生活类——旅行画册
- ◆ 企业类——科技公司宣传画册封面

画册，是企业对外宣传自身文化、产品特点的广告媒介之一。画册设计应该从企业自身的性质、文化、理念、地域等方面出发，来体现企业精神，传播企业文化，向受众群体传播信息。本章将通过 5 个案例来介绍如何设计画册。

案例精讲 064　企业类——建筑公司宣传画册内页

案例文件：CDROM | 场景 |Cha10| 建筑公司宣传画册内页 .cdr

视频文件：视频教学 | Cha10| 建筑公司宣传画册内页 .avi

制作概述

本例将介绍如何制作建筑公司宣传画册内页。先使用【矩形工具】和【文本工具】制作出画册的内容，然后使用【交互式填充工具】和【透明度工具】制作出填充渐变的半透明的矩形，完成后的效果如图 10-1 所示。

图 10-1　建筑公司宣传画册内页

学习目标

学习制作建筑公司宣传画册内页。

掌握【矩形工具】、【文本工具】、【交互式填充工具】、【透明度工具】的使用方法。

操作步骤

（1）启动软件后，新建【宽度】、【高度】分别为 420 mm、285 mm，【原色模式】为 CMYK 的文档。按 Ctrl+J 组合键弹出【选项】对话框，在该对话框中选择【辅助线】下的【垂直】选项，在文本框中输入为"210"，然后单击【添加】按钮，如图 10-2 所示。

（2）单击【确定】按钮，即可创建垂直的辅助线。使用【矩形工具】在绘图区中绘制矩形，将【宽度】、【高度】分别设置为 420 mm、8 mm，将【轮廓宽度】设置为无，将【填充颜色】的 CMYK 值设置为 2、49、82、0，然后调整矩形的位置，效果如图 10-3 所示。

知识链接

标准画册制作尺寸：

画册制作尺寸 291 mm×216 mm(四边各含 3 mm 出血位)。

标准画册成品大小：

画册成品大小 285 mm×210 mm。

画册样式：

横式画册 (285 mm×210 mm)，竖式画册 (210 mm×285 mm)，方型画册 (210 mm×210 mm 或 280 mm×280 mm)。

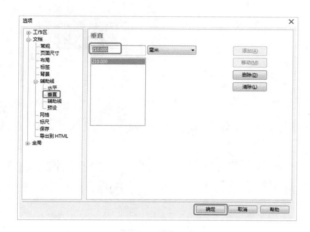

图 10-2　设置辅助线

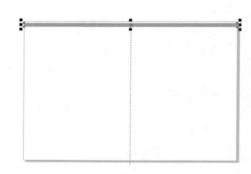

图 10-3　绘制矩形

 提示　　在菜单栏中选择【窗口】|【泊坞窗】|【辅助线】命令，在【辅助线】泊坞窗中也可以创建辅助线。

(3) 在工具箱中选择【文本工具】，输入数字"02"，将【字体】设置为【汉仪大黑简】，将【字体大小】设置为 15 pt，将【字体颜色】设置为白色，完成后的效果如图 10-4 所示。

(4) 使用同样的方法输入文字"03"并对其进行相应的设置。选择【矩形工具】，在绘图区中绘制矩形，将【宽度】、【高度】分别设置为 65 mm、8 mm，将【轮廓宽度】设置为无，将【填充颜色】设置为 67、25、0、0，完成后的效果如图 10-5 所示。

(5) 使用【矩形工具】绘制一个宽度为 87 mm、高度为 6 mm 的矩形，将【轮廓宽度】设置为无，将【填充颜色】的 CMYK 值设置为 87、61、0、0，完成后的效果如图 10-6 所示。

(6) 继续使用【矩形工具】绘制矩形，将【宽度】、【高度】分别设置为 87 mm、2 mm，将【轮廓宽度】设置为无，将【填充颜色】的 CMYK 值设置为 67、25、0、0，完成后的效果如图 10-7 所示。

CG设计案例课堂

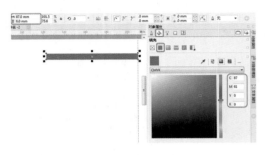

图 10-4　输入数字并进行设置

图 10-5　绘制矩形

图 10-6　绘制矩形

图 10-7　继续绘制矩形

(7) 使用【文本工具】在绘图区中输入文本"ABOUT"，将【字体】设置为Century751SeBd BT，将【字体大小】设置为 20 pt，将【字体颜色】的 CMYK 值设置为 36、32、29、0，完成后的效果如图 10-8 所示。

(8) 继续使用【文本工具】输入文字"关于宏兴"，将【字体】设置为【汉仪楷体简】，将【字体大小】设置为 18 pt，将【字体颜色】的 CMYK 值设置为 36、32、29、0，完成后的效果如图 10-9 所示。

图 10-8　输入英文

图 10-9　输入文本

(9) 使用【文本工具】在绘图区中输入文本，将【字体】设置为【华文中宋】，将【字体大小】设置为 26 pt，选择"About"，将【字体颜色】的 CMYK 值设置为 0、60、100、0。选择其余的文字，将【字体颜色】的 CMYK 值设置为 100、100、100、100，将【字符间距】设置为 60%，完成后的效果如图 10-10 所示。

(10) 继续使用【矩形工具】在绘图区中绘制矩形，将【宽度】、【高度】分别设置为 156 mm、72 mm。按 Ctrl+I 组合键，在弹出的【导入】对话框中选择随书附带光盘中的"CDROM| 素材 |Cha10|T1.jpg"素材文件，如图 10-11 所示。

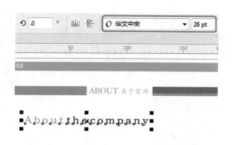

图 10-10 输入文字并进行设置　　　　　　　　　图 10-11 【导入】对话框

(11) 单击【导入】按钮，按 Enter 键导入图片。选择导入的图片，右击鼠标将其拖至绘制的矩形内，在弹出的快捷菜单中选择【图框精确剪裁】命令，如图 10-12 所示。

(12) 将图片置入矩形框内，然后单击 PowerClip 按钮，进入编辑状态，调整图片的大小和位置，完成后退出编辑状态，将【轮廓宽度】设置为无，完成后的效果如图 10-13 所示。

图 10-12 选择【图框精确剪裁】命令　　　　　　图 10-13 对图片进行编辑

(13) 在工具箱中选择【矩形工具】，绘制矩形，将【宽度】、【高度】分别设置为 42 mm、150 mm，将【填充颜色】的 CMYK 值设置为 87、61、0、0，将【轮廓宽度】设置为无，完成后的效果如图 10-14 所示。

(14) 使用【文本工具】输入文本，将【字体】设置为【汉仪中楷简】，将【字体大小】设置为 24 pt，将【字体颜色】的 CMYK 值设置为 100、100、0、0，完成后的效果如图 10-15 所示。

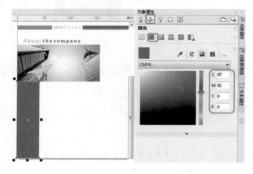

图 10-14 绘制矩形并填充颜色　　　　　　　　　图 10-15 输入文本

(15) 继续使用【文本工具】输入文本 "Enterprise Introduction"，将【字体】设置为【Adobe 黑体 Std R】，将【字体大小】设置为 15 pt，将【字体颜色】的 CMYK 值设置为 0、0、0、

40，完成后的效果如图 10-16 所示。

(16) 使用【文本工具】在绘图区中绘制文本框，在绘制的文本框中输入文本，将【字体】设置为【华文楷体】，将【字体大小】设置为 12 pt，将【字体颜色】设置为黑色，将【行间距】设置为 121%，完成后的效果如图 10-17 所示。

图 10-16　输入英文并进行设置　　　　　　图 10-17　输入段落文字并进行设置

(17) 使用【矩形工具】在绘图区中绘制矩形，将【填充颜色】的 CMYK 值设置为 87、61、0、0，将【轮廓宽度】设置为无，将【宽度】、【高度】分别设置为 61 mm、16 mm。使用同样的方法绘制【宽度】、【高度】分别为 25 mm、16 mm 的矩形，将【填充颜色】的 CMYK 值设置为 67、25、0、0，将【轮廓宽度】设置为无，然后调整矩形的位置，完成后的效果如图 10-18 所示。

(18) 继续使用【矩形工具】绘制【宽度】、【高度】分别为 12 mm、72 mm 的矩形，将【轮廓宽度】设置为无，将【填充颜色】的 CMYK 值设置为 2、49、82、0，完成后的效果如图 10-19 所示。

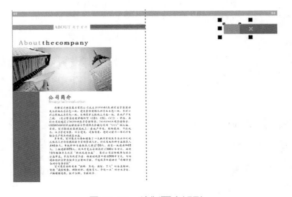

图 10-18　绘制两个矩形　　　　　　　　　图 10-19　绘制矩形

(19) 继续使用【矩形工具】绘制矩形，将【宽度】、【高度】分别设置为 143 mm、72 mm，将【轮廓宽度】设置为无。按 Ctrl+I 组合键，在弹出的【导入】对话框中选择随书附带光盘中的 "CDROM| 素材 |Cha10|T2.tif" 文件，将图片置入绘制的矩形框内，然后进行调整，完成后的效果如图 10-20 所示。

(20) 选择【文本工具】，输入文字 "About enterprise culture"，将【字体】设置为【华文中宋】，将【字体大小】设置为 26 pt。选择 "culture"，将【字体颜色】的 CMYK 设置为 0、60、100、0，选择其余的文字，将【字体颜色】的 CMYK 值设置为 100、100、100、100，完成后的效果如图 10-21 所示。

图 10-20　将导入的图片置入图文框内部　　　　　　　　图 10-21　输入文字

(21) 使用【矩形工具】绘制矩形，将【宽度】、【高度】分别设置为 109 mm、72 mm，将【轮廓宽度】设置为无，将【填充颜色】的 CMYK 值设置为 12、7、7、0，效果如图 10-22 所示。

(22) 使用【文本工具】在绘图区中输入文字，对输入的文字进行相应的设置，完成后的效果如图 10-23 所示。

图 10-22　绘制矩形　　　　　　　　　　　　图 10-23　输入文字

(23) 使用【矩形工具】绘制【宽度】、【高度】分别为 210 mm、25 mm 的矩形，将【填充颜色】的 CMYK 值设置为 87、61、0、0，将【轮廓宽度】设置为无，完成后调整其位置，效果如图 10-24 所示。

(24) 继续使用【矩形工具】，绘制【宽度】、【高度】分别为 210 mm、285 mm 的矩形，将其与左侧页面对齐，将【轮廓宽度】设置为无。然后选择【交互式填充工具】，按 F11 键打开【编辑填充】对话框，单击【渐变填充】按钮，将渐变类型设置为【线性渐变填充】，将左侧节点颜色的 CMYK 设置为 0、0、0、0，将右侧节点颜色的 CMYK 设置为 33、26、25、0，如图 10-25 所示。

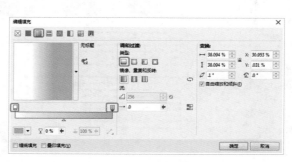

图 10-24　绘制矩形　　　　　　　　　　　　图 10-25　设置渐变

(25) 使用【交互式填充工具】调整渐变调整柄，完成后的效果如图 10-26 所示。

(26) 在工具箱中选择【透明度工具】，在属性栏中选择【渐变透明度】，调整透明度调整柄，完成后的效果如图 10-27 所示。

(27) 至此画册就制作完成了，保存场景文件后将效果图导出即可。

图 10-26　调整渐变　　　　　　　　　　　　　图 10-27　设置透明度后的效果

案例精讲 065　商务类——商务合作画册内页

案例文件：CDROM | 场景 | Cha10 | 商务合作画册内页 .cdr

视频文件：视频教学 | Cha10 | 商务合作画册内页 .avi

制作概述

本例将讲解如何制作商务合作画册内页。为了方便确定页面元素的位置，首先创建辅助线，制作页面两边的矩形颜色标签，然后制作画册图片，输入文本信息，最后制作折页效果。完成后的效果如图 10-28 所示。

图 10-28　商务合作画册内页

学习目标

掌握【矩形工具】的使用方法。

掌握【透明度工具】的使用方法。

操作步骤

(1) 启动软件后新建文档。在【创建新文档】对话框中，将【宽度】设置420.0 mm，【高度】设置为285.0 mm，【渲染分辨率】设置为300 dpi，然后单击【确定】按钮，如图10-29所示。

(2) 创建一条垂直辅助线，选中辅助线，在属性栏中将【X】设置为210.0 mm，然后单击【锁定辅助线】按钮 🔒，效果如图10-30所示。

图 10-29 创建文档

图 10-30 创建辅助线

(3) 使用相同的方法，创建68 mm、375 mm的垂直辅助线和244 mm、235 mm的水平辅助线，如图10-31所示。

(4) 在工具箱中选择【矩形工具】 ▢，绘制一个24 mm×115 mm的矩形，将其右侧的两个角的【转角半径】设置为5.0 mm，效果如图10-32所示。

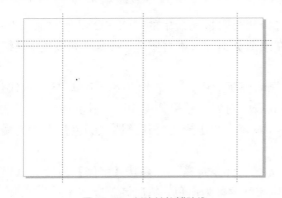

图 10-31 创建其他辅助线

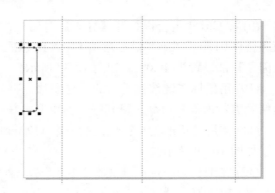

图 10-32 创建矩形

(5) 选中矩形，单击【调色板】中的橘红色块，为其填充颜色；然后用鼠标右击【调色板】中的 ⊠ 按钮，将其轮廓色设置为无，效果如图10-33所示。

第10章 画册设计

(6) 继续使用【矩形工具】□绘制一个 24 mm×58 mm 的矩形，将其左上角的【转角半径】设置为 5.0 mm，【填充颜色】设置为橘红，【轮廓色】设置为无，效果如图 10-34 所示。

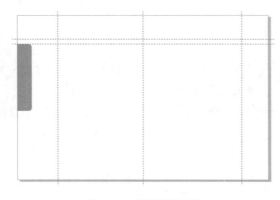

图 10-33　设置矩形颜色　　　　　　　　　　　图 10-34　绘制矩形

(7) 继续使用【矩形工具】□绘制一个 24 mm×41 mm 的矩形，将其左下角的【转角半径】设置为 5.0 mm，【填充颜色】设置为青，【轮廓色】设置为无，效果如图 10-35 所示。

(8) 继续使用【矩形工具】□绘制一个 187 mm×119 mm 的矩形，如图 10-36 所示。

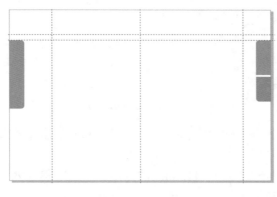 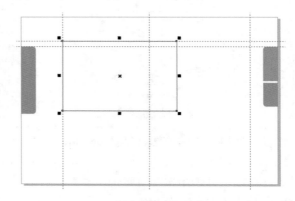

图 10-35　绘制矩形　　　　　　　　　　　图 10-36　继续绘制矩形

(9) 按 Ctrl+I 组合键打开【导入】对话框，选择随书附带光盘中的"CDROM| 素材 |Cha10| 商务合作 01.jpg"文件，然后单击【导入】按钮，在绘图页中导入素材图片，将宽度和高度的【缩放因子】都设置为 46.0%，如图 10-37 所示。

(10) 用鼠标右键按住导入的素材图片，将其拖动至矩形中，在弹出的快捷菜单中选择【图框精确剪裁内部】命令，将其嵌入到矩形中并将其居中对齐，效果如图 10-38 所示。

(11) 使用【矩形工具】□绘制一个 117 mm×119 mm 的矩形，将其【填充颜色】设置为橘红，如图 10-39 所示。

(12) 在工具箱中选择【文本工具】字，输入文本"合作共赢"，将其【字体】设置为【微软雅黑 (粗体)】，【字体大小】设置为 24 pt，将其颜色设置为白色，然后调整文本至适当位置，效果如图 10-40 所示。

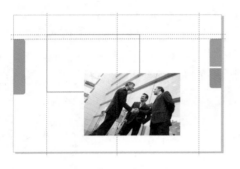

图 10-37　导入素材图片

图 10-38　嵌入图片

图 10-39　绘制矩形

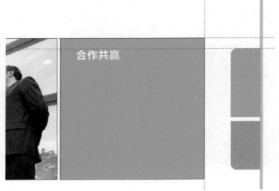

图 10-40　输入文本

(13) 在工具箱中选择【文本工具】字，输入英文，将其【字体】设置为【Arial(常规斜体)】，【字体大小】设置为 10 pt，将其颜色设置为白色，然后调整文本至适当位置，效果如图 10-41 所示。

(14) 在工具箱中选择【钢笔工具】，绘制一条如图 10-42 所示的线段，将【轮廓宽度】设置为 10 px，起始箭头设置为【箭头 44】，并将【轮廓颜色】设置为白色。

图 10-41　输入英文

图 10-42　绘制箭头

在使用【钢笔工具】绘制线段时，按住 Shift 键移动鼠标可以绘制水平或垂直线段。

(15) 使用【文本工具】字 输入其他文本，将其【字体】设置为【微软雅黑】，【字体大小】设置为 10 pt，将其颜色设置为白色，然后调整文本至适当位置，效果如图 10-43 所示。

(16) 使用相同的方法创建两个 56 mm×35.5 mm 矩形，并导入"商务合作 02.jpg"和"商务合作 03.jpg"素材图片，将素材图片嵌入到矩形中，最后调整矩形图片的位置，如图 10-44 所示。

(17) 参照前面的操作步骤，使用【文本工具】字 输入其他文本，并设置文本字体、字体大小和颜色，效果如图 10-45 所示。

(18) 下面制作页码标签。使用【矩形工具】□ 绘制一个 25 mm×12 mm 的矩形，将其【填充颜色】设置为黑色，如图 10-46 所示。

图 10-43 输入文本

图 10-44 创建矩形并嵌入素材图片

图 10-45 输入文本

图 10-46 绘制矩形

(19) 使用【文本工具】字 输入其他文本，将其【字体】设置为 Arial，【字体大小】设置为 24 pt，颜色设置为白色，效果如图 10-47 所示。

(20) 选中数字文本后，按住 Shift 键选中黑色矩形，然后按 E 键和 C 键，将数字文本进行对齐，如图 10-48 所示。

(21) 使用相同的方法制作另一个页码标签，如图 10-49 所示。

(22) 使用【矩形工具】□ 绘制一个 210 mm×285 mm 的矩形，将【轮廓颜色】设置为无，如图 10-50 所示。

图 10-47 输入数字

图 10-48 对齐数字文本

图 10-49 制作页码标签

图 10-50 绘制矩形

(23) 选中矩形并按 F11 键打开【编辑填充】对话框，将位置 0 的 CMYK 值设置为 22、18、16、0，将位置 100 的 CMYK 值设置为 0、0、0、0。在【变换】组中，将【填充宽度】和【填充高度】设置为 13%，X 设置为 45%，【旋转】设置为 180°，然后单击【确定】按钮，如图 10-51 所示。

(24) 使用【透明度工具】 ，在属性栏中单击【均匀透明度】按钮 ，将【透明度】设置为 80，效果如图 10-52 所示。

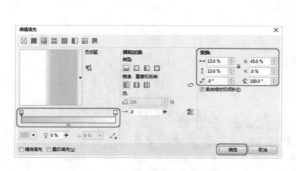
图 10-51 【编辑填充】对话框

图 10-52 设置透明度

(25) 将透明矩形进行复制，然后调整至绘图页的右侧，如图 10-53 所示。

(26) 选中两个透明矩形，调整其所在图层的顺序，将其调整至所有文字图层的下面，完成后的效果如图 10-54 所示。

(27) 最后将场景文件进行保存并分别导出效果图片。

图 10-53　调整透明矩形的位置

图 10-54　调整图层顺序

案例精讲 066　企业类——网络公司宣传画册内页

案例文件：　CDROM | 场景 |Cha10| 网络公司宣传画册内页 .cdr

视频文件：　视频教学 | Cha10| 网络公司宣传画册内页 .avi

制作概述

　　本例将介绍如何制作网络公司宣传画册。首先使用【矩形工具】绘制出画册的轮廓，然后使用【文本工具】输入文本，丰富画册的内容，最后将图片导入，完成后的效果如图 10-55 所示。

图 10-55　网络公司宣传画册内页

学习目标

学习制作网络公司画册。

掌握【矩形工具】、【文本工具】、【交互式填充工具】、【透明度工具】，以及【图框精确剪裁】命令的使用方法。

(1) 新建一个【宽度】、【高度】分别为 420 mm、285 mm，【原色模式】为 CMYK，【渲染分辨率】为 300 dpi 的空白文档。在【矩形工具】上双击即可创建一个与文档同样大小的矩形，将【轮廓宽度】设置为无，将【填充颜色】的 CMYK 值设置为 85、52、60、6，完成后的效果如图 10-56 所示。

(2) 选择绘制的矩形，右击，在弹出的快捷菜单中选择【锁定对象】命令，即可将绘制的矩形锁定，如图 10-57 所示。

图 10-56　填充颜色

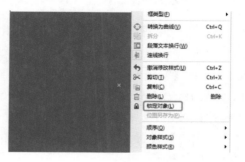

图 10-57　选择【锁定对象】命令

(3) 按 Ctrl+J 键打开【选项】对话框，选择【辅助线】下的【水平】选项，在文本框中输入"275"，单击【添加】按钮，然后再在文本框中输入"250"，单击【添加】按钮，再次在文本框中输入"170"，单击【添加】按钮，如图 10-58 所示。

(4) 选择【垂直】选项，使用同样的方法输入"10"、"210"，单击【确定】按钮，完成后的效果如图 10-59 所示。

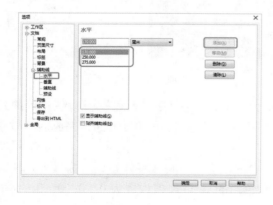

图 10-58　【选项】对话框

图 10-59　创建辅助线

(5) 选择【矩形工具】，绘制【宽度】、【高度】分别为 200 mm、260 mm 的矩形，将其与辅助线对齐，将【轮廓宽度】设置为无，将【填充颜色】的 CMYK 值设置为 0、0、0、0，效果如图 10-60 所示。

(6) 继续使用【矩形工具】绘制矩形，将【宽度】、【高度】分别设置为 185 mm、67 mm，将【填充颜色】的 CMYK 值设置为 85、52、60、6，将【轮廓宽度】设置为无，然后将其与辅助线对齐，完成后的效果如图 10-61 所示。

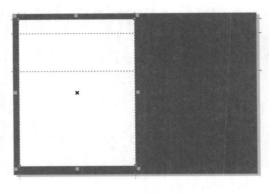

图 10-60　绘制矩形　　　　　　　　　　　图 10-61　继续绘制矩形

(7) 选择【文本工具】，在绘图区中输入文本"ABOUT"，将【字体】设置为 Dutch801 XBd BT，将【字体大小】设置为 27 pt，将【字体颜色】的 CMYK 值设置为 100、100、100、100，如图 10-62 所示。

(8) 继续使用【文本工具】在绘图区中输入文本"关于凯旋"，将【字体】设置为【汉仪粗圆简】，将【字体大小】设置为 15 pt，将【字体颜色】的 CMYK 值设置为 100、100、100、100，如图 10-63 所示。

图 10-62　输入"ABOUT"　　　　　　　　图 10-63　输入"关于凯旋"

(9) 继续使用【文本工具】在绘图区中输入文本"公司简介"，将【字体】设置为【汉仪中黑简】，将【字体大小】设置为 20 pt，将【字体颜色】的 CMYK 值设置为 0、0、0、0，完成后的效果如图 10-64 所示。

(10) 使用【文本工具】绘制文本框，在文本框中输入文本，将【字体】设置为【方正楷体简体】，将【字体大小】设置为 12 pt，将【字体颜色】的 CMYK 值设置为 0、0、0、0，完成后的效果如图 10-65 所示。

(11) 使用【矩形工具】绘制【宽度】、【高度】分别为 125 mm、8 mm 的矩形，将【轮廓宽度】设置为无，将【填充颜色】的 CMYK 值设置为 42、0、84、0，调整其位置，完成后的效果如图 10-66 所示。

(12) 继续使用【矩形工具】在绘图区中绘制矩形，将【宽度】、【高度】分别设置为 60 mm、15 mm，将【轮廓宽度】设置为无，将【填充颜色】的 CMYK 值设置为 42、0、84、0，完成后的效果如图 10-67 所示。

图 10-64　输入文字并进行设置

图 10-65　绘制文本框并输入文本

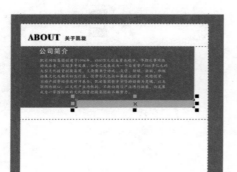

图 10-66　绘制矩形

图 10-67　继续绘制矩形

(13) 使用【文本工具】输入文字"企业文化",将【字体】设置为【汉仪中黑简】,将【字体大小】设置为 20 pt,将【字体颜色】的 CMYK 值设置为 0、0、0、0,效果如图 10-68 所示。

(14) 继续使用【文本工具】输入文字"价值观:正直、进取、合作、创新",将【字体】设置为【汉仪魏碑简】,将【字体大小】设置为 12 pt,将【字体颜色】的 CMYK 值设置为 100、100、100、100,完成后的效果如图 10-69 所示。

图 10-68　输入"企业文化"

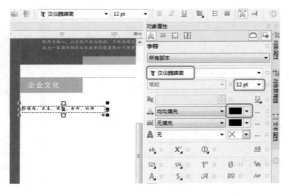

图 10-69　输入文字并进行设置

(15) 使用【文本工具】绘制文本框,在文本框中输入文字,将【字体】设置为【方正楷体简体】,将【字体大小】设置为 12 pt,将【字体颜色】的 CMYK 值设置为 100、100、100、100,效果如图 10-70 所示。

(16) 选择段落文本,选择【文本】|【项目符号】命令,弹出【项目符号】对话框,在该对

话框中选中【使用项目符号】复选框，将【符号】设置为如图 10-71 所示的符号。

图 10-70　输入段落文本

(17) 单击【确定】按钮即可为选中的段落文本添加项目符号。使用同样的方法为其他段落文本添加项目符号，完成后的效果如图 10-72 所示。

图 10-71　【项目符号】对话框

图 10-72　添加项目符号

(18) 使用同样的方法输入其他段落文本，并为段落文本添加项目符号，完成后的效果如图 10-73 所示。

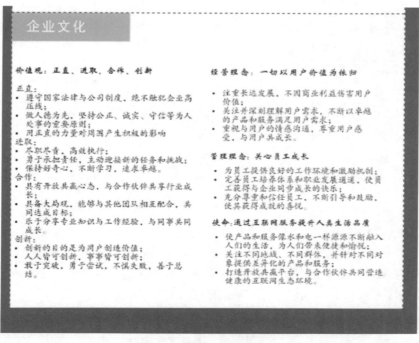

图 10-73　输入其他段落文本

(19) 使用【矩形工具】绘制【宽度】、【高度】分别为 210 mm、285 mm 的矩形，调整其位置。按 Ctrl+I 组合键，在弹出的【导入】对话框中选择随书附带光盘中的"CDROM|素材|Cha10|T3.jpg"素材文件，单击【导入】按钮，如图 10-74 所示。

(20) 将图片置入绘制的矩形框内，然后调整图片的位置和大小，将矩形的【轮廓宽度】设置为无，完成后的效果如图 10-75 所示。

图 10-74　【导入】对话框

图 10-75　调整图片的位置

(21) 使用【矩形工具】绘制【宽度】、【高度】分别为 35 mm、285 mm 的矩形，选择【交互式填充工具】，按 F11 键打开【编辑填充】对话框，将【渐变类型】设置为【线性渐变填充】，将左侧节点的 CMYK 设置为 13、11、10、0，将右侧节点的 CMYK 设置为 40、32、31、0，如图 10-76 所示。

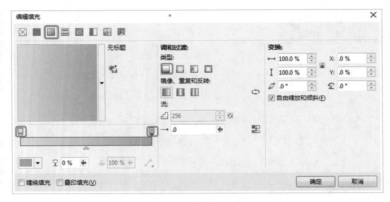

图 10-76　【编辑填充】对话框

(22) 单击【确定】按钮，然后使用【交互式填充工具】调整渐变调整柄，完成后的效果如图 10-77 所示。

(23) 选择【透明度工具】，选择【渐变透明度】，将渐变透明度设置为【线性渐变透明度】，然后使用【透明度工具】进行调整，完成后的效果如图 10-78 所示。

图 10-77　填充渐变后的效果　　　　　图 10-78　调整完成后的效果

(24) 至此画册内页就制作完成了，保存场景文件后将效果图导出即可。

案例精讲 067　生活类——旅行画册

案例文件：CDROM | 场景 | Cha10 | 旅行画册 .cdr

视频文件：视频教学 | Cha10 | 旅行画册 .avi

制作概述

本例将讲解如何制作旅行画册，用户也可以根据需要自制特定画册。为了方便确定页面元素的位置，首先创建辅助线，然后绘制矩形并复制，将其作为文本框和图片框，输入文本信息并嵌入素材图片。将整个对象旋转后，制作标题文本和页脚图案，最后制作页面的折页效果。

完成后的效果如图 10-79 所示。

图 10-79　旅行画册

学习目标

掌握【矩形工具】的使用方法。
掌握【文字工具】的使用方法。

操作步骤

(1) 启动软件后新建文档。在【创建新文档】对话框中，将【宽度】设置 297.0 mm，【高度】设置为 210.0 mm，【渲染分辨率】设置为 300 dpi，然后单击【确定】按钮，如图 10-80 所示。

(2) 创建 15 mm 的垂直辅助线和 10 mm 的水平辅助线，如图 10-81 所示。

图 10-80　创建文档

图 10-81　创建辅助线

CG设计案例课堂

(3) 在工具箱中选择【矩形工具】□, 沿辅助线绘制一个 50 mm×50 mm 的矩形, 如图 10-82 所示。

(4) 按住 Ctrl 键, 按住鼠标右键向右侧移动矩形并复制 4 个矩形, 然后调整矩形的位置, 如图 10-83 所示。

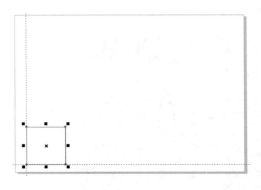
图 10-82　绘制矩形

图 10-83　复制矩形

(5) 使用相同的方法复制其他矩形, 并调整矩形的位置, 如图 10-84 所示。

(6) 继续使用【矩形工具】□, 沿辅助线绘制一个 130 mm×70 mm 的矩形, 然后调整其位置, 如图 10-85 所示。

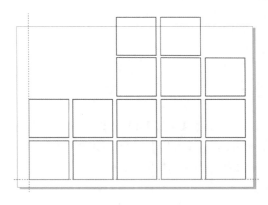
图 10-84　复制其他矩形

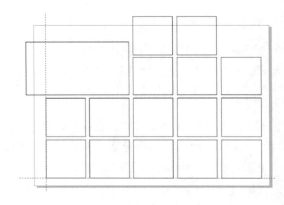
图 10-85　绘制矩形

提示　　可以通过 R 键、L 键、E 键和 C 键对齐各个矩形对象。

(7) 选中如图 10-85 所示的多个矩形, 将其【填充颜色】的 CMYK 值设置为 65、85、0、0, 【轮廓颜色】设置为无, 效果如图 10-86 所示。

(8) 使用【文本工具】字输入文本, 将其【字体】设置为【微软雅黑】, 【字体大小】设置为 12 pt, 将其颜色设置为白色, 效果如图 10-87 所示。

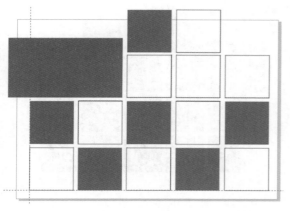

图 10-86　设置矩形颜色

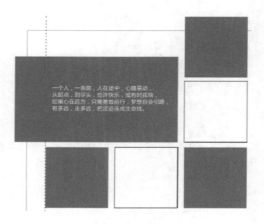

图 10-87　输入文本

(9) 继续使用【文本工具】字输入其他文本，将其【字体】设置为【微软雅黑】，【字体大小】设置为 8 pt，将其颜色设置为白色，如图 10-88 所示。

(10) 按 Ctrl+I 组合键打开【导入】对话框，选择随书附带光盘中的 "CDROM| 素材 |Cha10| 旅行 01.jpg" 文件，然后单击【导入】按钮，在绘图页中导入素材图片，将宽度和高度的【缩放因子】都设置为 32.3%，效果如图 10-89 所示。

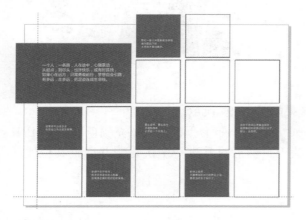

图 10-88　输入其他文本

图 10-89　导入素材图片

(11) 用鼠标右键按住导入的素材图片，将其拖动至矩形中，在弹出的快捷菜单中选择【图框精确剪裁内部】命令，将其嵌入到矩形中并将其居中对齐，然后将矩形的【轮廓颜色】设置为无，效果如图 10-90 所示。

(12) 使用相同的方法导入其他素材图片，并嵌入到矩形中，然后将矩形的【轮廓颜色】设置为无，效果如图 10-91 所示。

(13) 按 Ctrl+A 组合键选中所有对象，然后在属性栏中将【旋转角度】设置为 10.0°，旋转对象如图 10-92 所示。

(14) 在工具箱中使用【裁剪工具】，在绘图页中绘制 297 mm×210 mm 的裁剪框，如图 10-93 所示。

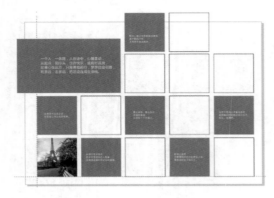

图 10-90　嵌入图片

图 10-91　嵌入其他素材图片

图 10-92　旋转对象

图 10-93　绘制裁剪框

（15）按 Enter 键确认裁剪，裁剪完成后的效果如图 10-94 所示。

（16）使用【矩形工具】□绘制一个 3 mm×3 mm 的小矩形，将其【填充颜色】的 CMYK 值设置为 65、85、0、0，【轮廓颜色】设置为无，然后对其进行多次复制并调整其位置，组成如图 10-95 所示的图案。

图 10-94　裁剪完成后的效果

图 10-95　绘制矩形并组成图案

（17）使用【文本工具】字输入文本，将其【字体】设置为【微软雅黑】，【字体大小】设置为 24 pt，将其颜色的 CMYK 值设置为 65、85、0、0，效果如图 10-96 所示。

(18) 使用相同的方法输入英文并调整其位置，如图 10-97 所示。

图 10-96　输入文本

图 10-97　输入英文

(19) 使用【矩形工具】□在绘图页的右下角绘制一个 10 mm×16 mm 的小矩形，将其【填充颜色】的 CMYK 值设置为 65、85、0、0，【轮廓颜色】设置为无，如图 10-98 所示。

(20) 将矩形向左侧移动复制两个矩形，并将矩形的高度分别设置为 8 mm 和 4 mm，如图 10-99 所示。

图 10-98　绘制矩形

图 10-99　复制矩形

(21) 使用【矩形工具】□在绘图页中绘制一个 148.5 mm×210 mm 的矩形。选中绘制的矩形，在属性栏中将 X 设置为 74.25mm，Y 设置为 105.0 mm，效果如图 10-100 所示。

(22) 选中矩形并按 F11 键打开【编辑填充】对话框，将位置 0 的 CMYK 值设置为 28、22、24、0，将位置 100 的 CMYK 值设置为 0、0、0、0。在【变换】组中，将【填充宽度】和【填充高度】设置为 12%，X、Y 设置为 45%，【旋转】设置为 180°，如图 10-101 所示。

(23) 选择【透明度工具】，在属性栏中单击【均匀透明度】按钮，将【透明度】设置为 90，如图 10-102 所示。

(24) 将透明矩形水平向右进行复制，并调整其位置，如图 10-103 所示。

(25) 最后将场景文件进行保存并分别导出效果图片。

图 10-100　绘制矩形

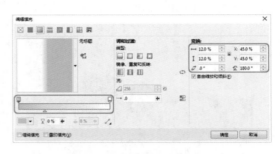

图 10-101　【编辑填充】对话框

图 10-102　设置透明度

图 10-103　复制透明矩形

案例精讲 068　企业类——科技公司宣传画册封面

案例文件：CDROM | 场景 | Cha10 | 科技公司宣传画册封面 .cdr

视频文件：视频教学 | Cha10 | 科技公司宣传画册封面 .avi

制作概述

　　人都在意自己的仪容仪表，同样画册对于封面的要求也非常高，画册封面就如人的仪容仪表，所有东西只有与众不同才能彰显个性，从而更加有价值。本例将介绍如何制作科技公司宣传画册封面，完成后的效果如图 10-104 所示。

图 10-104　科技公司宣传画册封面

学习目标

学习制作宣传画册封面。

掌握【钢笔工具】、【矩形工具】和【文本工具】的使用方法。

(1) 按 Ctrl+N 组合键在弹出的对话框中将【宽度】、【高度】分别设置为 420 mm、285 mm,将【原色模式】设置为 CMYK,将【渲染分辨率】设置为 300 pi,完成后单击【确定】按钮。使用【矩形工具】绘制【宽度】、【高度】分别为 210 mm、285 mm 的矩形,将【轮廓宽度】设置为无,将【填充颜色】的 CMYK 值设置为 54、45、44、0,然后调整其位置,完成后的效果如图 10-105 所示。

(2) 对绘制的矩形进行复制,将【填充颜色】的 CMYK 值设置为 0、0、0、10,然后调整其位置,完成后的效果如图 10-106 所示。

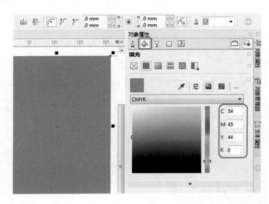

图 10-105 绘制矩形

图 10-106 复制矩形并进行调整

(3) 选择绘制的矩形,右击,在弹出的快捷菜单中选择【锁定对象】命令。在工具箱中选择【钢笔工具】,然后在绘图区中绘制图形,完成后的效果如图 10-107 所示。

(4) 选择图像,在【对象属性】泊坞窗中将【轮廓宽度】设置为无,将【填充颜色】的 CMYK 值设置为 90、68、0、0,完成后的效果如图 10-108 所示。

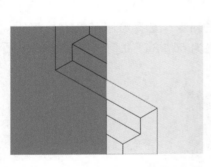

图 10-107 使用【钢笔工具】绘制图形

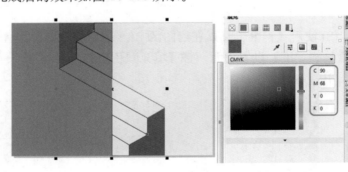

图 10-108 为绘制的图像填充颜色

(5) 再选择图像,将【轮廓宽度】设置为无,将【填充颜色】的 CMYK 值设置为 82、55、0、0,效果如图 10-109 所示。

(6) 选择剩余的图像,将【轮廓宽度】设置为无,将【填充颜色】的 CMYK 值设置为 66、34、0、0,将轮廓设置为无,完成后的效果如图 10-110 所示。

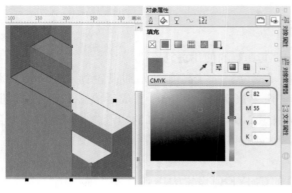

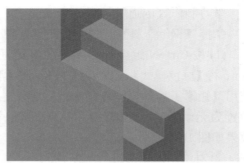

图 10-109　填充颜色　　　　　　图 10-110　填充颜色后的效果

　　(7) 在工具箱中选择【文本工具】，在绘图区中输入文字，选中文本，将【字体】设置为【汉仪楷体简】，将【字体大小】设置为20 pt，将【字体颜色】的CMYK值设置为100、100、0、0，完成后的效果如图 10-111 所示。

　　(8) 继续使用【文本工具】输入英文，将【字体】设置为 Adobe Clason pro，将【字体大小】设置为15 pt，将【字体颜色】的CMYK值设置为100、100、0、0，完成后的效果如图 10-112 所示。

图 10-111　输入文字并进行设置　　　　图 10-112　输入英文并进行设置

　　(9) 使用【钢笔工具】在绘图区中绘制如图 10-113 所示的对象，选择绘制对象的上表面，将【轮廓宽度】设置为无，将【填充颜色】的CMYK值设置为66、34、0、0，完成后的效果如图 10-114 所示。

图 10-113　使用【钢笔工具】绘制图像　　　　图 10-114　为对象填充颜色

(10) 使用同样的方法为剩余两个面填充颜色，填充颜色的 CMYK 值分别是 82、55、0、0，90、68、0、0，完成后的效果如图 10-115 所示。

(11) 使用【钢笔工具】和【椭圆形工具】绘制图形，效果如图 10-116 所示。

图 10-115　填充图形后的效果　　　　　　　　图 10-116　绘制图形

(12) 将绘制图形的【轮廓宽度】设置为无，将绘制的圆形的填充颜色 CMYK 设置为 0、60、100、0，将剩余图形的填充颜色 CMYK 设置为 0、100、100、0，完成后的效果如图 10-117 所示。

(13) 使用【文本工具】在绘图区中输入文字，将【字体】设置为【方正黑体简体】，将【字体大小】设置为 30 pt，将【字体颜色】的 CMYK 值设置为 100、100、0、0，完成后的效果如图 10-118 所示。

图 10-117　为绘制的图形填充颜色　　　　　　图 10-118　输入文字

(14) 继续使用【文本工具】输入英文，将【字体】设置为 Adobe Arabic，将【字体大小】设置为 28 pt，将【填充颜色】的 CMYK 值设置为 100、100、0、0，完成后的效果如图 10-119 所示。

(15) 使用【文本工具】输入文本，将【字体】设置为【汉仪楷体简】，将【字体大小】设置为 26 pt，将【字体颜色】的 CMYK 值设置为 100、100、0、0，完成的效果如图 10-120 所示。

(16) 在刚刚输入文字的下方输入英文，将【字体】设置为 Adobe Arabic，将【字体大小】设置为 26 pt，将【字体颜色】设置为 100、100、0、0。使用同样的方法输入其他文字，完成后的效果如图 10-121 所示。

(17) 按 Ctrl+I 组合键，在弹出的【导入】对话框中选择随书附带光盘中的"CDROM| 素材 | Cha10|T4.jpg"素材文件，单击【导入】按钮，然后在绘图区中按 Enter 键导入图片。调整图片的大小和位置，然后在导入图片的下方输入文字，完成后的效果如图 10-122 所示。

图 10-119　输入英文

图 10-120　输入文字

图 10-121　输入文字

图 10-122　导入图片并输入文字

(18) 至此画册就制作完成了，保存场景文件后将效果图导出即可。

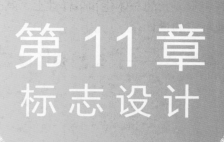

第 11 章
标志设计

企业标志是企业视觉传达要素的核心，也是企业开展信息传达的主导力量。标志的领导地位是企业经营理念和经营活动的集中表现，标志贯穿和应用于企业的所有相关的活动中，不仅具有权威性，而且还体现在视觉要素的一体化和多样性上，其他视觉要素都以标志为中心而展开。本章就来介绍一下企业标志的设计。

案例精讲 069　环境类——天仁能源标志设计

📝 案例文件：CDROM | 场景 | Cha11 | 天仁能源标志设计 .cdr

💿 视频文件：视频教学 | Cha11 | 天仁能源标志设计 .avi

制作概述

本例将讲解如何制作某能源公司标志。能源一般代表绿色环保，在这里我们以绿色渐变为主体 Logo 背景，配合公司名称的首字母进行组合，最终完成效果如图 11-1 所示。

学习目标

学习如何制作绿色标志设计。
掌握绿色能源标志的设计理念。

操作步骤

(1) 启动软件后，新建以【原色模式】为 CMYK 的
文档。按 F7 键激活【椭圆形工具】，绘制直径为 90 mm 的正圆，如图 11-2 所示。

图 11-1　天仁能源标志

知识链接

　　CorelDRAW 中提供的原色模式有 CMYK 和 RGB 两种，CMYK 颜色模式在前面章节中有介绍，下面来介绍一下 RGB 颜色模式。

　　RGB 是最常用的颜色模式，因为它可以存储和显示多种颜色。RGB 颜色模式使用了颜色成分红 (R)、绿 (G) 和蓝 (B) 来定义所给颜色中红色、绿色和蓝色的光的量。在 24 位图像中，每一颜色成分都是由 0 ~ 255 之间的数值表示。在位速率更高的图像中，如 48 位图像，值的范围更大。这些颜色成分的组合就定义了一种单一的颜色。

　　在加色颜色模型中，如 RGB，颜色是通过透色光形成的。因此 RGB 被应用于监视器中，对红色、蓝色和绿色的光以各种方式调和来产生更多种颜色。当红色、蓝色和绿色的光以其最大强度组合在一起时，眼睛看到的颜色就是白色。理论上，颜色仍为红色、绿色和蓝色，但是在监视器上这些颜色的像素彼此紧挨着，用眼睛无法区分出这三种颜色。当每一种颜色成分的值都为 0 时即表示没有任何颜色的光，因此眼睛看到的颜色就为黑色。

---

(2) 选择上一步创建的正圆，按 F11 键弹出【编辑填充】对话框，将 0 位置的节点颜色的 CMYK 值设为 89、42、100、7，将 100% 位置的节点颜色的 CMYK 值设为 61、0、91、0，在【变换】选项组中将【旋转】设为 45°，如图 11-3 所示。

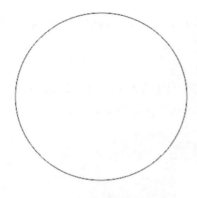

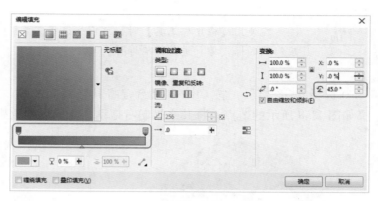

图 11-2　绘制正圆　　　　　　　　　　　　　　　图 11-3　设置渐变色

(3) 单击【确定】按钮，将其【轮廓】设置为无，查看效果如图 11-4 所示。

(4) 按 F8 键，激活【文本工具】输入"T"，在属性栏中将【字体】设为 DigifaceWide，将【字体大小】设为 280 pt，将【字体颜色】设为白色，调整位置，效果如图 11-5 所示。

图 11-4　设置渐变色后的效果　　　　　　　　　　图 11-5　输入"T"

(5) 继续输入文字"R"，设置与上一步文字相同的属性，为了便于观察先将文字颜色设为蓝色，如图 11-6 所示。

(6) 按 X 键激活【橡皮擦工具】，选择上一步创建的文字，对其进行擦除，完成后的效果如图 11-7 所示。

图 11-6　输入"R"　　　　　　　　　　　　　　　图 11-7　擦除后的效果

提示

在使用【橡皮擦工具】时，可以先选择需要擦除的对象，在属性栏中选择相应形状的橡皮擦，进行擦除即可。

(7) 选择文字"T"，按 Ctrl+Q 组合键将其转换为曲线，按 F10 键激活【形状工具】，选择如图 11-8 所示的节点，将其水平向右拖动，完成后的效果如图 11-9 所示。

图 11-8　选择顶点

图 11-9　移动节点

提示

在移动的过程中，为了保持其水平垂直可以按住 Shift 键进行移动。

(8) 将"R"文字的填充颜色设为白色，使用【形状工具】对节点进行调整，完成后的效果如图 11-10 所示。

(9) 选择输入的两个文字，按 Ctrl+L 组合键将其合并，如图 11-111 所示。

图 11-10　调整节点

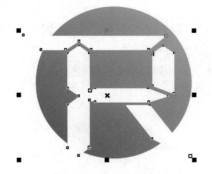
图 11-11　进行合并

(10) 利用【选择工具】选择场景中的所有对象，在属性栏中单击【移除前面对象】按钮，对其进行修剪，利用【椭圆工具】绘制与上面相同大小的椭圆，将【填充颜色】设为白色，放置到图层最下，完成后的效果如图 11-12 所示。

(11) 按 F8 键激活【文本工具】，输入"天仁能源"，在属性栏中将【字体】设为【方正粗倩简体】，将【字体大小】设为 97 pt，将【字体颜色】设为黑色，效果如图 11-13 所示。

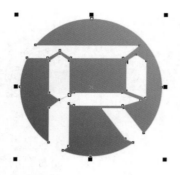

图 11-12 进行修剪

图 11-13 输入文字

第 (11) 步所讲的绘制椭圆的原因是，利用的文字和渐变椭圆经修剪后，此时的白色部分属于透明状态，因为文档背景为白色，很容易让人忽略这一点，可以创建同样大小的椭圆，并将其填充白色，放置到渐变色椭圆的下方，这样就覆盖其透明部分。

(12) 选择上一步输入的文字，按 Ctrl+T 组合键，弹出【文本属性】泊坞窗，将【字符间距】设为 0，如图 11-14 所示。

(13) 设置完成后的效果如图 11-15 所示。

图 11-14 设置字符间距

图 11-15 设置完成后的效果

(14) 按 F8 键激活【文本工具】，继续输入文字"TIANREN ENERGY"，在属性栏中将【字体】设为 Arial Black，将【字体大小】设为 46 pt，将【字体颜色】设为黑色，完成后的效果如图 11-16 所示。

图 11-16 输入文字

案例精讲 070 机械类——天宇机械标志设计

✎ 案例文件：CDROM | 场景 | Cha11 | 天宇机械标志设计 .cdr

🎬 视频文件：视频教学 | Cha11 | 天宇机械标志设计 .avi

制作概述

本例将制作机械类的 Logo。首先通过公司名称进行寓意分解，天宇机械，其中天字让人首先想到天空，继而想到天空中的月亮。在使用月亮图标时，只使用了半月，而月亮的另一半则用公司名称的前两个字母代替，象征着公司地位的重要性。而右边的三角形，则寓意稳固支撑的作用。在这里强调一点，天宇机械主要制作塔吊类机械，塔吊最需要的是稳固，对于倒三角则寓意根深蒂固，像植物的根一样深深地扎入地下。对于文字的位置则将其放于图标的右侧，此 Logo 的具体操作方法如下，完成后的效果如图 11-17 所示。

图 11-17　天宇机械标志

学习目标

学习掌握图形之间的修剪方法。
掌握机械类标志的设计理念及制作过程。

操作步骤

(1) 启动软件后，新建以【原色模式】为 CMYK 的文档。按 F7 键激活【椭圆形工具】，绘制直径为 150 mm 的正圆，并将其【填充颜色】设置为红色，将【轮廓】设为无，如图 11-18 所示。

(2) 选择上一步创建的正圆，按 + 键进行复制，并对复制的图形进行移动，为了便于观察对其填充绿色，如图 11-19 所示。

图 11-18　绘制正圆

图 11-19　进行复制

提示 在实际操作过程中可以通过图形之间的结合、修剪制作出很多不规则的形状，也是设计中经常使用的。

（3）利用【选择工具】选择上一步创建的两个椭圆，在属性栏中单击【移除前面对象】按钮，修剪完成后的效果如图 11-20 所示。

（4）按 F8 键激活【文本工具】，输入"T"，在属性栏中将【字体】设为【蒙纳简超刚黑】，将【字体大小】设为 403 pt，将【字体颜色】设为黑色，并利用【选择工具】对其适当倾斜，如图 11-21 所示。

图 11-20　修剪完成后的效果

图 11-21　输入文字

（5）选择上一步输入的文字，进行复制，并将复制的文字修改为"Y"，如图 11-22 所示。

（6）选择上一步创建的文字"Y"，按 Ctrl+Q 组合键，将其转换为曲线，如图 11-23 所示。

图 11-22　更改文字

图 11-23　转换为曲线

（7）按 F10 键激活【形状工具】，对文字"Y"左半部分进行适当调整，如图 11-24 所示。

（8）按 F6 键激活【矩形工具】，绘制长和宽分别为 50 mm 和 1 mm 的矩形，为了便于观察先将其【填充颜色】设为绿色，将【轮廓】设置为无，如图 11-25 所示。

图 11-24　调整文字

图 11-25　创建矩形

（9）选择上一步创建的矩形进行复制，并调整位置到如图 11-26 所示的位置，

（10）选择【调和工具】连接两个矩形，在属性栏中将【调和对象】设为 10，效果如图 11-27 所示。

第 11 章　标志设计

361

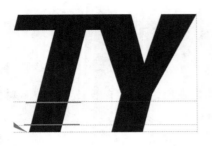

图 11-26　进行复制

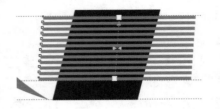

图 11-27　调和后的效果

(11) 选择调和后的对象，按 Ctrl+K 组合键将其进行拆分，再次按 Ctrl+U 组合键将组合对象进行分解，如图 11-28 所示。

(12) 选择上一步创建的矩形，利用【选择工具】选择矩形和文字"T"，在属性栏中单击【移除前面对象】按钮，此时文字将被修剪，如图 11-29 所示。

 提示　　　选择分解后的矩形，可以对其进行复制，以便对 Y 进行设置时使用。

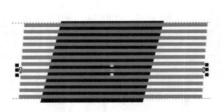

图 11-28　进行分解

图 11-29　修剪后的效果

(13) 按 F6 键绘制与上一步大小相似的矩形，并将其【填充颜色】设为白色，将【轮廓】设为无，如图 11-30 所示。

(14) 选择上一步创建的矩形，按 Ctrl+Q 组合键将其转换为曲线，按 F10 键激活【形状工具】对创建的矩形进行调整，完成后的效果如图 11-31 所示。

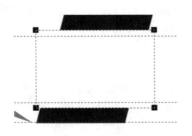

图 11-30　绘制矩形

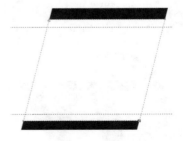

图 11-31　进行调整

(15) 选择上一步创建的矩形，按 Shift+Page Down 组合键将其置于最下层，完成后的效果如图 11-32 所示。

(16) 使用同样的方法对文字"Y"进行设置，完成后的效果如图 11-33 所示。

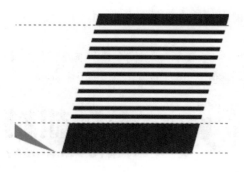

图 11-32　调整图层位置

图 11-33　完成后的效果

(17) 按 Y 键激活【多边形工具】，在属性栏中将【点数或边数】设为 3，按住 Ctrl 键绘制等边三角形，并将其【填充颜色】设为红色，将【轮廓】设为无，如图 11-34 所示。

(18) 选择上一步创建的正多边形，在属性栏中确定【锁定比率】处于锁定状态，将【宽度】设为 60 mm，调整多边形的位置，效果如图 11-35 所示。

图 11-34　绘制多边形

图 11-35　调整位置和矩形

提示

拖动鼠标时按住 Shift 键，可从中心开始绘制多边形；拖动鼠标时按住 Ctrl 键，可绘制对称多边形。

(19) 选择上一步创建的多边形，进行复制，利用【选择工具】选择复制的多边形，在属性栏中单击【垂直镜像】按钮，并调整位置，效果如图 11-36 所示。

(20) 按 F8 键激活【文本工具】，输入"天宇机械"，在属性栏中将【字体】设为【方正综艺简体】，将【字体大小】设为 250 pt，将【字体颜色】设为黑色，效果如图 11-37 所示。

图 11-36　复制并调整

图 11-37　输入文本

(21) 选择上一步创建的文字，按 Ctrl+T 组合键弹出【文本属性】泊坞窗，在【段落】选项组中将【字符间距】设为 0，效果如图 11-38 所示。

(22) 继续输入文字 "TIANYU MACHINERY"，在属性栏中将【字体】设为【Arial Black(黑体)】，将【字体大小】设为 79 pt，【字体颜色】设为黑色，效果如图 11-39 所示。

图 11-38　调整间距　　　　　　　　　　　　　　　图 11-39　输入文字

(23) 利用【选择工具】选择上一步创建的文字，在属性栏中取消【锁定比率】的锁定，将【高度】设为 25.5 mm，调整位置，完成后的效果如图 11-40 所示。

图 11-40　完成后的效果

案例精讲 071　影视类——嘉和影业标志设计

> 案例文件：CDROM | 场景 | Cha11 | 嘉和影业标志设计 .cdr
>
> 视频文件：视频教学 | Cha11 | 嘉和影业标志设计 .avi

制作概述

本例将讲解如何制作某影业公司的标志。本例以电影胶片为主 Logo 的背景，胶片的有右部分和平时看到的胶片不同，其中外侧的黑色方块以一种飞翔的样式出现，代表着公司的飞黄腾达，中间的文字变形是根据公司名称的前两个字母做出的。完成后的效果如图 11-41 所示。

学习目标

学习文字的变形。
掌握标志的制作过程。

操作步骤

(1) 启动软件后，新建以【原色模式】为 CMYK 的文档。按 F6 键激活【矩形工具】，绘制宽和高都为 77 mm 的矩形，并将其【填充颜色】设黑色，将【轮廓】设为无，如图 11-42 所示。

(2) 继续绘制宽和高分别为 12 mm 和 10 mm 的矩形，将【填充颜色】设为白色，将【轮廓】设为无，如图 11-43 所示。

图 11-41　嘉和影业标志设计

图 11-42　绘制矩形

图 11-43　继续绘制矩形

(3) 选择上一步创建的矩形进行复制，并将复制的矩形调整到如图 11-44 所示的位置。

(4) 在工具箱中选择【调和工具】，连接两个白色矩形，在属性栏中将【调和对象】设为 2，完成后的效果如图 11-45 所示。

图 11-44　复制矩形

图 11-45　调和后的效果

(5) 选择一个白色矩形，将其进行复制，调整位置，如图 11-46 所示。

(6) 选择一个白色矩形，将其进行复制，修改颜色为黑色，并调整位置，如图 11-47 所示。

图 11-46　复制矩形

图 11-47　复制矩形并填充颜色

(7) 选择上一步创建的黑色矩形进行复制，并调整位置，如图 11-48 所示。

(8) 利用【调和工具】连接两个黑色矩形，在属性栏中将【调和对象】设为 2，完成后的效果如图 11-49 所示。

图 11-48　复制黑色矩形　　　　　　　　图 11-49　调和后的效果

(9) 选择一个黑色矩形进行复制，并调整位置，如图 11-50 所示。

(10) 利用【钢笔工具】绘制形状，并将其【填充颜色】设为青色，将【轮廓】设为无，如图 11-51 所示。

图 11-50　复制矩形　　　　　　　　　图 11-51　绘制形状

(11) 继续使用【钢笔工具】绘制形状，并对其填充青色，完成后的效果如图 11-52 所示。

(12) 按 F8 键激活【文本工具】，输入"嘉和影业"，在属性栏中将【字体】设为【方正综艺简体】，将【字体大小】设为 85 pt，效果如图 11-53 所示。

图 11-52　继续绘制形状　　　　　　　图 11-53　输入文字

(13) 选择输入的文字，按 Ctrl+K 组合键将文字打散，选择文字"和"，将其颜色设为青色，效果如图 11-54 所示。

(14) 按 F8 键激活【文本工具】，输入"JIA HE PICTARES"，在属性栏中将【字体】设为【Bell MT(粗体)】，将【字体大小】设为 40 pt，完成后的效果如图 11-55 所示。

图 11-54　修改文字颜色 　　　　　　　　　　图 11-55　输入英文

案例精讲 072　　地产类——房地产标志设计

案例文件：CDROM | 场景 | Cha11 | 房地产标志设计 .cdr

视频文件：视频教学 | Cha11 | 房地产标志设计 .avi

制作概述

本例将介绍房地产标志的设计。本例以一朵类似花的图形作为标志，以绿色为主体颜色，完成后的效果如图 11-56 所示。

学习目标

绘制标志。

输入文字。

操作步骤

(1) 按 Ctrl+N 组合键，在弹出的【创建新文档】对话框中设置【名称】为【房地产标志设计】，将【宽度】设置为 80 mm，将【高度】设置为 50 mm，然后单击【确定】按钮，如图 11-57 所示。

(2) 在工具箱中选择【钢笔工具】 ，在绘图页中绘制图形，如图 11-58 所示。

图 11-56　房地产标志设计

图 11-57　创建新文档

图 11-58　绘制图形

（3）选择绘制的图形，按 Shift+F11 组合键弹出【编辑填充】对话框，将 CMYK 值设置为 63、18、100、0，单击【确定】按钮，如图 11-59 所示。

（4）即可为绘制的图形填充颜色，并取消轮廓线的填充。然后按小键盘上的＋号键复制图形，在属性栏中将复制后的图形的【旋转角度】设置为 60°，并在绘图页中调整其位置，效果如图 11-60 所示。

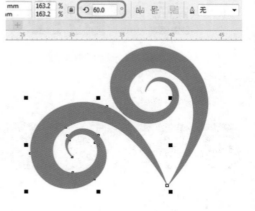

图 11-59　设置颜色　　　　　　　　　　　　图 11-60　复制图形并设置旋转角度

（5）使用同样的方法继续复制图形，并调整旋转角度，效果如图 11-61 所示。

（6）在工具箱中选择【文本工具】字，在绘图页中输入文字。选择输入的文字，在属性栏中将【字体】设置为 Adobe Garamond Pro Bold，将【字体大小】设置为 20pt，然后为其填充与绘制的图形相同的颜色，效果如图 11-62 所示。

图 11-61　继续复制图形　　　　　　　　　　图 11-62　输入并设置文字

（7）在菜单栏中选择【文本】|【文本属性】命令，弹出【文本属性】泊坞窗，将【字符间距】设置为 115%，效果如图 11-63 所示。

调整间距的值用空白字符的百分比表示。字符值的取值范围介于 –100% 与 2000% 之间。其他所有值的取值范围都介于 0% 与 2000% 之间。

(8) 使用同样的方法输入其他文字，效果如图 11-64 所示。

图 11-63　设置字符间距

图 11-64　输入其他文字

(9) 在工具箱中选择【2 点线工具】 ，在绘图页中绘制直线，如图 11-65 所示。

(10) 选择绘制的直线，在属性栏中将【轮廓宽度】设置为 0.5 mm，并为其填充颜色，然后在绘图页中复制直线并调整直线的位置，效果如图 11-66 所示。

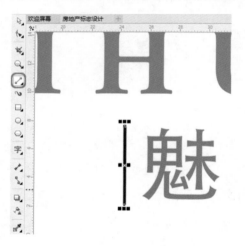

图 11-65　绘制直线

图 11-66　复制并调整直线

案例精讲 073　医疗类——口腔医院标志设计

案例文件：　CDROM | 场景 | Cha11 | 口腔医院标志设计 .cdr

视频文件：　视频教学 | Cha11 | 口腔医院标志设计 .avi

制作概述

本例将介绍口腔医院标志设计。本例采用蓝色作为整个标志的颜色，在标志的核心处添加了一个健康的牙齿图标，完成后的效果如图 11-67 所示。

CG设计案例课堂

学习目标

制作标志。

输入医院名称。

图 11-67　口腔医院标志设计

操作步骤

(1)按 Ctrl+N 组合键,在弹出的【创建新文档】对话框中设置【名称】为【口腔医院标志设计】,将【宽度】设置为 850 mm,将【高度】设置为 650 mm,然后单击【确定】按钮,如图 11-68 所示。

(2) 在工具箱中选择【钢笔工具】 ,在绘图页中绘制图形,如图 11-69 所示。

(3) 选择绘制的图形,按 Shift+F11 组合键弹出【编辑填充】对话框,将 CMYK 值设置为 86、49、1、0,单击【确定】按钮,即可为绘制的图形填充颜色,如图 11-70 所示。

图 11-68　创建新文档

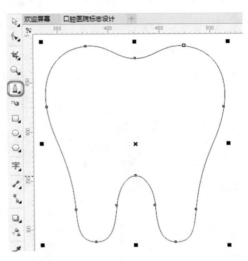

图 11-69　绘制图形

(4) 继续使用【钢笔工具】 在绘图页中绘制图形,效果如图 11-71 所示。

图 11-70　设置颜色

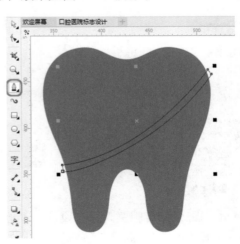

图 11-71　继续绘制图形

(5) 为新绘制的图形填充白色，并取消轮廓线的填充。然后同时选择新绘制的图形和牙齿图形，在属性栏中单击【修剪】按钮，即可修剪牙齿图形，如图 11-72 所示。

注意　　如果圈选对象，CorelDRAW 将修剪最底层的选定对象。如果逐个选定多个对象，就会修剪最后选定的对象。

(6) 修剪完成后，将白色图形删除即可。然后使用【钢笔工具】绘制 3 个图形，为绘制的图形填充白色，并取消轮廓线的填充，效果如图 11-73 所示。

(7) 选择新绘制的三个图形，在属性栏中单击【合并】按钮，即可合并选择对象，如图 11-74 所示。

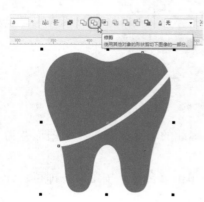

图 11-72　修剪图形

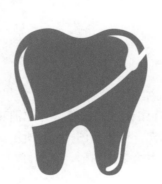

图 11-73　绘制图形并填充颜色

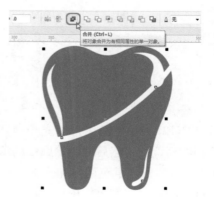

图 11-74　合并对象

(8) 在工具箱中选择【钢笔工具】，在绘图页中绘制图形，如图 11-75 所示。

(9) 选择绘制的图形，按 Shift+F11 组合键弹出【编辑填充】对话框，将 CMYK 值设置为

69、15、0、0，单击【确定】按钮，如图 11-76 所示。

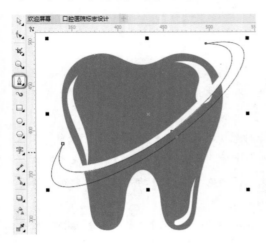

图 11-75　绘制图形　　　　　　　　　　图 11-76　设置颜色

(10) 即可为绘制的图形填充颜色，并取消轮廓线的填充。使用同样的方法，继续绘制图形并填充颜色，效果如图 11-77 所示。

(11) 继续使用【钢笔工具】在绘图页中绘制图形，效果如图 11-78 所示。

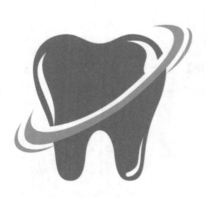

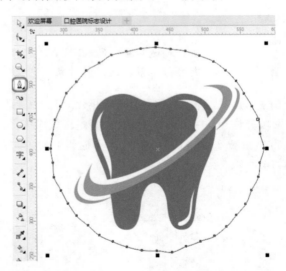

图 11-77　绘制其他图形　　　　　　　　图 11-78　绘制图形

(12) 为绘制的图形填充步骤 (9) 中设置的颜色，并取消轮廓线的填充。继续绘制图形并为其填充黄色，然后取消轮廓线的填充，效果如图 11-79 所示。

(13) 选择黄色图形和步骤 (11) 中绘制的图形，在属性栏中单击【合并】按钮，即可合并选择的对象，效果如图 11-80 所示。

(14) 结合前面介绍的方法，继续绘制图形并合并图形，完成后的效果如图 11-81 所示。

(15) 在工具箱中选择【钢笔工具】，在绘图页中绘制曲线，作为文字路径，如图 11-82 所示。

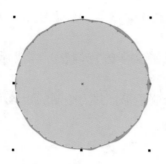

图 11-79　绘制图形并填充黄色

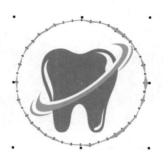

图 11-80　合并对象后的效果

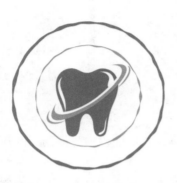

图 11-81　绘制并合并图形

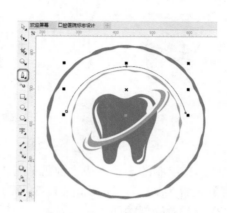

图 11-82　绘制文字路径

(16) 在工具箱中选择【文本工具】字，在绘制的路径上单击，然后输入文字，在属性栏中将【字体】设置为【黑体】，将【字体大小】设置为 140 pt，效果如图 11-83 所示。

(17) 选择路径文字，在【文本属性】泊坞窗中将【字符间距】设置为 65%，如图 11-84 所示。

注意　　　也可以通过单击【形状工具】，选择文本对象，然后拖动文本对象右下角的交互式水平间距箭头，按比例更改字符间距。

图 11-83　输入并设置路径文字

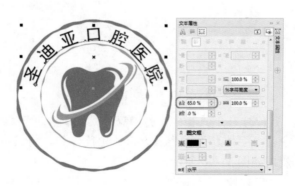

图 11-84　设置字符间距

(18) 在菜单栏中选择【对象】|【拆分在一路径上的文本】命令，即可拆分路径文字，将路径删除，并为文字填充颜色，效果如图 11-85 所示。

(19) 使用同样的方法，继续输入路径文字，并对路径文字进行调整，完成后的效果如图 11-86 所示。

(20) 在工具箱中选择【矩形工具】 ▢ ，在绘图页中绘制矩形，并为绘制的矩形填充颜色，然后取消轮廓线的填充，效果如图 11-87 所示。

图 11-85　拆分路径文字并填充颜色

图 11-86　输入并调整路径文字

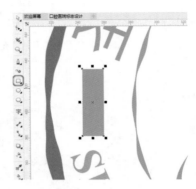
图 11-87　绘制矩形并填充颜色

(21) 选择绘制的矩形，按小键盘上的 + 号键进行复制，在属性栏中将复制后的矩形的【旋转角度】设置为 90°，效果如图 11-88 所示。

(22) 合并新绘制的两个矩形对象，然后按小键盘上的 + 号键进行复制，并在绘图页中调整其位置，效果如图 11-89 所示。

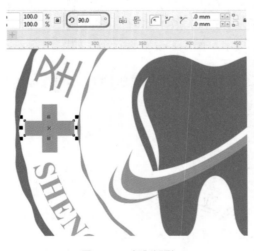

图 11-88　复制矩形

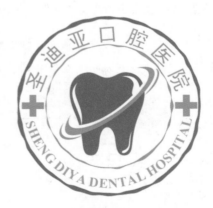
图 11-89　复制合并对象

(23) 在工具箱中选择【文本工具】 字 ，在绘图页中输入文字。选择输入的文字，在属性栏中将【字体】设置为【方正大黑简体】，将【字体大小】设置为 300 pt，然后为其填充颜色，效果如图 11-90 所示。

(24) 使用同样的方法输入其他文字，并对输入的文字进行设置，效果如图 11-91 所示。

图 11-90 输入并设置文字

图 11-91 输入其他文字

案例精讲 074 媒体类——播放器标志设计

案例文件：CDROM | 场景 | Cha11 | 播放器标志设计 .cdr

视频文件：视频教学 | Cha11 | 播放器标志设计 .avi

制作概述

本例将介绍播放器标志设计。本例以温暖阳光的黄色和橙色作为主色调，在中间以灰色箭头表示播放键，完成后的效果如图 11-92 所示。

学习目标

制作标志。

输入播放器名称。

操作步骤

(1) 按 Ctrl+N 组合键，在弹出的【创建新文档】对话框中设置【名称】为【播放器标志设计】，将【宽度】设置为 85 mm，将【高度】设置为 70 mm，然后单击【确定】按钮，如图 11-93 所示。

(2) 在工具箱中选择【椭圆形工具】 ◯，在绘图页中绘制椭圆，如图 11-94 所示。

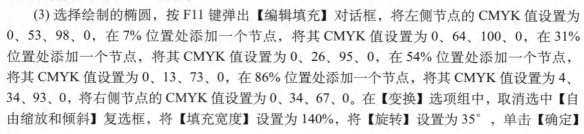

图 11-92 播放器标志设计

(3) 选择绘制的椭圆，按 F11 键弹出【编辑填充】对话框，将左侧节点的 CMYK 值设置为 0、53、98、0，在 7% 位置处添加一个节点，将其 CMYK 值设置为 0、64、100、0，在 31% 位置处添加一个节点，将其 CMYK 值设置为 0、26、95、0，在 54% 位置处添加一个节点，将其 CMYK 值设置为 0、13、73、0，在 86% 位置处添加一个节点，将其 CMYK 值设置为 4、34、93、0，将右侧节点的 CMYK 值设置为 0、34、67、0。在【变换】选项组中，取消选中【自由缩放和倾斜】复选框，将【填充宽度】设置为 140%，将【旋转】设置为 35°，单击【确定】

按钮，如图 11-95 所示。

(4) 即可为绘制的椭圆填充渐变颜色，并取消轮廓线的填充。继续使用【椭圆形工具】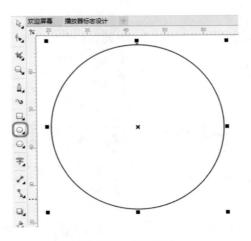
在绘图页中绘制椭圆，如图 11-96 所示。

图 11-93　创建新文档

图 11-94　绘制椭圆

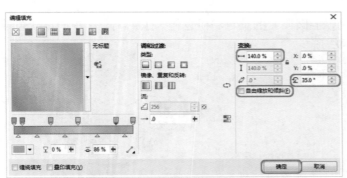

图 11-95　设置渐变颜色

图 11-96　绘制椭圆

(5) 选择绘制的椭圆，按 F11 键弹出【编辑填充】对话框，在【调和过渡】选项组中单击【椭圆形渐变填充】按钮▢，将左侧节点的 CMYK 值设置为 2、66、100、0，在 32% 位置处添加一个节点，将其 CMYK 值设置为 2、66、100、0，在 51% 位置处添加一个节点，将其 CMYK 值设置为 0、52、100、0，在 78% 位置处添加一个节点，将其 CMYK 值设置为 0、38、97、0，将右侧节点的 CMYK 值设置为 0、38、97、0。在【变换】选项组中，取消选中【自由缩放和倾斜】复选框，将【填充宽度】设置为 132%，将 X 和 Y 分别设置为 -5% 和 15%，单击【确定】按钮，如图 11-97 所示。

(6) 即可为绘制的椭圆填充渐变颜色，并取消轮廓线的填充。在工具箱中选择【钢笔工具】▵，在绘图页中绘制图形，如图 11-98 所示。

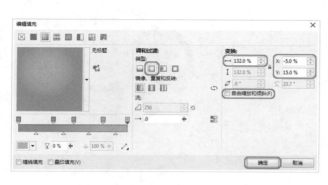

图 11-97　设置渐变颜色　　　　　　　　　　　图 11-98　绘制图形

(7) 为新绘制的图形填充白色，并取消轮廓线的填充。然后在工具箱中选择【透明度工具】，在属性栏中单击【渐变透明度】按钮和【椭圆形渐变透明度】按钮，并在绘图页中调整节点位置，添加透明度后的效果如图 11-99 所示。

(8) 使用同样的方法，继续绘制图形并填充白色，然后为其添加透明度，效果如图 11-100 所示。

(9) 在工具箱中选择【钢笔工具】，在绘图页中绘制图形，如图 11-101 所示。

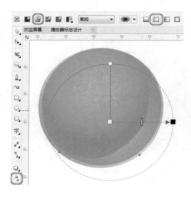

图 11-99　添加透明度

图 11-100　绘制图形并添加透明度

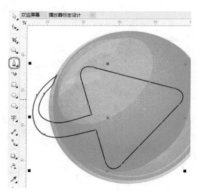

图 11-101　绘制图形

(10) 选择绘制的图形，按 F11 键弹出【编辑填充】对话框，在【调和过渡】选项组中单击【椭圆形渐变填充】按钮，将左侧节点的 CMYK 值设置为 0、0、0、0，在 29% 位置处添加一个节点，将其 CMYK 值设置为 75、69、66、27，在 42% 位置处添加一个节点，将其 CMYK 值设置为 58、49、45、0，在 51% 位置处添加一个节点，将其 CMYK 值设置为 31、24、20、0，在 63% 位置处添加一个节点，将其 CMYK 值设置为 24、18、16、0，在 71% 位置处添加一个节点，将其 CMYK 值设置为 15、11、11、0，将右侧节点的 CMYK 值设置为 15、11、11、0。在【变换】选项组中，取消选中【自由缩放和倾斜】复选框，将【填充宽度】设置为 192%，将 X 和 Y 分别设置为 18% 和 64%，单击【确定】按钮，如图 11-102 所示。

(11) 在工具箱中选择【钢笔工具】，在绘图页中绘制图形，如图 11-103 所示。

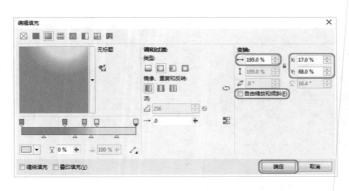

图 11-102　设置渐变颜色　　　　　　　　　　　　　图 11-103　绘制图形

(12) 选择绘制的图形，按 F11 键弹出【编辑填充】对话框，在【调和过渡】选项组中单击【椭圆形渐变填充】按钮□，将左侧节点的 CMYK 值设置为 50、41、39、0，在 38% 位置处添加一个节点，将其 CMYK 值设置为 50、41、39、0，在 55% 位置处添加一个节点，将其 CMYK 值设置为 31、24、24、0，在 66% 位置处添加一个节点，将其 CMYK 值设置为 11、9、9、0，将右侧节点的 CMYK 值设置为 11、9、9、0。在【变换】选项组中，取消选中【自由缩放和倾斜】复选框，将【填充宽度】设置为 195%，将 X 和 Y 分别设置为 17% 和 68%，单击【确定】按钮，如图 11-104 所示。

(13) 使用同样的方法，绘制其他图形并填充渐变颜色，效果如图 11-105 所示。

图 11-104　设置渐变颜色　　　　　　　　　　　　　图 11-105　绘制图形并填充颜色

(14) 在工具箱中选择【椭圆形工具】○，在绘图页中绘制椭圆，如图 11-106 所示。

(15) 选择绘制的椭圆，按 Shift+F11 组合键弹出【编辑填充】对话框，将 CMYK 值设置为 0、0、0、80，单击【确定】按钮，如图 11-107 所示。

(16) 即可为绘制的椭圆填充颜色，并取消轮廓线的填充。然后在工具箱中选择【透明度工具】✎，在属性栏中单击【渐变透明度】按钮■和【椭圆形渐变透明度】按钮□，并在绘图页中调整节点的位置，添加透明度后的效果如图 11-108 所示。

(17) 在工具箱中选择【文本工具】字，在绘图页中输入文字。选择输入的文字，在属性栏中将【字体】设置为 Arial，将【字体大小】设置为 45 pt，如图 11-109 所示。

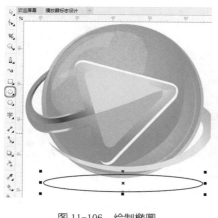

图 11-106　绘制椭圆

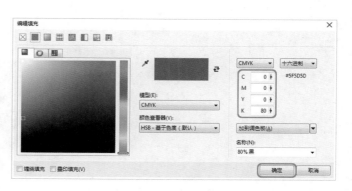

图 11-107　设置颜色

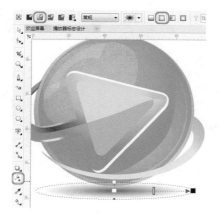

图 11-108　添加透明度

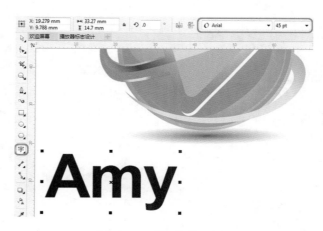

图 11-109　输入并设置文字

(18) 按 F11 键弹出【编辑填充】对话框，将左侧节点的 CMYK 值设置为 53、100、100、42，将右侧节点的 CMYK 值设置为 0、100、100、0。在【变换】选项组中，将【旋转】设置为 80°，单击【确定】按钮，即可为输入的文字填充渐变颜色，如图 11-110 所示。

(19) 使用同样的方法，输入其他文字并填充颜色，效果如图 11-111 所示。

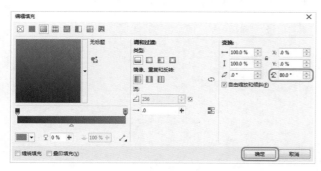

图 11-110　设置渐变颜色

图 11-111　输入其他文字

第 12 章
户外广告设计

一般把设置在户外的广告叫做户外广告。常见的户外广告有：路边广告牌、高立柱广告牌、灯箱、霓虹灯广告牌、LED 看板等，现在甚至有升空气球、飞艇等先进的户外广告形式。本章将结合 CorelDRAW X7 来制作户外广告。

案例精讲 075　生活类——护肤品广告

> ✏ 案例文件： CDROM | 场景 | Cha12 | 护肤品广告 .cdr
>
> 🎬 视频文件： 视频教学 | Cha12 | 护肤品广告 .avi

制作概述

本例将介绍护肤品广告的制作。该例的制作比较简单，先导入背景然后输入文字，完成后的效果如图 12-1 所示。

学习目标

导入背景。
制作标志。
输入文字。

图 12-1　护肤品广告

操作步骤

(1) 按 Ctrl+N 组合键，在弹出的【创建新文档】对话框中设置【名称】为【护肤品广告】，将【宽度】设置为 282 mm，将【高度】设置为 95 mm，然后单击【确定】按钮，如图 12-2 所示。

(2) 按 Ctrl+I 组合键弹出【导入】对话框，在该对话框中选择随书附带光盘中的素材图片"护肤品背景"，单击【导入】按钮，如图 12-3 所示。

图 12-2　创建新文档

图 12-3　选择素材图片

(3) 在绘图页中单击，即可导入素材图片，效果如图 12-4 所示。

(4) 在工具箱中选择【文本工具】🔤，在绘图页中输入文字"丽"，并选择输入的文字，在属性栏中将【字体】设置为【华文行楷】，将【字体大小】设置为 68 pt，如图 12-5 所示。

图 12-4　导入素材图片

图 12-5　输入并设置文字

知识链接

　　护肤品具有养颜美容的功能，能增强皮肤的弹性和活力，经常使用可使人年轻、美丽。其次，护肤品增强了人的自信心，提高了人的美好形象，促进了社会的文明。护肤品种类繁多，特点各异，在使用时一定要根据自己的实际情况进行选用，不可随波逐流，人云亦云。因为人的皮肤各有不同，有油性皮肤、干性皮肤、中性皮肤、混合型皮肤和过敏性皮肤之分。所以每一种护肤品的制造成分，根据不同皮肤的性质也就不一样。特别是在怀孕期间，体内会发生很大的生理变化，会造成孕产期的一些肌肤问题，这时候用温和的孕妇护肤产品才能起到预防和改善的效果。

　　(5) 然后按 Shift+F11 组合键弹出【编辑填充】对话框，将 CMYK 值设置为 80、45、0、0，单击【确定】按钮，即可为输入的文字填充颜色，如图 12-6 所示。

　　(6) 使用【文本工具】字输入文字"美"，并为其填充白色，然后右击，在弹出的快捷菜单中选择【转换为曲线】命令，如图 12-7 所示。

图 12-6　设置颜色

图 12-7　选择【转换为曲线】命令

(7) 即可将文字"美"转换为曲线。在工具箱中选择【形状工具】✎，在绘图页中通过添加节点和调整曲线来对转换为曲线的文字进行调整，效果如图 12-8 所示。

(8) 在工具箱中选择【钢笔工具】✎，在绘图页中绘制图形，如图 12-9 所示。

图 12-8　调整曲线

图 12-9　绘制图形

(9) 为绘制的图形填充与文字"丽"相同的颜色，并取消轮廓线的填充，效果如图 12-10 所示。

(10) 在工具箱中选择【文本工具】字，在绘图页中输入文字，并选择输入的文字，在属性栏中将【字体】设置为【汉仪综艺体简】，将【字体大小】设置为 32 pt，如图 12-11 所示。

图 12-10　填充颜色

图 12-11　输入并设置文字

(11) 使用同样的方法继续输入其他文字，并为其填充白色，效果如图 12-12 所示。

(12) 在工具箱中选择【矩形工具】▢，在绘图页中绘制矩形，并为绘制的矩形填充与文字"丽"相同的颜色，然后取消轮廓线的填充，效果如图 12-13 所示。

(13) 在工具箱中选择【透明度工具】✎，在属性栏中单击【渐变透明度】按钮▢和【矩形渐变透明度】按钮▢，然后在绘图页中调整节点的位置，添加透明度后的效果如图 12-14 所示。

(14) 在添加透明度的矩形上右击，在弹出的快捷菜单中选择【顺序】|【置于此对象前】命令，如图 12-15 所示。

图 12-12　输入其他文字

图 12-13　绘制矩形并填充颜色

图 12-14　添加透明度

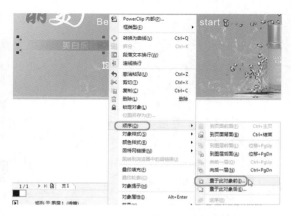

图 12-15　选择【置于此对象前】命令

(15) 然后在背景图片上单击，即可将矩形调整至背景图片的上方，效果如图 12-16 所示。

(16) 按小键盘上的＋号键复制矩形，并在绘图页中调整其位置，效果如图 12-17 所示。

图 12-16　调整矩形排列顺序

图 12-17　复制矩形

案例精讲 076　地产类——户外墙体广告

　案例文件：CDROM｜场景｜Cha12｜户外墙体广告 .cdr

　视频文件：视频教学｜Cha12｜户外墙体广告 .avi

制作概述

本例将介绍户外墙体广告的制作。首先使用【矩形工具】□和【图框精确剪裁】命令制作墙体广告的背景，然后制作标志和输入文字，完成后的效果如图 12-18 所示。

图 12-18　户外墙体广告

学习目标

制作背景。

制作标志。

输入文字并插入字符。

操作步骤

(1) 按 Ctrl+N 组合键，在弹出的【创建新文档】对话框中设置【名称】为【户外墙体广告】，将【宽度】设置为 200 mm，将【高度】设置为 50 mm，然后单击【确定】按钮，如图 12-19 所示。

(2) 在工具箱中选择【矩形工具】□，在绘图页中绘制矩形，如图 12-20 所示。

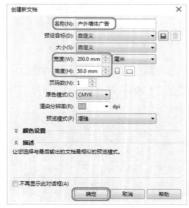

图 12-19　创建新文档

图 12-20　绘制矩形

(3) 选择绘制的矩形，按 Shift+F11 组合键弹出【编辑填充】对话框，将 CMYK 值设置为 1、11、15、0，单击【确定】按钮，如图 12-21 所示。

(4) 即可为绘制的矩形填充颜色，并取消轮廓线的填充。继续使用【矩形工具】□绘制矩形，并填充一种颜色，在这里填充蓝色，然后取消轮廓线的填充，效果如图 12-22 所示。

(5) 在工具箱中选择【矩形工具】□，在绘图页中绘制矩形，如图 12-23 所示。

(6) 选择绘制的矩形，按 F11 键弹出【编辑填充】对话框，将左侧节点的 CMYK 值设置为 53、100、100、44，在 34% 位置处添加一个节点，将其 CMYK 值设置为 45、100、100、20，在 50% 位置处添加一个节点，将其 CMYK 值设置为 45、100、100、20，在 68% 位置处添加一个节点，将其 CMYK 值设置为 45、100、100、20，将右侧节点的 CMYK 值设置为 53、100、100、44。在【变换】选项组中，取消选中【自由缩放和倾斜】复选框，将【填充宽度】设置为 150%，将【旋转】设置为 90°，单击【确定】按钮，如图 12-24 所示。

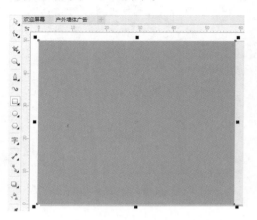

图 12-21　设置颜色　　　　　　　　　　　　　图 12-22　绘制矩形并填充颜色

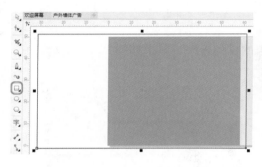

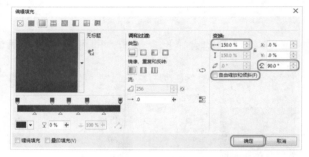

图 12-23　绘制矩形　　　　　　　　　　　　　图 12-24　设置渐变颜色

(7) 即可为绘制的矩形填充渐变颜色，并取消轮廓线的填充。按 Ctrl+O 组合键弹出【打开绘图】对话框，在该对话框中选择随书附带光盘中的素材文件"房地产底纹"，单击【打开】按钮，如图 12-25 所示。

(8) 即可打开选择的素材文件。按 Ctrl+A 组合键选择所有的对象，按 Ctrl+C 组合键复制选择的对象，然后返回到当前制作的场景中，按 Ctrl+V 组合键粘贴选择的对象，效果如图 12-26 所示。

　　　　　　除此之外，读者还可以通过在菜单栏中选择【文件】|【导入】命令，将该素材文件导入至绘图页中。

(9) 选择填充渐变色的矩形和底纹对象并右击，在弹出的快捷菜单中选择【顺序】|【置于此对象前】命令，如图 12-27 所示。

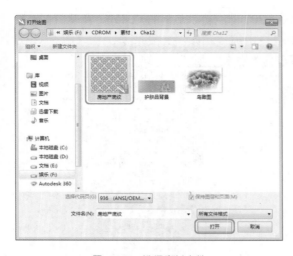

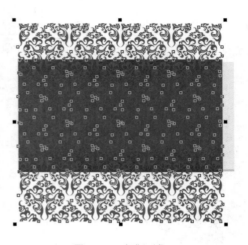

图 12-25　选择素材文件　　　　　　　　　　　　　图 12-26　复制对象

　　　由于粘贴的素材文件与前面所绘制的红色矩形顺序相邻，所以，读者还可以在粘贴对象上右击，在弹出的快捷菜单中选择【顺序】|【向后一层】命令。

(10) 在绘制的大矩形上单击，即可调整选择对象的排列顺序，效果如图 12-28 所示。

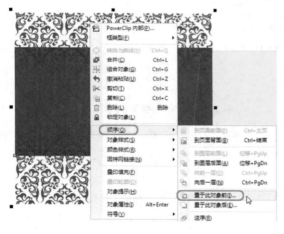

图 12-27　选择【置于此对象前】命令　　　　　　图 12-28　调整排列顺序

(11) 在菜单栏中选择【对象】|【图框精确剪裁】|【置于图文框内部】命令，当鼠标指针变成➡️样式时，在蓝色的矩形上单击，即可将选择对象置于单击的矩形内，效果如图 12-29 所示。

(12) 在工具箱中选择【椭圆形工具】◯，在按住 Ctrl 键的同时绘制正圆，并为其填充与大矩形相同的颜色，然后取消轮廓线的填充，效果如图 12-30 所示。

(13) 在工具箱中选择【钢笔工具】◊，在绘图页中绘制曲线，如图 12-31 所示。

(14) 选择绘制的曲线，按 F12 键弹出【轮廓笔】对话框，将【颜色】的 CMYK 值设置为 45、100、100、20，将【宽度】设置为 0.75 mm，单击【确定】按钮，如图 12-32 所示。

图 12-29　图框精确剪裁

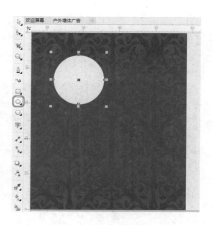

图 12-30　绘制正圆并填充颜色

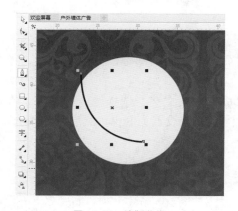

图 12-31　绘制曲线

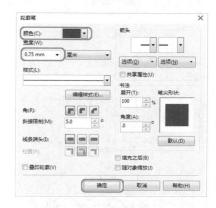

图 12-32　设置曲线

(15) 使用同样的方法，绘制其他曲线，效果如图 12-33 所示。

(16) 选择绘制的所有曲线，在菜单栏中选择【对象】|【图框精确剪裁】|【置于图文框内部】命令，当鼠标指针变成➡样式时，在正圆上单击，即可将选择对象置于单击的正圆内，效果如图 12-34 所示。

图 12-33　绘制其他曲线

图 12-34　图框精确剪裁

(17) 在工具箱中选择【文本工具】字，在绘图页中输入文字。选择输入的文字，在属性栏中将【字体】设置为【方正隶书简体】，将【字体大小】设置为 16 pt，然后为其填充与正圆相同的颜色，效果如图 12-35 所示。

CG设计案例课堂

(18) 在工具箱中选择【椭圆形工具】 ◯，在绘图页中绘制椭圆。选择绘制的椭圆，在属性栏中将【轮廓宽度】设置为 0.1 mm，然后为轮廓填充颜色，效果如图 12-36 所示。

图 12-35　输入并设置文字

图 12-36　绘制并设置椭圆

(19) 在工具箱中选择【钢笔工具】 ，在绘图页中绘制电话图标，并填充颜色，效果如图 12-37 所示。

(20) 在工具箱中选择【文本工具】 字，在绘图页中输入文字。选择输入的文字，在属性栏中将【字体】设置为【方正大黑简体】，将【字体大小】设置为 9 pt，然后为其填充颜色，效果如图 12-38 所示。

图 12-37　绘制电话图标

图 12-38　输入并设置文字

(21) 在菜单栏中选择【文本】|【文本属性】命令，弹出【文本属性】泊坞窗，将【字符间距】设置为 0，效果如图 12-39 所示。

(22) 使用同样的方法继续输入文字，并对输入的文字进行设置，效果如图 12-40 所示。

(23) 按 Ctrl+I 组合键弹出【导入】对话框，在该对话框中选择随书附带光盘中的素材图片"鸟瞰图"，单击【导入】按钮，如图 12-41 所示。

(24) 在绘图页中单击，即可导入素材图片，然后在绘图页中调整素材图片的大小和位置，效果如图 12-42 所示。

图 12-39　设置字符间距

图 12-40　输入其他文字

图 12-41　选择素材图片

图 12-42　调整素材图片

　　(25) 选择导入的素材图片，在菜单栏中选择【对象】|【图框精确剪裁】|【置于图文框内部】命令，当鼠标指针变成 ➡ 样式时，在大矩形上单击，即可将选择对象置于单击的矩形内，效果如图 12-43 所示。

　　(26) 结合前面介绍的方法，在绘图页中输入文字，并对输入的文字进行设置，效果如图 12-44 所示。

图 12-43　图框精确剪裁

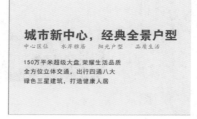

图 12-44　输入并设置文字

　　(27) 在菜单栏中选择【文本】|【插入字符】命令，弹出【插入字符】泊坞窗，在【字体列表】下拉列表框中选择【楷体】选项，在下面的列表框中选择如图 12-45 所示的字符，单击【复制】按钮。

(28) 使用【文本工具】字在输入的文字上单击，并按 Ctrl+V 组合键，即可粘贴选择的字符，效果如图 12-46 所示。

图 12-45　选择字符

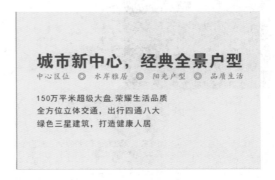

图 12-46　粘贴字符

 除此之外，读者还可以将需要插入的字符直接拖曳至要添加的位置。

案例精讲 077　交通类——轮胎户外广告

 案例文件：CDROM | 场景 | Cha12 | 轮胎户外广告 .cdr

 视频文件：视频教学 | Cha12 | 轮胎户外广告 .avi

制作概述

本例将介绍轮胎户外广告的制作。首先制作广告背景并绘制光晕，然后输入并调整文字，完成后的效果如图 12-47 所示。

图 12-47　轮胎户外广告

学习目标

制作广告背景。

绘制光晕。

输入并调整文字。

操作步骤

(1) 按 Ctrl+N 组合键，在弹出的【创建新文档】对话框中设置【名称】为【轮胎户外广告】，将【宽度】设置为 677 mm，将【高度】设置为 230 mm，然后单击【确定】按钮，如图 12-48 所示。

(2) 按 Ctrl+I 组合键弹出【导入】对话框，在该对话框中选择随书附带光盘中的素材图片"轮胎背景"和"轮胎"，单击【导入】按钮，如图 12-49 所示。

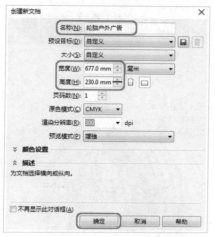

图 12-48 创建新文档

图 12-49 选择素材图片

(3) 在绘图页中单击两次，即可导入素材图片，并调整素材图片的位置，效果如图 12-50 所示。

(4) 在工具箱中选择【椭圆形工具】，在绘图页中绘制椭圆，并为椭圆填充黑色，然后取消轮廓线的填充，效果如图 12-51 所示。

知识链接

轮胎是指在各种车辆或机械上装配的接地滚动的圆环形弹性橡胶制品。它通常安装在金属轮辋上，能支承车身，缓冲外界冲击，实现与路面间的接触并保证车辆的行驶性能。轮胎通常由外胎、内胎、垫带 3 部分组成。也有不需要内胎的，其胎体内层有气密性好的橡胶层，且需配专用的轮辋。按胎体结构分类，轮胎可分为斜交轮胎、子午线轮胎、带束斜交轮胎 3 大类。

外胎是由胎体、缓冲层（或称带束层）、胎面、胎侧和胎圈组成。外胎断面可分成几个单独的区域：胎冠区、胎肩区（胎面斜坡）、屈挠区（胎侧区）、加强区和胎圈区。

轮胎是汽车上最重要的组成部件之一，它的作用主要有：支持车辆的全部重量，承受汽车的负荷；传送牵引和制动的扭力，保证车轮与路面的附着力；减轻和吸收汽车在行驶时的震动和冲击力，防止汽车零部件受到剧烈震动和早期损坏，适应车辆的高速性能并降低行驶时的噪音，保证行驶的安全性、操纵稳定性、舒适性和节能经济性。

---

(5) 选择绘制的椭圆，在属性栏中将【旋转角度】设置为 10°，如图 12-52 所示。

(6) 在工具箱中选择【透明度工具】，在属性栏中单击【渐变透明度】按钮和【椭圆形渐变透明度】按钮，然后在绘图页中调整节点位置，完成后的效果如图 12-53 所示。

图 12-50 导入并调整素材图片

图 12-51 绘制椭圆

图 12-52 设置旋转角度

图 12-53 添加透明度

(7) 按 Ctrl+I 组合键弹出【导入】对话框,在该对话框中选择随书附带光盘中的素材图片"土",单击【导入】按钮,如图 12-54 所示。

(8) 在绘图页中单击,即可导入素材图片,并调整素材图片的位置,效果如图 12-55 所示。

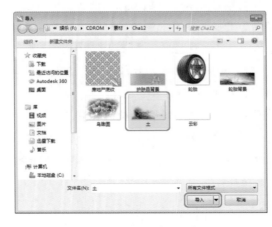

图 12-54 选择素材图片

图 12-55 调整素材图片

(9) 在工具箱中选择【椭圆形工具】 ⬭ ,在按住 Ctrl 键的同时绘制正圆,如图 12-56 所示。

(10) 选择绘制的正圆,按 F11 键弹出【编辑填充】对话框,在【调和过渡】选项组中单击

【椭圆形渐变填充】按钮▢，然后将左侧节点的 CMYK 值设置为 0、0、0、100，将右侧节点的 CMYK 值设置为 4、24、95、0，单击【确定】按钮，如图 12-57 所示。

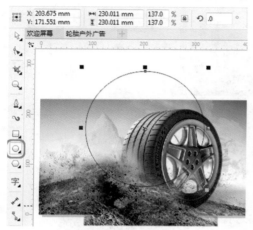

图 12-56　绘制正圆

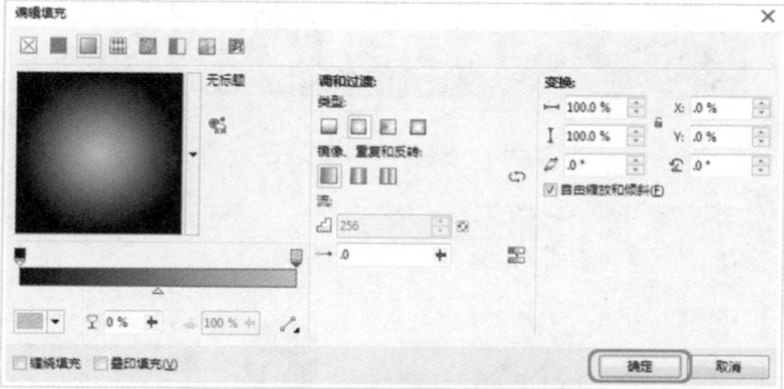

图 12-57　设置渐变颜色

(11) 即可为绘制的正圆填充颜色，并取消轮廓线的填充。在工具箱中选择【透明度工具】▨，在属性栏中单击【渐变透明度】按钮▨和【椭圆形渐变透明度】按钮▢，然后在绘图页中调整节点位置，完成后的效果如图 12-58 所示。

(12) 使用同样的方法，制作白色光晕，效果如图 12-59 所示。

图 12-58　添加透明度

图 12-59　制作白色光晕

(13) 在工具箱中选择【文本工具】字，在绘图页中输入文字。选择输入的文字，在属性栏中将【字体】设置为【方正大黑简体】，将【字体大小】设置为 150 pt，效果如图 12-60 所示。

(14) 选择输入的文字，按 Shift+F11 组合键弹出【编辑填充】对话框，将 CMYK 值设置为 66、69、100、38，单击【确定】按钮，即可为输入的文字填充颜色，如图 12-61 所示。

(15) 按 Ctrl+I 组合键弹出【导入】对话框，在该对话框中选择随书附带光盘中的素材图片"云彩"，单击【导入】按钮，如图 12-62 所示。

(16) 在绘图页中单击，即可导入素材图片，并调整素材图片的位置，效果如图 12-63 所示。

图 12-60　输入并设置文字

图 12-61　设置颜色

图 12-62　选择素材文件

图 12-63　导入的素材图片

(17) 确认素材图片处于选中状态，在菜单栏中选择【对象】|【图框精确剪裁】|【置于图文框内部】命令，当鼠标指针变成➡样式时，在输入的文字上单击，即可将选择对象置于单击的文字内，效果如图 12-64 所示。

(18) 在工具箱中选择【文本工具】，在绘图页中输入文字。选择输入的文字，在属性栏中将【字体】设置为【方正大黑简体】，将【字体大小】设置为 75 pt，效果如图 12-65 所示。

图 12-64　图框精确剪裁

图 12-65　输入并设置文字

(19) 在菜单栏中选择【文本】|【文本属性】命令，弹出【文本属性】泊坞窗，将【字符间

距】设置为 0%，效果如图 12-66 所示。

(20) 选择输入的文字，按 Shift+F11 组合键弹出【编辑填充】对话框，将 CMYK 值设置为 66、75、100、48，单击【确定】按钮，如图 12-67 所示。

图 12-66　设置字符间距

图 12-67　设置颜色

(21) 即可为输入的文字填充颜色。按 F12 键弹出【轮廓笔】对话框，将【宽度】设置为 5 mm，将【颜色】设置为白色，在【角】选项组中单击【圆角】按钮，选中【填充之后】复选框，然后单击【确定】按钮，如图 12-68 所示。

(22) 在输入的文字处于选择状态下，再次单击文字，使其处于旋转状态，然后将鼠标移至如图 12-69 所示的位置，并向右拖动鼠标，变形文字。

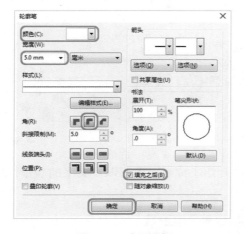

图 12-68　设置轮廓

图 12-69　变形文字

(23) 在工具箱中选择【矩形工具】，在绘图页中绘制矩形，如图 12-70 所示。

(24) 选择绘制的矩形，按 Shift+F11 组合键弹出【编辑填充】对话框，将 CMYK 值设置为 0、50、98、0，单击【确定】按钮，如图 12-71 所示。

(25) 即可为绘制的矩形填充颜色，并取消轮廓线的填充。在工具箱中选择【文本工具】字，在绘制的矩形上输入文字，并选择输入的文字，在属性栏中将【字体】设置为【汉仪综艺体简】，将【字体大小】设置为 48 pt，为其填充白色，效果如图 12-72 所示。

图 12-70　绘制矩形　　　　　　　　　　　　　图 12-71　设置颜色

(26) 取消选择所有对象,在工具箱中选择【裁剪工具】 ，在绘图页中绘制裁剪框,如图 12-73 所示。在绘制的裁剪框内双击,即可裁剪对象。至此,轮胎户外广告就制作完成了。

图 12-72　输入并设置文字

图 12-73　绘制裁剪框

案例精讲 078　生活类——环保广告

案例文件：　CDROM | 场景 | Cha12 | 环保广告 .cdr

视频文件：　视频教学 | Cha12 | 环保广告 .avi

制作概述

本例将介绍如何制作户外环保广告。该案例主要介绍了背景、图形以及文字的制作,效果如图 12-74 所示。

图 12-74　环保广告

学习目标

绘制背景并填充渐变颜色。

绘制图形。

输入文字。

操作步骤

(1) 按 Ctrl+N 组合键，在弹出的【创建新文档】对话框中将【名称】设置为【环保广告】，将【宽度】和【高度】分别设置为 152 mm、91 mm，单击【确定】按钮，如图 12-75 所示。

(2) 在工具箱中选择【矩形工具】，在绘图页中绘制一个与文档大小相同的矩形，如图 12-76 所示。

图 12-75　新建文档

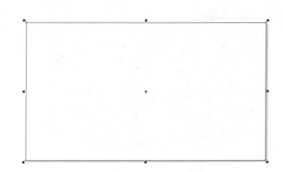

图 12-76　绘制矩形

(3) 选中绘制的矩形，按 F11 键，在弹出的【编辑填充】对话框中单击【椭圆形渐变填充】按钮□，将左侧节点的 RGB 值设置为 58、129、0，将右侧节点的 RGB 值设置为 208、255、0，选中【缠绕填充】复选框，将【填充宽度】和【填充高度】分别设置为 123%、160%，将【Y】设置为 33%，如图 12-77 所示。

(4) 设置完成后单击【确定】按钮，在默认调色板中右击☒按钮，取消轮廓色，效果如图 12-78 所示。

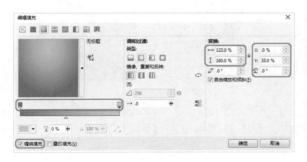

图 12-77　设置渐变填充

图 12-78　取消轮廓填充

【渐变填充】对话框中的【X】和【Y】分别用于设置渐变的中心在图形中的位置。将鼠标移至预览窗中，鼠标变为十字形状，按住鼠标左键并拖动也可以对渐变中心位置进行移动。

(5) 在工具箱中单击【椭圆形工具】按钮，在绘图页中绘制一个直径为 20 mm 的正圆，如图 12-79 所示。

(6) 在默认调色板中单击白色，右击⊠按钮，取消轮廓色。在工具箱中单击【透明度工具】，在工具属性栏中单击【均匀透明度】按钮█，将【透明度】设置为 90，如图 12-80 所示。

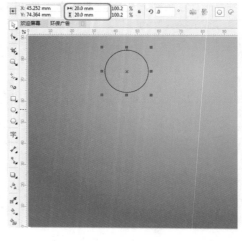

图 12-79　绘制正圆

图 12-80　设置透明度

(7) 使用同样的方法绘制其他圆形，并对其进行相应的设置，效果如图 12-81 所示。

(8) 选中所有的圆形，右击，在弹出的快捷菜单中选择【PowerClip 内部】命令，如图 12-82 所示。

图 12-81　绘制其他圆形

图 12-82　选择【PowerClip 内部】命令

(9) 在矩形上单击鼠标，将其置入到矩形内。在工具箱中单击【钢笔工具】按钮，在绘图页中绘制一个如图 12-83 所示的图形。

(10) 选中该图形，在默认调色板中单击白色，右击⊠按钮，取消轮廓色，效果如图 12-84 所示。

(11) 再次使用【钢笔工具】在绘图页中绘制如图 12-85 所示的图形，为其填充白色并取消轮廓，效果如图 12-85 所示。

(12) 使用同样的方法绘制其他图形，并对其进行相应的设置，效果如图 12-86 所示。

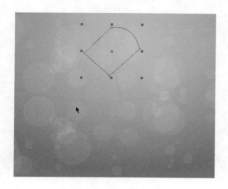

图 12-83　绘制图形

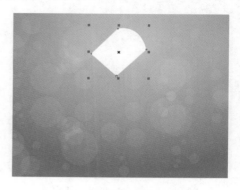

图 12-84　填充颜色并取消轮廓色

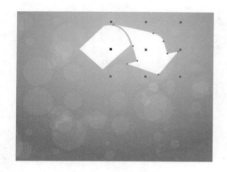

图 12-85　绘制图形并填充颜色

图 12-86　绘制其他图形

技巧 用户可以对前面所绘制的图形进行复制、旋转，然后使用【形状工具】对其进行调整即可。

(13) 选中所绘制的白色图形，右击，在弹出的快捷菜单中选择【组合对象】命令，如图 12-87 所示。

(14) 继续选中该图形，在工具箱中单击【透明度工具】，在工具属性栏中单击【均匀透明度】按钮，将【透明度】设置为 70，如图 12-88 所示。

(15) 使用【选择工具】在绘图页中调整对象的位置，效果如图 12-89 所示。

(16) 按 Ctrl+I 组合键，在弹出的【导入】对话框中选择"灯.png"素材文件，如图 12-90 所示。

知识链接

　　环境保护简称环保。环境保护涉及的范围广、综合性强，它涉及自然科学和社会科学的许多领域，还有其独特的研究对象。环境保护方式包括：采取行政、法律、经济、科学技术、民间自发环保组织等，合理地利用自然资源，防止环境的污染和破坏，以求自然环境同人文环境、经济环境共同平衡可持续发展，扩大有用资源的再生产，保证社会的发展。

图 12-87 选择【组合对象】命令

图 12-88 添加透明度

图 12-89 调整对象的位置

图 12-90 选择素材文件

(17) 单击【导入】按钮，在绘图页中指定该对象的位置，即可导入对象，并调整其大小，效果如图 12-91 所示。

(18) 在工具箱中单击【椭圆形工具】按钮，在绘图页中绘制一个直径为 34.5 mm 的正圆，为其填充白色并取消轮廓，调整其位置，如图 12-92 所示。

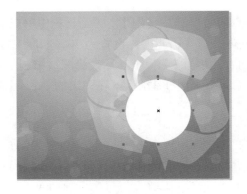

图 12-91 置入素材并调整其大小和位置

图 12-92 绘制正圆并填充颜色

(19) 在工具箱中单击【透明度工具】，在工具属性栏中单击【渐变透明度】按钮和【椭圆形渐变透明度】按钮□，在绘图页中调整节点的位置，效果如图 12-93 所示。

(20) 在圆形图形上右击，在弹出的快捷菜单中选择【顺序】|【置于此对象后】命令，如图 12-94 所示。

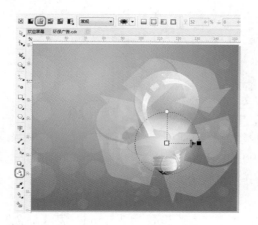

图 12-93 添加透明度效果

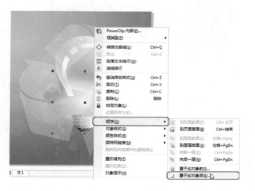

图 12-94 选择【置于此对象后】命令

(21) 在灯泡上单击，即可将选中对象置于该对象的后面，效果如图 12-95 所示。

(22) 在工具箱中选择【文本工具】，在绘图页中单击，输入文字。选中输入的文字，在【文本属性】泊坞窗中将【字体】设置为【汉仪醒示体简】，将【字体大小】设置为 60 pt，如图 12-96 所示。

图 12-95　调整对象的排放顺序

图 12-96　输入文字并进行设置

(23) 选中该文字，按 F11 键，在弹出的【编辑填充】对话框中将左侧节点的 RGB 值设置为 18、91、0，将右侧节点的 RGB 值设置为 95、190、0，取消选中【自由缩放和倾斜】复选框，将【填充宽度】设置为 290%，将 X、Y、【旋转】分别设置为 0.5%、2%、−85%，然后单击【确定】按钮，如图 12-97 所示。

(24) 按 F12 键，在弹出的【轮廓笔】对话框中将【宽度】设置为 2.5 mm，将【颜色】设置为白色，选中【填充之后】复选框，如图 12-98 所示。

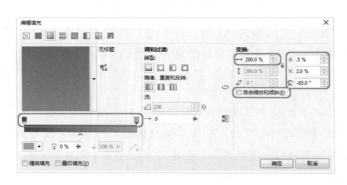

图 12-97　设置渐变填充

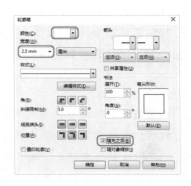

图 12-98　设置轮廓笔参数

(25) 设置完成后单击【确定】按钮，在工具属性栏中将【旋转角度】设置为 15°，并在绘图页中调整该对象的位置，效果如图 12-99 所示。

(26) 使用同样的方法输入其他文字，并进行相应的设置，效果如图 12-100 所示。

图 12-99　设置旋转角度并调整其位置

图 12-100　输入其他文字后的效果

案例精讲 079   生活类——购物广告

制作概述

本例将介绍如何制作购物广告。本案例主要通过导入素材及输入文字以及为输入的文字添加立体化效果来体现的，效果如图 12-101 所示。

学习目标

导入素材并进行调整。

输入文字。

为输入的文字添加立体化效果。

操作步骤

(1) 按 Ctrl+N 组合键，在弹出的【创建新文档】对话框中将【名称】设置为【购物广告】，将【宽度】和【高度】分别设置为 238 mm、179 mm，然后单击【确定】按钮，如图 12-102 所示。

图 12-101   购物广告

(2) 按 Ctrl+I 组合键，在弹出的【导入】对话框中选择 "背景 .jpg" 素材文件，如图 12-103 所示。

图 12-102   新建文档

图 12-103   选择素材文件

(3) 单击【导入】按钮，在绘图页中指定该素材的位置，效果如图 12-104 所示。

(4) 在工具箱中双击【矩形工具】按钮，即可绘制一个与绘图页大小相同的矩形，将其调整至最顶层，如图 12-105 所示。

(5) 使用【选择工具】选中导入的素材文件，右击，在弹出的快捷菜单中选择【PowerClip 内部】命令，如图 12-106 所示。

(6) 执行该操作后在矩形上单击，即可将选中的对象置入到该图形中。在默认调色板中右击⊠按钮，取消轮廓色，效果如图 12-107 所示。

图 12-104　导入素材文件

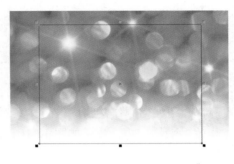
图 12-105　绘制矩形

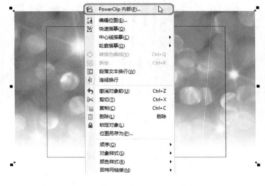
图 12-106　选择【PowerClip 内部】命令

图 12-107　图框裁剪后的效果

(7) 在工具箱中单击【椭圆形工具】按钮，在绘图页中按住 Ctrl 键绘制一个直径为 38 mm 的正圆，如图 12-108 所示。

(8) 选中该圆形，按 Shift+F11 组合键，在弹出的【编辑填充】对话框中将 CMYK 值设置为 100、20、0、0，如图 12-109 所示。

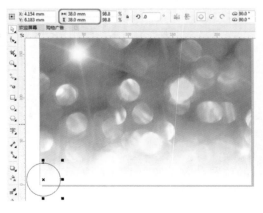
图 12-108　绘制正圆

图 12-109　设置填充颜色

(9) 设置完成后单击【确定】按钮，在默认调色板中右击⊠按钮，取消轮廓色。在工具箱中单击【透明度工具】按钮，在工具属性栏中单击【均匀透明度】按钮，将【透明度】设置为 50，如图 12-110 所示。

(10) 使用同样的方法绘制其他圆形，并对其进行相应的设置，效果如图 12-111 所示。

 读者可以对前面所绘制的圆形进行复制，并更改其颜色及位置即可。

图 12-110　添加透明度

图 12-111　绘制其他图形

(11) 选中所有的圆形，右击，在弹出的快捷菜单中选择【PowerClip 内部】命令，如图 12-112 所示。

(12) 执行该操作后，在背景图像上单击，对选中的图形进行图框裁剪，效果如图 12-113 所示。

图 12-112　选择【PowerClip 内部】命令

图 12-113　裁剪后的效果

(13) 按 Ctrl+I 组合键，在弹出的【导入】对话框中选择"白色 .png"素材文件，单击【导入】按钮，将选中的素材导入至绘图页中，并调整其位置，如图 12-114 所示。

(14) 按 Ctrl+I 组合键，在弹出的【导入】对话框中选择"海面 .png"素材文件，单击【导入】按钮，将选中的素材导入至绘图页中，调整其位置，如图 12-115 所示。

(15) 选中该素材文件，在工具箱中单击【透明度工具】按钮，在工具属性栏中单击【渐变透明度】按钮，将【旋转】设置为 90°，在绘图页中调整节点的位置，效果如图 12-116 所示。

(16) 在工具箱中选择【文本工具】，在绘图页中单击鼠标，输入文字。选中输入的文字，在【文本属性】泊坞窗中将【字体】设置为【汉仪菱心体简】，将【字体大小】设置为 118 pt，在【段落】选项组中将【字符间距】设置为 -3%，如图 12-117 所示。

图 12-114　导入素材文件

图 12-115　导入"海面.png"素材文件

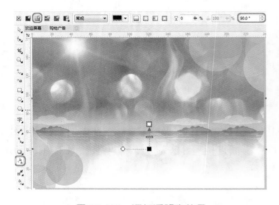

图 12-116　添加透明度效果

图 12-117　输入文字并进行设置

（17）选中创建的文字，右击，在弹出的快捷菜单中选择【转换为曲线】命令，如图 12-118 所示。

（18）执行该操作后，即可将选中的文字转换为曲线。在工具箱中单击【形状工具】按钮，在绘图页中调整该文字的形状，效果如图 12-119 所示。

图 12-118　选择【转换为曲线】命令

图 12-119　调整文字形状后的效果

提示　　　除此之外，还可以按 Ctrl+Q 组合键执行【转换为曲线】命令。

　　(19) 选中调整后的图形，按 Shift+F11 组合键，在弹出的【编辑填充】对话框中将 CMYK 值设置为 0、0、100、0，单击【确定】按钮，如图 12-120 所示。

　　(20) 按 F12 键，在弹出的【轮廓笔】对话框中将【宽度】设置为 3 mm，将【颜色】的 CMYK 值设置为 99、81、0、0，单击【圆角】按钮，选中【填充之后】复选框，如图 12-121 所示。

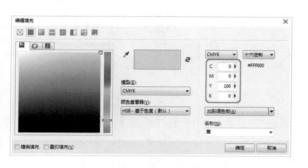
图 12-120　设置填充颜色

图 12-121　设置轮廓笔

提示　　　【填充之后】复选框是控制轮廓是否在对象内进行填充，如果不选中该复选框，轮廓则在对象内进行填充。

　　(21) 设置完成后单击【确定】按钮，填充颜色并设置轮廓笔后的效果如图 12-122 所示。

　　(22) 在工具箱中单击【文本工具】按钮，在绘图页中单击鼠标，输入文字。选中输入的文字，在【文本属性】泊坞窗中将【字体】设置为【方正超粗黑简体】，将【字体大小】设置为 73 pt，在【段落】选项组中将【字符间距】设置为 80%，如图 12-123 所示。

图 12-122　设置后的效果

图 12-123　输入文字并进行设置

　　(23) 选中输入的文字，按 F11 键，在弹出的【编辑填充】对话框中将左侧节点的 CMYK 值设置为 40、0、0、0，将右侧节点的 CMYK 值设置为 0、0、0、0，选中【缠绕填充】复选框，将【旋转】设置为 90°，然后单击【确定】按钮，如图 12-124 所示。

(24) 按 F12 键,在弹出的【轮廓笔】对话框中将【宽度】设置为 3 mm,将【颜色】的 CMYK 值设置为 99、81、0、0,单击【圆角】按钮,选中【填充之后】复选框,如图 12-125 所示。

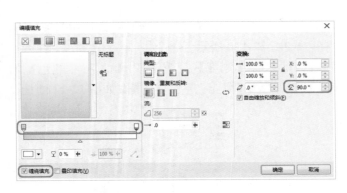

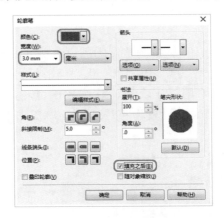

图 12-124   设置渐变填充   图 12-125   设置轮廓笔参数

(25) 设置完成后单击【确定】按钮,在工具属性栏中将该对象的【宽度】设置为 129 mm,设置完成后的效果如图 12-126 所示。

(26) 在工具箱中单击【文本工具】按钮,在绘图页中单击鼠标,输入文字。选中输入的文字,在【文本属性】泊坞窗中将【字体】设置为【方正超粗黑简体】,将【字体大小】设置为 48 pt,在【段落】选项组中将【字符间距】设置为 60%,如图 12-127 所示。

图 12-126   设置完成后的效果   图 12-127   输入文字并进行设置

知识链接

对很多人来说,购物是一种休闲活动,可以逛不同的商店选购产品。同时又出现了所谓的"橱窗购物"(window shopping),意指浏览商店橱窗中的货品,未必会真的购买。但对于一些人,购物可能是困扰的。例如买到的产品货不对板,甚至被骗,需要退货。近年出现了购物上瘾,即所谓的购物狂,这些购物者不受控制地购物,可能会引起个人和社会问题。

---

(27) 选中输入的文字,在工具属性栏中将【宽度】设置为 101 mm,效果如图 12-128 所示。

(28) 按 Ctrl+K 组合键,将选中的文字进行拆分。选中拆分后的"S",按 Shift+F11 组合键,在弹出的【编辑填充】对话框中将 CMYK 值设置为 0、100、0、0，选中【缠绕填充】复选框，然后单击【确定】按钮，如图 12-129 所示。

图 12-128　设置对象宽度

图 12-129　设置填充颜色

(29) 按 F12 键，在弹出的【轮廓笔】对话框中将【宽度】设置为 3 mm，将【颜色】的 CMYK 值设置为 99、81、0、0，单击【圆角】按钮，选中【填充之后】复选框，单击【确定】按钮，如图 12-130 所示。

(30) 使用同样的方法设置其他拆分后的文字，效果如图 12-131 所示。

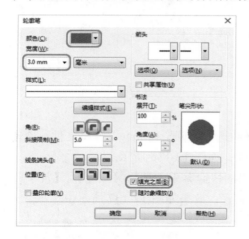

图 12-130　设置轮廓笔

图 12-131　设置其他文字后的效果

(31) 选中所有的文字，右击，在弹出的快捷菜单中选择【组合对象】命令，如图 12-132 所示。

(32) 在工具箱中单击【立体化工具】按钮 ，在绘图页中拖动鼠标添加立体化效果。在工具属性栏中将 X、Y 分别设置为 106 mm、111 mm，将【灭点坐标】分别设置为 11.4 mm、-2.2 mm，将【深度】设置为 50，单击【立体化颜色】按钮 。在弹出的面板中单击【使用纯色】按钮 ，将立体化颜色的 CMYK 值设置为 99、81、0、0，如图 12-133 所示。

图 12-132　选择【组合对象】命令　　　　图 12-133　添加立体化效果

(33) 根据前面介绍的方法输入其他文字，并对其进行相应的设置，效果如图 12-134 所示。

(34) 在工具箱中单击【2 点线工具】按钮，在绘图页中绘制一个直线，将其【轮廓宽度】设置为 0.5，将【轮廓颜色】的 CMYK 值设置为 99、81、0、0，效果如图 12-135 所示。

图 12-134　输入其他文字并进行设置后的效果　　　　图 12-135　绘制直线

(35) 按 Ctrl+I 组合键，在弹出的【导入】对话框中选择"椰子树 .png"素材文件，单击【导入】按钮，在绘图页中指定该对象的位置，导入文件，如图 12-136 所示。

(36) 调整完其位置后，在该对象上右击，在弹出的快捷菜单中选择【顺序】|【置于此对象前】命令，在背景图像上单击，调整该对象的排放顺序，效果如图 12-137 所示。

图 12-136　导入素材文件　　　　图 12-137　调整排放顺序后的效果

案例精讲 080　生活类——相亲广告

 案例文件：CDROM | 场景 | Cha12 | 相亲广告 .cdr

 视频文件：视频教学 | Cha12 | 相亲广告 .avi

制作概述

本例将介绍如何制作户外相亲广告。该案例主要通过绘制背景、导入素材、输入文字来达到最终效果，效果如图 12-138 所示。

图 12-138　相亲广告

学习目标

绘制背景。

导入素材文件。

输入文字并进行设置。

操作步骤

(1) 按 Ctrl+N 组合键，在弹出的【创建新文档】对话框中将【名称】设置为【相亲广告】，将【宽度】、【高度】分别设置为 352 mm、254 mm，单击【确定】按钮，如图 12-139 所示。

(2) 在工具箱中选择【矩形工具】，在绘图页中绘制一个与文档大小相同的矩形，如图 12-140 所示。

图 12-139　新建文档

图 12-140　绘制矩形

(3) 选中绘制的矩形，按 Shift+F11 组合键，在弹出的【编辑填充】对话框中将 CMYK 值设置为 7、4、13、0，如图 12-141 所示。

(4) 设置完成后单击【确定】按钮，在默认调色板中右击⊠按钮，取消轮廓色，如图 12-142 所示。

图 12-141　设置填充颜色　　　　　　　　　　　图 12-142　取消轮廓色后的效果

(5) 按 Ctrl+I 组合键，在弹出的【导入】对话框中选择"幸福树 .cdr"素材文件，如图 12-143 所示。

(6) 单击【导入】按钮，在绘图页中指定该素材文件的位置，导入文件，效果如图 12-144 所示。

图 12-143　选择素材文件　　　　　　　　　　　图 12-144　指定素材文件的位置

(7) 在工具箱中选择【文本工具】，在绘图页中单击鼠标，输入文字。选中输入的文字，在【文本属性】泊坞窗中将【字体】设置为【创意简黑体】，将【字体大小】设置为 60 pt，在【段落】选项组中将字符间距设置为 -30%，如图 12-145 所示。

(8) 选中该文字，按 Shift+F11 组合键，在弹出的【编辑填充】对话框中将 CMYK 值设置为 85、33、54、0，如图 12-146 所示。

(9) 在工具箱中单击【文本工具】按钮，在绘图页中单击鼠标，输入文字。选中输入的文字，在【文本属性】泊坞窗中将【字体】设置为【方正大标宋简体】，将【字体大小】设置为 125 pt，将字体颜色设置为与前面文字相同的颜色，在【段落】选项组中将字符间距设置为 -10%，如图 12-147 所示。

(10) 使用【文本工具】在绘图页中单击，输入文字。选中输入的文字，在【文本属性】泊坞窗中将【字体】设置为【创意黑简体】，将【字体大小】设置为 85 pt，将字体颜色设置为与前面文字相同的颜色，在【段落】选项组中将字符间距设置为0，如图 12-148 所示。

图 12-145　输入文字并进行设置

图 12-146　设置填充颜色

如果在图形中填充之前已填充了颜色，可以选择工具箱中的【颜色滴管工具】，在创建的填充颜色中单击，此时鼠标变为油漆桶形状，在需要填充颜色的图形中再次单击即可。同时也可以对吸取后的颜色进行更改。

图 12-147　输入文字并进行设置

图 12-148　输入文字

(11) 按 Ctrl+I 组合键，在弹出的【导入】对话框中选择"心 .cdr"素材文件，如图 12-149 所示。

(12) 单击【导入】按钮，在绘图页中指定该素材文件的位置，即可导入文件，效果如图 12-150 所示。

图 12-149　选择素材文件

图 12-150　导入素材文件

(13) 在工具箱中单击【矩形工具】按钮，在绘图页中绘制一个矩形，在工具属性栏中将【宽度】、【高度】分别设置为 163 mm、16 mm，如图 12-151 所示。

(14) 选中该图形，按 Shift+F11 组合键，在弹出的【编辑填充】对话框中将 CMYK 值设置为 85、33、54、0，如图 12-152 所示。

图 12-151　绘制矩形

图 12-152　设置填充颜色

(15) 设置完成后单击【确定】按钮，在默认调色板中右击⊠按钮，取消轮廓色。在绘图页中选中红色心形，右击，在弹出的快捷菜单中选择【顺序】|【置于此对象前】命令，如图 12-153 所示。

(16) 在矩形上单击鼠标，即可将选中的对象置于该对象的前面。在工具箱中选择【文本工具】，在绘图页中单击鼠标，输入文字。选中输入的文字，在【文本属性】泊坞窗中将【字体】设置为【方正大标宋简体】，将【字体大小】设置为 30 pt，将【字体颜色】设置为白色，如图 12-154 所示。

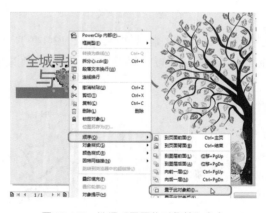
图 12-153　选择【置于此对象前】命令

图 12-154　输入文字并进行设置

(17) 使用【文本工具】在绘图页中输入文字，选中输入的文字，在【文本属性】泊坞窗中将【字体】设置为 Chiller，将【字体大小】设置为 36 pt，将【字体颜色】的 CMYK 值设置为 58、50、47、0，如图 12-155 所示。

(18) 使用前面介绍的方法输入其他文字，并对其进行相应的设置，效果如图 12-156 所示。

图 12-155　输入文字并进行设置

图 12-156　输入其他文字后的效果

第 13 章
工业设计

本章重点

- ◆ 生活类——手机
- ◆ 电脑配件类——鼠标
- ◆ 电子类——iPad Mini
- ◆ 文艺类——吉他
- ◆ 日常用品——钟表

工业设计是指以工学、美学、经济学为基础对工业产品进行设计。工业设计分为产品设计、环境设计、传播设计、设计管理 4 类，本章主要讲解一下工业设计中的产品设计，包括手机、吉他和钟表等。

案例精讲 081　生活类——手机

案例文件：CDROM | 场景 | Cha13 | 手机 .cdr

视频文件：视频教学 | Cha13 | 手机 .avi

制作概述

本例将介绍如何制作生活类——手机，在本例中主要使用【矩形工具】和【编辑填充】功能进行操作，完成后的效果如图 13-1 所示。

学习目标

学习手机的制作过程。

掌握制作手机的过程中使用的各种工具的功能。

操作步骤

(1) 启动软件后新建一个【宽度】为 260 mm、【高度】为 360 mm 的文档，如图 13-2 所示，然后单击【确定】按钮。

(2) 在工具箱中选择【矩形工具】▢，在绘图页中绘制矩形。在属性栏中将对象大小的【宽度】设置为 260mm，【高度】设置为 360 mm，X 设置为 130 mm，Y 设置为 180 mm，如图 13-3 所示。

图 13-1　手机效果

提示

拖动鼠标时按住 Shift 键，可从中心向外绘制矩形。拖动鼠标时按住 Shift + Ctrl 键，还可以从中心向外绘制方形。通过双击【矩形工具】，可以绘制覆盖绘图页面的矩形。

图 13-2　设置文档大小

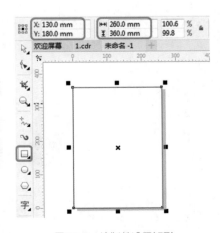

图 13-3　绘制并设置矩形

（3）按 F11 键打开【编辑填充】对话框，在渐变条上选择左侧的节点，将其 CMYK 值设置为 0、0、0、30，在渐变条上双击添加节点并选中，将它的节点位置设置为 45%，并将其 CMYK 值设置为 0、0、0、10，选中最右侧的节点，将其 CMYK 值设置为 0、0、0、30。在【变换】选项组中将【旋转】设置为 270°，然后单击【确定】按钮，如图 13-4 所示，并将其【轮廓颜色】设置为无。

（4）继续使用【矩形工具】在绘图页中绘制矩形，在属性栏中将对象大小的【宽度】设置为 101.6 mm，【高度】设置为 214.842 mm，单击【圆角】按钮 ，然后单击【同时编辑所有角】按钮 ，将【转角半径】设置为 15 mm，如图 13-5 所示。

注意 要绘制带有圆角的矩形或正方形，需要指定角的大小。在将角变圆时，角大小决定了角半径。曲线的中心到其边界为半径。越大的角大小值能得到越圆的圆角。

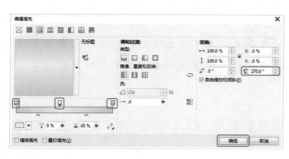

图 13-4　编辑填充颜色

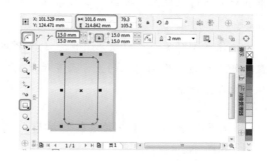

图 13-5　设置矩形属性

（5）在工作区右侧的默认调色板中单击白色块，右击 按钮，为矩形填充白色并将轮廓颜色设置为无，如图 13-6 所示。

（6）确认选中该图形，按 + 号键复制矩形，在工作区右侧的默认调色板中右击黑色块，以便观察对象，单击 按钮，为轮廓填充黑色并将矩形颜色设置为无，如图 13-7 所示。

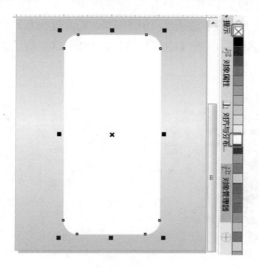

图 13-6　为矩形设置填充

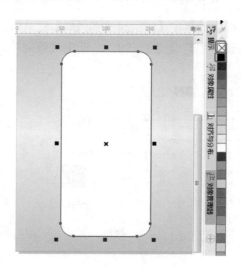

图 13-7　复制并设置矩形

知识链接

在 CorelDRAW 中提供了多种复制对象的方法。

剪切、复制和粘贴：可以剪切或复制对象，将其放置到剪贴板上，然后粘贴到绘图或其他应用程序中。剪切对象可以将其放置到剪贴板上，并从绘图中移除该对象。复制对象可以将其放置在剪贴板上，而在绘图中保留原始对象。

再制：再制对象可以在绘图窗口中直接放置一个副本，而不使用剪贴板。再制的速度比复制和粘贴快。同时，再制对象时，可以沿着 X 轴和 Y 轴指定副本和原始对象之间的距离。此距离称为偏移。

在指定位置复制对象：可以同时创建多个对象副本，并同时指定它们的位置，而不使用剪贴板。例如，可以在原始对象左侧和右侧水平地分布对象副本，或者在原始对象的下面或上面垂直地分布对象副本。可以指定对象副本之间的间距，或者指定在创建对象副本时相互之间的偏移。

快速复制对象：可以使用其他方法快速创建对象副本，而不使用剪贴板。可以使用数字键盘上的 + 号键在原始对象的上方放置对象副本，或者在按空格键或单击右键的同时拖动对象，从而立即创建副本。

(7) 按 F12 键打开【轮廓笔】对话框，将【宽度】设置为 1.5 mm，单击【确定】按钮，如图 13-8 所示。

(8) 确认选中对象，按 Ctrl+Shift+Q 组合键将轮廓转换为对象。按 F11 键，打开【编辑填充】对话框，在该对话框下方的渐变条左侧选中节点，将其 CMYK 值设置为 40、44、55、0，在 5% 的位置添加节点，将其 CMYK 值设置为 65、69、86、33，在 11% 的位置添加节点，将其 CMYK 值设置为 23、28、40、0，在 51% 的位置添加节点，将其 CMYK 值设置为 22、29、38、0，在 85% 的位置添加节点，将其 CMYK 值设置为 23、28、40、0，在 91% 的位置添加节点，将其 CMYK 值设置为 65、69、86、33，选中最右侧的节点，将其 CMYK 值设置为 40、44、55、0。在右侧取消选中【自由缩放和倾斜】复选框，将【填充宽度】设置为 101.503%，Y 设置为 0.216%，【旋转角度】设置为 -90°，选中【缠绕填充】复选框，单击【确定】按钮，如图 13-9 所示。

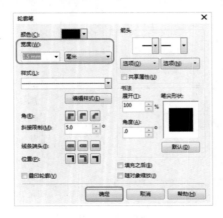

图 13-8 设置轮廓笔

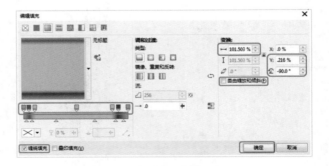

图 13-9 【编辑填充】对话框

【缠绕填充】：可以使带有填充颜色的对象，在合并时使其重叠部位，具有均匀的过渡填充。

(9) 确认选中对象，按 + 键复制对象，在工具箱中选择【矩形工具】，在绘图页中绘制矩形，在属性栏中，将对象大小的【宽度】设置为 15 mm，【高度】设置为 250 mm，在绘图页中调整绘制的矩形，尽量使其中心与下方对象的中心对齐，如图 13-10 所示。

(10) 使用【选择工具】 ，按住 Shift 键选中刚绘制的矩形和下方复制的轮廓对象，在属性栏中单击【移除前面对象】按钮 ，如图 13-11 所示。

 当两个对象重叠在一起时，把重叠的部分删掉的同时，也把顺序在前面的对象同时删掉。【移除后面的对象】的意思刚好相反。

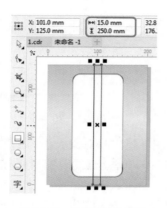

图 13-10　绘制矩形并设置

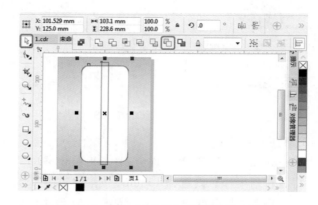

图 13-11　选中对象并单击【移除前面对象】

(11) 在工具箱中选择【形状工具】 ，选中刚复制的轮廓对象曲线，按 Delete 键删除多余的曲线，效果如图 13-12 所示。

(12) 在属性栏中单击【闭合曲线】按钮 ，然后按 Ctrl+K 组合键拆分曲线，选中左上角的曲线，如图 13-13 所示。

图 13-12　删除多余曲线

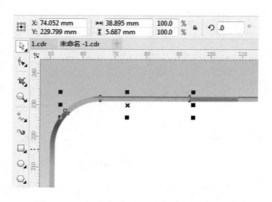

图 13-13　闭合曲线后拆分曲线并选中曲线

第 13 章　工 业 设 计

(13) 按 F11 键打开【编辑填充】对话框，在该对话框下方的渐变条上删除多余节点，然后选中左侧的节点，将其 CMYK 均设置为 0，在 30% 的位置添加节点，将其 CMYK 设置为 32、34、47、0，在 67% 的位置添加节点，将其 CMYK 设置为 68、76、100、53，选中最右侧的节点，将其 CMYK 设置为 48、53、64、0。在右侧取消选中【自由缩放和倾斜】复选框，将【填充宽度】设置为 92.8%，X 设置为 −3.215%，Y 设置为 0%，【旋转角度】设置为 0°，选中【缠绕填充】复选框，单击【确定】按钮，如图 13-14 所示。

(14) 使用同样的方法为其他拆分的曲线填充渐变颜色，只需将上一步的渐变色对调，即可制作出右侧拆分曲线的填充，完成后的效果如图 13-15 所示。

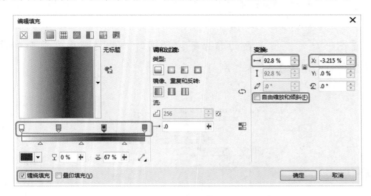

图 13-14　编辑填充颜色

图 13-15　制作其他效果

(15) 在工具箱中选择【矩形工具】，在绘图页中绘制矩形，在属性栏中将对象大小的【宽度】设置为 97.367 mm，【高度】设置为 210.608 mm，单击【圆角】按钮，并单击【同时编辑所有角】按钮，将【转角半径】设置为 15 mm，如图 13-16 所示。

(16) 按 F12 键打开【轮廓笔】对话框，在该对话框中单击【颜色】右侧的按钮，在弹出的面板中选择【更多】选项，在打开的【选择颜色】对话框中，将【模型】下的 CMYK 设置为 44、51、58、0，如图 13-17 所示。

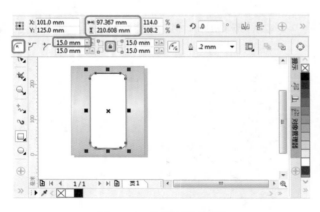

图 13-16　绘制并设置矩形

图 13-17　设置轮廓颜色

(17) 设置完成后单击【确定】按钮，返回至【轮廓笔】对话框中，将【宽度】设置为 0.35 mm，然后单击【确定】按钮，如图 13-18 所示。

(18) 在工具箱中选择【矩形工具】，在绘图页中绘制一个矩形，在属性栏中将对象大小的【宽度】设置为 16.228 mm，【高度】设置为 0.705 mm，将所有的【转角半径】均设置为 0，如图 13-19 所示。

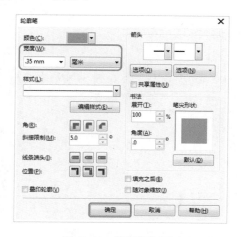

图 13-18　设置轮廓宽度

图 13-19　绘制并设置矩形

(19) 按 F11 键打开【编辑填充】对话框，在该对话框下方的渐变条上删除多余节点，然后选中左侧节点，将其 CMYK 设置为 34、35、42、0，在 3% 的位置添加节点，将其 CMYK 设置为 18、27、33、0，在 9% 的位置添加节点，将其 CMYK 设置为 39、44、55、0，在 90% 的位置添加节点，将其 CMYK 设置为 39、44、55、0，在 96% 的位置添加节点，将其 CMYK 设置为 18、27、33、0，选中最右侧的节点，将其 CMYK 设置为 34、35、42、0，选中【缠绕填充】复选框，单击【确定】按钮，如图 13-20 所示，并将轮廓颜色设置为无。

(20) 在工具箱中选择【钢笔工具】，在绘图页中绘制对象，在属性栏中将对象大小的【宽度】设置为 16.228 mm，【高度】设置为 0.353 mm，并使用【选择工具】调整其位置，如图 13-21 所示。

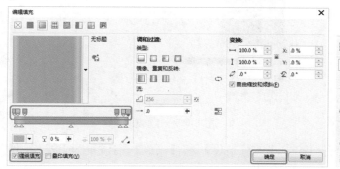

图 13-20　编辑填充颜色

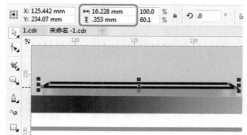

图 13-21　绘制并调整对象

(21) 按 F11 键打开【编辑填充】对话框，在该对话框下方的渐变条上选中左侧的节点，将其 CMYK 设置为 34、35、42、0，在 3% 的位置添加节点，将其 CMYK 设置为 18、27、33、0，在 5% 的位置添加节点，将其 CMYK 设置为 55、58、73、0，在 50% 的位置添加节点，将其 CMYK 设置为 15、20、31、0，在 93% 的位置添加节点，将其 CMYK 设置为 55、58、73、0，在 96% 的位置添加节点，将其 CMYK 设置为 18、27、33、0，选中最右侧的节点，将其

CMYK 设置为 34、35、42、0，选中【缠绕填充】复选框，单击【确定】按钮，如图 13-22 所示，并将轮廓颜色设置为无。

(22) 根据自己的情况再对对象的位置进行调整，然后选中新绘制的对象和之前绘制的对象，对其进行多次复制，并调整位置和大小，效果如图 13-23 所示。

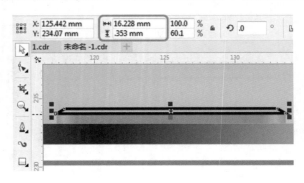

图 13-22　设置对象大小

图 13-23　复制并调整对象

(23) 在工具箱中选择【椭圆形工具】 ⬭，在绘图页中绘制椭圆，在属性栏中将对象大小的【宽度】和【高度】均设置为 4.87 mm，并调整位置，如图 13-24 所示。

(24) 按 F11 键打开【编辑填充】对话框，在该对话框下方的渐变条上选中左侧的节点，将其 CMYK 设置为 73、65、60、16，选中最右侧的节点，将其 CMYK 设置为 93、89、88、80。在右侧取消选中【自由缩放和倾斜】复选框，将【填充宽度】设置为 98.502%，Y 设置为 2.338%，【旋转角度】设置为 90°，选中【缠绕填充】复选框，单击【确定】按钮，如图 13-25 所示，并将轮廓颜色设置为无。

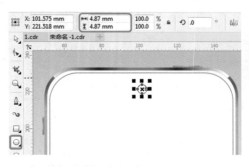

图 13-24　绘制并设置椭圆形

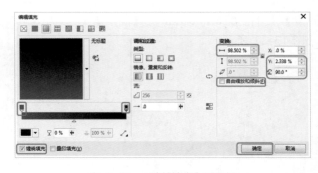

图 13-25　【编辑填充】对话框

(25) 按 + 键进行复制，在属性栏中将对象大小的【宽度】和【高度】均设置为 1.933 mm，如图 13-26 所示。

(26) 按 F11 键打开【编辑填充】对话框，在该对话框下方的渐变条上选中左侧的节点，将其 CMYK 设置为 96、89、86、76，选中最右侧的节点，将其 CMYK 设置为 82、70、64、30。在右侧取消选中【自由缩放和倾斜】复选框，将【填充宽度】设置为 98.502%，Y 设置为 2.338%，【旋转角度】设置为 90°，选中【缠绕填充】复选框，单击【确定】按钮，如图 13-27 所示。

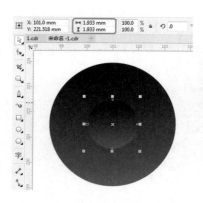

图 13-26　复制并设置椭圆形

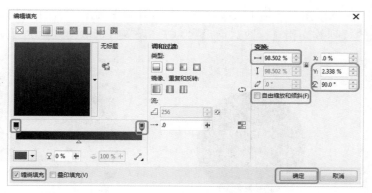

图 13-27　编辑椭圆的填充

(27) 对复制的椭圆再次复制，在属性栏中将对象大小的【宽度】和【高度】均设置为 1.562 mm，如图 13-28 所示。

(28) 按 F11 键打开【编辑填充】对话框，在该对话框下方的渐变条上选中左侧的节点，将其 CMYK 设置为 84、79、78、62，在 60% 的位置添加节点，将其 CMYK 设置为 80、75、73、50，选中最右侧的节点，将其 CMYK 设置为 84、79、78、62。在右侧取消选中【自由缩放和倾斜】复选框，将【填充宽度】设置为 98.502%，Y 设置为 2.338%，【旋转角度】设置为 90°，选中【缠绕填充】复选框，单击【确定】按钮，如图 13-29 所示。

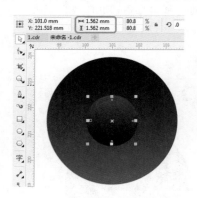

图 13-28　复制椭圆并设置属性

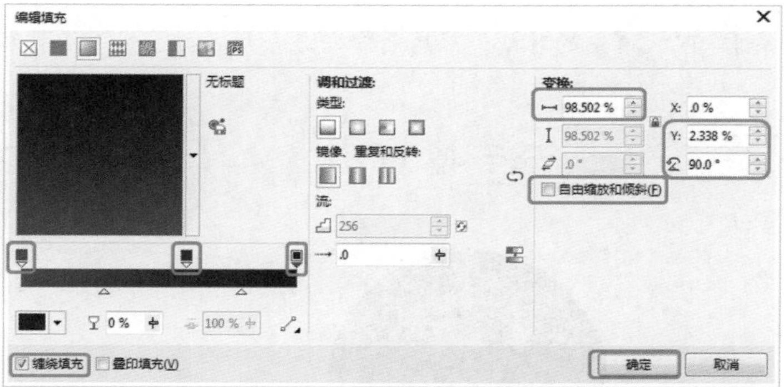

图 13-29　编辑填充颜色

(29) 对上一个复制的椭圆进行复制，在属性栏中将对象大小的【宽度】和【高度】均设置为 1.187 mm，如图 13-30 所示。

(30) 按 F11 键打开【编辑填充】对话框，在该对话框下方的渐变条上选中左侧的节点，将其 CMYK 设置为 84、60、0、0，将 60% 位置处的节点移动至 42% 位置处，将其 CMYK 设置为 100、93、0、28，选中最右侧的节点，将其 CMYK 设置为 88、90、84、77。在右侧单击【类型】下的【椭圆形渐变填充】按钮□，取消选中【自由缩放和倾斜】复选框，将【填充宽度】设置为 100.008%，Y 设置为 0%，选中【缠绕填充】复选框，单击【确定】按钮，如图 13-31 所示。

(31) 对之前绘制的最大椭圆形进行复制，在属性栏中将【对象大小】的【宽度】和【高度】均设置为 4.541 mm，如图 13-32 所示。

（32）在工具箱中选择【网状填充工具】 ，选中刚复制的椭圆形，在属性栏中将网格大小的【列数】和【行数】均设置为3，设置【选取模式】为【矩形】，如图13-33所示。

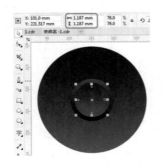

图13-30　再次复制并设置椭圆形

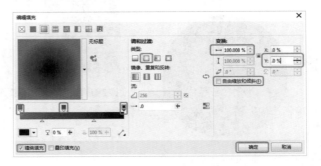

图13-31　更改椭圆形的填充

知识链接

在对象中填充网状填充时，可以产生独特效果。例如，可以创建任何方向的平滑的颜色过渡，而无须创建调和或轮廓图。应用网状填充时，可以指定网格的列数和行数，而且可以指定网格的交叉点。创建网状对象之后，可以通过添加和移除节点或交点来编辑网状填充网格。也可以移除网状。

网状填充只能应用于闭合对象或单条路径。如果要在复杂的对象中应用网状填充，首先必须创建网状填充的对象，然后将它与复杂对象组合成一个图框精确剪裁对象。

图13-32　复制并设置矩形

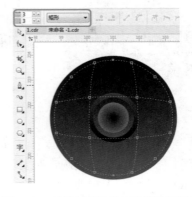

图13-33　使用并设置【网状填充工具】

（33）使用【网状填充工具】在椭圆中选中控制点，通过调整控制点的位置和在默认调色板中单击需要的颜色，来改变控制点附近的颜色，调整完成后的效果如图13-34所示。

也可以圈选或手绘圈选节点，来调整整个网状区域的形状。要圈选节点，请从属性栏中的【选取模式】范围下拉列表框中选择【矩形】选项，然后拖过希望选择的节点。要手绘选择节点，请从【选取模式】范围下拉列表框中选择【手绘】，然后拖过希望选择的节点。拖动时按下Alt键可以在【矩形】和【手绘】选取范围模式之间切换。

(34) 使用【椭圆形工具】在绘图页中绘制椭圆,在属性栏中将对象大小的【宽度】和【高度】均设置为 3.849 mm,如图 13-35 所示。

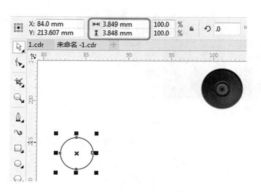

图 13-34　使用【网状填充工具】调整填充颜色　　　　图 13-35　绘制并设置椭圆

(35) 按 Shift+F11 组合键打开【编辑填充】对话框,在右侧将 CMYK 值设置为 86、82、82、69,选中【缠绕填充】复选框,然后单击【确定】按钮,如图 13-36 所示,并将轮廓颜色设置为无。

(36) 使用【矩形工具】在绘图页中绘制矩形,在属性栏中将对象大小的【宽度】设置为 17.992 mm,【高度】设置为 3.528 mm,单击【圆角】按钮，单击【同时编辑所有角】按钮，将【转角半径】设置为 2 mm,如图 13-37 所示。

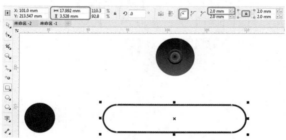

图 13-36　编辑填充颜色　　　　　　　　　图 13-37　绘制并设置矩形

(37) 按 Shift+F11 组合键打开【编辑填充】对话框,在该对话框中将 CMYK 设置为 93、89、88、80,选中【缠绕填充】复选框,然后单击【确定】按钮,如图 13-38 所示,并将其轮廓颜色设置为无。

(38) 再次使用【矩形工具】绘制一个矩形,在属性栏中将对象大小的【宽度】和【高度】均设置为 0.431 mm,并通过【编辑填充】对话框将它的 CMYK 值设置为 59、51、47、0,将它的【轮廓颜色】设置为无,效果如图 13-39 所示。

(39) 对矩形进行复制并调整位置,选中所有新绘制的矩形,在属性栏中将对象大小的【宽度】设置为 16.373 mm,【高度】设置为 3.447 mm,如图 13-40 所示。

(40) 在工具箱中选择【调和工具】，在左侧的一个矩形上单击并水平拖动至右侧的矩形上,如图 13-41 所示,松开鼠标完成调和。

图 13-38　编辑填充颜色

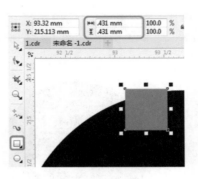

图 13-39　绘制并设置矩形

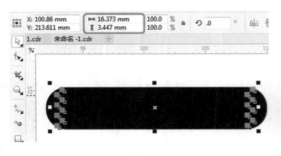

图 13-40　复制并调整矩形

图 13-41　调和矩形

(41) 在属性栏中将【调和对象】的间距设置为 17，并使用同样的方法为其他矩形进行调和，并通过对小矩形进行复制填充其他的地方，效果如图 13-42 所示。

(42) 使用【矩形工具】绘制一个矩形，在属性栏中将对象大小的【宽度】设置为 17.999 mm，【高度】设置为 3.192 mm，单击【圆角】按钮 ，将【转角半径】均设置为 2mm，将【轮廓宽度】设置为 0.7 mm，如图 13-43 所示。

图 13-42　调和其他矩形

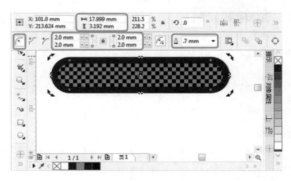

图 13-43　绘制矩形并设置

(43) 按 Ctrl+Shift+Q 组合键将轮廓转换为对象，按 F11 键打开【编辑填充】对话框，在该对话框下方的渐变条上选中左侧的节点，将其 CMYK 设置为 34、35、42、0，在 3% 的位置添加节点，将其 CMYK 设置为 18、27、33、0，在 9% 的位置添加节点，将其 CMYK 设置为 39、44、55、0，选中最右侧的节点，将其 CMYK 设置为 39、44、55、0。在右侧取消选中【自由缩放和倾斜】复选框，将【填充宽度】设置为 170.498%，X 设置为 -13.28%，Y 设置为 10.628%，【旋转】设置为 141.3°，选中【缠绕填充】复选框，单击【确定】按钮，如图 13-44 所示。

(44) 参考前面的方法制作出其他的效果，效果如图 13-45 所示。

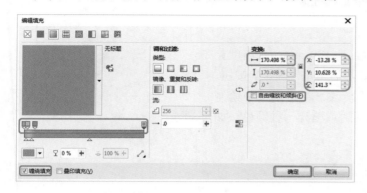

图 13-44　编辑填充颜色　　　　　　　　　　　　　　　　图 13-45　制作其他效果

(45) 按 Ctrl+I 组合键打开【导入】对话框，将"屏幕 .cdr"素材文件导入到文档中并调整位置，效果如图 13-46 所示。

(46) 按 Ctrl+E 组合键打开【导出】对话框，选择保存位置，输入文件名称，选择保存类型为 jpg。单击【导出】按钮，将弹出【导出到 jpeg】对话框，在此进行颜色和质量的设置，单击【确定】按钮即可导出效果，如图 13-47 所示。

图 13-46　导入素材并调整　　　　　　　　　　　　　图 13-47　【导出到 jpeg】对话框

案例精讲 082　电脑配件类——鼠标

案例文件： CDROM | 场景 | Cha13 | 鼠标 .cdr

视频文件： 视频教学 | Cha13 | 鼠标 .avi

制作概述

本例将介绍如何制作电脑配件类——鼠标。本例主要使用【调和工具】和【钢笔工具】进行制作，完成后的效果如图 13-48 所示。

CG设计案例课堂

学习目标

学习鼠标的制作过程。

掌握制作鼠标过程中使用的各种工具功能。

操作步骤

(1) 启动软件后新建一个【宽度】为 100 mm，【高度】为 90 mm 的文档，如图 13-49 所示，然后单击【确定】按钮。

(2) 在工具箱中选择【矩形工具】，在绘图页中绘制一个与文档大小相仿的矩形，并为其随意填充一种颜色，如图 13-50 所示。

图 13-48　鼠标

图 13-49　设置文档大小

图 13-50　绘制矩形

(3) 在工具箱中选择【钢笔工具】，在绘图页中绘制一个对象，绘制完成后可以通过【形状工具】调整控制点，效果如图 13-51 所示。

(4) 在左侧的默认调色板中单击白色块，右击区按钮，效果如图 13-52 所示。

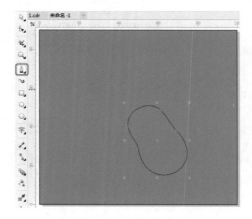

图 13-51　绘制对象

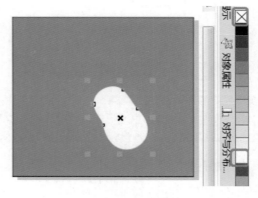

图 13-52　为对象填充颜色

(5) 使用同样的方法绘制一个相似且稍小的对象，如图 13-53 所示。

(6) 按 Shift+F11 组合键打开【编辑填充】对话框，在该对话框中将 CMYK 值设置为 71、63、60、55，然后单击【确定】按钮，如图 13-54 所示，并将其轮廓颜色设置为无。

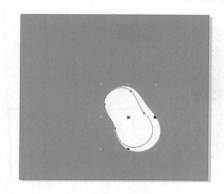

图 13-53　绘制相似对象

图 13-54　编辑填充颜色

(7) 在工具箱中选择【调和工具】，在绘图页的灰色对象上单击并拖动鼠标至白色对象上，然后松开鼠标，效果如图 13-55 所示。

(8) 在属性栏中，将【调和对象】的间距设置为 35，取消【调整加速大小】按钮的选取状态，单击【对象和颜色加速】按钮，在弹出的面板中单击按钮，取消【对象】和【颜色】的锁定，调整对象节点的位置，如图 13-56 所示。

注意　通过单击属性栏中的【对象和颜色加速】按钮，然后移动相应的滑块，可以设置对象的颜色从第一个对象向最后一个对象变换时的速度。

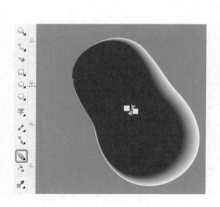

图 13-55　调和对象

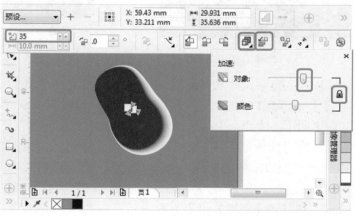

图 13-56　设置调和对象的属性

(9) 使用【钢笔工具】在绘图页中绘制对象并调整控制点，按 Shift+F11 组合键打开【编辑填充】对话框，在该对话框的右侧将 CMYK 值设置为 71、63、61、57，然后单击【确定】按钮，如图 13-57 所示，并将其轮廓颜色设置为无。

(10) 继续使用【钢笔工具】在绘图页中绘制对象并调整控制点，按 Shift+F11 组合键打开【编辑填充】对话框，在该对话框的右侧将CMYK值设置为75、67、67、90，然后单击【确定】按钮，如图 13-58 所示，并将其轮廓颜色设置为无。

图 13-57　绘制对象并设置颜色　　　　　　图 13-58　编辑对象的填充颜色

(11) 将新绘制的两个对象组合，设置完成后的效果如图 13-59 所示。

(12) 在工具箱中选中【调和工具】，使用前面介绍的方法调和对象，在属性栏中将【调和对象】的间距设置为 20，取消【调整加速大小】按钮的选取状态，其他为默认设置，如图 13-60 所示。

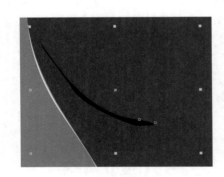 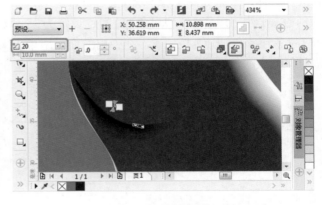

图 13-59　绘制的两个对象效果　　　　　　图 13-60　调和对象

(13) 确认选中调和后的对象，按 Ctrl+G 组合键合并对象，按 + 键复制对象，在属性栏中单击【水平镜像】按钮，将【旋转角度】设置为 229.565°，并调整对象的位置，效果如图 13-61 所示。

(14) 使用【钢笔工具】绘制对象并调整控制点，按 F11 键，在打开的【编辑填充】对话框中选择渐变条左侧的节点，将其 CMYK 值设置为 82、61、44、6，选中右侧的节点，将其 CMYK 值设置为 89、77、66、51。在右侧的【变换】选项组中，取消选中【自由缩放和倾斜】复选框，将【填充宽度】设置为 60.956%，【旋转】设置为 -177°，然后单击【确定】按钮，如图 13-62 所示，并将其轮廓颜色设置为无。

(15) 确认选中绘制的对象，按 + 键进行复制，通过控制点对它进行缩小。继续使用钢笔工具绘制对象，按 Shift+F11 组合键打开【编辑填充】对话框，将 CMYK 值设置为 18、4、2、0，然后单击【确定】按钮，如图 13-63 所示。

(16) 右击默认调色板中的⊠按钮，将【轮廓颜色】设置为无，为对象设置了颜色后的效果如图 13-64 所示。

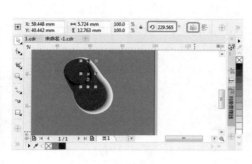

图 13-61　复制并镜像对象

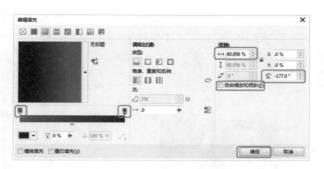

图 13-62　编辑填充

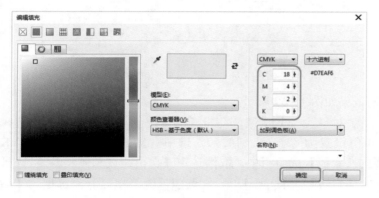

图 13-63　编辑填充颜色

图 13-64　设置对象颜色后的效果

(17) 使用同样的方法调和对象，在属性栏中将【调和对象】的间距设置为 30，其他使用默认设置，如图 13-65 所示。

(18) 使用【选择工具】选中调和对象中较小的对象，按＋号键复制对象。按 F11 键打开【编辑填充】对话框，在该对话框中选中渐变条左侧的节点，将其 CMYK 值设置为 18、10、11、0，将右侧的节点颜色设置为白色，在【变换】选项组中取消选中【自由缩放和倾斜】复选框，将【对象宽度】设置为 108.335%，【旋转】设置为 5°然后单击【确定】按钮，如图 13-66 所示。

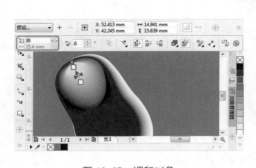

图 13-65　调和对象

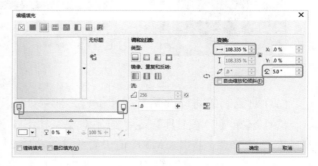

图 13-66　编辑填充颜色

(19) 对复制的对象填充颜色后的效果如图 13-67 所示。

(20) 选择【钢笔工具】在绘图页中绘制对象，按 F11 键，在打开的【编辑填充】对话框中选择渐变条左侧的节点，将其 CMYK 值设置为 38、27、21、0，选中右侧的节点，将其颜色设置为白色。在右侧的【变换】选项组中，取消选中【自由缩放和倾斜】复选框，将【填充宽度】设置为 123.74%，【旋转】设置为 -63°，然后单击【确定】按钮，如图 13-68 所示，并将它的轮廓颜色设置为无。

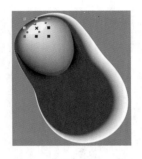

图 13-67　复制对象的填充效果

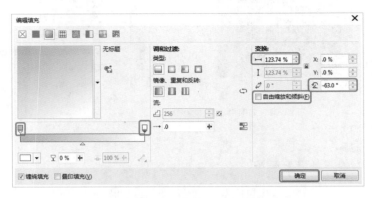

图 13-68　设置新绘制对象的颜色

(21) 对绘制对象填充颜色后的效果如图 13-69 所示。

(22) 确认选中对象，按 + 键复制对象。按 F11 键，在打开的【编辑填充】对话框中选择渐变条左侧的节点，将其 CMYK 值设置为 82、61、44、0，选中右侧的节点，将其 CMYK 设置为 89、77、66、51。在右侧的【变换】选项组中，取消选中【自由缩放和倾斜】复选框，将【填充宽度】设置为 60.956%，【旋转】设置为 -117°，选中【缠绕填充】复选框，然后单击【确定】按钮，如图 13-70 所示，并将其轮廓颜色设置为无。

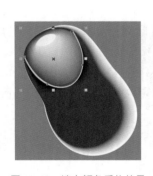

图 13-69　填充颜色后的效果

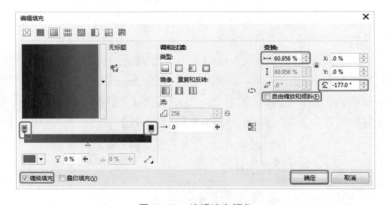

图 13-70　编辑填充颜色

(23) 对复制的对象调整大小和位置，效果如图 13-71 所示。

(24) 选择【钢笔工具】，绘制对象，按 F11 键，在打开的【编辑填充】对话框中选择渐变条左侧的节点，将其 CMYK 值设置为 38、27、21、0，选中右侧的节点，将颜色设置为白色。在右侧的【变换】选项组中，取消选中【自由缩放和倾斜】复选框，将【填充宽度】设置为 135.242%，【旋转】设置为 118°，选中【缠绕填充】复选框，然后单击【确定】按钮，如图 13-72 所示，并将其轮廓颜色设置为无。

(25) 对对象填充颜色后的效果如图 13-73 所示，然后对其进行复制并调整位置，将复制的对象的 CMYK 值设置为 80、69、55、56。选中这两个对象，按 Ctrl+Page Down 组合键两次，将其向下移动两层，效果如图 13-73 所示。

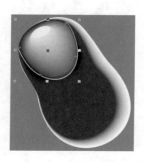

图 13-71　调整复制对象后的效果

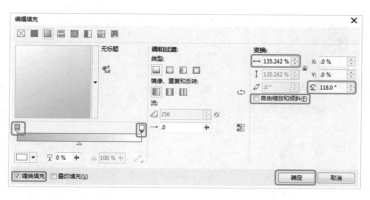

图 13-72　设置填充

(26) 在工具箱中选择【椭圆形工具】 ，在绘图页中单击鼠标并向下拖动拖出椭圆形，在属性栏中将【旋转角度】设置为 27°，对象大小根据个人情况进行调整，效果如图 13-74 所示。

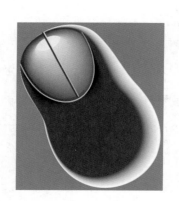

图 13-73　复制对象并调整

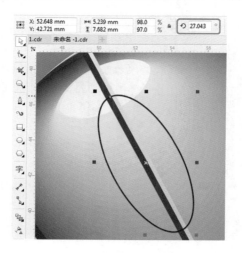

图 13-74　绘制并调整椭圆

(27) 按 F11 键，在打开的【编辑填充】对话框中，选择渐变条左侧的节点，将其 CMYK 值设置为 83、71、61、29，选中右侧的节点，将其 CMYK 值设置为 32、22、18、5。在右侧【变换】选项组中，取消选中【自由缩放和倾斜】复选框，将【填充宽度】设置为 84.855%，【旋转】设置为 14°，选中【缠绕填充】复选框，然后单击【确定】按钮，如图 13-75 所示，并将其轮廓颜色设置为无。

(28) 对之前绘制的椭圆进行复制，并缩小复制的对象，按 Shift+F11 组合键打开【编辑填充】对话框，将 CMYK 值设置为 75、67、65、85，然后单击【确定】按钮，完成后的效果如图 13-76 所示。

(29) 使用同样的方法调和对象，在属性栏中将【调和对象】的间距设置为 20，取消【调整加速大小】按钮 的选取状态，单击【对象和颜色加速】按钮 ，在弹出的面板中单击 按钮，取消【对象】和【颜色】的锁定，调整对象节点的位置，如图 13-77 所示。

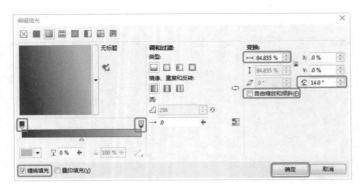

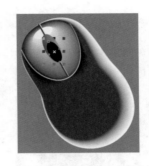

图 13-75　编辑填充颜色　　　　　　　　　　图 13-76　复制对象并填充的效果

　　(30) 根据前面介绍的方法绘制一个带圆角的矩形，按 F11 键打开【编辑填充】对话框，选择渐变条左侧的节点，将其 CMYK 值设置为 85、65、47、9，选中右侧的节点，将其 CMYK 值设置为 87、70、57、22。在右侧的【变换】选项组中，取消选中【自由缩放和倾斜】复选框，将【填充宽度】设置为 101.36%，【旋转】设置为 2°，然后单击【确定】按钮，如图 13-78 所示，并将其轮廓颜色设置为无。

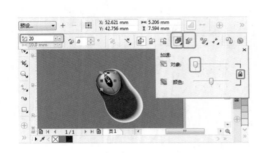

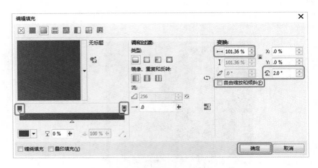

图 13-77　调和对象　　　　　　　　　　　　图 13-78　设置渐变填充

　　(31) 绘制对象并填充颜色后，其效果如图 13-79 所示。
　　(32) 使用同样的方法再绘制一个较小的圆角矩形，按 Shift+F11 组合键，在打开的【编辑填充】对话框，将 CMYK 值设置为 30、11、7、0，然后单击【确定】按钮，如图 13-80 所示，并将其轮廓颜色设置为无。

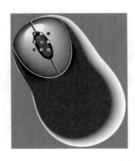

图 13-79　绘制对象并填充颜色后的效果　　　图 13-80　编辑填充颜色

(33) 使用同样的方法调和对象，在属性栏中将【调和对象】的间距设置为 50，取消【调整加速大小】按钮 的选取状态，单击【对象和颜色加速】按钮 ，在弹出的面板中单击 按钮，取消【对象】和【颜色】的锁定，调整对象节点的位置，如图 13-81 所示。

(34) 对调和对象中上方的对象进行复制，然后按 Shift+F11 组合键打开【编辑填充】对话框，在该对话框中将其 CMYK 值设置为 27、9、5、0，然后单击【确定】按钮，如图 13-82 所示。

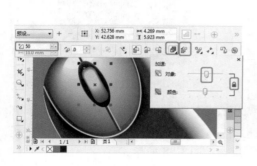

图 13-81　调和对象

图 13-82　编辑填充

(35) 对复制的对象再次进行复制，按 F11 键打开【编辑填充】对话框，选择渐变条左侧的节点，将其 CMYK 值设置为 24、9、8、0，选中右侧的节点，将其 CMYK 值设置为 0、0、0、0。在右侧的【变换】选项组中，取消选中【自由缩放和倾斜】复选框，将【填充宽度】设置为 124.919%，【旋转】设置为 -65°，然后单击【确定】按钮，如图 13-83 所示。

(36) 确认选中对象，在工具箱中选择【透明工具】 ，在属性栏中将【合并模式】设置为【乘】，如图 13-84 所示。

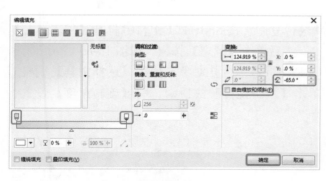

图 13-83　编辑填充颜色

图 13-84　设置对象的合并模式

(37) 在工具箱中选择【钢笔工具】绘制对象，按 Shift+F11 组合键打开【编辑填充】对话框，将 CMYK 值设置为 71、63、60、55，然后单击【确定】按钮，如图 13-85 所示，并将其轮廓颜色设置为无。

(38) 绘制对象并填充颜色后的效果如图 13-86 所示，继续使用钢笔工具绘制对象。

(39) 确认选中新绘制的对象，按 Shift+F11 组合键打开【编辑填充】对话框，将 CMYK 值设置为 47、38、37、3，然后单击【确定】按钮，如图 13-87 所示，并将其轮廓颜色设置为无。

图 13-85　设置填充颜色

图 13-86　绘制对象并填充颜色后的效果

(40) 使用同样的方法调和对象，在属性栏中将【调和对象】的间距设置为 40，取消【调整加速大小】按钮　的选取状态，单击【对象和颜色加速】按钮　，在弹出的面板中单击　按钮，取消【对象】和【颜色】的锁定，调整对象节点的位置，如图 13-88 所示。

图 13-87　编辑填充颜色

图 13-88　调和对象

(41) 选中调和对象中上方的对象，对其进行复制。按 Shift+F11 组合键打开【编辑填充】对话框，将 CMYK 值设置为 47、36、36、2，然后单击【确定】按钮，如图 13-89 所示。

(42) 选中调和对象和复制的对象，按 Ctrl+G 组合键合并对象，使用【选择工具】调整对象的位置。按 + 键复制对象，在属性栏中单击【水平镜像】按钮　，将【旋转角度】设置为 238.687°，如图 13-90 所示。

图 13-89　设置对象的填充颜色

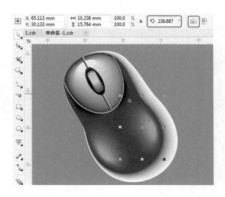

图 13-90　复制并镜像对象

(43) 继续使用【钢笔工具】绘制对象，按 F11 键打开【编辑填充】对话框，在该对话框中，选中渐变条左侧的节点，将其 CMYK 值设置为 26、16、16、0，将右侧的节点设置为白色。在右侧的【变换】选项组中，取消选中【自由缩放和倾斜】复选框，将【填充宽度】设置为141.077%，【旋转】设置为 -41°，然后单击【确定】按钮，如图 13-91 所示，并将其轮廓颜色设置为无。

(44) 确认选中新绘制的对象，按 + 键复制对象，然后调整其位置，完成后的效果如图 13-92所示。

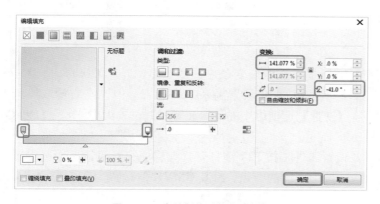

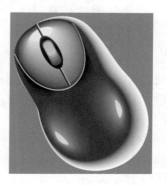

图 13-91　为绘制的对象设置渐变　　　　　　　　　　图 13-92　复制并调整对象

(45) 继续使用【钢笔工具】绘制对象，按 Shift+F11 组合键打开【编辑填充】对话框，将CMYK 值设置为 18、13、13、0，单击【确定】按钮，取消轮廓色，使其移动至绿色矩形的上方，效果如图 13-93 所示。

(46) 对该对象进行复制，并调整位置，按 Shift+F11 组合键打开【编辑填充】对话框，将CMYK 值设置为 55、45、45、11，单击【确定】按钮，效果如图 13-94 所示。

(47) 对复制的对象再次进行复制，其填充颜色和下方浅色对象的颜色相同，并调整位置，效果如图 13-95 所示。

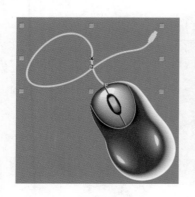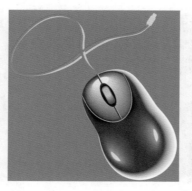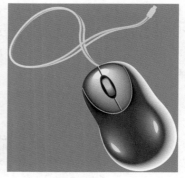

图 13-93　绘制对象并填充颜色　　　图 13-94　复制对象并填充颜色　　　图 13-95　再次复制对象并设置填充

(48) 综合前面介绍的方法，为绘制的对象绘制出高光效果，如图 13-96 所示。

(49) 使用【矩形工具】绘制一个矩形，在属性栏中将【旋转角度】设置为 327°，单击【圆角】按钮，并将【转角半径】均设置为 0.1 mm，如图 13-97 所示。

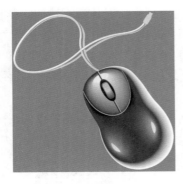

图 13-96　绘制出高光效果

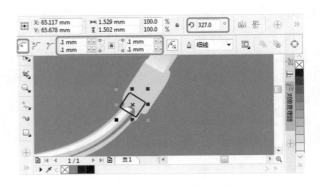

图 13-97　绘制并设置对象

(50) 按 F11 键打开【编辑填充】对话框，选中渐变条左侧的节点，将其 CMYK 值设置为 71、60、60、16，选中右侧的节点，将其 CMYK 值设置为 84、73、73、91。在右侧取消选中【自由缩放和倾斜】复选框，然后将【变换】选项组中的【填充宽度】设置为 100%，【旋转】设置为 90°，取消轮廓色，如图 13-98 所示。

(51) 使用同样的方法绘制矩形并设置属性。按 F11 键打开【编辑填充】对话框，选中渐变条左侧的节点，将其颜色设置为白色，选中右侧的节点，将其 CMYK 值设置为 21、15、15、0，在右侧取消选中【自由缩放和倾斜】复选框，然后将【变换】选项组中的【填充宽度】设置为 100%，【旋转】设置为 90°，如图 13-99 所示。

图 13-98　编辑填充颜色

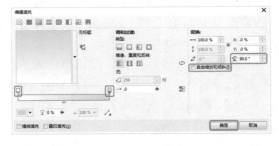

图 13-99　设置颜色

(52) 综合前面介绍的方法绘制其他效果，效果如图 13-100 所示。

(53) 将最底层的绿色矩形删除，效果如图 13-101 所示。

图 13-100　绘制出其他的效果

图 13-101　删除绿色矩形

案例精讲 083 电子类——iPad Mini

 案例文件：CDROM | 场景 | Cha13 | iPad Mini.cdr

 视频文件：视频教学 | Cha013| iPad Mini.avi

制作概述

本例将介绍如何制作电子类——iPad Mini。本例中主要使用【椭圆形工具】、【透明度工具】和【渐变填充工具】进行制作，完成后的效果如图 13-102 所示。

学习目标

学习 iPad Mini 的制作过程。

掌握制作 iPad Mini 过程中使用的各种工具的功能。

操作步骤

(1) 启动软件后新建一个【宽度】为 70 mm，【高度】为 90 mm 的文档，如图 13-103 所示，然后单击【确定】按钮。

(2) 在工具箱中选择【矩形工具】□，在绘图页中绘制一个矩形，在属性栏中将对象大小的【宽度】设置为 59.801 mm，【高度】设置为 78.045 mm，单击【圆角】按钮，选中【同时编辑所有角】按钮，将【转角半径】设置为 2.5 mm，如图 13-104 所示。

图 13-102 iPad Mini

图 13-103 设置文档大小

图 13-104 绘制并设置矩形

(3) 按 Shift+F11 组合键打开【编辑填充】对话框，将 CMYK 值设置为 75、67、67、90，选中【缠绕填充】复选框，单击【确定】按钮，如图 13-105 所示，并将其轮廓颜色设置为无。

(4) 确认选中绘制的矩形，按 + 键复制对象，在属性面板中，将对象大小的【宽度】设置为 59.953 mm，【高度】设置为 78.96 mm，将【轮廓宽度】设置为 0.05 mm，【转角半径】设置为 2.55 mm。在默认调色板中使用左键单击⊠按钮，右键单击 30% 黑色块，为复制的矩形轮廓填充黑色，将填充颜色设置为无，如图 13-106 所示。

图 13-105　编辑填充

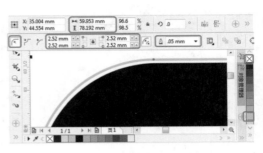

图 13-106　复制并设置对象

（5）对复制的矩形再次复制，在属性栏中将对象大小的【宽度】设置为 59.62 mm，【高度】设置为 77.872 mm，将【轮廓宽度】设置为 0.07 mm，【转角半径】设置为 2.45 mm，如图 13-107 所示。

（6）设置完成后按 Ctrl+Shift+Q 组合键，将轮廓转换为对象。按 F11 键打开【编辑填充】对话框，选中渐变条左侧的节点，将其 CMYK 值设置为 67、60、59、46，在 14% 的位置添加节点，将其 CMYK 值设置为 76、70、67、31，在 53% 的位置添加节点，将其【透明度】设置为 100%，CMYK 值设置为 76、70、67、31，在 75% 的位置添加节点，将其【透明度】设置为 100%，CMYK 值设置为 76、70、67、31，选中右侧的节点，将其 CMYK 值设置为 67、60、59、46。在右侧取消选中【自由缩放和倾斜】复选框，然后将【变换】选项组中【旋转】设置为 60°，选中【缠绕填充】复选框，如图 13-108 所示。

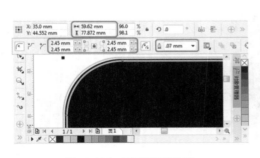

图 13-107　设置复制的对象

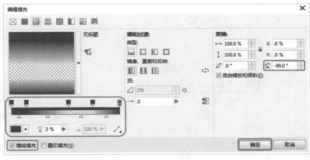

图 13-108　编辑对象填充

（7）使用同样的方法制作其他对象，并分别设置不同的颜色，效果如图 13-109 所示。

（8）在工具箱中选择【椭圆形工具】 ，在绘图页中按住 Ctrl 键绘制一个正圆，在属性栏中将对象大小的【宽度】和【高度】均设置为 1.347 mm，如图 13-110 所示。

（9）按 F11 键打开【编辑填充】对话框，选中渐变条左侧的节点，将其 CMYK 值设置为 75、67、67、89，在 14% 的位置添加节点，将其 CMYK 值设置为 75、67、67、89，在 55% 的位置添加节点，将其 CMYK 值设置为 69、61、60、58，选中最右侧的节点，将其 CMYK 值设置为 62、55、54、28。单击【类型】选项组中的【椭圆形渐变填充】按钮 ，在右侧取消选中【自由缩放和倾斜】复选框，然后将【变换】选项组中的【填充宽度】设置为 245.193%，X 设置为 32.993%，Y 设置为 -32.815%，选中【缠绕填充】复选框，然后单击【确定】按钮，如图 13-111 所示，并将其轮廓颜色设置为无。

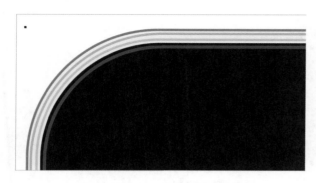

图 13-109　绘制其他对象后的效果

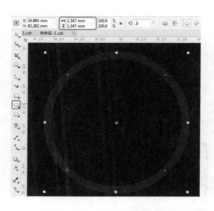

图 13-110　绘制并设置正圆

提示　　　　椭圆形渐变填充是从对象中心以同心椭圆的方式向外扩散。

　　(10) 对该圆形进行复制，在属性栏中将对象大小的【宽度】和【高度】均设置为 1.199 mm，如图 13-112 所示。

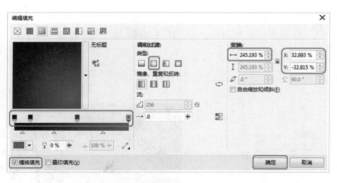

图 13-111　编辑填充颜色

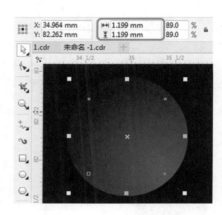

图 13-112　复制并设置对象

　　(11) 按 F11 键打开【编辑填充】对话框，在该对话框中将【变换】选项组中的【填充宽度】设置为 213.277%，X 设置为 39.24%，Y 设置为 -41.027%，然后单击【确定】按钮，其他参数保持不变，如图 13-113 所示。

　　(12) 对复制的对象再次复制，并在属性栏中将对象大小的【宽度】和【高度】均设置为 1.003 mm。按 F11 键打开【编辑填充】对话框，选中渐变条左侧的节点，将其 CMYK 值设置为 62、55、54、28，在 24% 的位置添加节点，将其 CMYK 值设置为 62、55、54、28，在 85% 的位置添加节点，将其 CMYK 值设置为 75、67、67、89，选中最右侧的节点，将其 CMYK 值设置为 75、67、67、89。在【类型】选项组中单击【线性渐变填充】按钮，在右侧取消选中【自由缩放和倾斜】复选框，然后将【变换】选项组中的【填充宽度】设置为 77.857%，X 设置为 0%，Y 设置为 –10.397%，【旋转】设置为 90°，选中【缠绕填充】复选框，然后单击【确定】按钮，如图 13-114 所示。

 提示 线性渐变填充是沿着对象作直线流动。

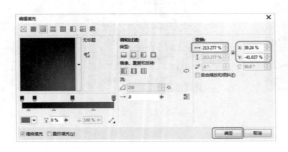

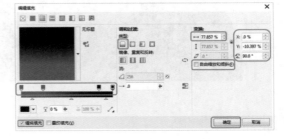

图 13-113　设置对象的变换参数　　　　　　图 13-114　编辑对象的填充颜色

(13) 对上一步复制的对象进行复制，在属性栏中将对象大小的【宽度】和【高度】均设置为 0.923 mm。按 F11 键打开【编辑填充】对话框，在该对话框中选中渐变条左侧的节点，将其 CMYK 值设置为 72、67、67、90，在 31% 的位置添加节点，将其 CMYK 值设置为 71、64、62、66，在 87% 的位置添加节点，将其 CMYK 值设置为 66、59、58、42，选中最右侧的节点，将其 CMYK 值设置为 66、59、58、42。在【类型】选项组中单击【椭圆形渐变填充】按钮□，在右侧取消选中【自由缩放和倾斜】复选框，然后将【变换】选项组中的【填充宽度】设置为 146.405%，X 设置为 –36.617%，Y 设置为 36.878%，选中【缠绕填充】复选框，然后单击【确定】按钮，如图 13-115 所示。

(14) 对复制的对象进行调整并设置填充颜色后的效果如图 13-116 所示。

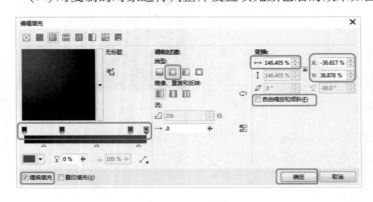

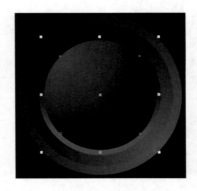

图 13-115　编辑填充颜色　　　　　　图 13-116　调整复制对象及填充颜色后的效果

(15) 对刚复制的对象再次复制，不需调整对象大小，按 Shift+F11 组合键打开【编辑填充】对话框，将 CMYK 值设置为 66、59、58、42，选中【缠绕填充】复选框，然后单击【确定】按钮，如图 13-117 所示。

(16) 在工具箱中选择【透明度工具】，然后在属性栏中单击【渐变透明度】按钮和【编辑透明度】按钮图。在打开的【编辑透明度】对话框中，单击【渐变透明度】按钮图，在【调和过渡】选项组中将【类型】设置为【椭圆形渐变透明度】□，在渐变条的 14% 的位置添加节点，将【透明度】设置为 100%，在 28% 的位置添加节点，将【透明度】设置为 50%，在 54% 的位置添加节点，将【透明度】设置为 0%，选中右侧的节点，将【透明度】设置为 50%。在【变换】选项组中取消选中【自由缩放和倾斜】复选框，将【透明度宽度】设置为 94.921%，X 设置为 8.322%，Y 设置为 -8.073%，设置完成后单击【确定】按钮，如图 13-118 所示。

图 13-117 设置对象填充

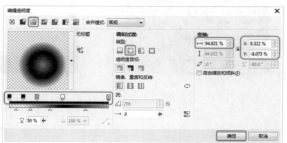

图 13-118 编辑渐变透明度

(17) 复制对象并对其渐变透明度进行调整后，其效果如图 13-119 所示。

(18) 对上一步复制的对象进行复制，删除该对象的透明度，按 F11 键打开【编辑填充】对话框，在渐变条上设置多个节点的颜色，如图 13-120 所示。单击【类型】选项组中的【椭圆形渐变填充】按钮□，在【变换】选项组中取消选中【自由缩放和倾斜】复选框，将【填充宽度】设置为 99.114%，X 设置为 0.102%，Y 设置为 0.102%，选中【缠绕填充】复选框，然后单击【确定】按钮，并对其进行缩放，如图 13-120 所示。

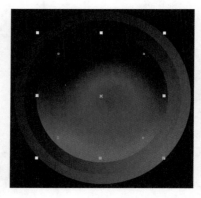

图 13-119 设置对象渐变透明效果

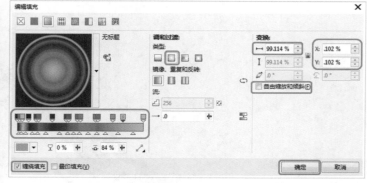

图 13-120 编辑对象填充

(19) 综合前面介绍的方法制作对象，并设置它的渐变填充和渐变透明度，效果如图 13-121 所示。

(20) 按 Ctrl+I 组合键打开【导入】对话框，导入素材文件 iPad 屏幕 .cdr，并调整其位置，效果如图 13-122 所示。

(21) 使用【钢笔工具】绘制图形，并为其填充白色，根据前面介绍的方法添加渐变透明度，效果如图 13-123 所示。

图 13-121　设置并绘制的对象

图 13-122　导入并调整素材

图 13-123　绘制并填充图形

案例精讲 084　文艺类——吉他

案例文件：CDROM | 场景 | Cha13 | 吉他 .cdr

视频文件：视频教学 | Cha13| 吉他 .avi

制作概述

本例将介绍如何制作文艺类——吉他。本例中主要使用【椭圆形工具】、【透明度工具】和【渐变填充】进行制作，完成后的效果如图 13-124 所示。

图 13-124　吉他

学习目标

学习吉他的制作过程。

掌握制作吉他过程中使用的各种工具的功能。

操作步骤

(1) 启动软件后新建一个【宽度】为 197 mm，【高度】为 186 mm 的文档，如图 13-125 所示，然后单击【确定】按钮。

(2) 在工具箱中选择【矩形工具】□，在绘图页中绘制一个矩形，在属性栏中将对象大小的【宽度】设置为 197 mm，【高度】设置为 186 mm，并使其对齐文档，如图 13-126 所示。

图 13-125　设置文档大小

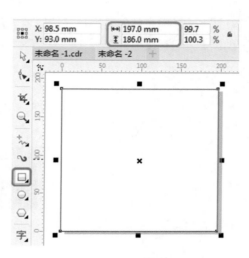

图 13-126　绘制并设置矩形

(3) 按 F11 键打开【编辑填充】对话框，在该对话框中单击【类型】选项组中的【椭圆形渐变填充】按钮□，选中渐变条左侧的节点，将其 CMYK 值设置为 27、21、20、0，选中右侧的节点，将其颜色设置为白色。在【变换】选项组中将 X 设置为 -7%，Y 设置为 -34%，然后单击【确定】按钮，如图 13-127 所示，并将其轮廓颜色设置为无。

(4) 按 Ctrl+I 组合键打开【导入】对话框，导入素材"吉他背景 .cdr"，并使导入的素材与文档对齐，效果如图 13-128 所示。

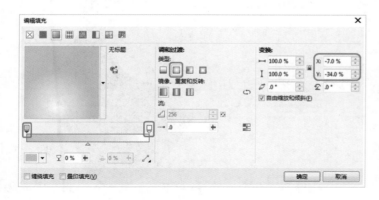

图 13-127　编辑填充

图 13-128　导入素材文件

知识链接

　　吉他(guitar),又译为结他。属于弹拨乐器,通常有六条弦,形状与提琴相似。吉他在流行音乐、摇滚音乐、蓝调、民歌、费拉门戈中,常被视为主要乐器。而在古典音乐的领域里,吉他常以独奏或二重奏的形式演出。当然,在室内乐和管弦乐中,吉他亦扮演着相当程度的陪衬角色。

　　(5) 在工具箱中选择【钢笔工具】,在绘图页中绘制图形,并使用【形状工具】调整绘制对象的控制点,完成后的效果如图 13-129 所示。

　　(6) 按 Shift+F11 组合键打开【编辑填充】对话框,将 CMYK 值设置为 0、100、100、73,然后单击【确定】按钮,如图 13-130 所示,并将其轮廓颜色设置为无。

图 13-129　绘制图形

图 13-130　编辑对象的填充

　　(7) 继续使用【钢笔工具】绘制对象,并使用【形状工具】进行调整。按 F11 键打开【编辑填充】对话框,选中渐变条左侧的节点,将其 CMYK 值设置为 0、100、100、73,将右侧的节点颜色设置为白色,单击【类型】选项组中的【椭圆形渐变填充】按钮□,在【变换】选项组中取消选中【自由缩放和倾斜】复选框,将【填充宽度】设置为 129.393%,【X】设置为 –40.026%,Y 设置为 –41.533%,选中【缠绕填充】复选框,单击【确定】按钮,如图 13-131 所示,并将其轮廓颜色设置为无。

　　(8) 对绘制的对象执行以上操作后,其效果如图 13-132 所示。

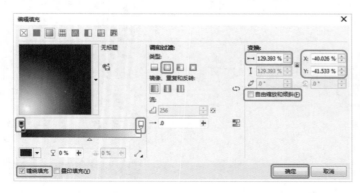

图 13-131　设置对象颜色

图 13-132　填充颜色后的效果

(9) 使用同样的方法制作出其他的阴影和高光效果，如图 13-133 所示。

(10) 在工具箱中选择【椭圆形工具】，在绘图页中按住 Ctrl 键绘制正圆，在属性栏中单击【饼图】按钮，将【起始角】和【结束角】分别设置为 0°、180°，如图 13-134 所示。

图 13-133　绘制其他高光效果

图 13-134　绘制并设置椭圆

(11) 为绘制的正圆随意填充一种颜色，将其轮廓颜色设置为无。使用同样的方法再绘制一个小的正圆，并调整位置，随意填充一种颜色，将其轮廓颜色设置为无，并调整位置，效果如图 13-135 所示。

(12) 选中绘制的两个正圆对象，在属性栏中单击【移除前面对象】按钮，即可使用在上方的正圆，减去下方正圆被覆盖的部分，并将上方的对象删除，如图 13-136 所示。

(13) 确认选中刚才绘制的对象，在工具栏中选择【网格填充工具】，在属性栏中将网格大小的【列数】设置为 4，【行数】设置为 1，如图 13-137 所示。

图 13-135　绘制并设置对象

图 13-136　选中并剪切对象

(14) 在绘图页中选中需要填充颜色的节点，在默认调色板中单击或右击需要的颜色，即可为选中的节点填充颜色。调整网格的节点，选中节点，在属性栏中单击【删除节点】按钮可删除节点。在需要添加节点的地方单击，在属性栏中单击【添加交叉点】按钮即可添加交叉点，为其填充不同颜色，完成后的效果如图 13-138 所示。

(15) 调整完成后使用【选择工具】选中对象，按 + 键复制对象，对复制的对象进行调整，效果如图 13-139 所示。

(16) 选中绘制的对象和复制的对象，按 Ctrl+G 组合键组合对象，在属性栏中将【旋转角度】设置为 315°如图 13-140 所示。

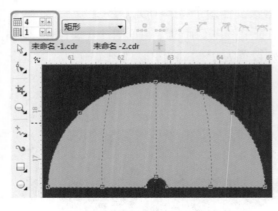

图 13-137　设置【网格填充工具】

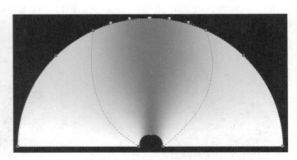

图 13-138　调整网格填充

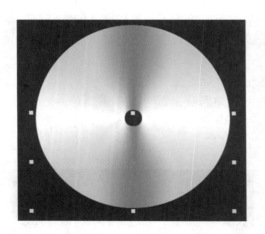

图 13-139　复制并调整对象

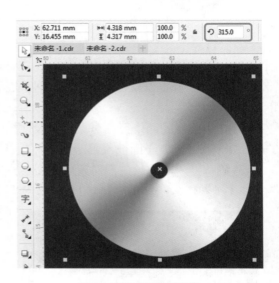

图 13-140　设置旋转角度

　　(17) 根据前面介绍的方法制作一个空心圆,按 F11 键打开【编辑填充】对话框,在下方的渐变条上将左侧的节点颜色设置为白色,将右侧节点的 CMYK 值设置为 17、0、0、44,取消选中【自由缩放和倾斜】复选框,将【填充宽度】设置为 184.866%,【X】设置为 3.127%,【Y】设置为 −3.135%,【旋转】设置为 −45.1°,选中【缠绕填充】复选框,单击【确定】按钮,如图 13-141 所示,并其将轮廓颜色设置为无。

　　(18) 绘制空心圆,并填充渐变颜色后的效果如图 13-142 所示。

　　(19) 继续使用【椭圆形工具】绘制一个正圆,按 F11 键打开【编辑填充】对话框,在下方的渐变条上,选中左侧的节点将其 CMYK 值设置为 17、0、0、100,将右侧的节点颜色设置为白色。单击【类型】选项组中的【椭圆形渐变填充】按钮,取消选中【自由缩放和倾斜】复选框,将【填充宽度】设置为 156.646%,【X】设置为 −36.546%,【Y】设置为 −5.128%,选中【缠绕填充】复选框,单击【确定】按钮,如图 13-143 所示,并其将轮廓颜色设置为无。

　　(20) 对再次绘制的正圆填充渐变颜色后,其效果如图 13-144 所示。

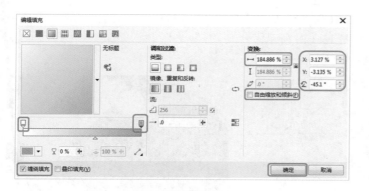

图 13-141　编辑填充颜色

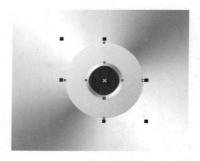

图 13-142　为对象填充颜色后的效果

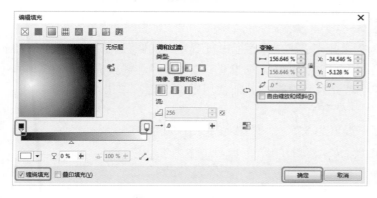

图 13-143　编辑填充

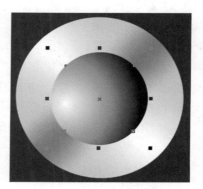

图 13-144　绘制对象填充颜色

(21) 选中绘制的所有正圆对象，按 Ctrl+G 组合键组合对象，对其进行复制并调整排列位置，效果如图 13-145 所示。

(22) 继续使用【钢笔工具】绘制对象，并使用【形状工具】进行调整，为其填充 CMYK 值为 0、100、100、88 的颜色，并将其轮廓颜色设置为无，效果如图 13-146 所示。

图 13-145　复制并调整对象

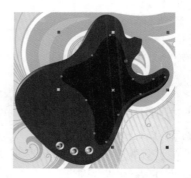

图 13-146　绘制并填充对象

(23) 对上一步绘制的对象进行复制并调整其位置，按 F11 键打开【编辑填充】对话框，在渐变条上设置渐变色，如图 13-147 所示。取消选中【自由缩放和倾斜】复选框，将【填充宽度】设置为 144.676%，【X】设置为 -0.912%，【Y】设置为 7.715%，【旋转】设置为 96.7°，选中【缠绕填充】复选框，单击【确定】按钮，如图 13-147 所示。

(24) 使用【矩形工具】绘制矩形，在属性栏中为绘制的矩形设置一个合适的圆角，并为其填充颜色，绘制出高光部分，效果如图 13-148 所示。

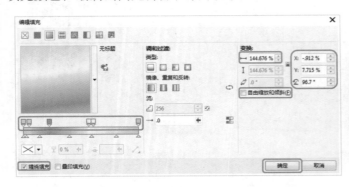

图 13-147 设置渐变 　　　　　　图 13-148 绘制并设置矩形

(25) 再次使用【矩形工具】绘制一个矩形，并在属性栏中设置合适的圆角。按 F11 键打开【编辑填充】对话框，将渐变条左侧节点的 CMYK 值设置为 0、0、0、14，将右侧节点的 CMYK 值设置为 0、0、0、63，选中【缠绕填充】复选框，其他使用默认设置，单击【确定】按钮，如图 13-149 所示，并将其轮廓颜色设置为无。

(26) 在属性栏中将【旋转角度】设置为 315°，效果如图 13-150 所示。

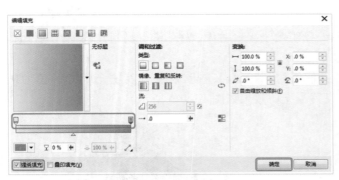

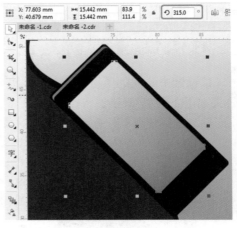

图 13-149 编辑填充 　　　　　　图 13-150 设置对象的旋转

(27) 对刚绘制的矩形进行复制，并将其缩小，在属性栏中将【旋转角度】设置为 135°，效果如图 13-151 所示。

(28) 在工具箱中选择【椭圆形工具】，绘制一个正圆对象。按 F11 键打开【编辑填充】对话框，在下方的渐变条上，选中左侧的节点，将其 CMYK 值设置为 17、0、0、100，将右侧的节点颜色设置为白色。单击【类型】选项组中的【椭圆形渐变填充】按钮，取消选中【自由缩放和倾斜】复选框，将【填充宽度】设置为 186.385%，X 设置为 -33.332%，Y 设置为 20.485%，选中【缠绕填充】复选框，单击【确定】按钮，如图 13-152 所示，并其将轮廓颜色设置为无。

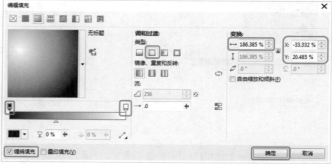

图 13-151　复制并旋转对象　　　　　　　　　　　　图 13-152　编辑对象渐变

(29) 为绘制的正圆对象填充渐变颜色后，其效果如图 13-153 所示。

(30) 对刚才绘制的正圆进行复制，并对复制的对象进行缩小。按 F11 键打开【编辑填充】对话框，在该对话框下方的渐变条上，选中左侧的节点，将其颜色设置为白色，将右侧节点的 CMYK 值设置为 17、0、0、100。单击【类型】选项组中的【线形渐变填充】按钮，取消选中【自由缩放和倾斜】复选框，将【填充宽度】设置为 446.6565%，X 设置为 60.506%，Y 设置为 −60.703%，【旋转】设置为 134.9°，选中【缠绕填充】复选框，然后单击【确定】按钮，如图 13-154 所示。

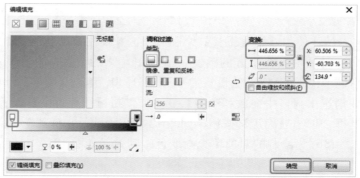

图 13-153　为正圆填充颜色后的效果　　　　　　　　图 13-154　设置渐变

(31) 使用【矩形工具】绘制矩形，按 F11 键打开【编辑填充】对话框，在下方的渐变条上，选中左侧的节点，将其 CMYK 值设置为 21、0、0、65，将右侧节点的 CMYK 值设置为 17、0、0、100，取消选中【自由缩放和倾斜】复选框，将【填充宽度】设置为 811.412%，X 设置为 108.206%，Y 设置为 −5.132%，【旋转】设置为 177.3°，选中【缠绕填充】复选框，单击【确定】按钮，如图 13-155 所示，并将其轮廓颜色设置为无。

(32) 执行以上操作后的效果如图 13-156 所示，并对刚绘制的一些对象进行复制，调整位置。

图 13-155　编辑填充颜色　　　　　　　图 13-156　复制新绘制对象效果

(33) 选中新绘制的一些对象，将它们组合起来，进行复制并调整位置，效果如图 13-157 所示。

(34) 根据上面制作对象的方式，制作出其他绘制方式相似的对象，效果如图 13-158 所示。

图 13-157　组合并复制对象　　　　　　图 13-158　使用相同方法制作其他对象

(35) 使用【钢笔工具】绘制对象，并使用【形状工具】进行调整。按 F11 键打开【编辑填充】对话框，在下方的渐变条上选中左侧的节点，将其 CMYK 值设置为 0、35、83、46，将右侧节点的 CMYK 值设置为 0、0、31、0。单击【类型】选项组中的【椭圆形渐变填充】按钮，取消选中【自由缩放和倾斜】复选框，将【填充宽度】设置为 86.718%，选中【缠绕填充】复选框，单击【确定】按钮，如图 13-159 所示，并将其轮廓颜色设置为无。

(36) 为绘制的对象填充渐变色，其效果如图 13-160 所示。

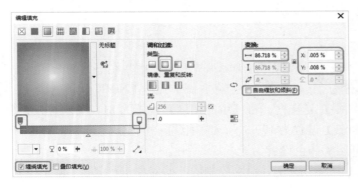

图 13-159　编辑对象渐变　　　　　　　图 13-160　为对象填充颜色的效果

(37) 对上一步的新对象进行复制并调整位置，选择工具箱中的【调和工具】 ，在这两个对象的任意对象上按下鼠标并进行拖动至另一个对象上，在属性栏中将【调和对象】的间距设置为 12，如图 13-161 所示。

(38) 使用同样的方法制作出其他琴弦效果，完成后的效果如图 13-162 所示。

(39) 综合前面制作对象的方法制作出其他对象，最终效果如图 13-163 所示。

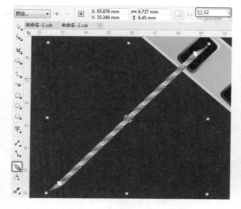

图 13-161　调和并设置对象

图 13-162　绘制出其他琴弦

图 13-163　最终效果

案例精讲 085　日常用品——钟表

✎ 案例文件：CDROM | 场景 | Cha13 | 钟表 .cdr

◉ 视频文件：视频教学 | Cha13 | 钟表 .avi

制作概述

本例将介绍如何制作日常用品——钟表。本例中主要使用【椭圆形工具】、【透明度工具】和【渐变填充】进行制作，完成后的效果如图 13-164 所示。

学习目标

学习钟表的制作过程。

掌握制作钟表过程中使用的各种工具的功能。

操作步骤

(1) 启动软件后新建一个【宽度】为 197 mm，【高度】为 207 mm 的文档，如图 13-165 所示，然后单击【确定】按钮。

(2) 在工具箱中选择【矩形工具】 □，在绘图页中绘制一个矩形，在属性栏中将对象大小的【宽度】设置为 197 mm，【高度】设置为 207 mm，并使其对齐文档，如图 13-166 所示。

图 13-164　钟表

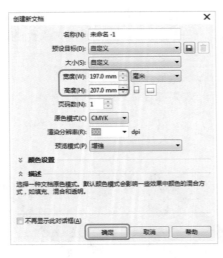

图 13-165　设置文档大小

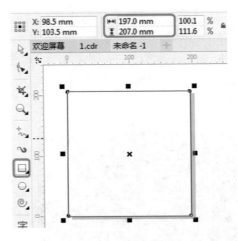

图 13-166　绘制并设置矩形

　　(3) 按 F11 键打开【编辑填充】对话框，在该对话框中单击【类型】选项组中的【椭圆形渐变填充】按钮□，选中渐变条左侧的节点，将其 CMYK 值设置为 79、65、53、7，选中右侧的节点，将其 CMYK 值设置为 22、7、4、0。在【变换】选项组中取消【锁定纵横比】按钮🔓的锁定，将【填充宽度】设置为 80%，【填充高度】设置为 100%，X 设置为 1%，Y 设置为 -29%，然后单击【确定】按钮，如图 13-167 所示，并将其轮廓颜色设置为无。

　　(4) 在工具箱中选择【椭圆形工具】○，在绘图页中按住 Ctrl 键绘制一个正圆，在属性栏中将对象大小的【宽度】和【高度】均设置为 82.999 mm，如图 13-168 所示。

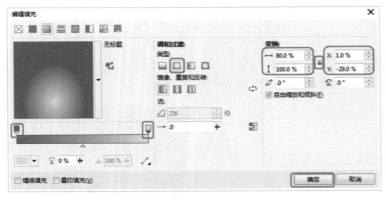

图 13-167　编辑填充颜色

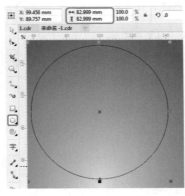

图 13-168　绘制并设置正圆

　　(5) 按 F11 键打开【编辑填充】对话框，在该对话框中单击【类型】选项组中的【椭圆形渐变填充】按钮□，选中渐变条左侧的节点，将其 CMYK 值设置为 55、40、0、20，在 4% 的位置添加节点，将其 CMYK 值设置为 38、25、0、10，在 31% 的位置添加节点，将其 CMYK 值设置为 22、11、0、0，选中右侧的节点，将其 CMYK 值设置为 22、11、0、0，选中【缠绕填充】复选框，然后单击【确定】按钮，如图 13-169 所示，并将其轮廓颜色设置为无。

　　(6) 使用【选择工具】选中圆形，按 + 键进行复制，对其随意填充颜色。然后使用【钢笔工具】绘制图形并随意填充，效果如图 13-170 所示。

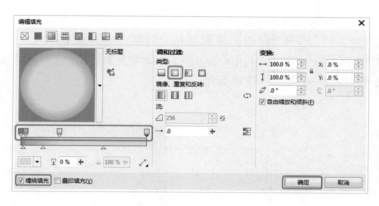

图 13-169　设置渐变

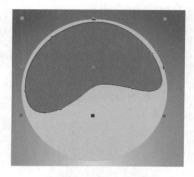

图 13-170　绘制图形

(7) 使用【选择工具】选中复制的对象和新绘制的对象，在属性栏中单击【移除前面对象】按钮，移除后的效果如图 13-171 所示。

(8) 按 F11 键打开【编辑填充】对话框，在该对话框中单击【类型】选项组中的【椭圆形渐变填充】按钮，选中渐变条左侧的节点，将其 CMYK 值设置为 48、35、0、17，在 13% 的位置添加节点，将其 CMYK 值设置为 35、23、0、9，在 72% 的位置添加节点，将其 CMYK 值设置为 22、11、0、0，选中右侧的节点，将其 CMYK 值设置为 22、11、0、0，选中【缠绕填充】复选框，然后单击【确定】按钮，如图 13-172 所示。

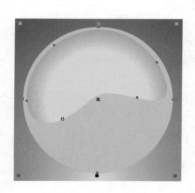

图 13-171　移除后的效果

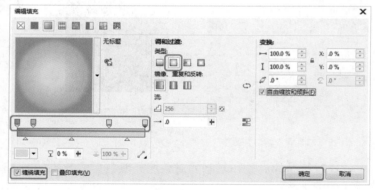

图 13-172　编辑填充

(9) 使用【钢笔工具】绘制两个对象并选中，使用【形状工具】进行调整。按 Shift+F11 组合键打开【编辑填充】对话框，将 CMYK 值设置为 25、11、0、14，选中【缠绕填充】复选框，单击【确定】按钮，如图 13-173 所示。

(10) 将轮廓色设置为无，为绘制的对象填充颜色后的效果如图 13-174 所示。

(11) 按 Ctrl+I 组合键，导入素材文件"钟表时间 .cdr"，并调整位置，效果如图 13-175 所示。

知识链接

　　时钟简称为钟，所有计时装置都可以称为计时仪器。钟表在现代汉语中一般有两层含义：一是各类钟和表的总称；另一个是专指体积较大的表，尤指机械结构的有钟摆的钟。

第 13 章　工业设计

(12) 对之前绘制的对象进行复制，并按 Ctrl+Home 组合键，将复制的对象调整至顶层并调整位置。使用【椭圆形工具】绘制一个正圆，选中绘制的正圆和复制的对象，按 Shift+F11 组合键，打开【编辑填充】对话框，将 CMYK 值设置为 0、0、0、100，选中【缠绕填充】复选框，单击【确定】按钮，如图 13-176 所示，并将对象的轮廓颜色设置为无。

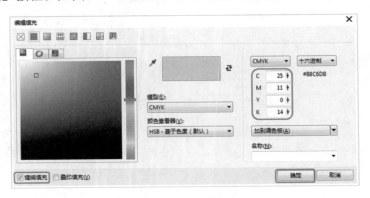

图 13-173　编辑渐变颜色

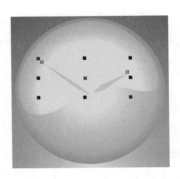

图 13-174　绘制对象并填充颜色

图 13-175　导入素材并调整

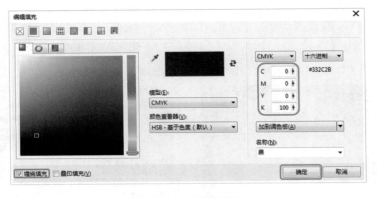

图 13-176　编辑填充

(13) 对绘制的对象和复制的对象填充颜色后的效果如图 13-177 所示。

(14) 再次使用【椭圆形工具】绘制一个正圆，按 F11 键打开【编辑填充】对话框，选中渐变条选中左侧的节点，将其 CMYK 值设置为 76、0、63、100，在 17% 的位置添加节点，将其 CMYK 值设置为 0、33、3、60，在 71% 的位置添加节点，将其 CMYK 值设置为 76、0、63、100，选中右侧的节点，将其 CMYK 值设置为 76、0、63、100。单击【类型】选项组中的【椭圆形渐变填充】按钮□，在【变换】选项组中，取消选中【锁定纵横比】按钮，将【填充宽度】设置为 99.2%，【填充高度】设置为 100%，选中【缠绕填充】复选框，单击【确定】按钮，如图 13-178 所示。

(15) 在工具箱中选择【矩形工具】□，在绘图页中绘制矩形，在属性栏中将对象大小的【宽度】设置为 4.247 mm，【高度】设置为 23.077 mm，如图 13-179 所示。

知识链接

　　属性栏中的【旋转角度】，其旋转方式为逆时针旋转，并非是顺时针方式旋转增加度数。

(16) 按 F11 键打开【编辑填充】对话框，在下方的渐变条上选中左侧的节点，将其 CMYK 值设置为 18、0、48、100，在 50% 的位置添加节点，将其 CMYK 值设置为 5、5、0、41，在 90% 的位置添加节点，将其颜色设置为白色，选中右侧的节点，将其 CMYK 值设置为 18、0、48、100。在【变换】选项组中，取消选中【自由缩放和倾斜】复选框，将【填充宽度】设置为 350%，单击【确定】按钮，如图 13-180 所示，并将其轮廓颜色设置为无。

图 13-177　填充颜色后的效果

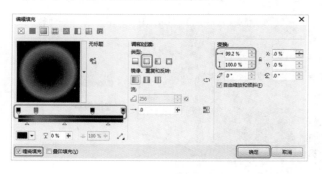

图 13-178　编辑渐变色

图 13-179　绘制矩形

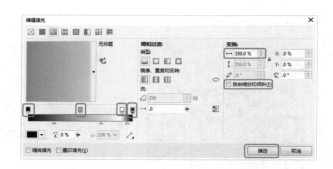

图 13-180　编辑矩形填充

(17) 然后在属性栏中将其【旋转角度】设置为 208°。使用【椭圆形工具】绘制一个正圆，在属性栏中将对象大小的【宽度】和【高度】均设置为 4.097 mm，如图 13-181 所示。

(18) 按 F11 键打开【编辑填充】对话框，在下方的渐变条上选中左侧的节点，将其 CMYK 值设置为 18、0、48、100，在 21% 的位置添加节点，将其 CMYK 值设置为 18、0、48、100，在 43% 的位置添加节点，将其 CMYK 值设置为 12、2、24、71，在 70% 的位置添加节点，将其 CMYK 值设置为 5、5、0、41，选中右侧的节点，将其颜色设置为白色。单击【类型】选项组中的【椭圆形渐变填充】按钮，在【变换】选项组中，取消选中【自由缩放和倾斜】复选框，将【填充宽度】设置为 177.6%，X 设置为 -31.5%，Y 设置为 20.2%，选中【缠绕填充】复选框，单击【确定】按钮，如图 13-182 所示，并将其轮廓颜色设置为无。

(19) 使用【钢笔工具】绘制一个矩形，在属性栏中将对象大小的【宽度】设置为 4.247 mm，【高度】设置为 5 mm，如图 13-183 所示。

(20) 按 F11 键打开【编辑填充】对话框，在下方的渐变条上选中左侧的节点，将其 CMYK 值设置为 18、0、48、100，在 26% 的位置添加节点，将其颜色设置为白色，在 51% 的位置添加节点，将其 CMYK 值设置为 5、5、0、41，在 78% 的位置添加节点，将其 CMYK 值设置为 18、0、48、100，选中右侧的节点，将其 CMYK 值设置为 18、0、48、100。在【变换】选项组中，取消选中【自由缩放和倾斜】复选框，将【填充宽度】设置为 175%，选中【缠绕填充】复选框，单击【确定】按钮，如图 13-184 所示，并将其轮廓颜色设置为无。

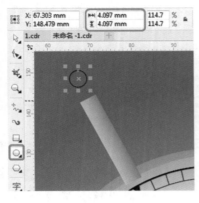

图 13-181　绘制圆形

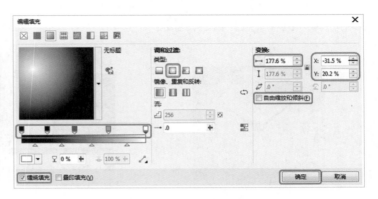

图 13-182　编辑圆形填充

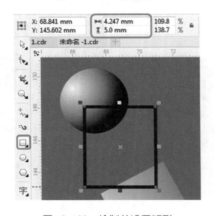

图 13-183　绘制并设置矩形

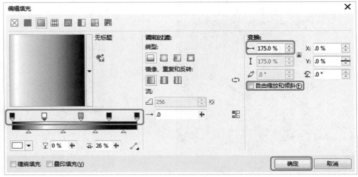

图 13-184　编辑填充

(21) 对刚才绘制的对象位置进行调整，对之前绘制的对象进行复制并调整位置，然后使用【钢笔工具】绘制对象，并使用【形状工具】调整对象，效果如图 13-185 所示。

(22) 按 F11 键打开【编辑填充】对话框，在渐变条上选中左侧的节点，将其 CMYK 值设置为 18、0、48、100，在 21% 的位置添加节点，将其 CMYK 值设置为 18、0、48、100，在 69% 的位置添加节点，将其 CMYK 值设置为 12、2、24、71，选中右侧的节点，将其 CMYK 值设置为 5、5、0、41。单击【椭圆形渐变填充】按钮，在【变换】选项组中，将【填充宽度】设置为 69%，【填充高度】设置为 183%，X 设置为 −31%，Y 设置为 30%，选中【缠绕填充】复选框，单击【确定】按钮，如图 13-186 所示，并将其轮廓颜色设置为无。

(23) 使用同样的方法绘制其他对象，并填充不同的渐变色，完成后的效果如图 13-187 所示。

(24) 使用【钢笔工具】绘制对象并进行调整，按 Shift+F11 组合键打开【编辑填充】对话框，将其 CMYK 值设置为 82、100、0、0，选中【缠绕填充】复选框，单击【确定】按钮，如图 13-188 所示，并将其轮廓颜色设置为无。

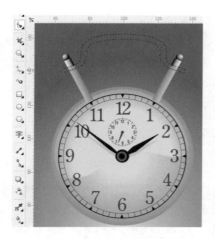

图 13-185　复制并调整对象

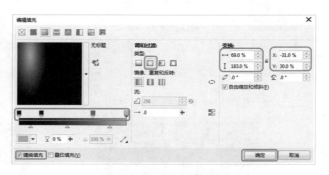

图 13-186　编辑对象渐变颜色

图 13-187　绘制出其他效果

图 13-188　编辑对象填充

　　(25) 对新绘制的对象进行复制，并对其进行缩小。按 F11 键打开【编辑填充】对话框，在下方的渐变条上选中左侧的节点，将其 CMYK 值设置为 82、100、0、0，在 61% 的位置添加节点，将其 CMYK 值设置为 82、100、0、0，选中右侧的节点，将其颜色设置为白色。单击【椭圆形渐变填充】按钮，在【变换】选项组中，取消选中【自由缩放和倾斜】复选框，将【填充宽度】设置为 176%，X 设置为 -47%，Y 设置为 -4%，选中【缠绕填充】复选框，单击【确定】按钮，如图 13-189 所示。

　　(26) 继续使用【钢笔工具】绘制对象，按 F11 键打开【编辑填充】对话框，在下方的渐变条上选中左侧的节点，将其 CMYK 值设置为 82、100、0、0，在 49% 的位置添加节点，将其 CMYK 值设置为 41、50、0、0，在 86% 的位置添加节点，将其颜色设置为白色，选中右侧的节点，将其颜色设置为白色。单击【椭圆形渐变填充】按钮，在【变换】选项组中，取消选中【自由缩放和倾斜】复选框，将【填充宽度】设置为 312%，X 设置为 -19%，Y 设置为 -9%，选中【缠绕填充】复选框，单击【确定】按钮，如图 13-190 所示。

　　(27) 为绘制的对象填充渐变后的效果，如图 13-191 所示。

　　(28) 根据前面介绍的方法，制作出其他高光过渡效果，并对对称的对象进行复制，调整复制对象的渐变色，完成后的效果如图 13-192 所示。

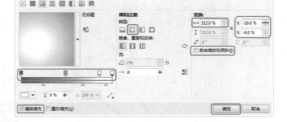

图 13-189　编辑复制对象的渐变　　　　　　　图 13-190　编辑新绘制对象的渐变

　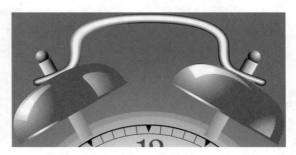

图 13-191　为绘制的对象填充颜色　　　　　　图 13-192　复制对象并调整

(29) 使用【矩形工具】绘制一个矩形，在属性栏中将对象大小的【宽度】设置为 1.643 mm，【高度】设置为 6.572 mm。按 F11 键打开【编辑填充】对话框，在下方的渐变条上选中左侧的节点，将其 CMYK 值设置为 99、85、0、0，在 24% 的位置添加节点，将其 CMYK 值设置为 50、24、0、0，在 82% 的位置添加节点，将其 CMYK 值设置为 82、100、0、69，选中右侧的节点，将其 CMYK 值设置为 82、100、0、69，选中【缠绕填充】复选框，单击【确定】按钮，如图 13-193 所示，并将其轮廓颜色设置为无。

(30) 根据前面介绍的方法制作出其他对象，并填充渐变颜色，效果如图 13-194 所示。

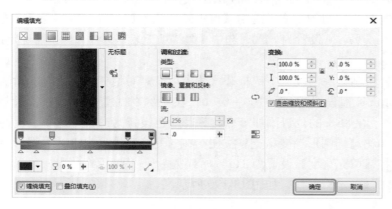　

图 13-193　编辑填充颜色　　　　　　图 13-194　绘制其他带有高光过渡的对象

(31) 使用【椭圆形工具】在绘图页中绘制一个正圆，将其对象大小的【宽度】和【高度】均设置为 88 mm，将【轮廓宽度】设置为 4.9 mm，如图 13-195 所示。

(32) 按 Ctrl+Shift+Q 组合键将轮廓转换为对象，按 F11 键打开【编辑填充】对话框，在下方的渐变条上选中左侧的节点，将其 CMYK 值设置为 62、100、0、35，在 6% 的位置添加节点，将其 CMYK 值设置为 43、25、0、0，在 11% 的位置添加节点，将其 CMYK 值设置为 62、100、0、88，选中右侧的节点，将其 CMYK 值设置为 62、100、0、88，单击【椭圆形渐变填充】按钮，选中【缠绕填充】复选框，单击【确定】按钮，如图 13-196 所示。

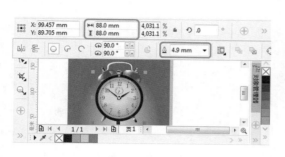

图 13-195　绘制对象

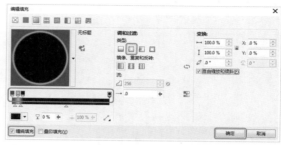

图 13-196　编辑渐变

(33) 为绘制的对象填充渐变颜色后的效果如图 13-197 所示。

(34) 选中除背景矩形以外的所有对象，按 Ctrl+G 组合键，在工具箱中选择【阴影工具】，在绘制的钟表底部，按下鼠标并向上拖动，拖动至合适的位置松开鼠标，即可为对象拖出阴影，使用【选择工具】调整对象的位置，效果如图 13-198 所示。

图 13-197　填充颜色后的效果

图 13-198　为对象拖出阴影并调整

第 14 章
VI 设计

本章将介绍 VI 的基本设计，其中包括 LOGO、名片、信封等，通过本章的学习，读者可以对 VI 设计有所了解。

案例精讲 086　LOGO 设计

 案例文件：CDROM | 场景 | Cha14 |LOGO 设计 .cdr

 视频文件：视频教学 | Cha14|LOGO 设计 .avi

制作概述

本案例将介绍如何制作 LOGO。该案例主要用到的工具有【钢笔工具】和【文本工具】，完成后的效果如图 14-1 所示。

学习目标

学习【钢笔工具】的使用方法。

掌握文本颜色的设置方法。

操作步骤

(1) 按 Ctrl+N 组合键，在弹出的【创建新文档】对话框中将【宽度】设置为 297 mm，将【高度】设置为 210 mm，然后单击【确定】按钮，如图 14-2 所示。

(2) 按 Ctrl+I 组合键，在弹出的【导入】对话框中选择随书附带光盘中的"CDROM| 素材 |Cha14| LOGO 素材 .cdr"素材文件，单击【导入】按钮，如图 14-3 所示。然后在绘图区中单击鼠标即可导入图片。

图 14-1　LOGO 设计

图 14-2　【创建新文档】对话框

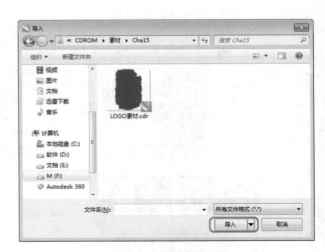

图 14-3　【导入】对话框

(3) 在工具箱中选择【钢笔工具】🖋️，然后在绘图页中绘制图形，如图 14-4 所示。

(4) 再用相同的方法在绘图页中绘制图形，如图 14-5 所示。

图 14-4　绘制图形

图 14-5　继续绘制图形

　　(5) 绘制完成后，在默认调色板中单击白色色块，为绘制的图形填充白色，并右击⊠按钮，取消轮廓填充，效果如图 14-6 所示。

　　(6) 使用【文本工具】在绘图区中输入文本，在属性栏中将【字体】设置为【方正综艺简体】，将【字体大小】设置为 110 pt，效果如图 14-7 所示。

图 14-6　更改轮廓色和填色

图 14-7　输入并设置文字

　　(7) 按 Ctrl+K 组合键将文字分离后按 Ctrl+Q 组合键依次将每个单个文字转换为曲线模式，如图 14-8 所示。

　　(8) 转换完成后按 Ctrl+K 组合键将曲线文字分离，如图 14-9 所示。

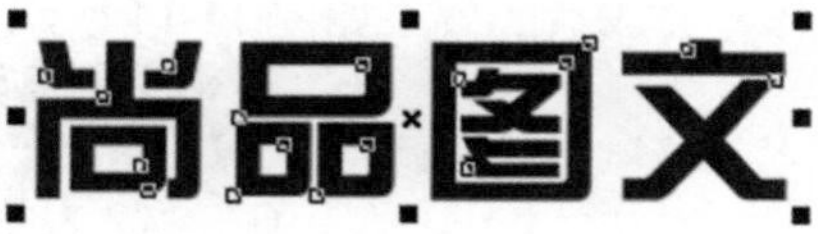

图 14-8　拆分文字 　　　　　　　　　　　　　　　　　图 14-9　分离曲线文字

　　(9) 接下来设计文字美观，用鼠标左键单击要变色的部分，如图 14-10 所示。

　　(10) 按 F11 键，在弹出的【编辑填充】对话框中单击【均匀填充】按钮，将 CMYK 值设置为 49、93、87、23，选中【缠绕填充】复选框，然后单击【确定】按钮，如图 14-11 所示。

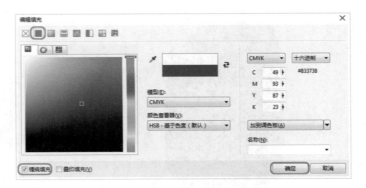

图 14-10 选择图形　　　　　　　　图 14-11 设置颜色

(11) 上步操作完成后，"尚"字的部分变色就完成了，但"尚"字中的"口"还保留着原来的被全部涂黑的现象，按住鼠标左键将"口"全部选中，然后按 Ctrl+L 组合键将"口"部分的拆分状态更换为合并状态，即可完成操作，效果如图 14-12 所示。

(12) "尚"字美化完成后，使用同样的方法设计其他文字，效果如图 14-13 所示。

图 14-12 取消部分拆分状态　　　　　　图 14-13 设置其他文字

案例精讲 087　名片设计

案例文件：CDROM | 场景 | Cha14 | 名片 .cdr

视频文件：视频教学 | Cha14 | 名片 .avi

制作概述

本例将介绍如何制作名片。首先使用【矩形工具】确定名片的大小，然后使用【钢笔工具】和【文本工具】填充名片，最后导入图片完成名片的制作。完成后的效果如图 14-14 所示。

学习目标

学习制作名片。

掌握【钢笔工具】、【矩形工具】、【文本工具】的使用方法。

操作步骤

(1) 启动软件后，按 Ctrl+N 组合键，弹出【创建新文档】对话框，将【宽度】和【高度】分别设为 90 mm 和 118 mm，【原色模式】设为 CMYK，

图 14-14 名片设计

如图 14-15 所示。

(2) 在工具箱中单击【矩形工具】 ，创建一个【宽度】和【高度】分别为 90 mm 和 55 mm 的矩形 (矩形大小设置可在属性栏的对象大小处进行设定或更改)，如图 14-16 所示。

图 14-15　【创建新文档】对话框 图 14-16　创建矩形和设置大小

(3) 创建完成后使用【钢笔工具】绘制两个图形，如图 14-17 所示。

(4) 在工具箱中选择【选择工具】，对绘制的图形进行复制，然后在属性栏中单击【垂直镜像】按钮。使用相同的方法创建另一个图形的垂直镜像然后调整位置放入矩形中，完成后的效果如图 14-18 所示。

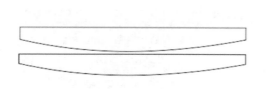

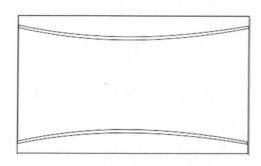

图 14-17　绘制图形 图 14-18　垂直镜像

> **提示**　将所绘制的图形放入矩形中时，稍大的图形会遮住较小的图形，只需选择稍小的图形按 Shift+PageUp 组合键即可。

(5) 调整完成后选择图形，将其【轮廓宽度】设置为无。按 F11 键，在弹出的【编辑填充】对话框中单击【均匀填充】按钮，并将 CMYK 值设置为 49、93、87、23，单击【确定】按钮完成操作，效果如图 14-19 所示。

(6) 选择图形，按 F11 键，在弹出的【编辑填充】对话框中单击【渐变填充】按钮，将【类型】设置为【线性渐变填充】，将【镜像、重复和反转】设置为【默认渐变填充】，取消选中【自由缩放和倾斜】复选框，将 Y 设为 25.037%。然后分别在位置 16%、37%、64%、72%、84% 处建立 5 个节点，将节点位置为 0 的 CMYK 值设为 0、20、60、20，节点位置为 16% 的

CMYK 值设为 0、0、60、0，节点位置为 37% 的 CMYK 值设为 0、0、20、0，节点位置为 64% 的 CMYK 值设为 0、60、80、20，节点位置 72% 的 CMYK 值设为 0、20、60、20，节点位置为 84% 的 CMYK 值设为 0、0、20、0，节点位置为 100% 的 CMYK 值设为 0、20、60、20，如图 14-20 所示。

图 14-19　填充颜色

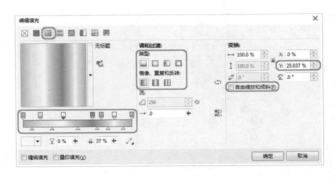
图 14-20　设置渐变填充

(7) 单击【确定】按钮。然后使用【选择工具】单击开始所创建的背景矩形，按 F11 键在弹出的【编辑填充】对话框中单击【渐变填充】按钮，将【类型】设置为【线性渐变填充】，将【镜像、重复和反转】设置为【默认渐变填充】，取消选中【自由缩放和倾斜】复选框，将【旋转】设为 40°。在 62% 位置建立一个节点，并将其 CMYK 值设为 0、20、60、20，将 0 位置的 CMYK 值设为 0、0、20、0，100% 位置的 CMYK 值设为 0、0、0、0。单击【确定】按钮，填充渐变后的效果如图 14-21 所示。

(8) 使用【文本工具】在适当的位置输入如图 14-22 所示的文字，将上方红框内的字体设为【方正综艺简体】，下方红框内的字体设为【微软雅黑】，如图 14-22 所示。

图 14-21　设置背景的渐变填充

图 14-22　设置字体

(9) 使用【钢笔工具】绘制直线，在默认调色板中单击橘红色并将其【轮廓宽度】设为 5 px，效果如图 14-23 所示。

(10) 按 Ctrl+I 组合键，在弹出的【导入】对话框中选择随书附带光盘中的"CDROM| 素材 | Cha14| 名片素材 .cdr"素材文件，将其调整至适当的位置，效果如图 14-24 所示。

(11) 按 Ctrl+I 组合键在弹出的对话框中选择随书附带光盘中的"CDROM| 素材 |Cha14| LOGO.cdr"素材文件，单击【导入】按钮导入，调整适当的大小和位置，效果如图 14-25 所示。

(12) 使用同样的方法创建矩形和绘制图形并设置，效果填充颜色，或直接将名片正面成品的背景和 LOGO 复制粘贴，然后调整适当大小和位置，效果如图 14-26 所示。

图 14-23 绘制直线

图 14-24 导入素材文件

图 14-25 导入素材文件

图 14-26 制作名片反面

(13) 至此名片就制作完成了，保存场景文件后将效果图导出即可。

案例精讲 088 信封设计

案例文件：CDROM | 场景 | Cha14 | 信封 .cdr

视频文件：视频教学 | Cha14 | 信封 .avi

制作概述

本例将介绍如何制作信封。首先使用【矩形工具】和【钢笔工具】绘制信封的正面，然后为绘制的图形填充颜色，再使用【文本工具】输入文本，最后制作信封的背面。完成后的效果如图 14-27 所示。

图 14-27 信封设计

第 14 章 VI 设计

473

学习目标

学习制作信封。

掌握【钢笔工具】以及【编辑填充】对话框的使用。

操作步骤

(1) 启动软件后，按 Ctrl+N 组合键，在弹出的【创建新文档】对话框，将【宽度】和【高度】分别设为 220 mm 和 220 mm，【原色模式】设为 CMYK，将【渲染分辨率】设置为 300 dpi，如图 14-28 所示，然后单击【确定】按钮。

(2) 在工具箱中单击【矩形工具】按钮□，创建一个【宽度】和【高度】分别为 201 mm 和 98 mm 的矩形，如图 14-29 所示。

图 14-28　创建文档

图 14-29　绘制矩形

(3) 使用【钢笔工具】 ◊ 绘制如图 14-30 所示的图形。

(4) 绘制完成后，将所绘制的图形拖入背景矩形中并调整好位置，如图 14-31 所示。

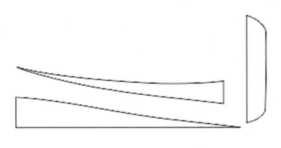

图 14-30　绘制图形

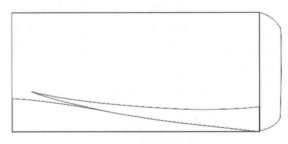

图 14-31　移动绘制的图形至适当的位置

(5) 将所绘制图形的【轮廓颜色】CMYK 设置为 49、93、87、23。使用【选择工具】选择绘制的图形，按 F11 键打开【编辑填充】对话框中，单击【均匀填充】按钮，将其 CMYK 值设为 0、0、20、0，如图 14-32 所示。单击【确定】按钮，然后选择绘制的另外的图形，按 F11 键打开【编辑填充】对话框，在该对话框中单击【均匀填充】按钮，将其 CMYK 值设为 49、93、87、23，如图 14-33 所示。

图 14-32　编辑填充

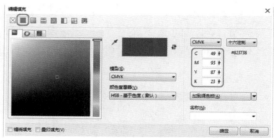

图 14-33　编辑填充

(6) 单击【确定】按钮，即可为选中的对象填充颜色，完成后的效果如图 14-34 所示。

(7) 使用【文本工具】输入如图 14-34 所示的文字，并将左红框中的【字体】设为 News706 BT，将【字体颜色】的 CMYK 值设置为 49、93、87、23，将【字体大小】设置为 12 pt，将右红框中的字体设为【宋体】，将【字体大小】设为 11 pt，【字体颜色】的 CMYK 值设置为 49、93、87、23，将"邮政编码：253000"的【字体】设置为【宋体】，将【字体颜色】改为白色，将【字体大小】设为 14 pt，完成后的效果如图 14-35 所示。

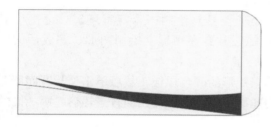

图 14-34　更改轮廓色

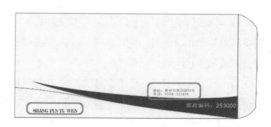

图 14-35　输入文字并设定字体、颜色和大小

(8) 使用【矩形工具】□创建如图 14-35 所示的若干矩形，小矩形的【宽度】为 7.2 mm，【高度】为 7.2 mm。大矩形的【宽度】为 20 mm，【高度】为 20 mm，【轮廓宽度】均为 6 px，如图 14-36 所示。

(9) 创建完成后，将小矩形的【轮廓颜色】CMYK 值设置为 0、100、100、0，将大矩形的【轮廓颜色】CMYK 值设置为 49、93、87、23，完成后的效果如图 14-37 所示。

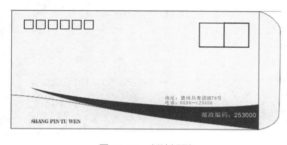

图 14-36　创建矩形

图 14-37　更改矩形轮廓色

(10) 选择左侧的大矩形，按 F12 键弹出【轮廓笔】对话框，在【样式】下拉列表框中选择第六个样式，将【斜接限制】设为 5.0°，单击【确定】按钮，如图 14-38 所示。

(11) 按 Ctrl+I 组合键，在弹出的【导入】对话框选择随书附带光盘中的"CDROM| 素材 |

Cha14|LOGO 图标素材 .cdr"和"LOGO 标题素材 .cdr"素材文件，单击【导入】按钮，依次导入素材。对"尚品图文"文字进行复制，在属性栏中将其【旋转角度】设为 -90°，然后调整复制文字的位置，完成后的效果如图 14-39 所示。

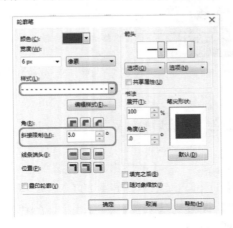

图 14-38　更改轮廓笔样式

图 14-39　导入文件 LOGO 并摆放

(12) 至此信封的正面便制作完成了，使用【矩形工具】绘制一个【宽度】、【高度】分别为 201 mm 和 98 mm 的矩形，然后使用【钢笔工具】在矩形上绘制图形，完成后的效果如图 14-40 所示。

(13) 使用【颜色滴管工具】 抽取信封正面背景矩形的颜色样板，然后单击信封背面所要改变颜色的部分即可。最后使用相同的方法将信封轮廓色改为与信封正面背景矩形轮廓相同的颜色，完成后的效果如图 14-41 所示。

图 14-40　绘制图形

图 14-41　效果图

案例精讲 089　档案袋设计

案例文件：CDROM | 场景 | Cha14 | 档案袋 .cdr

视频文件：视频教学 | Cha14| 档案袋 .avi

制作概述

本例将介绍如何制作档案袋。先使用【矩形工具】绘制圆角矩形，确定档案袋的大小，为绘制的矩形填充颜色，然后使用【钢笔工具】和【表格工具】绘制图形，最后调整导入素材的位置和大小。完成后的效果如图 14-42 所示。

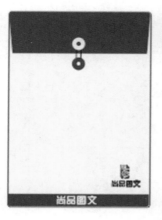

图 14-42　档案袋设计

学习目标

学习档案袋的设计与制作。

掌握【钢笔工具】、【矩形工具】和【文本工具】的使用方法。

操作步骤

(1) 按 Ctrl+N 组合键，在弹出的【创建新文档】对话框中，将【宽度】和【高度】分别设为 410 mm 和 280 mm，将【原色模式】设为 CMYK，方向设为竖向，如图 14-43 所示。

(2) 单击【确定】按钮。在工具箱中单击【矩形工具】□，创建一个【宽度】和【高度】分别为 197 mm 和 278 mm 的矩形，完成后的效果如图 14-44 所示。

(3) 使用【形状工具】单击背景矩形，在属性栏中单击【圆角】按钮 后，对矩形的节点进行拖曳，完成后的效果如图 14-45 所示。

图 14-43　创建文档

图 14-44　创建矩形

图 14-45　制作背景

(4) 选择绘制的矩形，按 F11 键打开【编辑填充】对话框，单击【均匀填充】按钮，将 CMYK 值设为 0、0、20、0，效果如图 14-46 所示。

(5) 单击【确定】按钮，即可为选中的矩形填充颜色，完成后的效果如图 14-47 所示。

图 14-46　编辑填充　　　　　　　　　　　　　　　　　　　图 14-47　效果图

(6) 在工具箱中选择【表格工具】，在绘图区中绘制表格，在属性栏中将【行数】设置为 7，将【列数】设置为 5，将【宽度】设置为 170 mm，将【高度】设置为 66 mm。使用【钢笔工具】绘制线段和两个圆角矩形，将绘制线段的【轮廓宽度】设置为 9 px，如图 14-48 所示。

(7) 使用【选择工具】选择绘制的两个圆角矩形，按 F11 键在弹出的【编辑填充】对话框中单击【均匀填充】按钮，将其 CMYK 值设为 49、93、87、23，并将其轮廓色设为无。将表格和绘制线段的【轮廓颜色】的 CMYK 设置为 49、93、87、23，效果如图 14-49 所示。

(8) 单击【确定】按钮，按 Ctrl+I 组合键，在弹出的【导入】对话框中选择随书附带光盘中的"CDROM | 素材 | Cha14 |LOGO 标题素材 .cdr"和"LOGO.cdr"素材文件，单击【导入】按钮，将导入的素材进行调整，完成后的效果如图 14-50 所示。

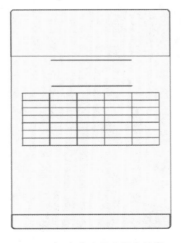

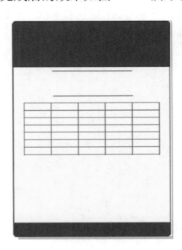

图 14-48　制作表格和钢笔绘图　　　　　　图 14-49　更改轮廓色　　　　　　　图 14-50　导入素材

(9) 使用【文本工具】在适当位置输入文字，将【字体】设为【方正综艺简体】，将"档案袋"的【字体大小】设置为 78 pt，"尚品图文"的【字体大小】设置为 40 pt，如图 14-51 所示。

(10) 选择"档案袋"和"尚品图文"文字，将【字体颜色】的 CMYK 值设置为 0、0、20、0，完成后的效果如图 14-52 所示。

图 14-51　输入文字

图 14-52　改变文字颜色

(11) 完成上述操作后，档案袋的正面就制作完成了。使用同样的方法绘制一个与正面大小相同的矩形，并将矩形进行圆角设置。然后使用【椭圆形工具】和【钢笔工具】绘制如图 14-53 所示的图形。

(12) 选中背景矩形，按 F11 键在弹出的【编辑填充】对话框中单击【均匀填充】按钮，将其 CMYK 值设为 0、0、20、0，剩余的图形填充如图 14-54 所示的颜色。

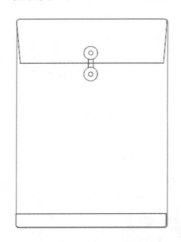

图 14-53　绘制图形

图 14-54　填充颜色

 提示　　为对象填充完颜色后，将对象的【轮廓宽度】设置为无。

(13) 按 Ctrl+I 组合键，在弹出的【导入】对话框中选择随书附带光盘中的 "CDROM|场景|Cha14|LOGO.cdr" 素材文件，单击【导入】按钮，调整其大小和位置，然后使用【文本工具】在适当位置输入如图 14-55 所示的文字。

(14) 选择输入的文字，将【字体颜色】的 CMYK 值设置为 0、0、20、0，完成后的效果如图 14-56 所示。

图 14-55　输入文字　　　　　　　　　　　　　图 14-56　更改文字颜色

案例精讲 090　工作证设计

案例文件：CDROM | 场景 | Cha14 | 工作证 .cdr

视频文件：视频教学 | Cha14 | 工作证 .avi

制作概述

　　本例将介绍如何制作工作证。该案例首先制作工作证的包装封皮，然后制作工作证的背景，设计其结构内容，输入相应的文本信息，以及导入 LOGO 素材。在制作过程中用到的工具主要有【钢笔工具】和【文本工具】，完成后的效果如图 14-57 所示。

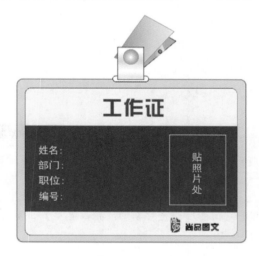

图 14-57　工作证

学习目标

学习【钢笔工具】的使用方法。
掌握文本颜色的设置方法。

操作步骤

(1) 按 Ctrl+N 组合键，在弹出的【创建新文档】对话框中将【宽度】和【高度】分别设为 220 mm 和 210 mm，【原色模式】设为 CMYK，如图 14-58 所示。

(2) 单击【确定】按钮。在工具箱中单击【矩形工具】按钮 ▭，分别创建两个【宽度】和【高度】分别为 192 mm、140 mm 和 177 mm、126 mm 的矩形，并调整位置，如图 14-59 所示。

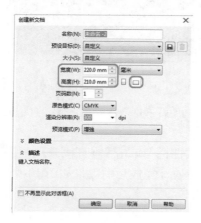

图 14-58　创建新文档

图 14-59　绘制矩形

(3) 选择绘制的一个矩形，然后使用【形状工具】在属性栏中单击【圆角】按钮，在属性栏中将【转角半径】设置为 5 mm。使用同样的方法设置另外一个矩形，完成后的效果如图 14-60 所示。

(4) 选择绘制的大矩形，在【对象属性】泊坞窗中将【填充颜色】的 CMYK 值设置为 0、0、0、30，将【轮廓宽度】设置为无，选择绘制的小矩形，将【填充颜色】的 CMYK 值设置为 49、93、87、23，完成后的效果如图 14-61 所示。

图 14-60　对绘制的矩形进行圆角处理

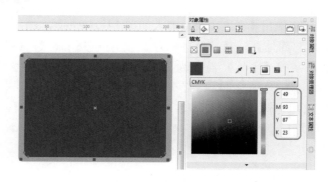

图 14-61　为矩形填充颜色

(5) 使用【矩形工具】绘制【宽度】、【高度】分别为 191 mm、139 mm 的矩形，将【圆角】设置为 5 mm，将【填充颜色】的 CMYK 设置为 0、0、0、0，将其【透明度】设置为 40。选择绘制的矩形，右击，在弹出的快捷菜单中选择【顺序】|【向后一层】命令，然后调整其位置，完成后的效果如图 14-62 所示。

(6) 继续使用【矩形工具】绘制【宽度】、【高度】分别为 177 mm、32 mm 的矩形，在属性栏中单击【同时编辑所有角】按钮，取消锁定。然后将【圆角】设置为 5 mm，调整绘制矩形的位置，完成后的效果如图 14-63 所示。

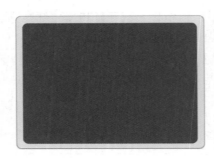

图 14-62　绘制矩形并进行调整

图 14-63　调整矩形的圆角

（7）选择绘制的矩形，在【对象属性】泊坞窗将【填充颜色】的 CMYK 值设置为 0、0、20、0，将【轮廓宽度】设置为无，完成后的效果如图 14-64 所示。

（8）选择刚刚绘制的矩形，按 + 键进行复制，然后在属性栏中单击【垂直镜像】按钮，将【圆角】设置为 5 mm，将【高度】设置为 20，调整矩形的位置，完成后的效果如图 14-65 所示。

图 14-64　填充颜色

图 14-65　复制矩形并进行调整

（9）使用【文本工具】输入如图 14-64 所示的文字，将"工作证"文字的【字体】设置为【方正综艺简体】，将【字体大小】设置为 48 pt，将【字体颜色】设置为 49、93、87、23。将剩余文字的【字体】设置为【黑体】，将【字体颜色】的 CMYK 设置为 0、0、20、0，将【字体大小】设置为 24 pt，完成后的效果如图 14-66 所示。

（10）选择【矩形工具】绘制矩形，将【宽度】、【高度】分别设置为 47 mm、60 mm，将【轮廓宽度】设置为 6 px，将【轮廓颜色】的 CMYK 值设置为 0、0、20、0，完成后的效果如图 14-67 所示。

图 14-66　输入文字后的效果

图 14-67　绘制矩形

(11) 按 Ctrl+I 组合键，在弹出的【导入】对话框中选择随书附带光盘中的"CDROM| 素材 | Cha14|LOGO 图表素材 .cdr"和"LOGO 标题素材 .cdr"素材文件，单击【导入】按钮，然后按 Enter 键将素材导入。调整素材的大小和位置，完成后的效果如图 14-68 所示。

(12) 使用【矩形工具】绘制矩形，将【宽度】、【高度】分别设置为 30 mm、5 mm，将【圆角】设置为 5 mm，将【填充颜色】设置为白色，完成后的效果如图 14-69 所示。

图 14-68 导入素材图片

图 14-69 绘制圆角矩形

(13) 继续使用【矩形工具】绘制【宽度】、【高度】分别为 22 mm、28 mm 的矩形。选择绘制的矩形，按 F11 键打开【编辑填充】对话框，在该对话框中单击【渐变填充】按钮，将【类型】设置为【线性渐变填充】，在 22%、46%、66%、85% 的位置添加节点，将节点颜色的 CMYK 从左到右分别设置为 0、0、0、10，0、0、0、0，0、0、0、10，0、0、0、20，0、0、0、0、10，0、0、0、0。取消选中【自由缩放和倾斜】复选框，将【填充宽度】设置为 81%，将【旋转】设置为 90%，如图 14-70 所示。

(14) 单击【确定】按钮，即可为绘制的矩形填充渐变颜色，完成后的效果如图 14-71 所示。

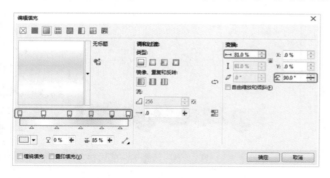

图 14-70 【编辑填充】对话框

图 14-71 填充渐变后的效果

(15) 使用同样的方法绘制其他图形，完成后的效果如图 14-57 所示。

案例精讲 091 车体标识

案例文件：CDROM | 场景 | Cha11 | 车体标识 .cdr

视频文件：视频教学 | Cha11 | 车体标识 .avi

制作概述

本例将讲解如何制作车体标识。本例主要是在导入的车体素材中绘制公司标识。其中主要设计了车体侧身与正面标识，完成后效果的如图 14-72 所示。

图 14-72　车体标识

学习目标

掌握【调和工具】的使用方法。

掌握车体标志的设计方法。

操作步骤

(1) 启动软件后，新建以【原色模式】为 CMYK 的文档。按 Ctrl+I 组合键弹出【导入】对话框，选择随书附带光盘中的 "CDROM| 素材 |Cha14| 汽车 .jpg" 文件，单击【导入】按钮，即可导入文件，如图 14-73 所示。

(2) 返回到场景中按 Enter 键，查看导入的素材文件，如图 14-74 所示。

图 14-73　选择导入的素材　　　　　　　　　图 14-74　查看导入的素材文件

(3) 利用【矩形工具】绘制宽和高分别为 185 mm 和 3 mm 的矩形，并将其【填充颜色】的 CMYK 值设为 0、0、0、30，将【轮廓】设为无，如图 14-75 所示。

(4) 选择上一步创建的矩形，对其进行复制，调整位置到如图 14-76 所示的位置。

图 14-75　创建矩形　　　　　　　　　　　　图 14-76　复制矩形

(5) 选择【调和工具】连接两个矩形，在属性栏中将【调和对象】设为 7，完成后的效果如图 14-77 所示。

(6) 在工具箱中选择【钢笔工具】绘制形状，并将其【填充颜色】的 CMYK 值设为 49、93、87、24，将【轮廓】设为无，效果如图 14-78 所示。

图 14-77　调和后的效果

图 14-78　绘制形状

(7) 选择上一步绘制的形状，进行复制。利用【选择工具】选择复制后的形状，在属性栏中单击【垂直镜像】按钮，效果如图 14-79 所示。

(8) 导入 LOGO 素材并使用【文本工具】输入文本，完成后的效果如图 14-80 所示。

图 14-79　复制图形

图 14-80　添加 LOGO

(9) 在工具箱中选择【钢笔工具】绘制形状，并将其【填充颜色】的 CMYK 值设为 0、0、0、30，将【轮廓】设为无，如图 14-81 所示。

(10) 将 LOGO 调整到合适的大小，放置到上一步创建的对象上侧，效果如图 14-82 所示。

图 14-81　绘制形状

图 14-82　完成后的效果

第 15 章
包装设计

包装是一古老而现代的话题，也是人们自始至终在研究和探索的课题。从远古的原始社会、农耕时代，到科学技术十分发达的现代社会，包装随着人类的进化、商品的出现、生产的发展和科学技术的进步而逐渐发展，并不断地发生一次次重大突破。从总体上看，包装大致经历了原始包装、传统包装和现代包装三个发展阶段。本章通过四个案例来介绍现代包装的制作方法。

案例精讲 092　饮品类——咖啡店手提袋设计

案例文件：CDROM | 场景 | Cha15 | 咖啡店手提袋设计 .cdr

视频文件：视频教学 | Cha15 | 咖啡店手提袋设计 .avi

制作概述

本例将介绍咖啡店手提袋的设计。该例的制作比较简单，首先使用【钢笔工具】 绘制出手提袋，然后制作标志并添加透视，最后制作阴影、倒影和背景，完成后的效果如图 15-1 所示。

学习目标

绘制手提袋。

为标志添加透视。

制作阴影和倒影，并添加背景。

图 15-1　咖啡店手提袋设计

操作步骤

(1) 按 Ctrl+N 组合键，在弹出的【创建新文档】对话框中设置【名称】为【咖啡店手提袋设计】，将【宽度】设置为 260 mm，将【高度】设置为 280 mm，然后单击【确定】按钮，如图 15-2 所示。

(2) 在工具箱中选择【钢笔工具】 ，在绘图页中绘制图形，如图 15-3 所示。

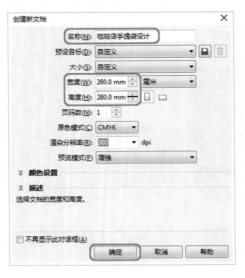

图 15-2　创建新文档

图 15-3　绘制图形

(3) 选择绘制的图形，按 F11 键弹出【编辑填充】对话框，将左侧节点的 CMYK 值设置为

24、31、41、0，将右侧节点的 CMYK 值设置为 32、43、58、0。在【变换】选项组中，取消选中【自由缩放和倾斜】复选框，将【填充宽度】设置为 67%，将【旋转】设置为 -80°，单击【确定】按钮，如图 15-4 所示。

（4）即可为绘制的图形填充颜色，并取消轮廓线的填充。在工具箱中选择【钢笔工具】 ，在绘图页中绘制图形，如图 15-5 所示。

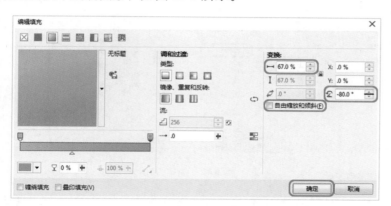

图 15-4　设置渐变颜色

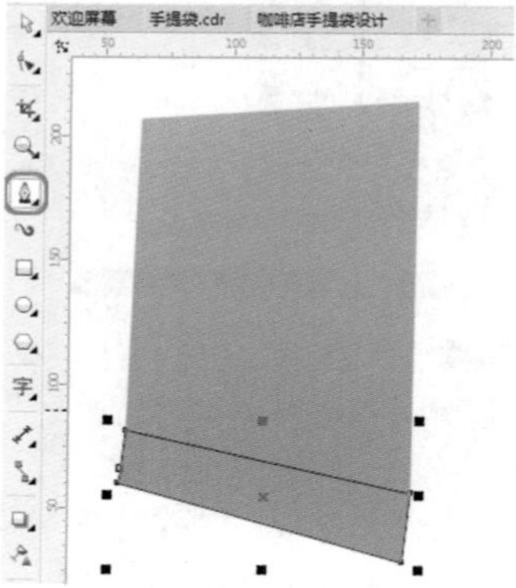

图 15-5　绘制图形

（5）选择绘制的图形，按 F11 键弹出【编辑填充】对话框，将左侧节点的 CMYK 值设置为 32、43、58、0，将右侧节点的 CMYK 值设置为 18、24、32、0。在【变换】选项组中，取消选中【自由缩放和倾斜】复选框，将【填充宽度】设置为 110%，将【旋转】设置为 73°，单击【确定】按钮，如图 15-6 所示。

（6）即可为绘制的图形填充颜色，并取消轮廓线的填充。在工具箱中选择【钢笔工具】 ，在绘图页中绘制图形，如图 15-7 所示。

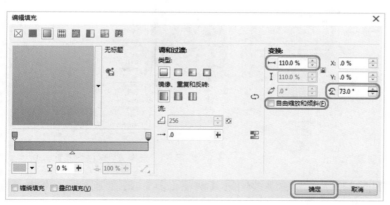

图 15-6　设置渐变颜色

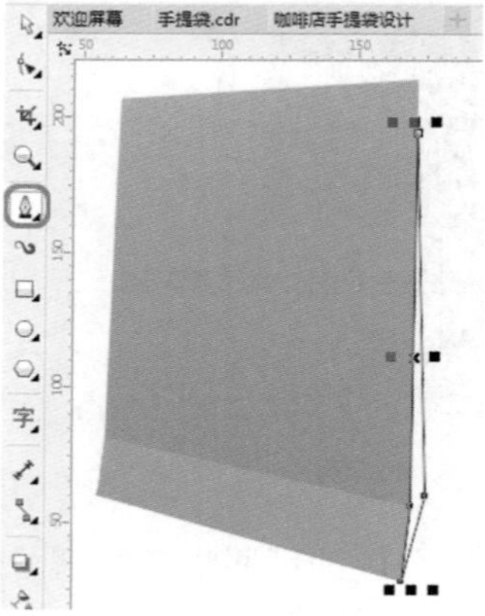

图 15-7　绘制图形

（7）选择绘制的图形，按 F11 键弹出【编辑填充】对话框，将左侧节点的 CMYK 值设置为 49、60、79、5，在 49% 位置处添加一个节点，将其 CMYK 值设置为 55、68、90、18，将右侧节点的 CMYK 值设置为 58、76、100、34。在【变换】选项组中，取消选中【自由缩放和倾斜】复选框，将【填充宽度】设置为 65%，将【旋转】设置为 89°，单击【确定】按钮，如图 15-8 所示。

(8) 即可为绘制的图形填充颜色，并取消轮廓线的填充。在工具箱中选择【钢笔工具】 ，在绘图页中绘制图形，如图 15-9 所示。

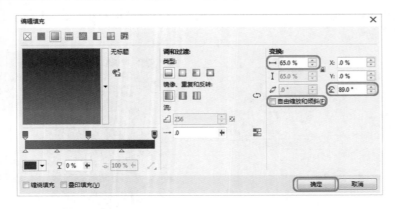

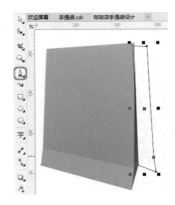

图 15-8　设置渐变颜色　　　　　　　　　　　　　　图 15-9　绘制图形

(9) 选择绘制的图形，按 F11 键弹出【编辑填充】对话框，将左侧节点的 CMYK 值设置为 35、46、62、0，在 34% 位置处添加一个节点，将其 CMYK 值设置为 46、55、71、1，将右侧节点的 CMYK 值设置为 55、63、81、11。在【变换】选项组中，取消选中【自由缩放和倾斜】复选框，将【填充宽度】设置为 66%，将【旋转】设置为 169°，单击【确定】按钮，如图 15-10 所示。

(10) 即可为绘制的图形填充颜色，并取消轮廓线的填充。在新绘制的图形上右击，在弹出的快捷菜单中选择【顺序】|【到图层后面】命令，如图 15-11 所示。

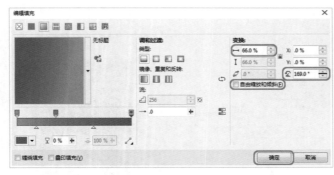

图 15-10　设置渐变颜色　　　　　　　　　　　图 15-11　选择【到图层后面】命令

(11) 即可调整新绘制图形的排列顺序。然后继续使用【钢笔工具】 绘制图形，并填充渐变颜色，效果如图 15-12 所示。

(12) 在工具箱中选择【椭圆形工具】 ，在绘图页中绘制椭圆，如图 15-13 所示。

(13) 选择绘制的椭圆，按 Shift+F11 组合键弹出【编辑填充】对话框，将 CMYK 值设置为 55、63、81、11，单击【确定】按钮，如图 15-14 所示。

(14) 即可为绘制的椭圆填充颜色，并取消轮廓线的填充。继续使用【椭圆形工具】 绘制两个椭圆，如图 15-15 所示。

图 15-12　绘制图形并填充颜色

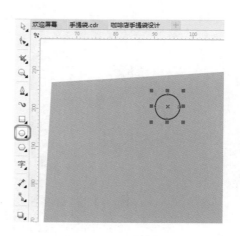

图 15-13　绘制椭圆

图 15-14　设置颜色

图 15-15　继续绘制椭圆

(15) 选择新绘制的椭圆，在属性栏中单击【合并】按钮 ，即可合并选择的椭圆，如图 15-16 所示。

(16) 选择合并后的对象，按 F11 键弹出【编辑填充】对话框，在【调和过渡】选项组中单击【椭圆形渐变填充】按钮 ，将左侧节点的 CMYK 值设置为 82、77、75、55，在 7% 位置处添加一个节点，将其 CMYK 值设置为 47、38、36、0，在 18% 位置处添加一个节点，将其 CMYK 值设置为 0、0、0、0，在 31% 位置处添加一个节点，将其 CMYK 值设置为 58、50、47、0，在 78% 位置处添加一个节点，将其 CMYK 值设置为 93、88、89、80，将右侧节点的 CMYK 值设置为 93、88、89、80。在【变换】选项组中，将【X】设置为 -5%，如图 15-17 所示。

(17) 单击【确定】按钮，即可为合并的对象填充颜色，并取消轮廓线的填充。在绘图页中选择合并后的对象和椭圆形对象，按小键盘上的 + 号键进行复制，并在绘图页中调整其位置，效果如图 15-18 所示。

(18) 在工具箱中选择【钢笔工具】 ，在绘图页中绘制图形，如图 15-19 所示。

(19) 选择绘制的图形，按 Shift+F11 组合键弹出【编辑填充】对话框，将 CMYK 值设置为 42、60、69、0，单击【确定】按钮，如图 15-20 所示。

(20) 即可为绘制的图形填充颜色，并取消轮廓线的填充。在工具箱中选择【钢笔工具】 ，在绘图页中绘制图形，如图 15-21 所示。

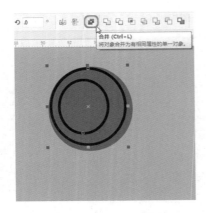

图 15-16　合并选择对象

图 15-17　设置渐变颜色

图 15-18　复制选择对象

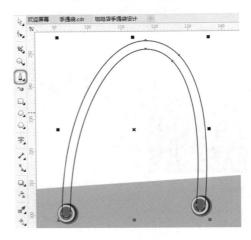

图 15-19　绘制图形

图 15-20　设置颜色

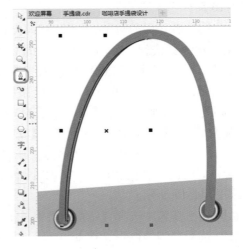

图 15-21　绘制图形

　　(21) 选择绘制的图形，按 Shift+F11 组合键弹出【编辑填充】对话框，将 CMYK 值设置为 60、82、100、47，单击【确定】按钮，如图 15-22 所示。

(22) 即可为绘制的图形填充颜色，并取消轮廓线的填充。继续使用【钢笔工具】图绘制图形，并填充颜色，效果如图 15-23 所示。

图 15-22　设置颜色

图 15-23　绘制图形并填充颜色

(23) 在工具箱中选择【钢笔工具】图，在绘图页中绘制图形，如图 15-24 所示。

(24) 继续使用【钢笔工具】图绘制其他图形，完成咖啡杯的绘制，效果如图 15-25 所示。

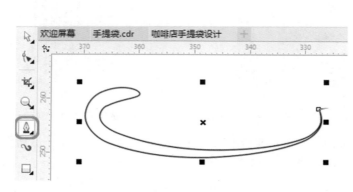

图 15-24　绘制图形

图 15-25　绘制咖啡杯

(25) 选择组成咖啡杯的所有对象，按 Shift+F11 组合键弹出【编辑填充】对话框，将 CMYK 值设置为 21、63、62、70，单击【确定】按钮，如图 15-26 所示。

(26) 即可为选择的对象填充颜色，并取消轮廓线的填充。在工具箱中选择【文本工具】图，在绘图页中输入文字，并选择输入的文字，在属性栏中将【字体】设置为【方正粗倩简体】，将【字体大小】设置为 20 pt，然后为文字填充与咖啡杯相同的颜色，效果如图 15-27 所示。

(27) 选择咖啡杯和文字对象，按 Ctrl+G 组合键进行群组，在菜单栏中选择【效果】|【添加透视】命令，然后通过拖曳 4 个节点来调整透视效果，如图 15-28 所示。

(28) 然后在绘图页中调整透视对象的大小和位置，效果如图 15-29 所示。

(29) 在工具箱中选择【钢笔工具】图，在绘图页中绘制图形，并为绘制的图形填充白色，然后取消轮廓线的填充，效果如图 15-30 所示。

图 15-26　设置颜色

图 15-27　输入并设置文字

图 15-28　添加透视效果

图 15-29　调整透视对象的大小和位置

图 15-30　绘制图形并填充颜色

　　(30) 在工具箱中选择【透明度工具】，在属性栏中单击【渐变透明度】按钮，然后在绘图页中调整节点位置，添加透明度后的效果如图 15-31 所示。

　　(31) 在工具箱中选择【钢笔工具】，在绘图页中绘制图形，如图 15-32 所示。

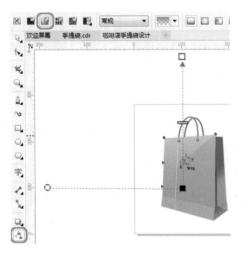

图 15-31　添加透明度

图 15-32　绘制图形

(32)选择绘制的图形,按F11键弹出【编辑填充】对话框,将左侧节点的CMYK值设置为0、0、0、60,在45%位置处添加一个节点,将其CMYK值设置为0、0、0、60,将右侧节点的CMYK值设置为0、0、0、20,在【变换】选项组中,将【旋转】设置为45°,单击【确定】按钮,如图15-33所示。

知识链接

手提袋印刷从其类型来划分,可以分为广告性手提袋、购物手提袋、礼品性手提袋。本案例属于广告性手提袋。广告性手提袋设计注重广告的视况稳推广发展,通过图形的创意、符号的识别、文字的说明及印刷色彩的刺激,引发消费者的注意力,从而产生亲切感,促进产品的销售。广告性手提袋设计占据了市场的大部分,广告性手提袋还分为购物手提袋、促销手提袋、品牌手提袋、VI计划推广手提袋。

(33)即可为绘制的图形填充颜色,并取消轮廓线的填充。然后在工具箱中选择【透明度工具】⚄,在属性栏中单击【渐变透明度】按钮▣,然后在绘图页中调整节点位置,添加透明度后的效果如图15-34所示。

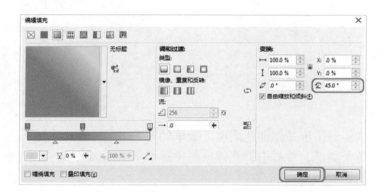

图 15-33　设置渐变颜色　　　　　　图 15-34　添加透明度

(34)在新绘制的图形上右击,在弹出的快捷菜单中选择【顺序】|【到图层后面】命令,如图15-35所示。

(35)即可调整对象的排列顺序,然后在工具箱中选择【钢笔工具】⚄,在绘图页中绘制图形,如图15-36所示。

(36)选择新绘制的图形,按F11键弹出【编辑填充】对话框,将左侧节点的CMYK值设置为0、0、0、0,将右侧节点的CMYK值设置为62、78、100、45。在【变换】选项组中,取消选中【自由缩放和倾斜】复选框,将【填充宽度】设置为73%,将【旋转】设置为75°,如图15-37所示。

(37)单击【确定】按钮,即可为绘制的图形填充颜色,并取消轮廓线的填充。在工具箱中选择【透明度工具】⚄,在属性栏中单击【渐变透明度】按钮▣,然后在绘图页中调整节点位置,添加透明度后的效果如图15-38所示。

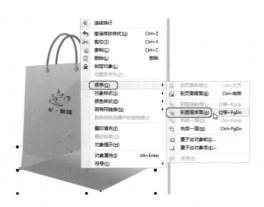

图 15-35　选择【到图层后面】命令

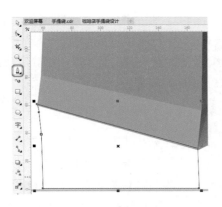

图 15-36　绘制图形

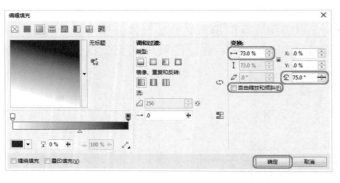

图 15-37　设置渐变颜色

图 15-38　添加透明度

　　(38) 结合前面介绍的方法，继续绘制图形并添加透明度，效果如图 15-39 所示。

　　(39) 选择新绘制的代表倒影的两个图形，并右击，在弹出的快捷菜单中选择【顺序】|【置于此对象前】命令，如图 15-40 所示。

图 15-39　绘制图形并添加透明度

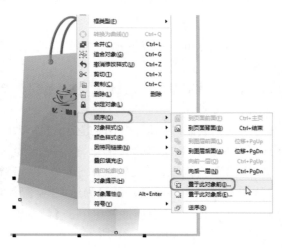

图 15-40　选择【置于此对象前】命令

　　(40) 然后在阴影上单击，即可调整选择对象的排列顺序。在工具箱中选择【矩形工具】

，在绘图页中绘制矩形，如图 15-41 所示。

(41) 选择绘制的矩形，按 F11 键弹出【编辑填充】对话框，在【调和过渡】选项组中单击【椭圆形渐变填充】按钮，将左侧节点的 CMYK 值设置为 0、0、0、20，将右侧节点的 CMYK 值设置为 0、0、0、0，如图 15-42 所示。

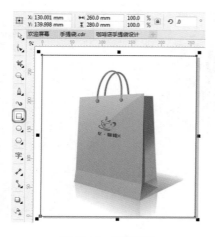

图 15-41　绘制矩形

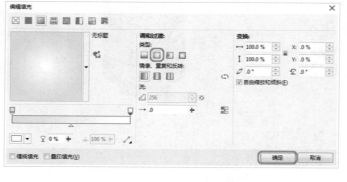

图 15-42　设置渐变颜色

(42) 单击【确定】按钮，即可为绘制的矩形填充该颜色，并取消轮廓线的填充，然后在矩形上右击，在弹出的快捷菜单中选择【顺序】|【到图层后面】命令，如图 15-43 所示。

(43) 即可调整矩形的排列顺序，效果如图 15-44 所示。

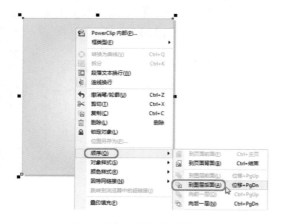

图 15-43　选择【到图层后面】命令

图 15-44　调整排列顺序

案例精讲 093　生活类——烟盒包装设计

案例文件：CDROM | 场景 | Cha15 | 烟盒包装设计 .cdr

视频文件：视频教学 | Cha15 | 烟盒包装设计 .avi

制作概述

本例将介绍烟盒包装的设计。首先制作出烟盒的平面图，然后通过为平面图添加立体效果得到立面图，最后制作倒影和背景，完成后的效果如图 15-45 所示。

图 15-45　烟盒包装设计

学习目标

制作烟盒平面图。

制作烟盒立面图。

制作倒影并添加背景。

操作步骤

(1) 按 Ctrl+N 组合键，在弹出的【创建新文档】对话框中设置【名称】为【烟盒包装设计】，将【宽度】设置为 300 mm，将【高度】设置为 260 mm，然后单击【确定】按钮，如图 15-46 所示。

(2) 在工具箱中选择【矩形工具】□，在绘图页中绘制矩形，如图 15-47 所示。

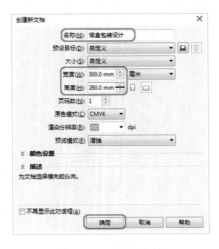

图 15-46　创建新文档

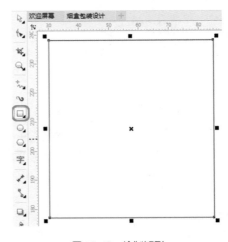

图 15-47　绘制矩形

(3) 选择绘制的矩形，按 F11 键弹出【编辑填充】对话框，将左侧节点的 CMYK 值设置为 30、58、100、0，在 50% 位置处添加一个节点，将其 CMYK 值设置为 8、0、59、0，将右侧节点的 CMYK 值设置为 30、58、100、0，如图 15-48 所示。

(4) 单击【确定】按钮，即可为矩形填充该颜色。然后在工具箱中选择【钢笔工具】▲，在绘图页中绘制图形，如图 15-49 所示。

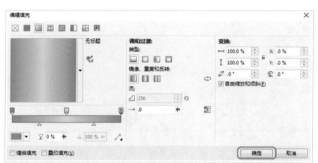

图 15-48　设置颜色

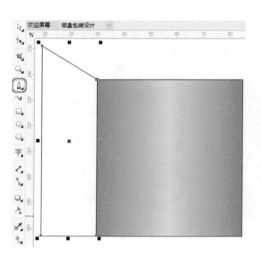

图 15-49　绘制图形

(5) 选择绘制的图形，按 Shift+F11 组合键弹出【编辑填充】对话框，将 CMYK 值设置为 43、100、100、18，单击【确定】按钮，如图 15-50 所示。

(6) 即可为绘制的图形填充该颜色。选择新绘制的图形，在菜单栏中选择【对象】|【变换】|【缩放和镜像】命令，弹出【变换】泊坞窗，单击【水平镜像】按钮，将【副本】设置为 1，单击【应用】按钮，然后在绘图页中调整镜像复制后的对象的位置，效果如图 15-51 所示。

图 15-50　设置颜色

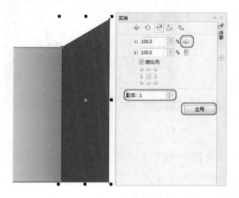

图 15-51　镜像复制对象

(7) 结合前面介绍的方法，绘制其他图形并填充颜色，效果如图 15-52 所示。

(8) 按 Ctrl+O 组合键弹出【打开绘图】对话框，在该对话框中选择随书附带光盘中的素材文件"烟盒底纹"，单击【打开】按钮，即可打开选择的素材文件，如图 15-53 所示。

(9) 按 Ctrl+A 组合键选择所有的对象，按 Ctrl+C 组合键复制选择的对象，然后返回到当前制作的场景中，按 Ctrl+V 组合键粘贴选择的对象，效果如图 15-54 所示。

(10) 确认新复制的对象处于选中状态，在工具箱中选择【透明度工具】，在属性栏中单击【均匀透明度】按钮，将【透明度】设置为 80，添加透明度后的效果如图 15-55 所示。

(11) 在工具箱中选择【矩形工具】，在绘图页中绘制矩形，如图 15-56 所示。

图 15-52　绘制其他图形

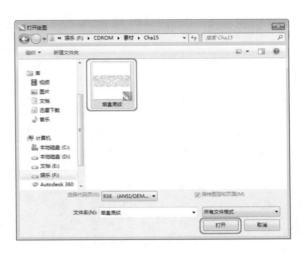

图 15-53　选择素材文件

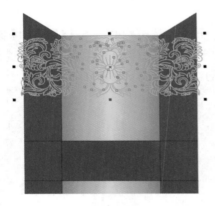

图 15-54　复制对象

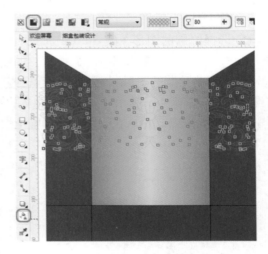

图 15-55　添加透明度

(12) 选择绘制的矩形，按 F11 键弹出【编辑填充】对话框，将左侧节点的 CMYK 值设置为 38、69、100、0，在 20% 位置处添加一个节点，将其 CMYK 值设置为 8、0、59、0，在 50% 位置处添加一个节点，将其 CMYK 值设置为 38、68、100、2，在 80% 位置处添加一个节点，将其 CMYK 值设置为 9、2、60、0，将右侧节点的 CMYK 值设置为 38、69、100、0，如图 15-57 所示。

(13) 单击【确定】按钮，即可为绘制的矩形填充该颜色，并取消轮廓线的填充。然后按小键盘上的 + 号键复制矩形，并在绘图页中调整矩形的位置，效果如图 15-58 所示。

(14) 选择两个矩形对象和素材文件，在菜单栏中选择【对象】|【图框精确剪裁】|【置于图文框内部】命令，当鼠标指针变成➡样式时，在下面的矩形上单击鼠标，即可将选择对象置于单击的矩形内，效果如图 15-59 所示。

图 15-56　绘制矩形

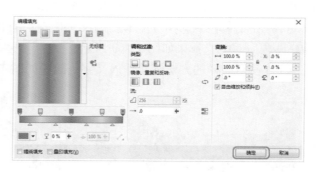

图 15-57　设置渐变颜色

图 15-58　复制矩形

图 15-59　图框精确剪裁

(15) 按 Ctrl+O 组合键弹出【打开绘图】对话框，在该对话框中选择随书附带光盘中的素材文件"烟盒标志"，单击【打开】按钮，即可打开选择的素材文件，如图 15-60 所示。

(16) 按 Ctrl+A 组合键选择所有的对象，按 Ctrl+C 组合键复制选择的对象，然后返回到当前制作的场景中，按 Ctrl+V 组合键粘贴选择的对象，效果如图 15-61 所示。

图 15-60　选择素材文件

图 15-61　复制素材文件

（17）在工具箱中选择【文本工具】 字，在绘图页中输入文字，并选择输入的文字，在属性栏中将【字体】设置为【黑体】，将【字体大小】设置为 12 pt，将【字体颜色】的 CMYK 值设置为 43、100、100、18，效果如图 15-62 所示。

（18）在菜单栏中选择【文本】|【文本属性】命令，弹出【文本属性】泊坞窗，将【字符间距】设置为 50%，效果如图 15-63 所示。

（19）使用同样的方法继续输入文字，效果如图 15-64 所示。

图 15-62　输入并设置文字　　　　图 15-63　设置字符间距　　　　图 15-64　输入其他文字

（20）在绘图页中选择图框精确剪裁对象、烟盒标志和输入的文字并右击，在弹出的快捷菜单中选择【顺序】|【到页面前面】命令，即可调整选择对象的排列顺序，如图 15-65 所示。

知识链接

在【对象管理器】中同样也可以调整图形的排放顺序，执行【窗口】|【泊坞窗】|【对象管理器】命令，在打开的【对象管理器】泊坞窗中选择所需要调整的图形后，按住鼠标将其拖曳至合适的位置即可。

（21）然后在【变换】泊坞窗中单击【水平镜像】按钮 和【垂直镜像】按钮 ，将【副本】设置为 1，单击【应用】按钮，然后在绘图页中调整镜像复制后的对象的位置，效果如图 15-66 所示。

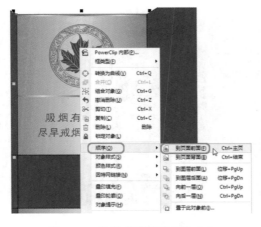

图 15-65　选择【到页面前面】命令　　　　　　　图 15-66　镜像复制对象

注意 除此之外，可以先对选中的对象进行复制，然后在工具属性栏中单击【水平镜像】按钮和【垂直镜像】按钮，同样可以达到所需的效果。

(22) 在绘图页中选择复制后的图框精确剪裁对象，然后在浮动栏中单击【提取内容】按钮，即可提取图框内的内容，如图 15-67 所示。

(23) 然后将矩形图框删除，效果如图 15-68 所示。

(24) 选择提取出的对象、镜像复制后的标志和文字，然后在菜单栏中选择【对象】|【图框精确剪裁】|【置于图文框内部】命令，当鼠标指针变成 ➡ 样式时，在下面的矩形上单击鼠标，即可将选择对象置于单击的矩形内，效果如图 15-69 所示。

图 15-67 单击【提取内容】按钮

图 15-68 删除矩形图框

图 15-69 图框精确剪裁

(25) 使用【文本工具】在绘图页中输入文字，并将文字的【字体】设置为【楷体】，将【字体大小】设置为 10 pt，然后适当调整字符间距，将上下文字对齐，效果如图 15-70 所示。

(26) 选择输入的文字，按 Shift+F11 组合键弹出【编辑填充】对话框，将 CMYK 值设置为 20、33、82、0，如图 15-71 所示。

图 15-70 输入并设置文字

图 15-71 设置颜色

(27) 单击【确定】按钮，即可为选择的文字填充颜色，对其进行旋转，然后调整其位置。继续使用【文本工具】输入文字，然后为其填充颜色，效果如图 15-72 所示。

(28) 在菜单栏中选择【对象】|【插入条码】命令，弹出【条码向导】对话框，在文本框中输入数字，单击【下一步】按钮，如图 15-73 所示。

图 15-72　输入其他文字

图 15-73　【条码向导】对话框

(29) 在弹出的对话框中使用默认参数即可，单击【下一步】按钮，如图 15-74 所示。

(30) 在弹出的对话框中将【大小】设置为 13 pts，如图 15-75 所示。

图 15-74　使用默认参数

图 15-75　设置大小

(31) 单击【完成】按钮，即可在绘图页中插入条形码，然后调整条形码的大小和位置，效果如图 15-76 所示。

(32) 按 Ctrl+O 组合键弹出【打开绘图】对话框，在该对话框中选择随书附带光盘中的素材文件"烟盒小图标"，如图 15-77 所示。

图 15-76　调整条形码

图 15-77　选择素材文件

(33) 单击【打开】按钮，即可打开选择的素材文件。按 Ctrl+A 组合键选择所有的对象，按 Ctrl+C 组合键复制选择的对象，然后返回到当前制作的场景中，按 Ctrl+V 组合键粘贴选择的对象，效果如图 15-78 所示。

(34) 结合前面介绍的方法输入并设置文字，效果如图 15-79 所示。

图 15-78　复制素材文件

图 15-79　输入并设置文字

(35) 在绘图页中选择正面的图框精确剪裁对象、标志和文字，按 Ctrl+G 组合键群组选择的对象，然后在菜单栏中选择【效果】|【添加透视】命令，通过拖曳 4 个节点来调整透视效果，如图 15-80 所示。

(36) 取消编组透视对象，并选择图框精确剪裁对象，取消轮廓线的填充，在浮动栏中单击【编辑 PowerClip】按钮，如图 15-81 所示。

图 15-80　添加透视

图 15-81　单击【编辑 PowerClip】按钮

(37) 选择两个矩形和底纹对象，按 Ctrl+G 组合键进行群租，并在菜单栏中选择【效果】|【添加透视】命令，然后通过拖曳 4 个节点来调整透视效果，如图 15-82 所示。

(38) 调整完成后，在浮动栏中单击【停止编辑内容】按钮即可。结合前面介绍的方法，为烟盒的其他面添加透视效果，如图 15-83 所示。

(39) 在绘图页中选择如图 15-84 所示的图形和图标，按小键盘上的＋号键进行复制，并调整复制后的对象的位置，然后取消复制后的图形对象的轮廓填充。

图 15-82　添加透视效果

图 15-83　为其他对象添加透视

(40) 在工具箱中选择【形状工具】，然后在绘图页中调整复制后的图形的形状，效果如图 15-85 所示。

图 15-84　复制并调整对象

图 15-85　调整形状

(41) 调整完成后，群组图形和标志，为其添加透视效果，然后在工具箱中选择【2 点线工具】，在绘图页中绘制直线，效果如图 15-86 所示。

(42) 选择组成立体烟盒的所有对象，按小键盘上的＋号键进行复制，然后在绘图页中调整复制后的烟盒的大小、位置和排列顺序，效果如图 15-87 所示。

图 15-86　绘制直线

图 15-87　复制并调整烟盒对象

(43) 同时选择两个烟盒，然后在【变换】泊坞窗中单击【垂直镜像】按钮，将【副本】设置为1，单击【应用】按钮，并在绘图页中调整镜像复制后的对象的位置，将其作为烟盒的倒影，效果如图 15-88 所示。

(44) 选择作为倒影的两个烟盒对象，在工具箱中选择【裁剪工具】，在绘图页中绘制裁剪框，如图 15-89 所示。

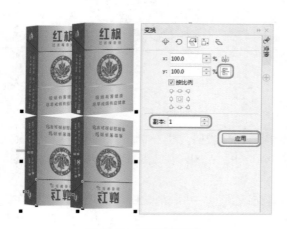

图 15-88　镜像复制对象

图 15-89　绘制裁剪框

(45) 在绘制的裁剪框内双击鼠标，即可裁剪对象。然后选择左侧烟盒的倒影对象，继续使用【裁剪工具】绘制裁剪框，如图 15-90 所示。

(46) 在绘制的裁剪框内双击鼠标，即可裁剪对象。然后为裁剪后的倒影对象添加透视效果，如图 15-91 所示。

(47) 选择所有的倒影对象，在工具箱中选择【透明度工具】，在属性栏中单击【渐变透明度】按钮，然后在绘图页中调整节点位置，添加透明度后的效果如图 15-92 所示。

图 15-90　继续绘制裁剪框

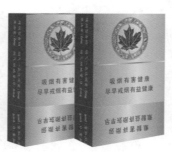

图 15-91　调整倒影

图 15-92　添加透明度

(48) 在工具箱中选择【阴影工具】，为两个烟盒添加阴影，在属性栏中的【预设】下拉列表框中选择【平面左下】选项，将【阴影偏移】设置为 -0.5 mm 和 -0.8 mm，将【阴影的不透明度】设置为49，将【阴影羽化】设置为5，添加阴影后的效果如图 15-93 所示。

(49) 在工具箱中选择【矩形工具】，在绘图页中绘制矩形，如图 15-94 所示。

| 图 15-93 添加阴影 | 图 15-94 绘制矩形 |

(50) 选择绘制的矩形，按 F11 键弹出【编辑填充】对话框，将左侧节点的 CMYK 值设置为 51、42、39、0，将右侧节点的 CMYK 值设置为 11、9、9、0，在【变换】选项组中，将【旋转】设置为 -90°，如图 15-95 所示。

(51) 单击【确定】按钮，即可为绘制的矩形填充该颜色，并取消轮廓线的填充。然后在矩形上右击，在弹出的快捷菜单中选择【顺序】|【到图层后面】命令，即可调整矩形的排列顺序，效果如图 15-96 所示。

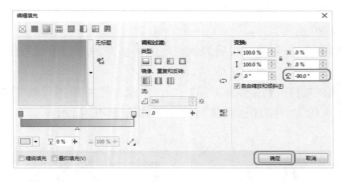

图 15-95 设置颜色

图 15-96 调整矩形排列顺序

案例精讲 094 饮品类——茶叶盒包装

案例文件：CDROM | 场景 | Cha15 | 茶叶盒包装 .cdr

视频文件：视频教学 | Cha15 | 茶叶盒包装 .avi

制作概述

本例将介绍如何制作茶叶盒包装。在本案例中主要使用【矩形工具】和【钢笔工具】绘制包装的轮廓，然后再使用【均匀填充】对其进行填色处理，使用【文本工具】和素材文件对其进行美化，从而完成最终效果。完成后的效果如图 15-97 所示。

图 15-97　茶叶盒包装

学习目标

绘制茶叶盒平面图。

添加素材。

输入文字。

操作步骤

(1) 按 Ctrl+N 组合键，在弹出的【创建新文档】对话框中将【名称】设置为【茶叶盒包装】，将【宽度】、【高度】分别设置为 574 mm、296 mm，如图 15-98 所示。

(2) 设置完成后单击【确定】按钮。在工具箱中单击【矩形工具】按钮，在绘图页中绘制一个宽、高分别为 217 mm、165 mm 的矩形，如图 15-99 所示。

图 15-98　新建文档

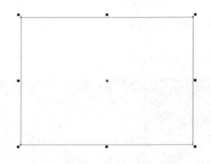

图 15-99　绘制矩形

(3) 选中该图形，按 Shift+F11 组合键，在弹出的【编辑填充】对话框中将 CMYK 值设置为 24、100、100、0，如图 15-100 所示。

(4) 设置完成后单击【确定】按钮，在默认调色板中右击⊠按钮，取消轮廓色，如图 15-101 所示。

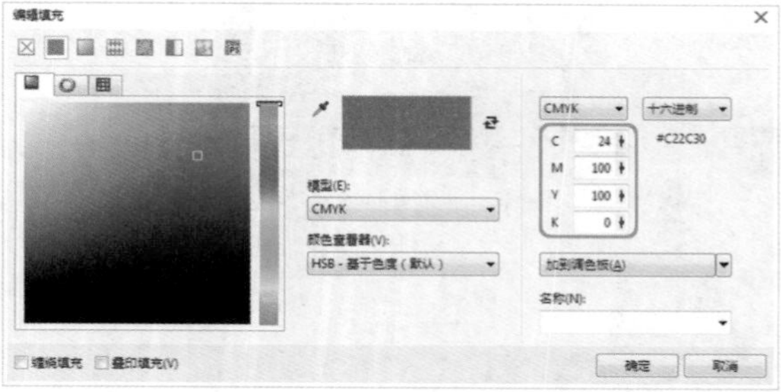

图 15-100　设置填充颜色

图 15-101　填充颜色并取消轮廓色后的效果

(5) 按 Ctrl+I 组合键，在弹出的【导入】对话框中选择"花边.png"素材文件，如图 15-102 所示。

(6) 单击【导入】按钮，在绘图页中指定该素材文件的位置，即可导入文件，然后调整其大小，效果如图 15-103 所示。

图 15-102　选择素材文件

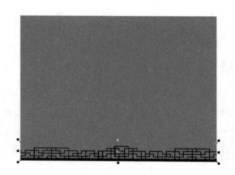

图 15-103　导入素材文件

(7) 选中导入的素材文件，按 + 号键对其进行复制，在工具属性栏中单击【垂直镜像】按钮，并在绘图页中调整该对象的位置，效果如图 15-104 所示。

(8) 在工具箱中单击【矩形工具】按钮，在绘图页中绘制一个宽、高分别为 217 mm、2 mm 的矩形，并在绘图页中调整其位置，如图 15-105 所示。

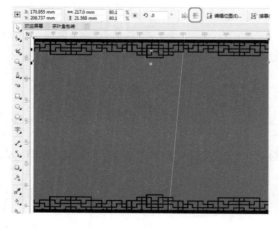

图 15-104　复制素材并进行调整

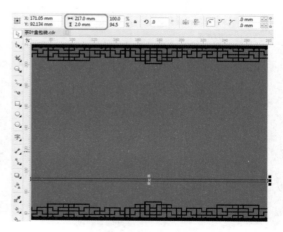

图 15-105　绘制矩形并调整其位置

(9) 选中该图形，按 Shift+F11 组合键，在弹出的【编辑填充】对话框中将 CMYK 值设置为 29、50、96、0，如图 15-106 所示。

(10) 设置完成后单击【确定】按钮，在默认调色板中右击⊠按钮，取消轮廓色。选中该图形，按＋号键对其进行复制，在绘图页中调整复制后的对象的位置，效果如图 15-107 所示。

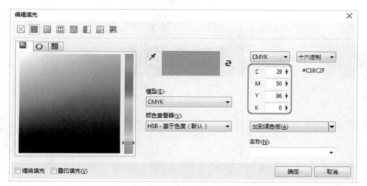

图 15-106　设置填充颜色

图 15-107　复制图形并调整其位置

(11) 在工具箱中选择【矩形工具】，在两个矩形中间绘制一个矩形，如图 15-108 所示。

(12) 选中该矩形，按 Shift+F11 组合键，在弹出的【编辑填充】对话框中将 CMYK 值设置为 20、10、20、0，如图 15-109 所示。

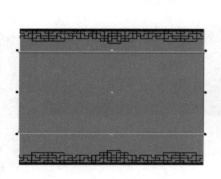

图 15-108　绘制矩形

图 15-109　设置填充颜色

(13) 设置完成后单击【确定】按钮，在默认调色板中右击⊠按钮，取消轮廓色，效果如图 15-110 所示。

(14) 按 Ctrl+I 组合键，在弹出的【导入】对话框中选择"人物 .jpg"素材文件，单击【导入】按钮，在绘图页中指定该素材文件的位置，即可导入文件，然后调整其大小，效果如图 15-111 所示。

知识链接

　　茶泛指可用于泡茶的常绿灌木茶树的叶子，以及用这些叶子泡制的饮料，后来引申为所有用植物花、叶、种子、根泡制的草本茶，如菊花茶等；用各种药材泡制的凉茶等。

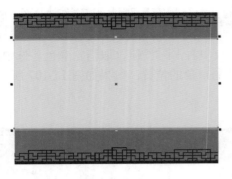

图 15-110　填充颜色并取消轮廓色后的效果

图 15-111　导入素材文件并进行设置

（15）选中该素材文件，在工具箱中单击【透明度工具】按钮，在工具属性栏中将【合并模式】设置为【乘】，如图 15-112 所示。

（16）再次按 Ctrl+I 组合键，在弹出的【导入】对话框中选择"名称 .png"素材文件，单击【导入】按钮，在绘图页中指定该素材文件的位置，即可导入文件，然后调整其大小，效果如图 15-113 所示。

图 15-112　设置合并模式

图 15-113　导入素材文件后的效果

知识链接

　　铁观音，茶人又称红心观音、红样观音，既是茶叶名称，又是茶树品种名称。清雍正年间在安溪西坪尧阳发现并开始推广。天性娇弱，抗逆性较差，产量较低，萌芽期在春分前后，停止生长期在霜降前后，一年生长期 7 个月。有"好喝不好栽"之说。"红芽歪尾桃"是纯种铁观音的特征之一，是制作乌龙茶的特优品种。

　　铁观音不仅香高味醇，是天然可口佳饮，而且养生保健功能在茶叶中也属佼佼者。现代医学研究表明，铁观音除具有一般茶叶的保健功能外，还具有抗衰老、抗癌症、抗动脉硬化、防治糖尿病、减肥健美、防治龋齿、清热降火、敌烟醒酒等功效。铁观音于民国八年自福建安溪引进木栅区试种，分"红心铁观音"及"青心铁观音"两种，主要产区在文山。其树属横张型，枝干粗硬，叶较稀松，芽少叶厚，产量不高，但制包种茶品质高。

(17) 在工具箱中单击【钢笔工具】按钮，在绘图页中绘制一条线段，在工具属性栏中将【轮廓宽度】设置为 0.3 mm，如图 15-114 所示。

(18) 选中该线段，按 + 号键，对选中的线段进行复制，在工具属性栏中单击【垂直镜像】按钮 ，在绘图页中调整该对象的位置，效果如图 15-115 所示。

图 15-114　绘制线段并进行设置　　　　　　　　　图 15-115　复制线段并进行调整

(19) 在工具箱中选择【文本工具】，在绘图页中单击鼠标，选中输入的文字，在【文本属性】泊坞窗中将【字体】设置为【方正黑体简体】，将【字体大小】设置为 21 pt，将【填充颜色】设置为白色，在【段落】选项组中将【字符间距】设置为 0，如图 15-116 所示。

(20) 在工具箱中选择【椭圆形工具】，在绘图页中按住 Ctrl 键绘制一个宽、高都为 1.5 mm 的正圆，为其填充白色，并取消轮廓，效果如图 15-117 所示。

图 15-116　输入文字并进行设置　　　　　　　　　图 15-117　绘制正圆并进行设置

(21) 按 Ctrl+A 组合键，选中所有的对象，右击鼠标，在弹出的快捷菜单中选择【组合对象】命令，如图 15-118 所示。

(22) 在工具箱中单击【矩形工具】按钮，在绘图页中绘制一个宽、高分别为 62 mm、165 mm 的矩形，如图 15-119 所示。

图 15-118　选择【组合对象】命令

图 15-119　绘制矩形

(23) 选中该矩形，在工具箱中单击【颜色滴管工具】 ，在红色矩形上单击，吸取颜色后，在新绘制的矩形上单击，为其填充颜色，效果如图 15-120 所示。

(24) 按 F12 键，在弹出的【轮廓笔】对话框中将【颜色】设置为白色，将【宽度】设置为 0.001 mm，如图 15-121 所示。

(25) 设置完成后单击【确定】按钮。在工具箱中单击【钢笔工具】按钮，在绘图页中绘制一个如图 15-122 所示的图形，为其填充白色，并取消轮廓。

图 15-120　填充颜色

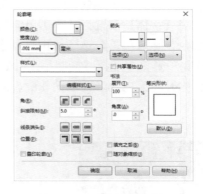

图 15-121　设置轮廓笔参数

(26) 使用【钢笔工具】，在绘图页中绘制一个如图 15-123 所示的图形，为其填充白色，并取消轮廓。

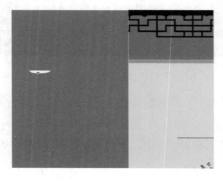

图 15-122　绘制图形并进行设置

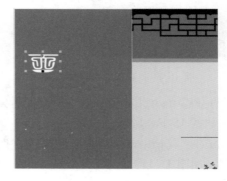

图 15-123　绘制图形并为其填充白色

(27) 使用同样的方法绘制其他图形，为其填充白色，并取消轮廓，效果如图 15-124 所示。

(28) 选中所有绘制的白色图形，右击，在弹出的快捷菜单中选择【组合对象】命令，如图 15-125 所示。

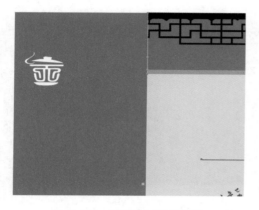

图 15-124　绘制图形并填充颜色

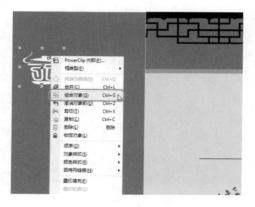

图 15-125　选择【组合对象】命令

(29) 在工具箱中单击【文本工具】按钮，在绘图页中单击鼠标，输入文字。选中输入的文字，在【文本属性】泊坞窗中将【字体】设置为【方正黑体简体】，将【字体大小】设置为 17 pt，将【填充颜色】设置为白色，在【段落】选项组中将【字符间距】设置为 150%，如图 15-126 所示。

(30) 使用【文本工具】在绘图页中单击，输入文字。选中输入的文字，在【文本属性】泊坞窗中将【字体】设置为【方正黑体简体】，将【字体大小】设置为 9.8 pt，将【填充颜色】设置为白色，在【段落】选项组中将【字符间距】设置为 35%，如图 15-127 所示。

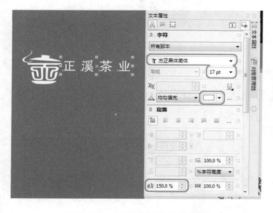

图 15-126　输入文字并进行设置

图 15-127　输入文字

(31) 在工具箱中单击【2 点线工具】按钮，在绘图页中绘制一条水平的直线，将其【轮廓颜色】设置为白色，效果如图 15-128 所示。

(32) 在工具箱中单击【文本工具】按钮，在绘图页中单击鼠标，输入文字。选中输入的文字，在【文本属性】泊坞窗中将【字体】设置为【创艺简老宋】，将【字体大小】设置为 8.5 pt，将【填充颜色】设置为白色，在【段落】选项组中将【字符间距】设置为 100%，如图 15-129 所示。

(33) 选中新创建的四个对象和 LOGO，按 Ctrl+G 组合键将其进行成组。使用同样的方法输入其他文字，并对其进行相应的设置，效果如图 15-130 所示。

(34) 按 Ctrl+I 组合键，在弹出的【导入】对话框中选择"花纹 .cdr"素材文件，单击【导入】按钮，在绘图页中指定该对象的位置，效果如图 15-131 所示。

图 15-128 绘制线段

图 15-129 输入文字并进行设置

图 15-130 输入其他文字后的效果

图 15-131 导入素材

(35) 对导入的素材进行复制，并调整其位置，调整后的效果如图 15-132 所示。

(36) 按 Ctrl+I 组合键，在弹出的【导入】对话框中选择"边框 .cdr"素材文件，单击【导入】按钮，在绘图页中指定该素材文件的位置，效果如图 15-133 所示。

图 15-132 复制素材并调整后的效果

图 15-133 导入素材文件

(37) 调整完成后，使用【选择工具】在绘图页中选中如图 15-134 所示的对象。

(38) 选中该对象，按 + 号键，对其进行复制，然后在绘图页中调整复制后的对象的位置，并将其调整至最顶层，效果如图 15-135 所示。

图 15-134　选择对象　　　　　　　　图 15-135　复制对象并调整其位置后的效果

(39) 根据前面介绍的方法输入其他文字并绘制图形，对输入的文字进行相应的设置，效果如图 15-136 所示。

(40) 在工具箱中单击【矩形工具】，在绘图页中绘制一个宽、高分别为 62 mm、33 mm 的矩形，在工具属性栏中单击【倒棱角】按钮，将右上角的【转角半径】设置为 24 mm，效果如图 15-137 所示。

图 15-136　输入其他文字并绘制图形后的效果　　　　图 15-137　绘制图形并进行设置后的效果

(41) 为绘制的图形填充颜色，在默认调色板中右击白色，将【轮廓宽度】设置为 0.001 mm，效果如图 15-138 所示。

(42) 选中该图形，按 + 号键，对其进行复制，在工具属性栏中单击【水平镜像】按钮，在绘图页中调整镜像后的对象的位置，效果如图 15-139 所示。

(43) 在工具箱中单击【钢笔工具】，在绘图页中绘制一个图形，为绘制的图形填充颜色，将其【轮廓颜色】设置为白色，将【轮廓宽度】设置为 0.001 mm，如图 15-140 所示。

(44) 选中该图形，按 + 号键，对其进行复制，在工具属性栏中单击【水平镜像】按钮，在绘图页中调整镜像后的对象的位置，效果如图 15-141 所示。

图 15-138　填充颜色并设置轮廓参数

图 15-139　复制对象并调整其位置

图 15-140　绘制图形并设置后的效果

图 15-141　复制图形并调整其位置

(45) 根据前面介绍的方法绘制其他对象，并对其进行相应的设置，效果如图 15-142 所示。

(46) 在绘图页中选中"正溪茶业"文字，按 + 号键对其进行复制，在工具箱中单击【水平镜像】按钮和【垂直镜像】按钮，在绘图页中调整其位置和大小，效果如图 15-143 所示。

图 15-142　绘制其他对象后的效果

图 15-143　复制对象并调整后的效果

案例精讲 095　饮品类——白酒包装盒

　案例文件：CDROM | 场景 | Cha15 | 白酒包装盒 .cdr

　视频文件：视频教学 | Cha15 | 白酒包装盒 .avi

制作概述

　　本例将介绍如何制作白酒包装盒。本例涉及的知识点比较多，其中包括图形的绘制及渐变颜色的填充，并为图像添加各种不同的效果，如阴影效果、透明度效果等，通过这些操作，最终达到所需的效果。完成后的效果如图 15-144 所示。

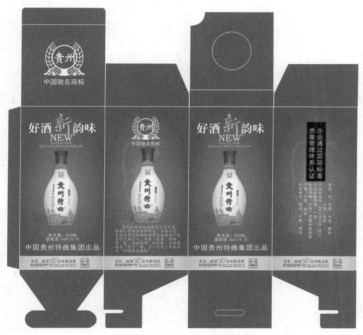

图 15-144　白酒包装盒

学习目标

绘制酒盒轮廓。

填充渐变。

轮廓临摹。

添加阴影。

输入文字。

操作步骤

　　(1) 按 Ctrl+N 组合键，在弹出的【创建新文档】对话框中将【名称】设置为【白酒包装盒】，将【宽度】、【高度】分别设置为 364 mm、344 mm，如图 15-145 所示。

　　(2) 设置完成后单击【确定】按钮。在工具箱中单击【矩形工具】，在绘图页中绘制一个宽、高分别为 87 mm、175 mm 的矩形，如图 15-146 所示。

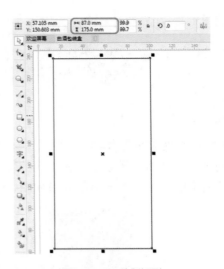

图 15-145　新建文档　　　　　　　　　图 15-146　绘制矩形

(3) 选中绘制的矩形，按 F11 键，在弹出的【编辑填充】对话框中单击【椭圆形渐变填充】按钮，将左侧节点的 CMYK 值设置为 99、94、21、9，将右侧节点的 CMYK 值设置为 79、52、1、0，如图 15-147 所示，然后单击【确定】按钮。

(4) 按 F12 键，在弹出的【轮廓笔】对话框中将【颜色】设置为白色，将【宽度】设置为 0.5mm，如图 15-148 所示。

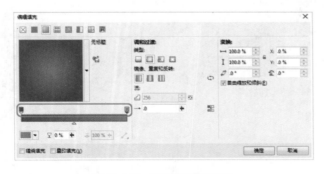
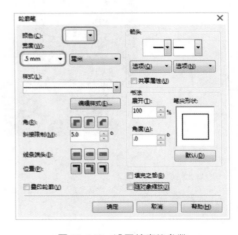

图 15-147　设置渐变填充颜色　　　　　图 15-148　设置轮廓笔参数

(5) 设置完成后单击【确定】按钮。按 Ctrl+I 组合键，在弹出的【导入】对话框中选择"酒瓶 .png"素材文件，如图 15-149 所示。

(6) 单击【导入】按钮，在绘图页中指定该素材文件的位置，效果如图 15-150 所示。

知识链接

　　白酒的标准定义是：以粮谷为主要原料，以大曲、小曲或麸曲及酒母等为糖化发酵剂，经蒸煮、糖化、发酵、蒸馏而制成的蒸馏酒。由淀粉或糖质原料制成酒醅或发酵醪经蒸馏而得。

白酒又称烧酒、老白干、烧刀子等。酒质无色（或微黄）透明，气味芳香纯正，入口绵甜爽净，酒精含量较高，经储存老熟后，具有以酯类为主体的复合香味。以曲类、酒母为糖化发酵剂，利用淀粉质（糖质）原料，经蒸煮、糖化、发酵、蒸馏、陈酿和勾兑而酿制而成的各类酒。

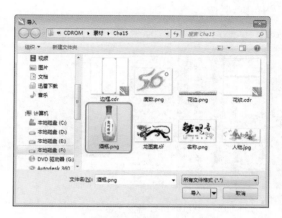

图 15-149　选择素材文件

图 15-150　导入素材文件

　　(7) 在工具箱中单击【阴影工具】 ，在绘图页中拖动鼠标，为选中的对象添加投影效果，在工具属性栏中将【阴影角度】、【阴影延展】、【阴影淡出】、【阴影的不透明度】、【阴影羽化】分别设置为 149、50、0、10、5，如图 15-151 所示。

　　(8) 在工具箱中单击【文本工具】，在绘图页中单击鼠标，输入文字。选中输入的文字，在【文本属性】泊坞窗中将【字体】设置为【创艺简老宋】，将【字体大小】设置为 33.6 pt，将【字体颜色】设置为白色，效果如图 15-152 所示。

图 15-151　添加阴影

图 15-152　输入文字并进行设置

　　(9) 选中该文字，按 + 号键，对选中的文字进行复制，在绘图页中调整其位置，并修改其内容，效果如图 15-153 所示。

(10) 在工具箱中单击【文本工具】，在绘图页中单击鼠标，输入文字。选中输入的文字，在【文本属性】泊坞窗中将【字体】设置为【方正黄草简体】，将【字体大小】设置为 80 pt，将【字体颜色】的 CMYK 值设置为 14、17、64、0，如图 15-154 所示。

图 15-153　复制文字并进行修改　　　　　　　　　图 15-154　输入文字

(11) 选中输入的文字，并右击，在弹出的快捷菜单中选择【转换为曲线】命令，如图 15-155 所示。

(12) 将其转换为曲线后，在工具箱中单击【形状工具】 ，在绘图页中调整文字的形状，效果如图 15-156 所示。

　　使用【形状工具】 进行调整时，选择节点后在属性栏中选择不同的节点样式可以对节点进行不同的调整。

图 15-155　选择【转换为曲线】命令　　　　　　　图 15-156　调整文字后的效果

(13) 在工具箱中单击【文本工具】，在绘图页中单击鼠标，输入文字。选中输入的文字，在【文本属性】泊坞窗中将【字体】设置为 Bookman Old Style，将【字体大小】设置为 27.5 pt，将【字体颜色】设置为白色，在【段落】选项组中将【字符间距】设置为 0，如图 15-157 所示。

(14) 在绘图页中选择"新"字，右击鼠标，在弹出的快捷菜单中选择【顺序】|【到图层前面】命令，如图 15-158 所示。

图 15-157　输入文字并进行设置

图 15-158　选择【到图层前面】命令

(15) 在工具箱中单击【文本工具】，在绘图页中单击鼠标，输入文字。选中输入的文字，在【文本属性】泊坞窗中将【字体】设置为 Bookman Old Style，将【字体大小】设置为 7.6 pt，将【字体颜色】设置为白色，效果如图 15-159 所示。

(16) 选中该文字，按 + 号键，对其进行复制，调整复制后的对象的位置，并修改其内容，效果如图 15-160 所示。

图 15-159　输入文字并进行设置

图 15-160　复制文字并进行修改

(17) 按 Ctrl+F11 组合键，在弹出的【插入字符】泊坞窗中将【字符过滤器】设置为【符号】，在字符列表框中选择注册标志，按住鼠标左键将其拖曳至绘图页中，为其填充白色，并调整其大小和位置，如图 15-161 所示。

(18) 在工具箱中单击【文本工具】，在绘图页中单击鼠标，输入文字。选中输入的文字，在【文本属性】泊坞窗中将【字体】设置为【黑体】，将【字体大小】设置为 12 pt，将【字体颜色】设置为白色，效果如图 15-162 所示。

图 15-161 插入字符

图 15-162 输入文字并设置

知识链接

　　白酒按香型划分为：酱香型白酒、浓香型白酒、清香型白酒、米香型白酒等主要香型白酒，另外还有药香型、兼香型、凤型、特型、豉香型、芝麻香型等。

　　(19) 使用【文本工具】在绘图页中单击鼠标，输入文字。选中输入的文字，在【文本属性】泊坞窗中将【字体】设置为【黑体】，将【字体大小】设置为 20 pt，将【字体颜色】设置为白色，效果如图 15-163 所示。

　　(20) 在工具箱中单击【矩形工具】，在绘图页中绘制一个宽、高分别为 86.5 mm、14.3 mm 的矩形，效果如图 15-164 所示。

图 15-163 输入文字并进行设置

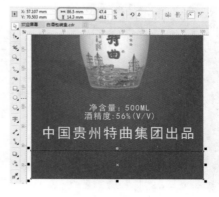

图 15-164 绘制矩形

知识链接

　　根据曲种不同，白酒分为大曲酒、小曲酒、麸曲酒、混曲酒等。大曲块大，主要包含曲霉菌和酵母；小曲块小，主要包含毛霉菌、根霉菌和酵母。霉菌将粮食中的淀粉分解成糖，酵母再将糖转化为酒精。小曲发热量低，适于南方湿热气候。中国大多名酒产于北方或夏季气候凉爽的川贵，多是大曲酒。白酒根据配方口味主要分为四大香型，细致分来则有 12 种之多。

(21) 选中绘制的矩形，按 F11 键，在弹出的【编辑填充】对话框中将左侧节点的 CMYK 值设置为 12、17、69、0，在 50% 位置处添加一个节点，将其 CMYK 值设置为 0、2、41、0，将右侧节点的 CMYK 值设置为 12、17、69、0，将下方节点的位置分别调整至 28%、77%，效果如图 15-165 所示。

(22) 设置完成后单击【确定】按钮，在默认调色板中右击⊠按钮，取消轮廓色，效果如图 15-166 所示。

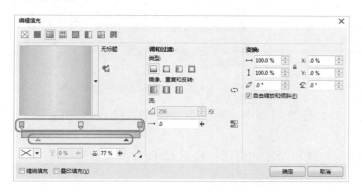

图 15-165　设置渐变填充颜色

图 15-166　取消轮廓

(23) 在工具箱中单击【文本工具】，在绘图页中单击鼠标，输入文字。选中输入的文字，在【文本属性】泊坞窗中将【字体】设置为【创艺简老宋】，将【字体大小】设置为 10 pt，将【填充颜色】的 CMYK 值设置为 100、80、0、0，在【段落】选项组中将【字符间距】设置为 35%，如图 15-167 所示。

(24) 使用同样的方法输入其他文字，并对输入的文字进行相应的设置，效果如图 15-168 所示。

图 15-167　输入文字并进行设置

图 15-168　输入其他文字后的效果

(25) 在工具箱中单击【2 点线工具】，在绘图页中绘制两条线段，将其轮廓颜色的 CMYK 值设置为 100、80、0、0，在工具属性栏中将【轮廓宽度】设置为 0.1 mm，如图 15-169 所示。

(26) 按 Ctrl+I 组合键，在弹出的【导入】对话框中选择"度数 .png"素材文件，单击【导入】按钮，在绘图页中指定该素材文件的位置，效果如图 15-170 所示。

图 15-169　绘制线段　　　　　　　　　　图 15-170　导入素材文件

(27) 在工具箱中单击【钢笔工具】，在绘图页中绘制一个如图 15-171 所示的图形，为其填充任意一种颜色，并取消轮廓。

(28) 使用同样的方法绘制其他图形。选中绘制的图形，将其 CMYK 值设置为 100、80、0、0，取消其轮廓，效果如图 15-172 所示。

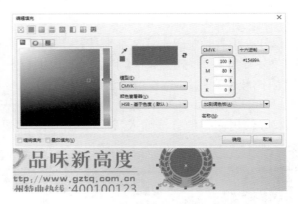

图 15-171　绘制图形　　　　　　　　　　图 15-172　绘制其他图形并填充颜色

(29) 选中绘制的标志图形，右击鼠标，在弹出的快捷菜单中选择【合并】命令，效果如图 15-173 所示。

(30) 执行该操作后即可将选中的图形进行合并，效果如图 15-174 所示。

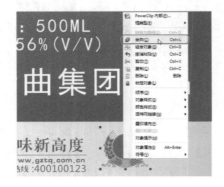

图 15-173　选择【合并】命令　　　　　　　图 15-174　合并后的效果

(31) 在工具箱中单击【文本工具】，在绘图页中单击鼠标，输入文字。选中输入的文字，在【文本属性】泊坞窗中将【字体】设置为【汉仪魏碑简】，将【字体大小】设置为9.8，将【字体颜色】的CMYK值设置为100、80、0、0，在【段落】选项组中将【字符间距】设置为-30%，如图15-175所示。

(32) 使用同样的方法在其下方输入文字并进行设置，然后将绘制完成后的标志进行成组即可，效果如图15-176所示。

图 15-175　输入文字并进行设置

图 15-176　输入其他文字并进行成组

(33) 在绘图页中选择蓝色渐变矩形，按＋号键，对其进行复制，并调整其位置，效果如图15-177所示。

(34) 按 Ctrl+I 组合键，在弹出的【导入】对话框中选择"龙图案.tif"素材文件，单击【导入】按钮，在绘图页中指定该素材文件的位置，效果如图15-178所示。

图 15-177　复制图形并调整其位置

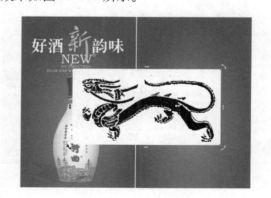

图 15-178　导入素材文件

(35) 选中该位图图像，在菜单栏中选择【位图】|【轮廓描摹】|【线条图】命令，如图15-179所示。

> **？注意** 【位图】菜单中的命令，只能为位图图像添加效果，如果是矢量图，则效果呈灰色显示，无法应用。所以如果需要使用该菜单中的命令，必须将矢量图转换为位图。

(36) 在弹出的对话框中单击【缩小位图】按钮，再在弹出的对话框中【删除原始图像】复选框，如图15-180所示。

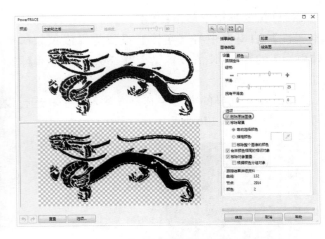

图 15-179　选择【线条图】命令　　　　图 15-180　选中【删除背景图像】复选框

(37) 单击【确定】按钮。选中转换后的效果，在默认调色板中单击白色，在工具属性栏中将【旋转角度】设置为 90°，在绘图页中调整该对象的位置，效果如图 15-181 所示。

(38) 在工具箱中单击【透明度工具】，在工具属性栏中单击【均匀透明度】按钮■，将【透明度】设置为 90，效果如图 15-182 所示。

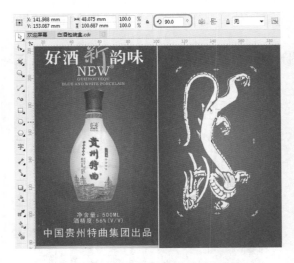

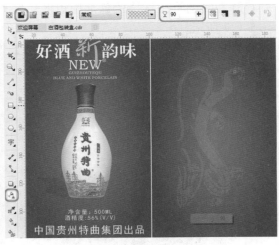

图 15-181　填充颜色并进行旋转和移动　　　　图 15-182　添加透明度效果

(39) 在绘图页中选中前面所绘制的标志，按＋号键对其进行复制，为其填充白色，在绘图页中调整其位置和大小，效果如图 15-183 所示。

(40) 在绘图页中选择酒瓶和阴影，按＋号键对其进行复制，在绘图页中调整其位置，并将其调整至最顶层，效果如图 15-184 所示。

(41) 使用同样的方法复制其他对象，并调整其位置和排放顺序，效果如图 15-185 所示。

(42) 根据前面介绍的方法输入其他文字，并对输入的文字进行设置，效果如图 15-186 所示。

图 15-183　复制标志并进行调整

图 15-184　复制对象并进行调整

图 15-185　复制对象并调整其位置和排放顺序

图 15-186　输入文字并进行设置

(43) 使用同样的方法复制其他对象，并调整其位置，效果如图 15-187 所示。

(44) 在工具箱中单击【矩形工具】，在绘图页中绘制一个宽、高分别为 20 mm、64 mm 的矩形，为其填充黑色并取消轮廓，效果如图 15-188 所示。

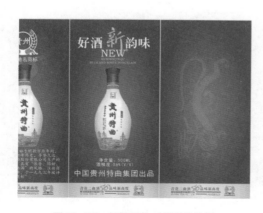

图 15-187　复制其他对象后的效果

图 15-188　绘制矩形

(45) 在工具箱中单击【文本工具】，在包装盒的侧面输入竖排文字，并对输入的文字进行设置，效果如图 15-189 所示。

> **提示** 如果需要输入竖排文字，先选择【文本工具】字，在属性栏中单击【将文本更改为垂直方向】▥按钮，即可输入竖排文字。文本输入完成后单击该按钮，也可更改为竖排文字。单击【将文本更改为水平方向】≡按钮即可将竖排文本更改为水平文本。

(46) 在工具箱中单击【矩形工具】，在绘图页中绘制一个大小为 87 mm 的正方形，如图 15-190 所示。

图 15-189　输入竖排文字并进行设置

图 15-190　绘制正方形

(47) 选中该矩形，按 Shift+F11 组合键，在弹出的【编辑填充】对话框中将 CMYK 值设置为 99、93、18、6，如图 15-191 所示。

(48) 设置完成后单击【确定】按钮。按 F12 键，在弹出的【轮廓笔】对话框中将【颜色】设置为白色，将【宽度】设置为 0.5 mm，如图 15-192 所示。

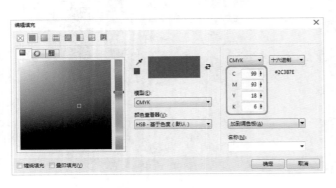

图 15-191　设置填充颜色

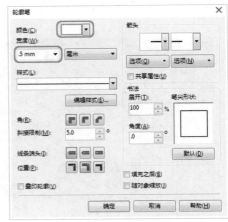

图 15-192　设置轮廓笔参数

(49) 设置完成后单击【确定】按钮。再次使用【矩形工具】在绘图页中绘制一个宽、高分别为 87 mm、18 mm 的矩形，将矩形的左上角和右上角的【转角半径】都设置为 3.9 mm，效果如图 15-193 所示。

(50) 为绘制的图形填充颜色并设置其轮廓参数，效果如图 15-194 所示。

图 15-193　绘制矩形并进行设置

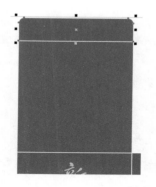

图 15-194　填充颜色并设置轮廓参数后的效果

(51) 使用同样的方法绘制其他图形，并对其进行相应的设置，效果如图 15-195 所示。

(52) 在绘图页中选中前面所复制的标志，对其进行复制，并调整其位置、大小以及排放顺序，效果如图 15-196 所示。

图 15-195　绘制其他图形后的效果

图 15-196　复制对象并调整后的效果